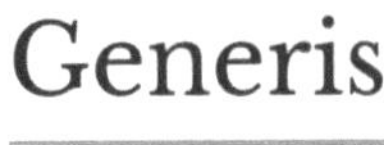

AF448570

Antennes intelligentes : Analyse des performances par l'exemple

Par
Professeur Emmanuel TONYE

CIP a Camerei Naţionale a Cărţii

Tonye, Emmanuel.

Antennes intelligentes : Analyse des performances par l'exemple/Emmanuel Tonye– Chişinău : Online Marketing Group, 2020. – 446 p.

Bibliography: p. 439-445 (107 tit.).

ISBN 978-9975-3402-1-2

621.39(075)

T 75

Cover image: www.unsplash.com

Generis Publishing
Online Marketing Group SRL
MD-2068, Chisinau, Miron Costin 17/2, Of 519

Online orders: www.generis-publishing.com
Orders by email: info@generis-publishing.com

Professeur Emmanuel TONYE

- Né en mars 1952.
- Docteur d'état ès sciences de l'Institut National Polytechnique de Toulouse en 1987 dans le domaine de la microélectronique hyperfréquences.
- Universitaire spécialiste en télécommunications et en technologies de l'information et de la communication pour l'enseignement et la recherche, professeur à l'École nationale supérieure polytechnique de Yaoundé (ENSP) de l'Université de Yaoundé I depuis 1987
- Recteur de l'Intitut Universitaire Sous-Régional Bilingue Agenla Academy depuis mai 2019
- Vice-recteur en charge de la Recherche, de la Coopération et des Relations avec le Monde des Entreprises à l'Université de Yaoundé I de 2012 à 2017
- Chef de département des Génies électrique et des télécommunications à l'Ecole Nationale Supérieure Polytechnique du 7 avril 2000 à mai 2005, puis par intérim de juin 2010 à mai 2013.
- Professeur Invité à l'Université de Bourgogne en France de 2006 à 2010, un mois dans l'année, pour l'enseignement et la recherche dans le domaine de l'électronique et des télécommunications.
- Professeur invité dans plusieurs universités africaines et des Caraïbes (Benin, Gabon, RCA, RDC, Tchad, Côte d'ivoire, Sénégal, Haïti)
- Membre du projet CLUVA (Climate Change and Urban Vulnerability in African Cities) du 17ème Framework Programme 2010-2013 de l'Union Européenne.
- Coauteur de 8 livres et auteurs de centaines articles scientifiques.
- https://fr.wikipedia.org/wiki/Emmanuel_Tonyé
- https://www.researchgate.net/profile/Emmanuel_Tonye
- https://www.amazon.fr/Emmanuel-Tonye/e/B00DQ3VBOC

DEDICACE

A ma famille

REMERCIEMENTS

Je remercie Tonye Madeleine pour sa foi à m'accompagner dans la crainte et l'amour de Dieu nécessaires à la réalisation d'une oeuvre comme ce livre.

Tonye Luc Joel, Tonye Alain et Tonye Guy Emmanuel sont les vrais catalyseurs qui ont stimulé le processus ayant abouti à cet ouvrage, qu'ils trouvent ici l'expression de mes remerciements et de ma profonde gratitude.

Je remercie le Professeur Sosso Maurice Aurélien qui m'a donné le goût de la qualité visant à atteindre l'excellence dans la méthodologie de réalisation des oeuvres et actions académiques, financières et manageriales.

Que Messieurs Tsague Zapdji William Brice, Kepchabe simon et Bama-Si Franck Arnold soient ici fortement remerciés pour avoir contribué de façon déterminante à la réalisation de cet ouvrage en écrivant les codes informatiques qui permettent d'illustrer les modèles et concepts mathématiques contenus dans celui-ci.

Ils sont nombreux à avoir travaillé avec moi sur les antennes, en particulier Videme Bossou Olivier, qu'ils trouvent ici l'expression de ma profonde gratitude.

RESUME

Ce livre destiné aux étudiants des Ecoles d'Ingénieurs et aux Facultés de Sciences ainsi qu'aux professionnels des télécommunications, offre des algorithmes de programmation détaillés accompagnés des codes sources en MATLAB. Le premier chapitre décrit les propriétés de rayonnement des antennes. Le chapitre 2 porte sur la détermination des caractéristiques de rayonnement des antennes à réseaux d'éléments linéaire, planaire, circulaire et planaire hybride. Le chapitre 3 décrit et compare les algorithmes analytiques de détermination des performances des antennes intelligentes. Les chapitres 4, 5 et 6 décrivent l'amélioration des temps de traitement numérique par quatre approches heuristiques et metaheuristiques.

Mots clés: antennes intelligentes, antennes à réseaux d'éléments, optimisation, approches heuristiques, approches metaheuristiques.

ABSTRACT

This book for students from engineering schools and science faculties as well as telecommunications professionals, offers detailed programming algorithms accompanied by source codes in MATLAB.The first chapter describes the radiation properties of antennas. Chapter 2 deals with the determination of the radiation characteristics of antennas with arrays of linear, planar, circular and planar hybrid elements. Chapter 3 describes and compares analytical algorithms for determining smart antenna performance. Chapters 4, 5 and 6 describe the improvement of digital processing times by four heuristic or metatheuristic approaches.

Keywords: smart antennas, antennas with arrays of elements, optimization, heuristic approach, metatheuristic approach.

SOMMAIRE

SIGLES ET LEURS SIGNIFICATIONS

Sigles anglais	Significations anglaise	Significations Française	Sigles français
ACO	Ant Colony Optimization	Optimisation par Colonie de Fournis	OCF (pas d'usage)
AF	Array Factor	Facteur de Réseau	FR (d'usage)
AMP	Auto-org Map of Kohonen	Carte Auto-org. De Kohonen	CAK (d'usage)
AMPS	Advanced Mobile Phone System	Système Avancé de Téléphonie Mobile	SATM (pas d'usge)
ANN	Artificial Neural Networks	Reseaux De Neurones Artificiels	RNA (d'usage)
BER	Bit Error Rate	Taux d'érreur Binaire	TEM (d'usage)
BFA	Bacterial Foraging Algorithm	Algorithme d'Alimentation Bactérienne	AAB (pas d'usage)
BTS	Base Transceiver Station	Station de Transmission de Base	STB (pas d'usage)
CDMA	Code Division Multiple Access	Acess Mutiple par Division de Codes	AMDC (pas d'usage)
CMA	Constant Modulus Amplitude	Amplitude Constante de Module	ACM (pas d'usage)
Cons	Construction approach	approche de Construction	Cons (d'usage)
DCS	Digital Cellular System	Système Cellulaire Numérique	SCN (pas d'usage)
DEC	Descent method	méthode de la Descente	DEC (d'usage)
DECT	Digital Enhanced Cordless Telephone	Téléphone Numérique Sans Fil Amélioré	TNSFA (pas d'usage)
DMI	Direct Matric Inversion	Inversion de la Matrice Directe	IMD (pas d'usage)
DoA	Direction Of Arrival	Direction d'arrivée	DDA (d'usage)
DSP	Digital Signal Processor	Processeur Numérique de Signal	PNS (pas d'usage)
ELM	Elman's network	réseau d'Elman	ELM
EO	Emperical optimization	Optimisation Empirique	OE (pas d'usage)
ESM	Emperor-Selective Scheme	Programme Empereur Sélectif	PES (pas d'usage)

ESPRIT	Estimation of Signal Parameters via Rotationnal Invariance Technique	Estimation des paramètres de signaux via les techniques d'Invariance Rotationnelle	EPSTIR (pas d'usage)
Evol	Evolution approch	approche d'Evolution	Evol (d'usage)
FUZ	Fuzzy logic	Logique Floue	LF (pas d'usage)
GA	Genetic Algorithm	Algorithme Génétique	AG (d'usage)
GBP	Gradient Back-Propagation	Retro-Programmation en Gradient	RPG (pas d'usage)
GRNN	Generalized Regression Neural Network	Réseau de Neurones à Régression Généralisée	RNRG (pas d'usage)
GSM	Global System for Mobiles Communications	Système Global pour des Communications Mobiles	SGCM (pas d'usage)
IFS	Iterated Functions System	Système de Fonctions Itérées	SFI (pas d'usage)
LMS	Least Mean Square	Moindres Carres	MC (d'usage)
LPDA	Log Periodic Dipole Array	Antenne de diplôles log-périodiques	ADLP(pas d'usage)
LR	Local Research	approche de Recherche Locale	RL (d'usage)
LTE	Long Term Evolution	Evolution à Long Terme	ELT (pas d'usage)
MC	Min-Conflit	Min-Conflit	MC (d'usage)
MEM	Maximum Entropie Method	Méthode du Maximum d'Entropie	MME (d'usage)
MIN-NORM	Minimal Norm	Norme Minamale	NM (pas d'usage)
MLM	Maximum Likelihood Methods	Méthode de Maximum de Vraisemblance	MVDR (d'usage)
MLP	Multi-Layer Perceptron	perceptron multi-couches	PMUC (d'usage)
MMSE	Minimum Mean Square Error	Minimum de L'erreur Quadratique Moyenne	MEQM (d'usage)
MOM	Method Of Moments	Méthode des Moments	MoM (d'usage)
MSE	Mean Square Error	Erreur Quadratique Moyenne	EQM (d'usage)
MUSIC	Multiple Signal Classification	Classification Multiple de Signal	CMS (pas d'usage)
MVDR	Minimum Variance Distorsion less Response	Méthode de Variance Minimale	MVM (d'usage)

NAF	Normalized Array Factor	Facteur de Réseau Normalisé	FRN (d'usage)
PIFA	Planar Inverted-F Antenna	Antenne Planaire Inversé-F	APIF (pas d'usage)
PNN	Probabilistic Neural Network	Réseau de Neurones Probabiliste	RNP (pas d'usage)
PSO	Particule Swam Optimization	Optimisation par Essaims Particulaires	OEP (d'usage)
PVC		Problème du Voyageur de Commerce	PVC(d'usage)
RBF	Radial Basis Function	Fonction de Base Radiale	FBR (pas d'usage)
RBFNN	Radial Basis Function Neural Network	Réseau de neurones à fonction de base radiale	RNFBR (pas d'usage)
RLS	Recursive Least Square	Moindres Carres Récursifs	MCR (d'usage)
SA	Simulated Annealing	Recuit Simulé	RS (d'usage)
SBA	Switched Beam Antenna	Antenne de Faisceau Commutée	AFC (pas d'usage)
SD	Search Dispersed	Recherche Dispersée	RD (d'usage)
SINR	Signal on Interference and Noise Report	Rapport Signal a Interférence plus Bruit	RSIB (d'usage)
SMI	Sampled Matrix Inversion	Inversion de la Matrice Echantillonnée	IME (pas d'usage)
SLL	Side Lobe Level	Niveau des lobes latéraux	NLL(pas d'usage)
SSFIP	Strip Slot Foam Inverted Patch		
SSWP	Strip Slot Wood Patch		
ST	Search Taboos	Recherche Tabous	RT (d'usage)
SWR	Standing Wave Ratio	Rapport d'Onde Stationnaire	ROS (d'usage)
UMTS	Universal Mobile Telecommunications System	Système Universel de Télécommunication Mobile	SUTM (pas d'usage)

Introduction

Une antenne est un dispositif physique servant à transformer une énergie électromagnétique guidée en énergie électromagnétique rayonnée et réciproquement. Autrement dit, elle reçoit une puissance électrique fournie par un générateur et l'émet dans l'espace environnant sous forme d'onde électromagnétique (émission). De plus elle peut également capter des ondes électromagnétiques et fournir une puissance électrique à une charge (réception). Une même antenne peut servir pour l'émission et la réception grâce à un commutateur qui relie alternativement l'antenne à l'émetteur puis au récepteur radio.

L'antenne a plusieurs rôles dont les principaux sont les suivants : (1) permettre une adaptation correcte entre l'équipement radioélectrique et le milieu de propagation, (2) assurer la transmission ou la réception de l'énergie dans des directions privilégiées, (3) transmettre le plus fidèlement possible une information.

Une antenne intelligente est un système constitué d'une série linéaire, planaire, circulaire ou hybride d'antennes élémentaires et d'un processeur numérique de signaux dans lequel sont implémentés des algorithmes adaptatifs permettant à l'émission de modifier à souhait et automatiquement son diagramme de rayonnement, et à la réception de détecter les directions d'arrivées souhaitées des signaux.

Un réseau d'antennes permet diverses techniques d'antennes intelligentes, telles que la formation pure de faisceaux (diversité spatiale), MIMO avec N antennes à l'émission et M antennes à la réception (multiplexage spatial) et SDMA (spatial division multiple access) de l'accès multiple à répartition spatiale.

Frank B. Gross (2015) [2] définit une antenne intelligente comme «Antenne intelligemment interactive et auto-optimisatrice», sans s'attacher sur la notion de réseau d'éléments couplé à un processeur numérique. Lui-même précise qu'il s'agit d'une sorte d'élargissement du débat. Il parle aussi d'antennes cognitives.

Les algorithmes adaptatifs réalisent deux phases successives : la détermination des directions d'arrivées, suivie de la focalisation autrement dit de la formation de faisceaux du rayonnement dans des directions privilégiées.

L'implémentation de ces algorithmes demeure un défi majeur et sont conçus et réalisés par des approches analytiques et heuristiques pour déterminer les performances des antennes intelligentes.

Ce livre de conception didactique originale offre des algorithmes de programmation détaillés ainsi que de nombreux exemples d'illustrations avec les codes sources en MATLAB permettant d'obtenir ces illustrations par simulation à l'ordinateur.

Nous supposons que les lecteurs ont une connaissance de la théorie électromagnétique fondamentale y compris les équations de Maxwell et l'équation d'onde, ainsi que le calcul différentiel et intégral.

Le premier chapitre décrit la condition du rayonnement, les paramètres de rayonnement, l'orientation des antennes, par l'illustration les paramètres de rayonnement de quelques antennes d'usage courant et en particulier ceux d'une antenne à substrat en bois.

Le chapitre 2 porte sur la modélisation mathématique et la détermination des caractéristiques de rayonnement des antennes à réseaux d'éléments linéaire, planaire et circulaire tant à l'émission qu'à la réception. L'optimisation du diagramme de rayonnement par synthèse à l'aide des approches de distribution de type Dolph-Chebychev, Binomiale, Blackman, Hamming, Gaussien et Kaiser-Bessel donne une indication pour la formation des faisceaux dans des directions souhaitées.

Le chapitre 3 décrit et compare une dizaine d'algorithmes d'approche analytique de détermination des performances antennes intelligentes. Les approches analytiques regroupent des méthodes d'estimation et d'optimisation sans contraintes reposant sur un formalisme déjà établi. Elles sont employées pour simuler sur ordinateur les modèles mathématiques déjà connus dans la littérature. Une étude approfondie des résultats et de l'influence des différents paramètres caractéristiques permettra alors de valider l'utilité du modèle, qui pourrait servir pour une éventuelle optimisation, prédiction, voire caractérisation des antennes intelligentes.

Les chapitres 4, 5, et 6 décrivent respectivement l'amélioration des temps écoulés au moyen des méthodes analytiques faite par synthèse au moyen des approches heuristiques notamment les algorithmes génétiques (continu et binaire), les réseaux de neurones artificiels (perceptron multicouche et fonction à base radiale) et les essaims de particules. Le critère de synthèse consiste en une minimisation de l'erreur quadratique moyenne entre le résultat préalablement obtenu par méthode analytique et celui nouvellement calculé. On parle de synthèse par fonction désirée. Nous évaluons le temps de calcul des algorithmes heuristiques avec la fonction « Tic Toc » de MATLAB.

Chapitre I :Caractéristiques électriques et de rayonnement des antennes

L'antenne est définie comme un équipement de forme variable, utilisé pour émettre ou recevoir des ondes radioélectriques ou encore comme un dispositif qui transforme l'énergie électrique en énergic électromagnétique (antenne d'émission) ou traduit un rayonnement électromagnétique en courant induit (antenne de réception). Ce chapitre décrit la condition du rayonnement, les paramètres de rayonnement, l'orientation des antennes, par l'illustration les paramètres de rayonnement de quelques antennes d'usage courant et en particulier ceux d'une antenne à substrat en bois.

I.1. Condition au rayonnement et régions

Comme conséquence aux équations de MAXWELL, la variation de la vitesse des charges dans l'antenne va produire un rayonnement électromagnétique. L'antenne peut être vue comme un milieu de transition entre l'émetteur (qui produit le signal) et l'espace (qui est le support de transmission des ondes électromagnétiques).

La figure 1 représente les différentes zones de propagation autour de l'antenne [1] [5].

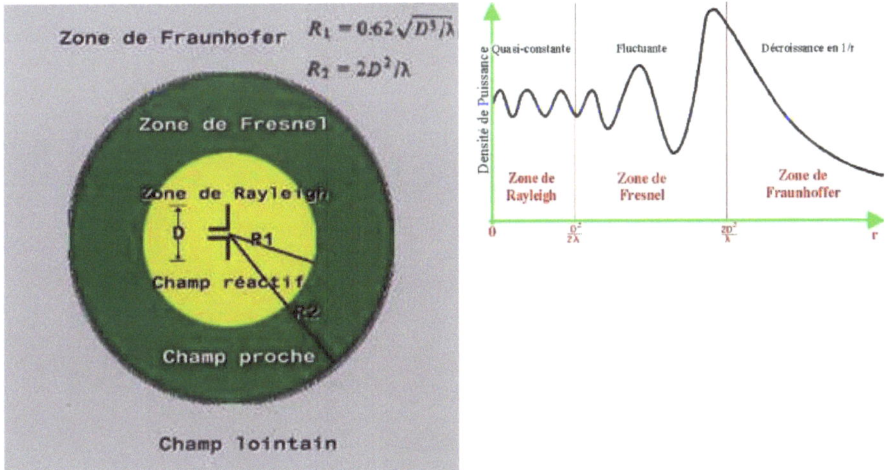

Figure 1:   ***Différentes zones de l'antenne.***

Proche d'une antenne, les paramètres du champ change rapidement avec la distance et inclut à la fois l'énergie active et l'énergie réactive qui oscillent autour et en s'éloignant de l'antenne. Ceci apparaît comme une réactance qui stocke de l'énergie sans la dissiper. Cette région de rayon R_2 est donnée par:

$$R_2 = 2\frac{D^2}{\lambda} \tag{1.1}$$

Avec D le diamètre de l'antenne ou la plus petite sphère pouvant contenir complétement l'antenne et λ est la longueur d'onde.

Cette région appelée champ proche contient deux zones dite de Fresnel et de Rayleigh respectivement. Ils sont le siège des ondes sphériques.

A l'extérieur du champ proche, nous avons la zone de Fraunhofer telle que seule l'onde rayonnée est d'importance indépendamment de la forme de l'antenne.

Dans cette zone seule l'énergie rayonnante est présente, impliquant ainsi une variation de la puissance avec la direction d'observation indépendamment de la distance entre le point d'observation et l'antenne. C'est le siège des ondes planes.

La figure 2 représente l'évolution de la distribution du champ tirée de Balanis (2016) [5] dans les trois zones de champs réactif (Rayleigh), proche (Fresnel) et lointain (Fraunhoffer).

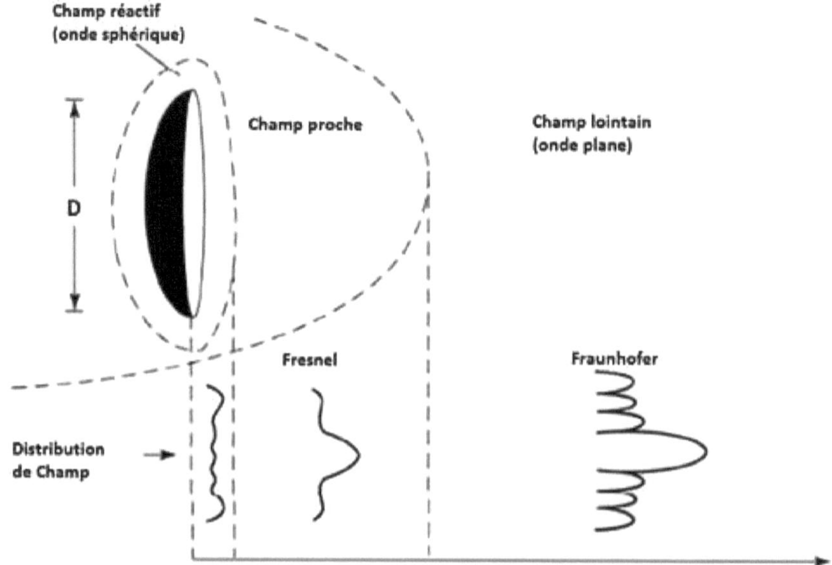

Figure 2:   *Evolution du champ du proche vers lointain.*

I.2.   *Types d'ondes*

I.2.1.   Onde sphérique

La figure 3 représente les ondes stationnaires sphériques respectivement convergentes (a), divergentes (b) et mixtes (c).

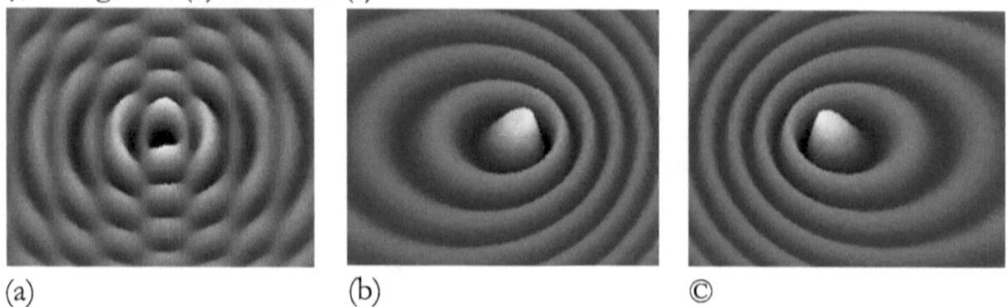

Figure 3:   *Ondes stationnaires sphériques.*

Les formules complètes qui permettent de reproduire les ondes stationnaires sphériques sont :

$$y = \frac{(\cos(t)\sin(x) - \sin(t)(1-\cos(x)))}{x} \quad (rotation\ vers\ la\ droite) \tag{1.2}$$

$$y = \frac{(\cos(t)\sin(x) + \sin(t)(1-\cos(x)))}{x} \quad (rotation\ vers\ la\ gauche) \tag{1.3}$$

I.2.2. Onde cylindrique

Une antenne de type cornet dirige un faisceau de microondes sur un réflecteur de forme parabolique. Celui-ci transforme les ondes quasi cylindriques générées par l'antenne en un faisceau d'ondes planes. Cette animation illustre le fonctionnement des antennes paraboliques en émission.

La figure 4 illustre la propagation des ondes cylindriques.

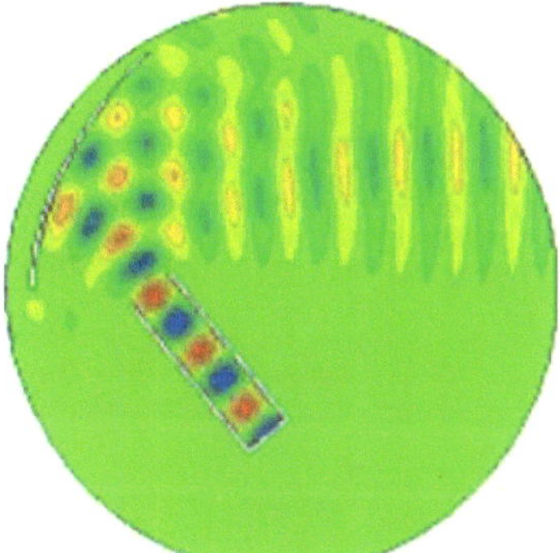

Figure 4:   ***Onde cylindrique.***

I.2.3. Onde plane

Une onde électromagnétique est constituée d'un champ électrique E et d'un champ magnétique H. Dans le vide, ces deux champs sont orthogonaux et transverses (perpendiculaires à la direction de propagation) : c'est une onde TEM (Transverse Electro-Magnétique) aussi appelé onde plane.

La figure 5 représente une onde plane se propageant dans une direction donnée.

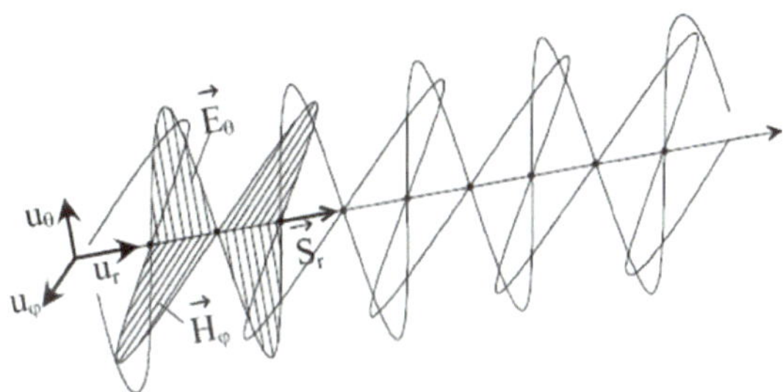

Figure 5:   ***Onde plane.***

Afin de décrire les caractéristiques et les performances des antennes, divers paramètres sont utilisés et peuvent être classés en deux groupes. Le premier groupe caractérise l'antenne comme un élément de circuit électrique (impédance d'entrée Zin et coefficient de réflexion S11) et le second groupe s'intéresse à ses propriétés de rayonnement, tel que le diagramme de rayonnement, la directivité et le gain et à l'orientation des lobes principaux. Dipole_xmting_antenna_animation_4_408x318x150ms.gif est une animation d'une antenne dipôle à demi-onde transmettant des ondes radio, montrant les lignes de champ électrique.

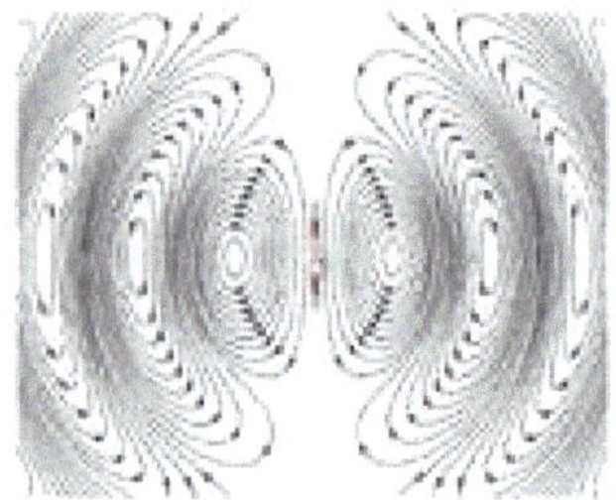

Figure 6:   ***Dipole transmetting antenna animation 4 408x318x150ms.gif***

[Dipole receiving antenna animation 6 800x394x150ms.gif]() est une animation montrant une antenne dipôle demi-onde recevant de l'énergie d'une onde radio.

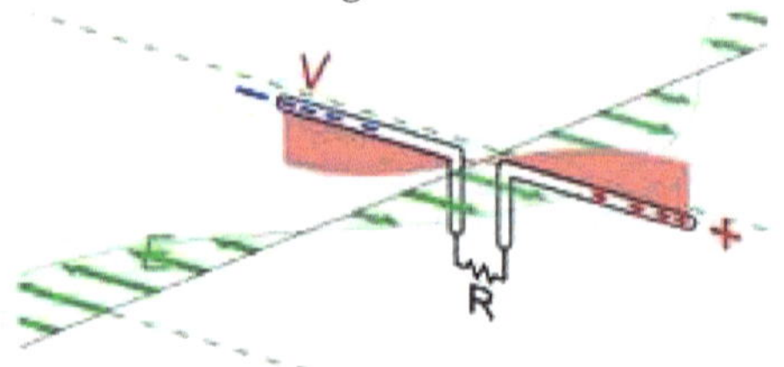

Figure 7:   ***Dipole receiving antenna animation 4 408x318x150ms.gif***

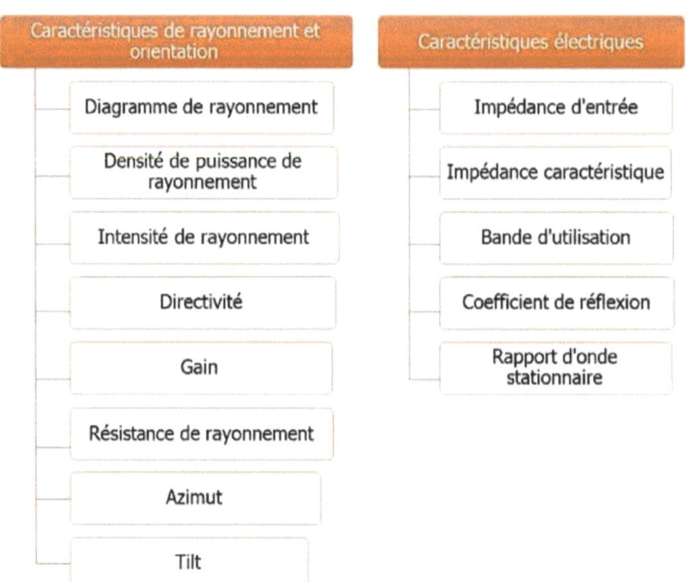

Figure 8:   ***Caractéristiques et paramètres de positionnement d'une antenne.***

L'antenne peut être représentée par un dipôle d'impédance d'entrée complexe :

$Ze(f) = Re(f) + jXe(f)$

représentée sur la figure 9. f est la fréquence de résonnance.

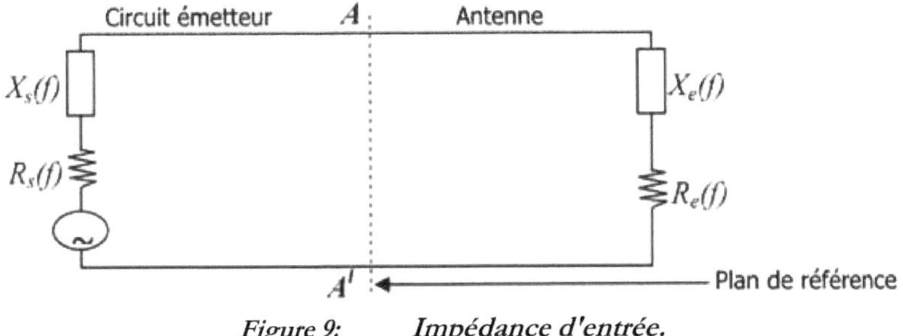

Figure 9:   *Impédance d'entrée.*

I.3. Caractéristiques électriques

Généralement ces paramètres électriques définissent l'antenne comme élément du circuit dans lequel elle est connectée. Ils permettent d'apprécier la charge apportée par l'antenne au circuit d'excitation et ainsi, de caractériser l'efficacité du transfert de puissance entre le système radioélectrique et le milieu de propagation. Plusieurs paramètres peuvent servir à cette caractérisation mais nous ne définirons que les trois principaux, à savoir l'impédance d'entrée, le coefficient de réflexion et le rapport d'onde stationnaire.

I.3.1. Impédance d'entrée

L'impédance d'entrée est définie comme étant l'impédance présentée par une antenne à ses bornes ; elle est égale au rapport de la tension Ve sur le courant Ie présentés à l'entrée :

$$Z = \frac{V_e}{I_e} = R + jX \tag{1.4}$$

Où :

Z= Z_e impédance d'entrée aux bornes a et b.

R= résistance de l'antenne aux bornes a et b.

X= réactance de l'antenne aux bornes a et b.

La figure 10 représente une modélisation de l'antenne en émission.

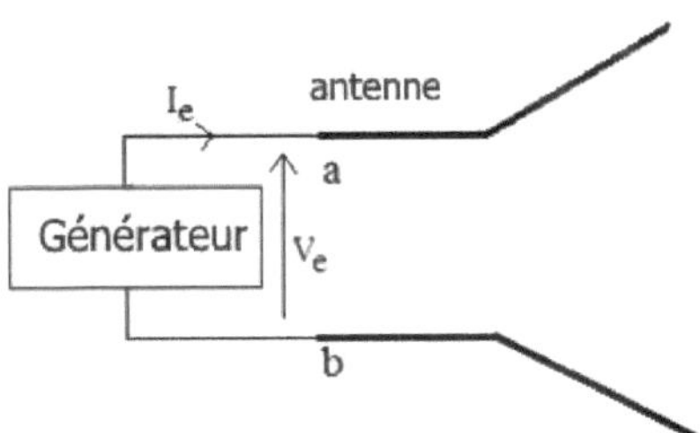

Figure 10:   *Antenne en mode émetteur.*

I.3.2. Coefficient de réflexion

On se base sur le coefficient de réflexion pour optimiser l'antenne. Lorsque le coefficient de réflexion connait une forte atténuation à sa fréquence de résonnance, il y a un maximum de transfert de puissance entre le générateur et la charge.

Le coefficient de réflexion est un paramètre qui permet de connaître la quantité du signal réfléchie par rapport au signal incident.

Généralement ce coefficient noté Γ est lié à l'impédance d'entrée de l'antenne et l'impédance caractéristique Zc par la relation :

$$\Gamma = \frac{Z_e - Z_c}{Z_e + Z_c} \tag{1.5}$$

Signalons qu'on peut représenter Γ sous forme de paramètre S (paramètre de répartition) en dB tel que :

$$S_{11(dB)} = 20\log(\Gamma) \tag{1.6}$$

I.3.3. Rapport d'ondes stationnaires

Le Rapport d'Onde Stationnaire (ROS) est le rapport entre impédance de la charge sur l'impédance caractéristique Zc [6] : ROS = Zt / Zc. Il n'est pas le résultat du bon ou du mauvais fonctionnement d'une antenne, il indique seulement si le système est adapté ou pas en impédance.

Les lignes de transmission permettent aux ondes électromagnétiques de se propager dans les deux directions. Quand la source, la ligne de transmission et la charge ont toutes la même impédance, l'onde électromagnétique se propage de la source à la charge sans aucune perte du signal. Par contre, si la source n'a pas la même impédance par rapport aux autres éléments de la chaîne de transmission, une partie de l'onde sera réfléchie lorsqu'elle atteint la charge et renvoyée vers la source. Dans ce cas, les ondes incidentes et réfléchies se superposent et engendrent une onde stationnaire.

Si on peut caractériser par (+V) l'onde propageant vers l'avant et par (-V) l'onde en retour, alors le taux ou le rapport d'onde stationnaire sera défini par :

$$ROS = \frac{1+|\Gamma|}{1-|\Gamma|} \tag{1.7}$$

Il est lié au coefficient de réflexion Γ par la relation 1.7.

I.4. Caractéristiques de rayonnement et orientation

I.4.1. Caractéristiques de rayonnement

I.4.1.1. Le diagramme de rayonnement

Le diagramme de rayonnement nous donne les directions dans l'espace les plus couvertes par l'énergie rayonnée par une antenne. Nous parlerons plus loin, de direction de focalisation ou de formation de faisceaux.

La répartition dans l'espace de l'énergie rayonnée par une antenne est caractérisée par son diagramme de rayonnement. Soit dans l'espace libre, un repère (O, X, Y, Z) et un point P quelconque de l'espace. Considérons de plus un système de coordonnées sphériques (R, θ, φ). La figure 11 donne une illustration du système de coordonnées sphériques.

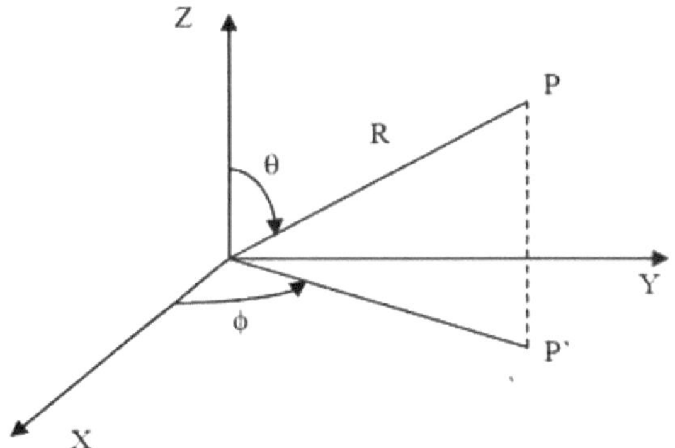

Figure 11:   ***Système de coordonnées sphériques.***

Soit P (θ, φ) la puissance rayonné par une antenne, par unité d'angle solide.

Considérons la direction définie par les angles θ_0 et φ_0 pour laquelle P (θ, φ) passe par un maximum.

On caractérise alors la variation de puissance par rapport à la puissance maximum par la relation suivante :

$$r(\theta, \varphi) = \frac{P(\theta,\varphi)}{P(\theta_0,\varphi_0)} \leq 1 \tag{1.8}$$

En décibel, on écrit :

$$r(\theta, \varphi)_{dB} = 10 \log \frac{P(\theta,\varphi)}{P(\theta_0,\varphi_0)} \tag{1.9}$$

Il est très difficile de définir le diagramme complet dans l'espace, en général on se contente de deux coupes perpendiculaires dans les plans privilégiées, l'un appelé plan E contenant le vecteur champ électrique E et l'autre appelé plan H contenant le vecteur champ magnétique H.

La figure 12 représente les plans des champs électriques E et magnétiques H en coordonnées cartésiennes dans l'espace.

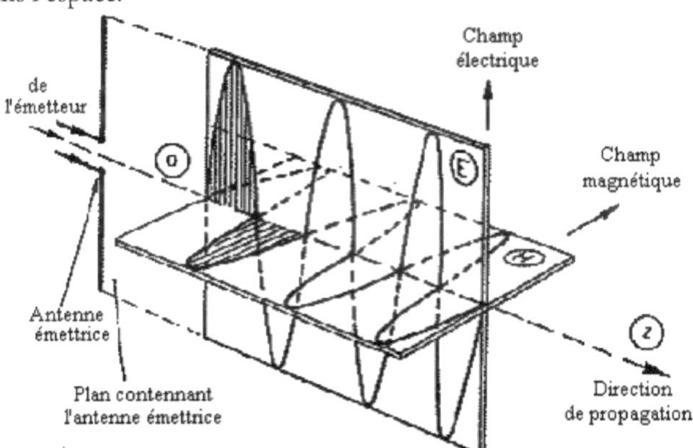

Figure 12:   ***Définition de deux plans principaux (E et H).***

Avec une source polarisée parallèlement à l'axe OX, le plan E est caractérisé par $\theta = 0°$ et φ variable et le plan H est caractérisé par $\theta = 90°$ et φ variable.

Le diagramme de rayonnement d'une antenne peut représenter des valeurs comme le champ électrique(E_θ, E_Ψ), le champ magnétique(H_θ, H_Ψ), la densité de puissance ou le gain, dans les directions horizontale et verticale.

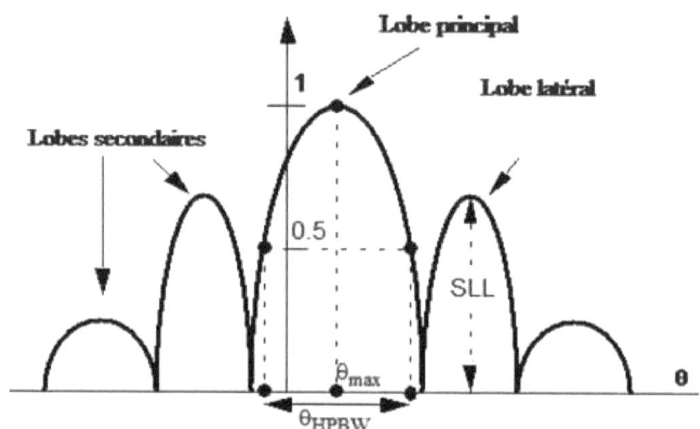

Figure 13:   ***Diagramme de rayonnement en coordonnée cartésienne.***

En général, un diagramme de rayonnement représente plusieurs lobes séparés par des directions où le rayonnement est nul. On appelle lobe principal ou majeur le lobe contenant la direction de rayonnement maximal. Les autres lobes sont des lobes secondaires ou encore mineurs. Un lobe latéral est un lobe dans une direction autre que celle souhaitée pour le rayonnement de l'antenne. Dans la plupart des cas, l'antenne est conçue pour exploiter son rayonnement dans la direction du lobe principal et donc tous les lobes secondaires sont latéraux et vice versa.

La largeur du lobe principal ou largeur du faisceau, θ_{BW}, est l'angle formé par les deux directions du champ nul entourant le lobe principal. Si la position des nuls n'est pas bien définie, on prendra la largeur du faisceau à mi-puissance, θ_{HPBW}, qui est l'angle entre les deux directions où la densité de puissance est la moitié de la valeur maximale.

L'importance des lobes latéraux peut se chiffrer en considérant la direction appartenant à ceux-ci où l'intensité est maximale. On définit alors le niveau des lobes latéraux ; side lobe level, SLL comme :

$$SLL = 10\log_{10}\frac{P_{max}(lobe\ principal)}{P_{max}\ (lobe\ latéral)} \tag{1.10}$$

Les diagrammes de rayonnement sont représentés en coordonnées polaires ou en coordonnées cartésiennes (figure 14) [10].

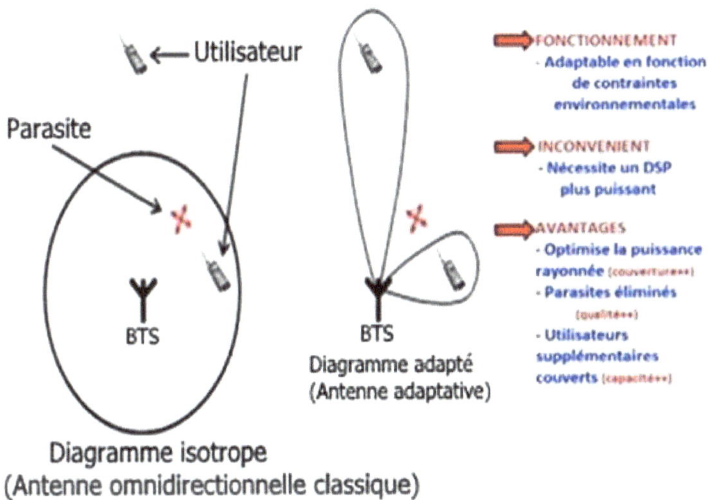

Figure 14: **Principe des antennes adaptatives**

I.4.1.2. La directivité

La directivité d'une antenne caractérise la manière dont cette antenne concentre son rayonnement dans certaines directions de l'espace.

La directivité d'une antenne dans une direction D (θ, φ) est définie comme suit :

$$D(\theta, \varphi) = \frac{U(\theta,\varphi)}{U_{iso}} \tag{1.12}$$

U (θ, φ) : Intensité de rayonnement de l'antenne peut être déduite de la densité de puissance:

$$W_{rad}(\theta,\varphi) = \frac{1}{2}\mathrm{Re}(E \times H^{*}) = \frac{P_{rad}}{4\pi r^{2}}D(\theta,\varphi)$$

On en déduit :

$$U(\theta,\varphi) = r^2 W_{rad}(\theta,\varphi) \tag{1.14}$$

U_{iso} : Intensité de rayonnement d'une antenne isotrope, elle est donnée par :

$$U_{iso} = \frac{P_{rad}}{4\pi} \tag{1.15}$$

P_{rad} : Puissance rayonnée de l'antenne.

Par définition, la puissance rayonnée est donnée par:

$$P_{rad} = \frac{1}{2}\oiint_{s}\mathrm{Re}(E \times H^{*})ds \tag{1.16}$$

Elle est aussi obtenue en intégrant l'intensité de rayonnement à travers l'angle solide total de 4π :

$$P_{rad} = \oiint_{\Omega}U.d\Omega = \int_{0}^{2\pi}\int_{0}^{\pi}U \sin\theta\, d\theta\, d\phi \tag{1.17}$$

La directivité maximale que l'on appelle souvent et simplement directivité est donnée par :

$$D_0 = MAX D(\theta, \varphi) \tag{1.18}$$

Une antenne isotrope rayonne uniformément la même densité de puissance quelque soit la direction.

I.4.1.3. Le gain

Le gain caractérise la manière dont cette antenne concentre son rayonnement dans certaines directions de l'espace.

Le gain est une quantité descriptive de la performance d'une antenne. Le gain d'une antenne isotrope est pris comme une référence unité (0 dB). Le gain d'une antenne dans une direction donnée est le rapport de l'intensité de rayonnement et de celle d'une antenne isotrope. Nous définissons aussi le gain relatif comme le rapport du gain de puissance dans une direction donnée et de celui d'une antenne de référence dans sa direction référencée.

La puissance en entrée est supposée la même pour tous les cas. L'antenne de référence est soit un dipôle, un cornet, ou toute autre antenne de référence connue par son gain calculable ou préinscrit par le constructeur. Le gain devient alors :

$$G(\theta, \varphi) = 4\pi \left(\frac{U(\theta,\varphi)}{Source\,Isotropique\,Sans\,Perte} \right) \tag{1.19}$$

La direction de maximum de rayonnement est souvent prise comme la direction pour déduire le gain de puissance. Si η est l'efficacité de rayonnement d'une antenne, PIN$= \eta P_{rad}$, où P_{rad} est la puissance rayonnée totale.

On définit le gain dans la direction D (θ, φ) par :

$$G(\theta, \varphi) = 4\pi \left(\frac{U(\theta,\varphi)}{P_{rad}} \right) = e * D(\theta, \varphi) \tag{1.20}$$

Avec e est le rendement de l'antenne donnée par :

$$e = \frac{P_{rad}}{P_f} \tag{1.21}$$

Le gain est aussi égal à :

$$G(\theta,\phi) = e_{rcd} D(\theta,\phi) \tag{1.22}$$

Avec e_{rcd} est l'efficacité de l'antenne ou rendement total.

Le rendement total e_{rcd} prend souvent en compte les pertes aux bornes de l'antenne et à l'intérieur de la structure de l'antenne.

$$e_{rcd} = e_r e_c e_d \tag{1.23}$$

e_r rendement de reflexion

e_c rendement de conduction

e_d rendement du diélectrique

Généralement la valeur maximum de G_0 prend la dénomination du gain de l'antenne.

$$G_0 = MAX\,G(\theta, \varphi) \tag{1.24}$$

En décibel, on a :

$$G(\theta, \varphi)_{dB} = 10 \log G_0 \tag{1.25}$$

D'autres paramètres permettent de décrire les caractéristiques et les performances des antennes. Parmi ces éléments nous citons :

I.4.1.4. La résistance de rayonnement

La résistance de rayonnement est une quantité descriptive de la performance d'une antenne. S'il est possible de connaître le courant I_Q en un point Q de cette antenne, nous définissons la résistance de rayonnement en ce point par le rapport :

$$R_r = \frac{2P_{rad}}{I_Q^2} \tag{1.26}$$

P_{rad} est la puissance active rayonnée par l'antenne.

I.4.1.5. Les angles d'ouvertures horizontales et verticales

En premier lieu l'angle d'ouverture horizontale caractérise la largeur du faisceau de l'antenne dans un plan horizontal. Il est défini comme l'angle entre les directions où le gain est 3 dB inférieur au gain maximal. Alors que l'angle d'ouverture verticale caractérise la largeur du faisceau de l'antenne dans un plan vertical. De la même façon que l'angle horizontal, il est défini comme l'angle entre les directions où le gain est 3 dB inférieur au gain maximal.

I.4.1.6. La polarisation

La polarisation du champ électromagnétique rayonné par une antenne est donnée par la direction du champ électrique $\vec{E}$. Si $\vec{E}$ garde une direction constante dans le temps, on dit que l'on a une polarisation rectiligne.

Si la direction varie avec le temps de telle sorte que si en un point donné on schématise les positions successives de $\vec{E}$, l'extrémité du vecteur représentatif décrivant un cercle ou une ellipse, on dit alors que le champ rayonné est à polarisation circulaire ou elliptique. La figure 15 représente les différents types de polarisation du champ électromagnétique.

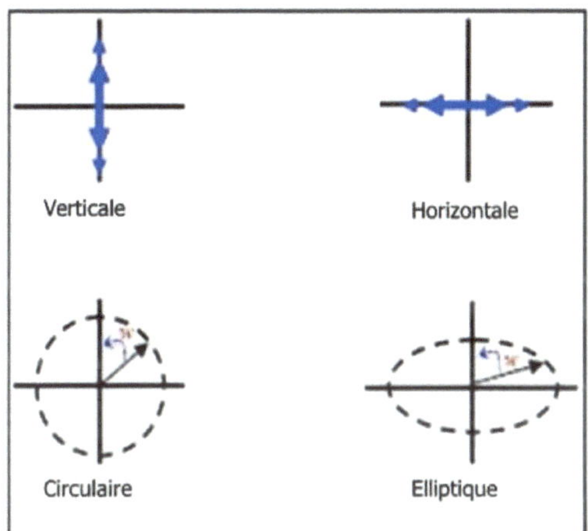

Figure 15:   *Polarisation du champ électromagnétique.*

I.4.1.7. La bande passante

La bande passante (BP) d'une antenne est la plage de fréquences dans laquelle on peut normalement l'utiliser. Généralement on définit la largeur de bande en pourcentage % comme suit :

$$BP(\%) = 100\,\frac{f_s - f_i}{f_c} \tag{1.27}$$

Où f_c est la fréquence centrale d'utilisation pour laquelle l'antenne est conçue, f_s et f_i sont les fréquences limites supérieures et inférieurs pour un certain niveau donné.

Généralement la définition de ce niveau peut être limitée par le rapport d'onde stationnaire (ROS) maximal admissible.

I.4.1.8. Surface effective

Lorsqu'une antenne est utilisée pour recevoir une onde d'une densité de puissance W_{rad} watts/m², elle produira une puissance dans son circuit de résonance (impédance d'entrée du récepteur) de Pr watts; la constante de proportionnalité entre Pr et W_{rad} représente la surface effective de l'antenne (en m²).

$$P_r = A_{em}W_{rad} \tag{1.28}$$

la surface effective diminue avec l'efficacité de l'antenne. Le gain maximum d'une antenne est lié à cette surface effective par la relation :

$$G_o = \frac{4\pi}{\lambda^2} A_{em} \tag{1.29}$$

I.4.2. Orientation de l'antenne

Les antennes isotropes ou omnidirectionnelles rayonnent la même énergie dans toutes les directions. Cependant il existe des antennes dites directionnelles qui privilégient certaines directions. Il devient alors évident que l'exploitation de telles antennes nécessite de les orienter dans le plan horizontal par rapport à la direction du Nord (on parle d'azimut, généralement noté φ) et dans le plan vertical (on parle de tilt, noté θ).

Le tilt de l'antenne peut être mécanique donc réglé manuellement, ou électrique c'est-à-dire dépendant des caractéristiques internes de l'antenne (figure 16).

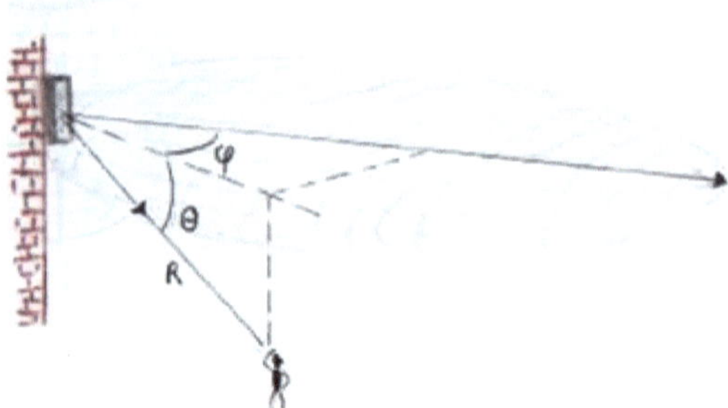

Figure 16:   Orientation d'une antenne.

La puissance reçue en un point dépendra alors de son orientation par rapport à l'axe principal de l'antenne dans les mêmes plans horizontal et vertical.

I.4.2.1. Le décalage angulaire φ dans le plan horizontal (azimut)

Il s'agit ici du décalage angulaire du point de réception par rapport à la direction du gain maximal de l'antenne dans le même plan horizontal illustré dans la figure 17.

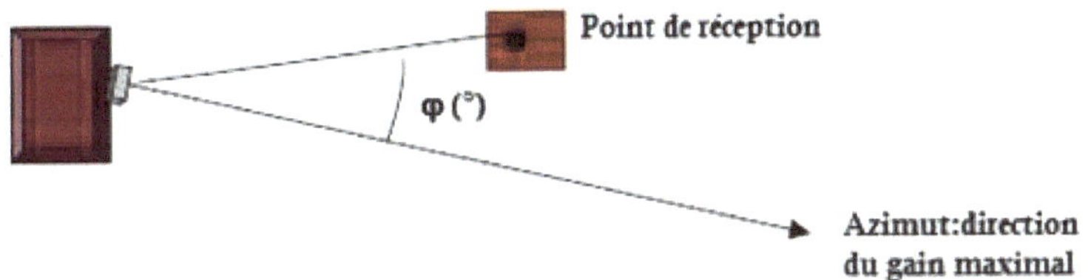

Figure 17: ***Décalage angulaire dans le plan horizontal.***

Les pertes de gain résiduel dans la direction φ sont mesurées sur le diagramme de rayonnement horizontal de l'antenne pour l'angle φ.

I.4.2.2. Le décalage angulaire θ dans le plan vertical (tilt)

Le décalage angulaire dans le plan vertical dépend des tilts électrique et mécanique de l'antenne. La figure 18 illustre les tiltd électrique et mécanique.

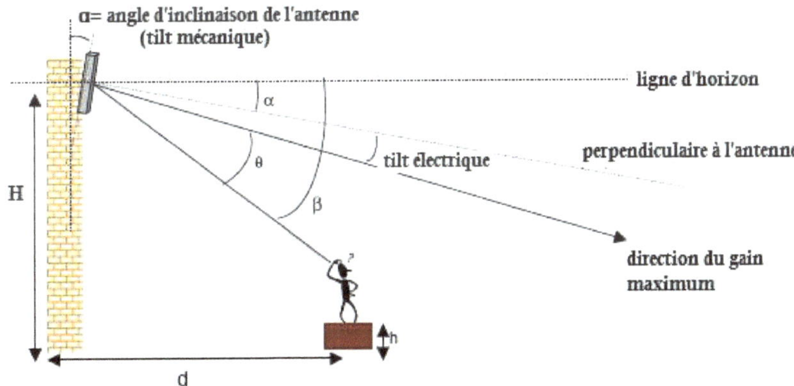

Figure 18: ***Décalage angulaire dans le plan vertical.***

Connaissant d, h et H on détermine le décalage par rapport à l'horizontale :

$$\beta = tan^{-1}((H - h)/d) \tag{1.30}$$

On a alors :

$$\theta = \beta - (\text{tilt mécanique} + \text{tilt électrique}) \text{ en } (°) \tag{1.31}$$

Les pertes de gain résiduel dans la direction θ sont mesurées sur le diagramme de rayonnement vertical de l'antenne pour l'angle θ.

I.5. Les paramètres S

Les paramètres S (de l'anglais Scattering parameters), coefficients de diffraction ou de répartition [7][8] décrivent le comportement électrique de réseaux électriques linéaires en fonction des signaux d'entrée, comme le gain, les pertes en réflexion, le rapport d'ondes stationnaires ou le coefficient de réflexion. Le terme 'diffraction' fait référence à la façon dont les signaux appliqués sur une ligne de transmission sont modifiés lorsqu'ils rencontrent une discontinuité causée par l'insertion d'un composant électronique sur la ligne. Ils sont utilisés régulièrement dans le domaine des hyperfréquences, et peuvent être mesurés grâce à des analyseurs de réseaux. Ils sont généralement représentés sous forme matricielle et leurs manipulations obéissent aux lois de l'algèbre linéaire.

1.1.1. Définition des ondes généralisées

La figure 19 représente le quadripôle décrivant le comportement électrique d'un réseau électrique linéaire.

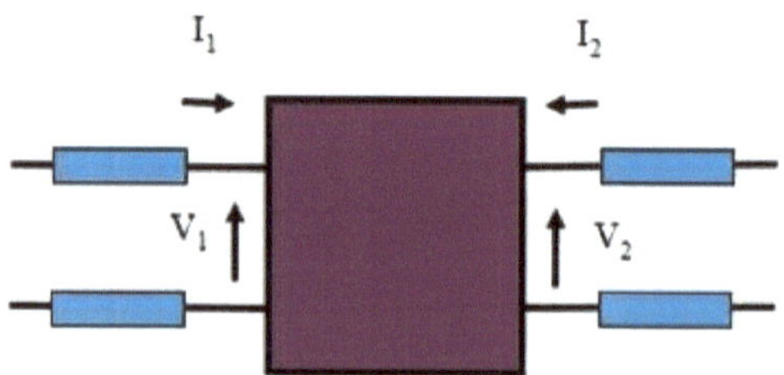

Figure 19: ***Quadripôle.***

On définit les paramètres suivants :

$$a_i = (V_i + Z_{ci} I_i)/2R_{ci} \quad \text{avec } R_c = \text{Re}\{Z_{ci}\} \tag{1.32}$$

$$b_i = (V_i - Z^*_{ci} I_i)/2R_{ci}$$

où:

a_i est l'onde incidente à l'accès "i"

b_i est l'onde réfléchie à l'accès "i"

Z_{ci} est l'impédance de référence au port "i"

Les impédances de références sont choisies arbitrairement mais pourraient être prises égales aux impédances caractéristiques des lignes de transmission incidentes aux accès.

L'onde réfléchie s'annule à l' "adaptation conjuguée", c-à-dire lorsque l'impédance que présente le quadripole à l'accès i est égale au conjugué de l'impédance de référence Z_{ci} :

$$V_i = Z^*_{ci} I_i$$

Ainsi nous obtenons, le système d'équations suivant :

$$b_1 = S_{11} a_1 + S_{12} a_2$$
$$b_2 = S_{21} a_1 + S_{22} a_2 \tag{1.33}$$

La figure 20 illustre une représentation matricielle du quadripôle de la figure 17.

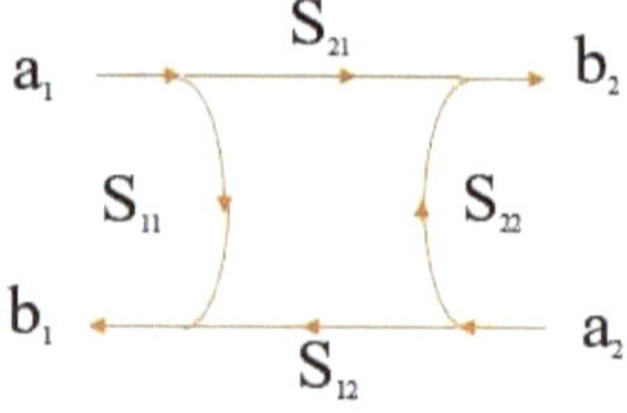

Figure 20: ***Graphe de transfert associé.***

1.1.2. Obtention des paramètres S

$$S_{11} = b_1 / a_1 \big|_{a_2=0} \qquad S_{12} = b_1 / a_2 \big|_{a_1=0}$$
$$S_{21} = b_2 / a_1 \big|_{a_2=0} \qquad S_{22} = b_2 / a_2 \big|_{a_1=0} \tag{1.34}$$

$$a_i = (V_i + Z_{ci} I_i)/2\sqrt{R_{ci}} \Rightarrow a_i = 0 \Leftrightarrow V_i = -Z_{ci} I_i$$

S_{ij} est obtenu en connectant à l'accès j une charge $Z_{Lj} = Z_{cj}$ c'est-à-dire une charge « adaptée » à l'impédance de référence comme illustré à la figure 21.

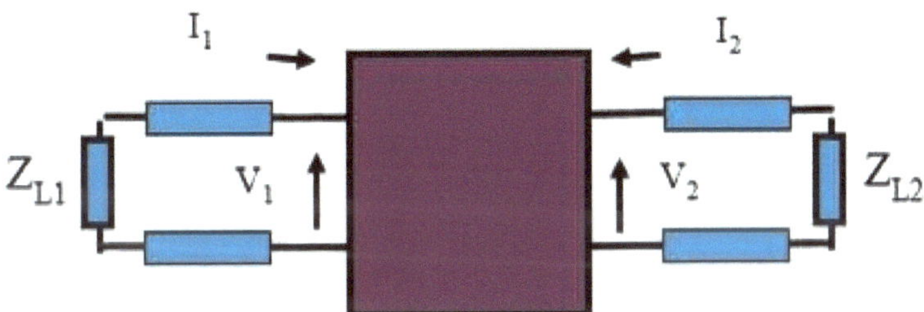

Figure 21:   ***Graphe d'obtention des paramètres.***

Si l'impédance caractéristique de référence est réelle alors l'adaptation est une adaptation ligne.

1.1.3. Intérêt des paramètres S

• Si $R_{ci} > 0$, et qu'une source d'impédance $Z_g = Z_{ci}$ est placée à l'accès i, la puissance disponible à l'accès "i" est $|a_i|^2$

• La puissance fournie à l'accès i est

$$P_{fi} = \mathrm{Re}(V_i I_i^*) = |a_i|^2 - |b_i|^2 \tag{1.35}$$

• La matrice de répartition est reliée aux coefficients de réflexion de façon immédiate si on suppose les impédances de référence réelles (ex. lignes d'accès à faibles pertes):

$$Z_{ci} = Z_{ci}^* = R_{ci}$$

(1.36)

$$a_i = (V_i + R_{ci} I_i)/2\sqrt{R_{ci}}$$
$$b_i = (V_i - R_{ci} I_i)/2\sqrt{R_{ci}} \tag{1.37}$$

$$S_{ii} = b_i / a_i \big|_{a_{j\neq i}=0} = \frac{(V_i - R_{ci} I_i)}{(V_i + R_{ci} I_i)} = \frac{(Z_i - R_{ci})}{(Z_i + R_{ci})} = \Gamma_i \tag{1.38}$$

$S_{11/22}$ est le facteur de réflexion (au sens ligne) obtenu à l'entrée/sortie du quadripôle lorsque sa sortie/entrée est chargée par une impédance Z_{cj} (condition pour que a_j soit nul).

I.6.   Types d'antennes

Les antennes peuvent être utilisées dans diverses applications. Suivant la structure et l'application, on distingue plusieurs types d'antennes tirés du livre de Balanis (2016) [5] qui présente dans le détail le calcul de leurs caractéristiques:

✓   Antennes filaires
✓   Antennes à ouverture
✓   Antennes microbandes
✓   Antennes à réseau d'éléments
✓   Antennes à réflecteur
✓   Antennes à lentilles

Le tableau 1 illustre quelques applications des antennes.

Liste non exhaustive des antennes utilisées en radiocommunication

Gamme de fréquence	Bande de fréquence	Applications	Types d'antennes
Radiodiffusion Sonore	GO - 150-285 KHz	-Radiodiffusion en AM -Communications lointaines -Signaux destinés à la localisation	-Antenne hélicoïdale -Dipôle de longueur finie -Antenne microstrip -Antenne verticale 1/4 d'onde -Antenne demi onde -Antenne à fils parallèles -Antenne à ferrite -Réseau linéaire -Réseau plan -Réseau circulaire -Dipôle infinitésimal
	OM – 520-1605 KHz		
Ondes courtes (OC)	4-26 Mhz	-Radiodiffusion AM -Réseaux mobile professionnelles CB -Postes téléphoniques sans cordon	
Radiodiffusion Télévisuelle (TV-FM)	Bande I : 47 – 68 MHz Bande III: 174–230 MHz Bande IV: 470-606 MHz Bande V: 606-862 MHz VHF : 30-300 MHz UHF : 300 – 1000 MHz	-Radiodiffusion FM -Télévision (Canal+ ; TF1) -Télécommandes (460 MHz)	-Antenne hélicoïdale -Antenne verticale ¼ d'onde -Antenne discone -Antenne Yagi -Antenne log périodique -Antenne en boucle circulaire -Réflecteur à 90 degrés
Tropicales	2300-2480 KHz 3200-3400 KHz	Antennes des véhicules	-Antenne log-périodique -Antenne télescopique

	3900-4000 KHz 4750-5060 KHz		
Transmissions satellitaires	Bande L : 1-2 GHz Bande S: 2-4 GHz Bande C: 4-8 GHz Bande X: 8-12.5 GHz Bande Ku: 12.5-18GHz Bande K: 18-26.5GHz Bande Ka:26.5-46 GH Bande V: 46-56 GHz	-Télé péage d'autoroute -Liaison inter satellites -Détecteur de Mvts et d'alerte	-Cornet pyramidal -Antenne parabolique -Antenne microstrip - Antenne plane rectangulaire
Radiocommunications mobiles	GSM : 890–960 MHz GSM : 1800 MHz UMTS:1940 – 2170MHz DECT : 1.88 - 1.99 Ghz Téléphone sans fil : 46-49 Mhz	Téléphonie mobile	-Antenne plane -Antenne hélicoïdale -Antennes Sectorielle -Antenne à ouverture circulaire -Antenne à ouverture rectangulaire
Radiodiffusion sonore	Bande II : 85,5 – 108 MHz	Radio FM	-Antenne hélicoïdale -Antenne verticale ¼d'onde -Antenne discone -Antenne Yagi -Antenne Log Périodique
Bandes amateurs	1.8-2 MHz 3.5 – 4 MHz 7- 7.3 MHz 14 – 14.35 MHz 21 – 21.45 MHz	Toutes les applications citées dans les autres bandes	-Antenne hélicoïdale -Dipôle de longueur finie -Antenne microstrip -Antenne verticale 1/4 d'onde -Antenne demi onde -Antenne à fils parallèles

	28 – 29.7 MHz		-Antenne à ferrite
	50 – 54 MHz		- Antenne à ouverturerectangulaire
	144 –148 MHz		
	220 – 225 MHz		-Antenne à ouverture circulaire
	420 – 450 MHz		-Cornet pyramidal
	115 – 1300 MHz		-Antenne log périodique
	2300 – 2450 MHz		-Antenne parabolique
	3300 – 3500 MHz		-Dipôle infinitésimal
	5650 – 5925 MHz		-Antenne Yagi
Radio et TV par satellites	Bande C: 4–8 GHz	Radio, TV satellites	-Cornet pyramidal
	10700-12500 MHz		-Antenne parabolique
			-Antenne microstrip
			-Antenne plane

- Nous présentons les formules (1.39) à (1.50) pour le calcul des caractéristiques et simulation de l'antenne dipôle de Hertz ou dipôle infinitésimale.

$$L = longueur\ de\ l'antenne \leq \frac{\lambda}{50}\ (dip\^ole\ de\ hertz)$$

$$E_r = \eta \frac{I_o L cos\theta}{2\pi r^2}\left[1 + \frac{1}{jkr}\right]e^{-jkr} \tag{1.39}$$

$$E_\theta = j\eta \frac{k I_o L sin\theta}{4\pi r}\left[1 + \frac{1}{jkr} - \frac{1}{(kr)^2}\right]e^{-jkr} \tag{1.40}$$

$$E_\emptyset = 0 \tag{1.41}$$

Dans les conditions de champ lointain $\frac{2\pi r}{\lambda} \gg 1$

$$E_r \simeq E_\emptyset = 0 \tag{1.42}$$

$$E_\theta \simeq j\eta \frac{k I_o L sin\theta}{4\pi r}e^{-jkr} \tag{1.43}$$

$$P_{rad} = \eta \left(\frac{\pi}{3}\right)\left|\frac{I_o L}{\lambda}\right|^2 \tag{1.44}$$

$$R_r = \eta \left(\frac{2\pi}{3}\right)\left(\frac{L}{\lambda}\right)^2 = 80\pi^2 \left(\frac{L}{\lambda}\right)^2 \tag{1.45}$$

$$U \simeq \frac{\eta}{2}\left(\frac{k I_o L}{4\pi}\right)^2 sin^2\theta \tag{1.46}$$

$$avec\ U_{max} = \frac{\eta}{2}\left(\frac{k I_o L}{4\pi}\right)^2 \tag{1.47}$$

$$\eta \simeq 120\pi\ ohms \tag{1.48}$$

$$D_o = 4\pi \frac{U_{max}}{P_{rad}} = \frac{3}{2} \tag{1.49}$$

$$A_{em} = \left(\frac{\lambda^2}{4\pi}\right)D_o = \frac{3\lambda^2}{8\pi} \tag{1.50}$$

Les figures 22, 23 et 24 représentent respectivement les caractéristiques d'une antenne dipôle infinitésimal ou hertz en coordonnées cartésien, polaire et sphérique. Nous donnons dans la suite les codes sources permettant cette simulation.

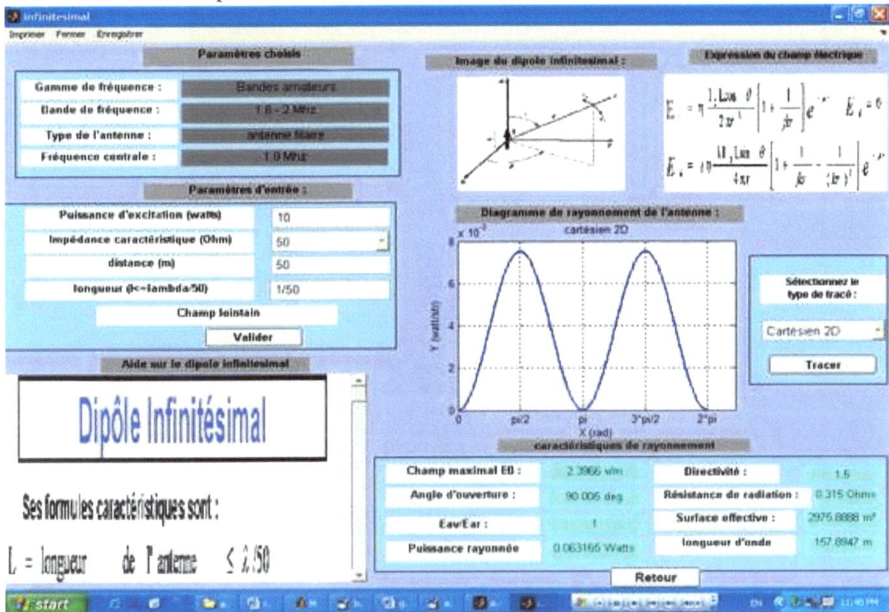

Figure 22:   ***Caractéristiques antenne dipôle infinitésimal en cartésien.***

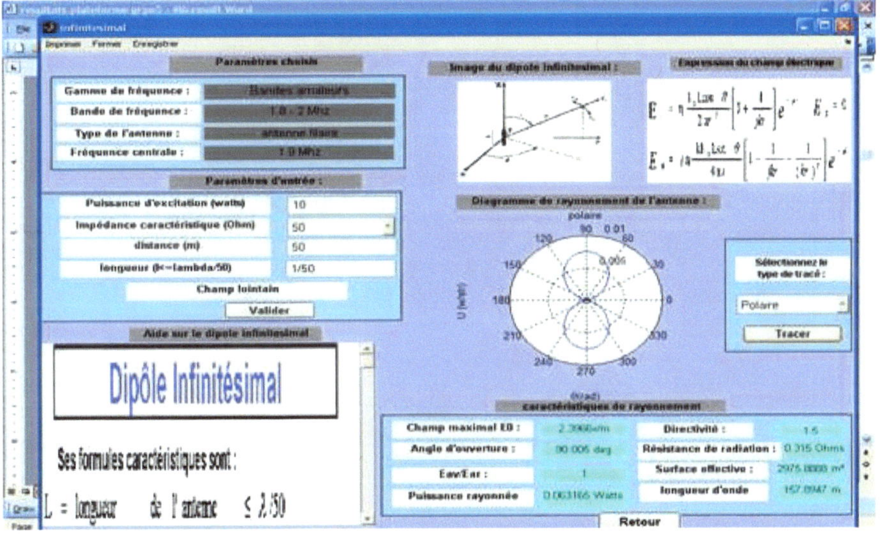

Figure 23:   ***Caractéristiques antenne dipôle infinitésimal en polaire.***

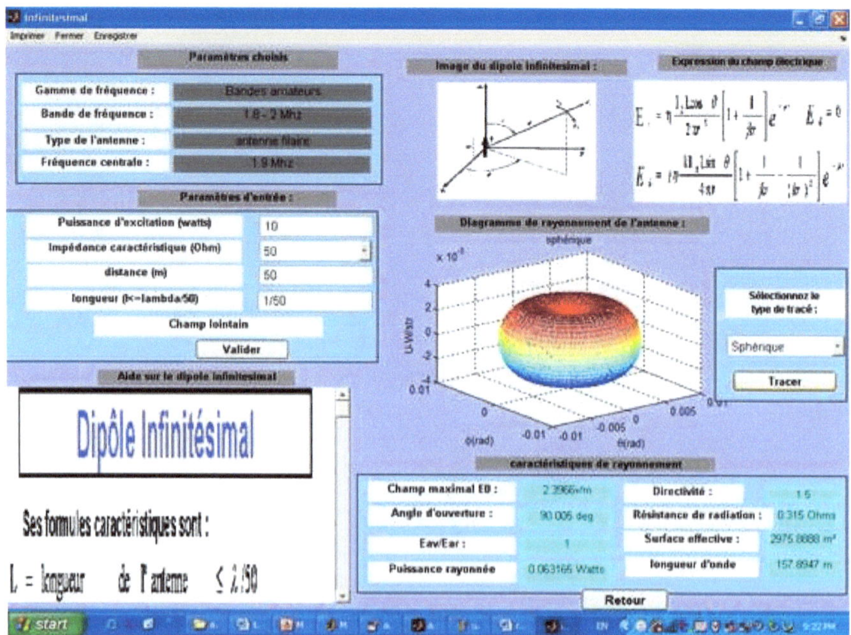

Figure 24:   Caractéristiques antenne dipôle infinitésimal en sphérique.

En considérant dans Code source 1 ci-après dipôle infini (puiss,impc,dist,freq,long) remplacer par dipôle infini(10,50,50,1.9,0.02), on obtient notamment les courbes des figures 22, 23 et 24.

Code source 1 :   Caractéristiques du dipôle infinitésimal ou hertz

```
function [aem, R, champmax,ouverture]=dipoleinfini(puiss,impc,dist,freq,long)
%puiss Puissance d'excitation (W)
%impc Impedance Caracteristique(ohm)
%dist Distance (m)
%freq Frequence centrale( MHz)
%long Longueur/lambda(<=1/50)
%aem surface effective
%R resistance de radiation
%champmax champs max
%ouverture angle d'ouverture
%calcul de la demi longueur d'onde
l=300/freq;
%calcul de la surface effective
aem=3*l^2/(8*pi);
%calcul de la resistance de radiation
Rr=80*pi^2*(long)^2;
R=(floor(Rr*1000))/1000;
%calcul de IO
IO=sqrt(2*puiss/impc);
```

```matlab
%calcul de la puissance rayonnee
Pr=0.5*(IO)^2*Rr;
% Calcul du champs max
 champmax=60*(IO)*long*l/dist;
champmax=(floor(champmax*10000))/10000;
%calcul de l'angle d'ouverture
theta=0:0.0001:2*pi;
vect=sqrt(abs((sin(theta)).^2));
a=max(vect);
for i=1:length(vect)
   if vect(i)==a
      b=i;
      break;
   end
end
e=b;
c=0;
while c==0
   b=b+1;
   if (a/sqrt(2)-vect(b))>=0
      c=1;
   end
end
theta1=theta(b);
c=0;
while c==0
   b=b-1;
   if (a/sqrt(2)-vect(b))>=0
      c=1;
   end
end
theta2=theta(b);
ouverture=(abs(theta1-theta2)/pi)*180;
ouverture=(floor(ouverture*1000))/1000;
if long <=(1/50)
%Cartesien 2D
figure(1)
    x=0:pi/100:2*pi;
    y=(15*(IO)^2*pi*(long)^2)*abs((sin(x)).^2);
    plot(x,y,'LineWidth',1)
    grid on
    xlabel('X (rad)')
    ylabel('Y (watt/str)')
    title('Diagramme de rayonnement de l''antenne cartésien 2D')
%polaire
figure(2)
    theta = (0:pi/100:2*pi);
    r =-(15*(IO)^2*pi*long^2)*abs((sin(theta)).^2);
    polar(theta,r)
```

```matlab
    xlabel('\theta(rad)')
    ylabel('U (w/str)')
    title('Diagramme de rayonnement de l''antenne polaire')
%Spherique
figure(3)
    theta = (0:pi/50:pi);
    phi = (0:pi/100:2*pi);
    [theta,phi]=meshgrid(theta,phi);
    r=(15*(IO)^2*pi*long^2)*abs((sin(theta)).^2);
    x=r.* sin(theta).* cos(phi);
    y=r.* sin(theta).* sin(phi);
    z=r.* cos(theta);
    mesh(x,y,z)
    xlabel('\theta(rad)')
    ylabel('\phi(rad)')
    zlabel('U-W/str')
    title('Diagramme de rayonnement de l''antenne sphérique')
%Cartesien 3D
figure(4)
    Xc=linspace(0,2*pi,80);
    Yc=linspace(0,2*pi,80);
    [Xc,Yc]=meshgrid(Xc,Yc);
    Zc=(15*(IO)^2*pi*long^2)*abs((sin(Xc)).^2);
    mesh(Xc,Yc,Zc)
    xlabel('X (rad)')
    ylabel('Y (rad)')
    zlabel('Z(U-W/str)')
    title('Diagramme de rayonnement de l''antenne cartésien 3D') end
```

- **Nous présentons les formules (1.51) à (1.57) pour le calcul des caractéristiques et simulation de l'antenne dipôle de demi-onde.**

Dans les conditions de champ lointain $\frac{2\pi r}{\lambda} \gg 1$

$$E_\theta \simeq j\eta \frac{I_o e^{-jkr}}{2\pi r}\left[\frac{\cos\left(\frac{\pi}{2}\cos\theta\right)}{\sin\theta}\right] \tag{1.51}$$

$$U \simeq \eta \frac{|I_0|^2}{8\pi^2} \sin^3\theta \tag{1.52}$$

$$P_{rad} = \eta \frac{|I_0|^2}{8\pi} C_{in}(2\pi) \tag{1.53}$$

$$C_{in}(2\pi) = 0{,}5772 + \ln(2\pi) - C_i(2\pi) \simeq 2{,}435 \tag{1.54}$$

$$C_i = \ cosinus\ intégral$$

$$R_r = \frac{2P_{rad}}{|I_0|^2} = \frac{\eta}{4\pi} C_{in}(2\pi) \simeq 73 \tag{1.55}$$

$$D_o = 4\pi \frac{U_{max}}{P_{rad}} = \frac{4}{C_{in}(2\pi)} \simeq 1{,}643 \tag{1.56}$$

$$A_{em} = \left(\frac{\lambda^2}{4\pi}\right) D_o \simeq 0{,}13\lambda^2 \tag{1.57}$$

Les figures 25, 26, 27 et 28 représentent respectivement les caractéristiques d'une antenne dipôle demi-onde en coordonnées cartésien, polaire, sphérique et cartésien 3D.

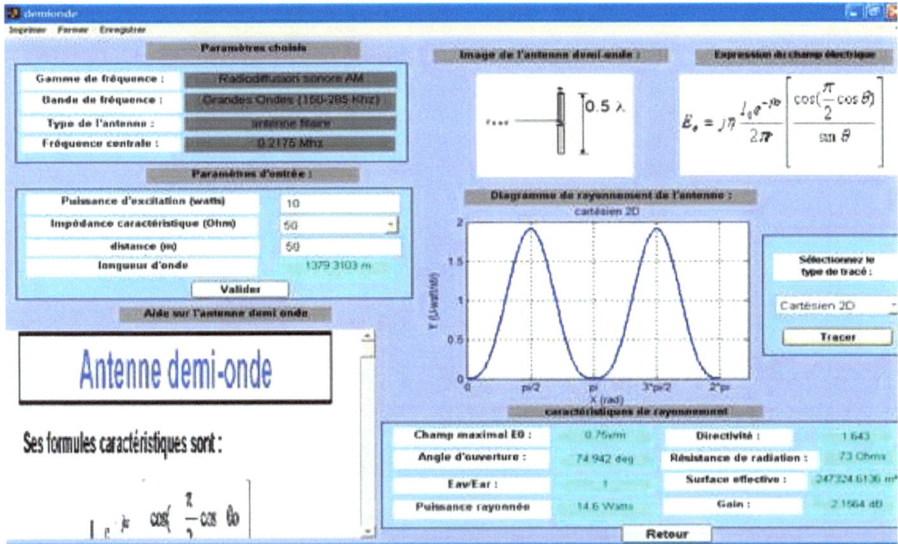

Figure 25:   Caractéristiques antenne dipôle demi-onde en cartésien.

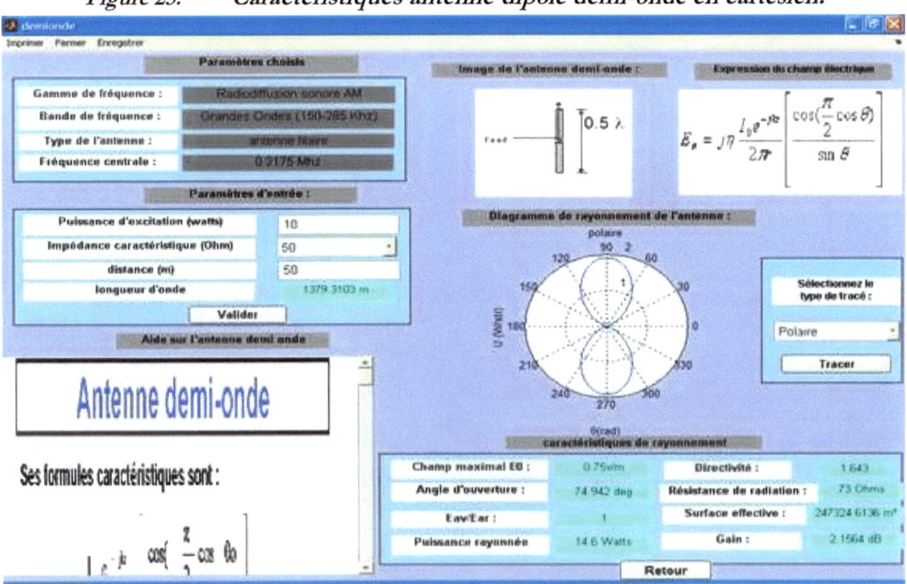

Figure 26:   Caractéristiques antenne dipôle demi-onde en polaire.

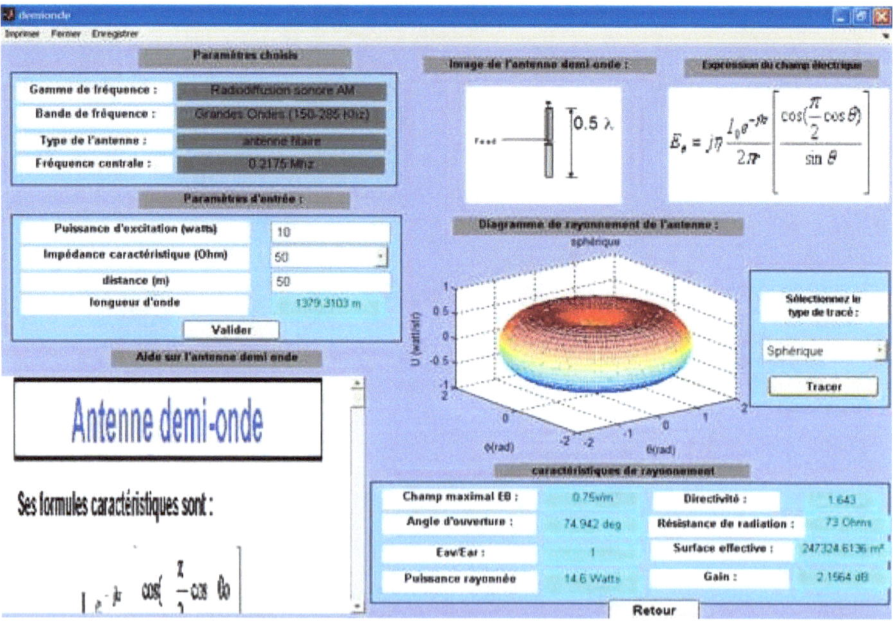

Caractéristiques antenne dipôle demi-onde en sphérique.

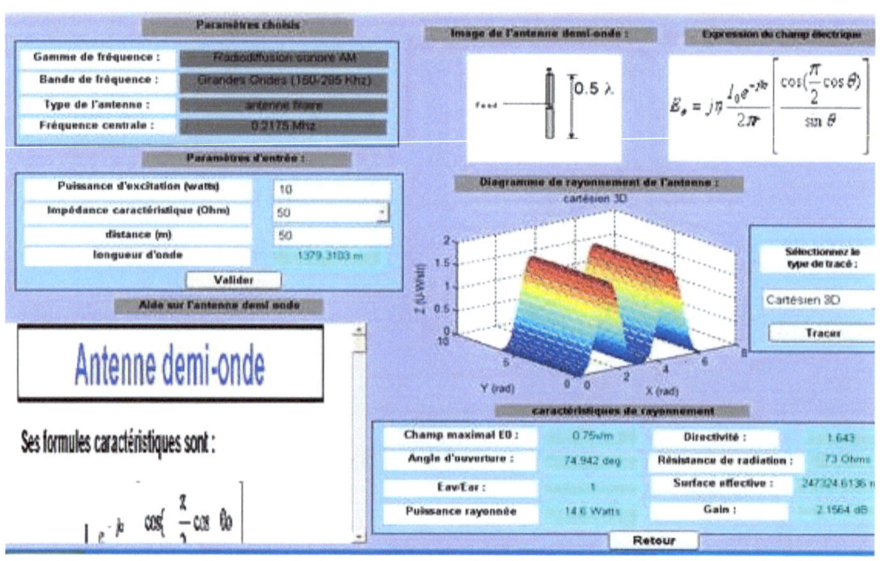

Figure 27:   Caractéristiques antenne dipôle demi-onde en cartésien 3D.

En considérant dans Code source 2 ci-après demi-onde (puiss, impc, dist, freq) remplacer par demi-onde (10,50,50,0.2175), on obtient notamment les courbes des figures 25, 26, 27 et 28.

Code source 2 :   Caractéristiques antenne dipôle demi-onde

```
function[aem,                                                    Rr,
champmax,ouverture]=demionde(puiss,impc,dist,freq)
```

```matlab
%puiss Puissance d'excitation (W)
%impc Impedance Caracteristique(ohm)
%dist Distance (m)
%freq Frequence centrale( MHz)
%aem surface effective
%Rr resistance de radiation
%champmax champs max
%ouverture angle d'ouverture

%calcul de la demi longueur d'onde
l=300/freq;
%calcul de la surface effective
aem=0.13*4*l^2;
%calcul de la resistance de radiation
Rr=73;
%calcul de IO
IO=sqrt(2*puiss/impc);
%calcul de la puissance rayonnee
Pr=0.5*(IO)^2*Rr;
% Calcul du champs max
champmax=60*(IO)/dist;
champmax=(floor(champmax*100))/100;
%calcul de l'angle d'ouverture
theta=0:0.0001:2*pi;
vect=sqrt(abs((sin(theta)).^3));


a=max(vect);
for i=1:length(vect)
    if vect(i)==a
        b=i;
        break;
    end
end
e=b;
c=0;
while c==0
    b=b+1;
    if (a/sqrt(2)-vect(b))>=0
        c=1;
    end
end
theta1=theta(b);
c=0;
while c==0
    b=b-1;
    if (a/sqrt(2)-vect(b))>=0
        c=1;
    end
end
```

```matlab
end
theta2=theta(b);
ouverture=(abs(theta1-theta2)/pi)*180;
ouverture=(floor(ouverture*1000))/1000;
%Cartesien 2D
figure(1)
        x=0:pi/100:2*pi;
        y=((15*(IO)^2)/pi)*abs((sin(x)).^3);
        plot(x,y,'LineWidth',2)
        grid on label('X (rad)')
        ylabel('Y (U-watt/str)')
        title('Diagramme de rayonnement de l''antenne cartésien
2D')
%polaire
figure(2)
        theta = (0:pi/100:2*pi);
        r =((15*(IO)^2)/pi)*abs((sin(theta)).^3);
        polar(theta,r)
        xlabel('\theta(rad)')
        ylabel('U (W/str)')
        title('Diagramme de rayonnement de l''antenne polaire')
%Spherique
figure(3)
        theta = (0:pi/50:pi);
        phi = (0:pi/100:2*pi);
        [theta,phi]=meshgrid(theta,phi);
        r=((15*(IO)^2)/pi)*abs((sin(theta)).^3);
        x=r.* sin(theta).* cos(phi);
        y=r.* sin(theta).* sin(phi);
        z=r.* cos(theta);
        mesh(x,y,z)
        xlabel('\theta(rad)')
        ylabel('\phi(rad)')
        zlabel('U (watt/str)')
        title('Diagramme de rayonnement de l''antenne sphérique')
%Cartesien 3D
figure(4)
        Xc=linspace(0,2*pi,80);
        Yc=linspace(0,2*pi,80);
        [Xc,Yc]=meshgrid(Xc,Yc);
Zc=((15*(IO)^2)/pi)*abs((sin(Xc)).^3);
        mesh(Xc,Yc,Zc)
        xlabel('X (rad)')
        ylabel('Y (rad)')
        zlabel('Z (U-W/str)')
        title('Diagramme de rayonnement de l''antenne cartésien
3D')
```

-     **Nous présentons les formules (1.58) à (1.63) pour le calcul des caractéristiques et simulation de l'antenne dipôle vertical quart d'onde.**

Dans les conditions de champ lointain $\frac{2\pi r}{\lambda} \gg 1$

$$E_\theta \simeq j\eta\, \frac{I_o e^{-jkr}}{2\pi r}\left[\frac{cos\left(\frac{\pi}{4}cos\theta\right)-\frac{\sqrt{2}}{2}}{sin\theta}\right] \tag{1.58}$$

$$U \simeq \eta\, \frac{|I_0|^2}{8\pi^2}\left[\frac{cos\left(\frac{\pi}{4}cos\theta\right)-\frac{\sqrt{2}}{2}}{sin\theta}\right]^2 \tag{1.59}$$

$$P_{rad} = \eta\, \frac{|I_0|^2}{4\pi}\left\{C + \ln(kl) - C_i(kl) + \frac{1}{2}\sin(kl)\left[S_i(2kl) - 2S_i(kl)\right]\right\} \tag{1.60}$$

avec $l = \frac{\lambda}{4}$

$S_i = sinus\ intégral, C_i = cosinus\ intégral\ et\ C = constante\ d'Euler = 0,5772$

$$R_r = \frac{2P_{rad}}{|I_0|^2} \approx 6,72 \tag{1.61}$$

$$D_o = 4\pi\, \frac{U_{max}}{P_{rad}} \approx 8,9286 \tag{1.62}$$

$$A_{em} = \left(\frac{\lambda^2}{4\pi}\right)D_o \simeq 0,71\lambda^2 \tag{1.63}$$

Les figures 29, 30, 31 et 32 représentent respectivement les caractéristiques d'une antenne dipôle vertical quart d'onde en coordonnées cartésien, polaire, sphérique et cartésien 3D.

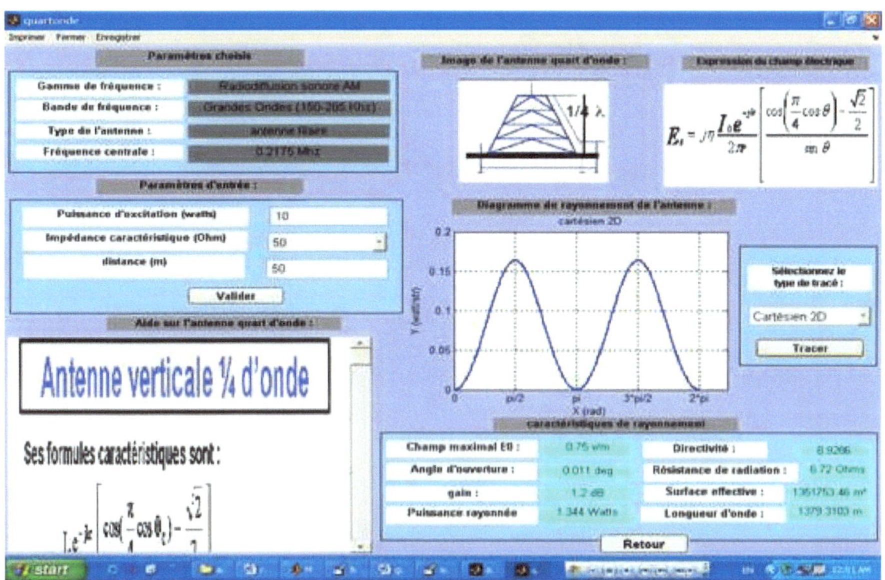

Figure 28:   *Caractéristiques antenne dipôle verticale quart d'onde en cartésien.*

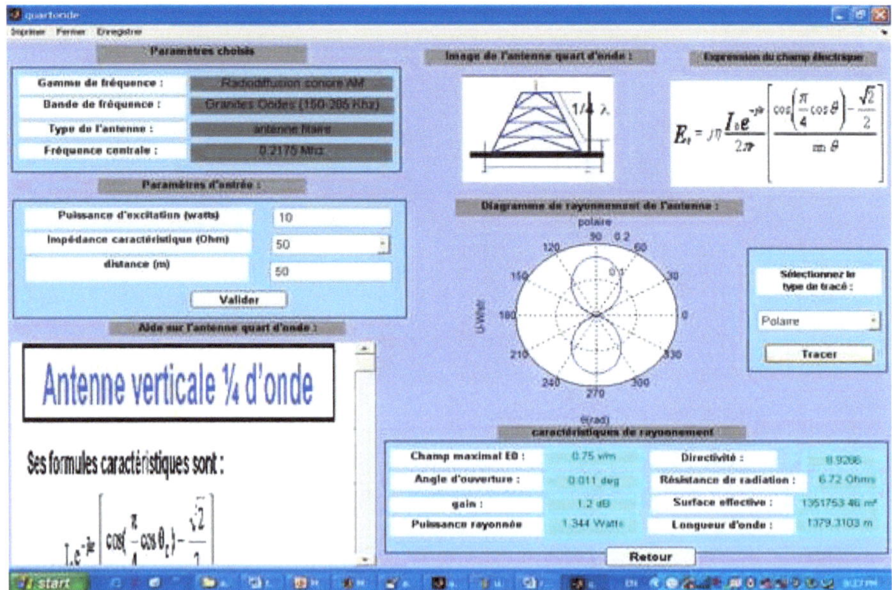

Figure 29: **Caractéristiques antenne dipôle verticale quart d'onde en polaire.**

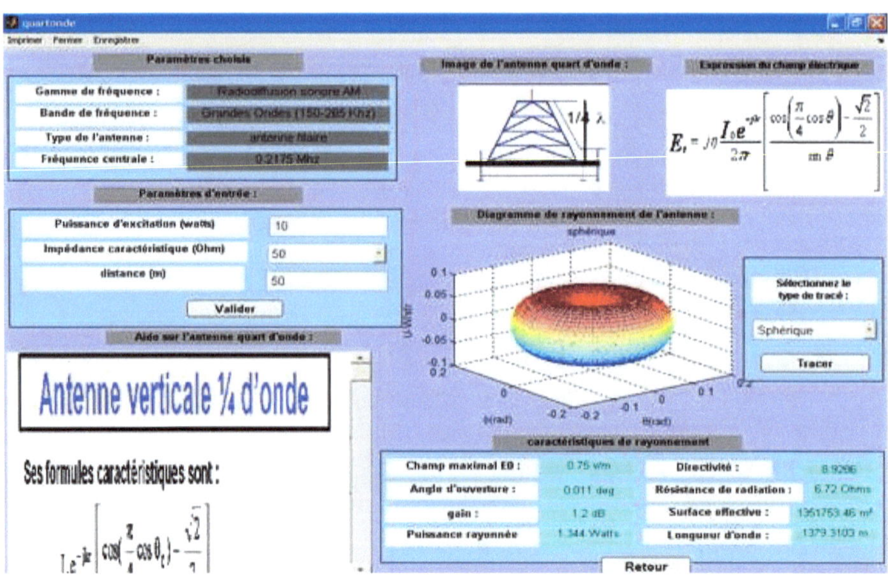

Figure 30: **Caractéristiques antenne dipôle verticale quart d'onde en sphérique.**

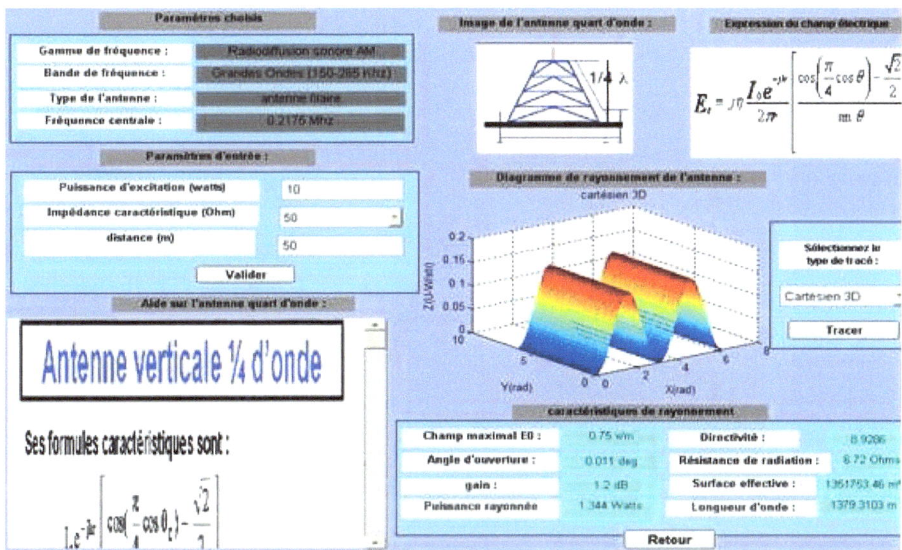

Figure 31:   *Caractéristiques antenne dipôle verticale quart d'onde en cartésien 3D.*

En considérant dans Code source 3 ci-après quartonde (puiss,impc,dist,freq) remplacer par quartonde (10,50,50,0.2175), on obtient notamment les courbes des figures 29, 30, 31 et 32.

Code source 3 :   *Caractéristiques antenne dipôle verticale quart d'onde*

```matlab
function                         [aem,                    Rr,
champmax,ouverture]=quartonde(puiss,impc,dist,freq)
%puiss Puissance d'excitation (W)
%impc Impedance Caracteristique(ohm)
%dist Distance (m)
%freq Frequence centrale( MHz)
%aem surface effective
%Rr resistance de radiation
%champmax champs max
%ouverture angle d'ouverture

%calcul de la demi longueur d'onde
l=300/freq;
%calcul de la surface effective
aem=8.9286*(l^2)/(4*pi);
aem=(floor(aem*100))/100
%calcul de IO
IO=sqrt(2*puiss/impc);
%calcul de la puissance rayonnee
Pr=3.36*(IO)^2;
%calcul de la resistance de radiation
Rr=2*Pr/(IO^2)
% Calcul du champs max
```

```matlab
champmax=60*IO/dist;
champmax=(floor(champmax*100))/100
%calcul de l'angle d'ouverture
theta=pi/30:0.0001:2*pi;
vect=abs(((cos((pi/4).*cos(theta))-0.707)./sin(theta)).^2);
a=max(vect);
for i=1:length(vect)
    if vect(i)==a
        b=i;
        break;

    end
end
e=b;
c=0;
while c==0
    b=b+1;
    if (a./sqrt(2)-vect(b))>=0
        c=1;
    end
end
theta1=theta(b);
c=0;
while c==0
    b=b-1;
    if (a/sqrt(2)-vect(b))>=0
        c=1;
    end
end
theta2=theta(b);
ouverture=(abs(theta1-theta2)/pi)*180;
ouverture=(floor(ouverture*1000))/1000

%Cartesien 2D
figure(1)
    x=pi/300:pi/100:2*pi;
    y=((15*(IO)^2)/pi)*abs(((cos((pi/4).*cos(x))-
cos(pi/4))./sin(x)).^2);
    plot(x,y,'LineWidth',2)
    grid on
    xlabel('X (rad)')
    ylabel('Y (U-watt/str)')
    title('Diagramme de rayonnement de l''antenne cartésien
2D')
%polaire
figure(2)
    theta = pi/300:pi/100:2*pi;
    r        =((15*(IO)^2)/pi)*abs(((cos((pi/4).*cos(theta))-
cos(pi/4))./sin(theta)).^2);
```

```matlab
        polar(theta,r)
        xlabel('\theta(rad)')
        ylabel('U (W/str)')
        title('Diagramme de rayonnement de l''antenne polaire')
%Spherique
figure(3)
        theta = (pi/300:pi/50:pi);
        phi = (0:pi/100:2*pi);
        [theta,phi]=meshgrid(theta,phi);
        r          =((15*(IO)^2)/pi)*abs(((cos((pi/4).*cos(theta))-
cos(pi/4))./sin(theta)).^2);
        x=r.* sin(theta).* cos(phi);
        y=r.* sin(theta).* sin(phi);
        z=r.* cos(theta);
        mesh(x,y,z)
        xlabel('\theta(rad)')
        ylabel('\phi(rad)')
        zlabel('U (watt/str)')
        title('Diagramme de rayonnement de l''antenne sphèrique')
%Cartesien 3D
figure(4)
        Xc=pi/300:pi/50:2*pi;
        Yc=(0:pi/100:2*pi);
        [Xc,Yc]=meshgrid(Xc,Yc);

    Zc=((15*(IO)^2)/pi)*abs(((cos((pi/4).*cos(Xc))-
cos(pi/4))./sin(Xc)).^2);
        mesh(Xc,Yc,Zc)
        xlabel('X (rad)')
        ylabel('Y (rad)')
        zlabel('Z (U-W/str)')
        title('Diagramme de rayonnement de l''antenne cartésien
3D')
```

Nous présentons les formules (1.64) à (1.71) pour le calcul des caractéristiques et simulation de l'antenne dipôle de longueur finie.

Dans les conditions de champ lointain $\frac{2\pi r}{\lambda} \gg 1$

$l = longueur\ de\ l'antenne$ (f(λ))

$$k = \frac{2\pi}{\lambda}$$

$\eta \simeq 120\pi$ ohms

$$E_\theta \simeq j\eta \frac{I_o e^{-jkr}}{2\pi r}\left[\frac{cos\left(\frac{kl}{2}cos\theta\right)-cos\left(\frac{kl}{2}\right)}{sin\theta}\right] \tag{1.64}$$

$$U \simeq \eta \frac{|I_0|^2}{8\pi^2}\left[\frac{cos\left(\frac{kl}{2}cos\theta\right)-cos\left(\frac{kl}{2}\right)}{sin\theta}\right]^2 \tag{1.65}$$

$$P_{rad} = \eta \frac{|I_0|^2}{4\pi}Q \tag{1.66}$$

$S_i = sinus\ intégral, C_i = cosinus\ intégral\ et\ C = constante\ d'Euler = 0{,}5772$

$$Q = C + \ln(kl) - C_i(kl) + \frac{1}{2}\sin(kl)\,[S_i(2kl) - 2S_i(kl)] + \frac{1}{2}\cos(kl)[C + \ln(kl/2) +$$
$$C_i(2kl) - 2C_i(kl)] \qquad (1.67)$$

$$R_r = \frac{2P_{rad}}{|I_0|^2} \qquad (1.68)$$

$$D_o = 2\,\frac{F(\theta)|_{max}}{Q} \qquad (1.69)$$

$$\text{avec } F(\theta) = \left[\frac{\cos\left(\frac{kl}{2}\cos\theta\right) - \cos\left(\frac{kl}{2}\right)}{\sin\theta}\right]^2 \qquad (1.70)$$

$$A_{em} = \left(\frac{\lambda^2}{4\pi}\right)D_o \qquad (1.71)$$

Les figures 33, 34, 35 et 36 représentent respectivement les caractéristiques d'une antenne dipôle de longueur finie en coordonnées cartésien, polaire, sphérique et cartésien 3D.

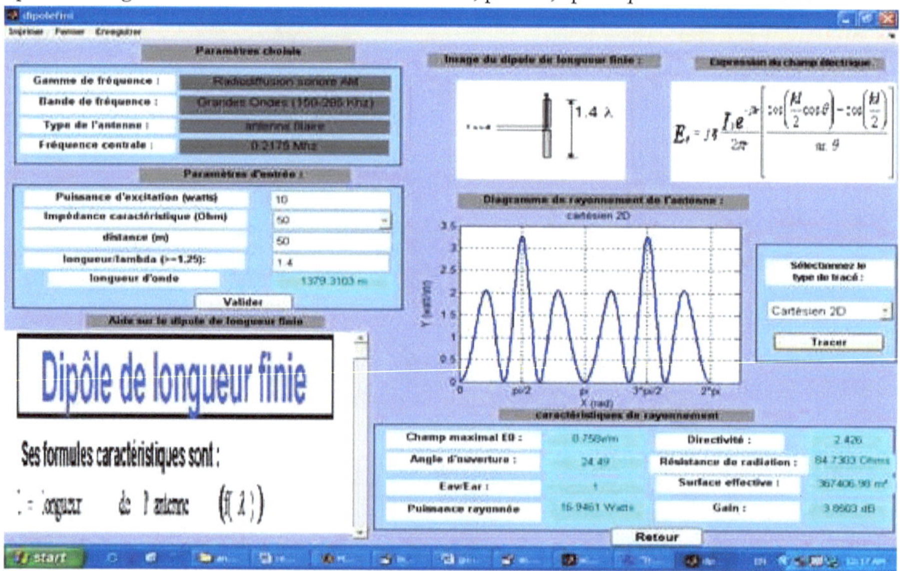

Figure 32:   ***Caractéristiques antenne dipôle de longueur finie en cartésien.***

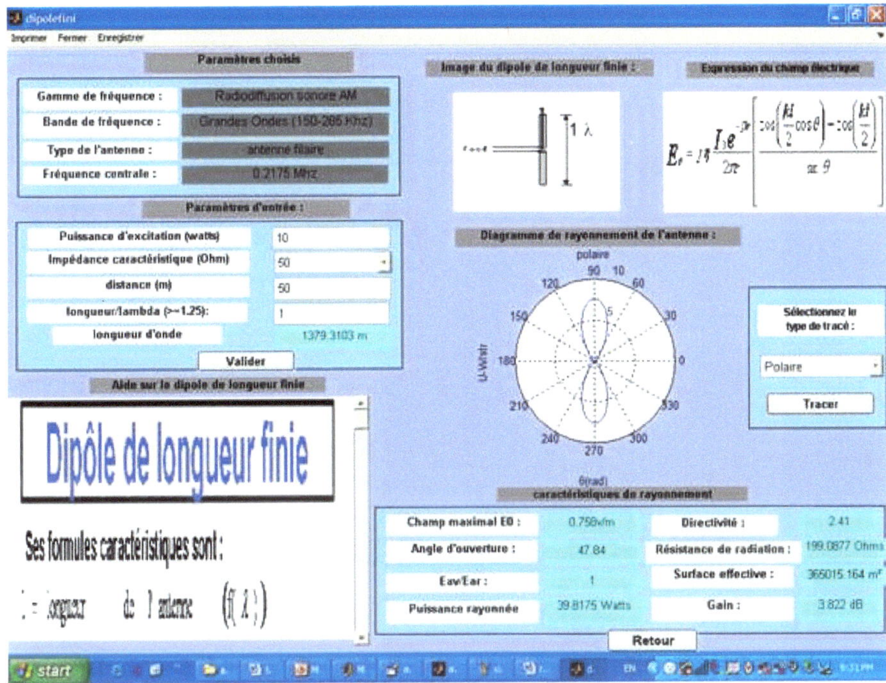

Figure 33:   **Caractéristiques antenne dipôle de longueur finie en polaire.**

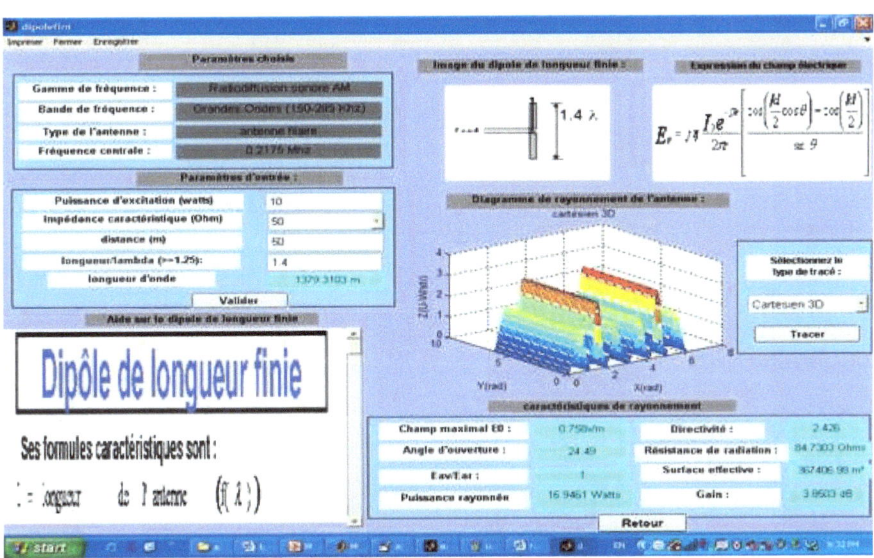

Figure 34:   **Caractéristiques de l'antenne dipôle de longueur finie en cartésien 3D.**

En considérant dans Code source 4 ci-après dipolefini (puiss,impc,dist,freq,long) remplacer par dipolefini (10,50,50,1.4), on obtient notamment les courbes des figures 33, 34, 35 et 36.

Code source 4 :   ***Caractéristiques antenne dipôle verticale quart d'onde***

```matlab
function [aem, Rr,
champmax,ouverture,directivite]=dipolefini(puiss,impc,dist,freq,lo
ng)
%puiss Puissance d'excitation (W)
%impc Impedance Caracteristique(ohm)
%dist Distance (m)
%freq Frequence centrale( MHz)
%long (Longueur/lambda(>=1.25)
%aem surface effective
%R resistance de radiation
%champmax champs max
%ouverture angle d'ouverture

%calcul de la demi longueur d'onde
l=300/freq;
%calcul de la resistance de radiation
gamma=0.5772156649015328606065120;% constante d'Euler
%calcul de la resistance de radiation
eta=120*pi;
 k=2*pi/l;
Rr=(eta/(2*pi))*(gamma+log(k*l*long)-
cosint(k*l*long)+0.5*sin(k*l*long)*(sinint(2*k*l*long)-
2*sinint(k*long*l))+0.5*cos(k*long*l)*(gamma+log(k*l*long/2)+cosin
t(2*k*l*long)-2*cosint(k*l*long)))
%calcul de IO
IO=sqrt(2*puiss/impc);
%calcul de la puissance rayonnee
Pr=0.5*(IO)^2*Rr
% Calcul du champs max
k=2*pi*freq/300;
eta=120*pi;
champmax=eta*IO/(2*pi*dist);
champmax=(floor(champmax*1000))/1000
%calcul de la directivite
eta=120*pi;
theta=0:0.0001:pi;
fdtheta=((cos(0.5*k*long*l*cos(theta+eps))-
cos(k*long*l*0.5))./(sin(theta+eps))).^2;
maxfdtheta=max(fdtheta);
q=Rr*2*pi/eta;
directivite1=2*maxfdtheta/q;
directivite=(floor(directivite1*1000))/1000
%calcul du gain
gain=10*log10(directivite)
%calcul de la surface effective
aem=l^2*directivite/(4*pi);
aem=(floor(aem*1000))/1000
```

```matlab
%angle d'ouverture
theta=0:0.0001:2*pi;
vect=abs((cos(0.5*k*long*l*cos(theta+eps))-
cos(k*long*l*0.5))./(sin(theta+eps)));
a=max(vect);
for i=1:length(vect)
    if vect(i)==a
        b=i;
        break;
    end
end
e=b;
c=0;
while c==0
    b=b+1;
    if (a/sqrt(2)-vect(b))>=0
        c=1;
    end
end
theta1=theta(b);
c=0;
while c==0
    b=b-1;
    if (a/sqrt(2)-vect(b))>=0
        c=1;
    end
end
theta2=theta(b);
ouverture=(abs(theta1-theta2)/pi)*180
%calcul de Eav/Ear
theta=0:0.0001:2*pi;
vect=abs((cos(0.5*k*long*l*cos(theta+eps))-
cos(k*l*long*0.5))./(sin(theta+eps)));
indice=[];
for i=2:length(vect)-1
    if vect(i+1)>vect(i)
        continue;
    elseif vect(i)>=vect(i-1)
        indice=[indice i];
    end
end
for i=1:length(indice)
    resultats(i)=vect(indice(i));
end
eav=max(resultats);
for i=1:length(resultats)
    if eav==resultats(i)

        zz=i;
```

```matlab
    end
end
resultats(zz)=[];
ear=max(resultats);%le deuxieme maximum
Eav1=eav/ear;
k=2*pi/l;
umax=120*pi*IO^2/(8*pi^2);
%Cartesien 2D
figure(1)
        x=0:pi/100:2*pi;
        y=abs(umax*((cos(0.5*k*l*long*cos(x+eps))-
cos(k*long*l*0.5))./(sin(x+eps))).^2);
        plot(x,y,'LineWidth',2)
        grid on
        xlabel('X (rad)')
        ylabel('Y (U-watt/str)')
        title('Diagramme de rayonnement de l''antenne cartésien
2D')
%polaire
figure(2)
        theta = (0:pi/100:2*pi);
        r =abs(umax*((cos(0.5*k*long*l*cos(theta+eps))-
cos(k*long*l*0.5))./(sin(theta+eps))).^2);
        polar(theta,r)
        xlabel('\theta(rad)')
        ylabel('U (W/str)')
        title('Diagramme de rayonnement de l''antenne polaire')
%Spherique
figure(3)
        theta = linspace(0,pi,80);
        phi = linspace(0,2*pi,80);
        [theta,phi]=meshgrid(theta,phi);
        r =abs(umax*((cos(0.5*k*long*l*cos(theta+eps))-
cos(k*long*l*0.5))./(sin(theta+eps))).^2);
        x=r.* sin(theta).* cos(phi);
        y=r.* sin(theta).* sin(phi);
        z=r.* cos(theta);
        mesh(x,y,z)
        xlabel('\theta(rad)')
        ylabel('\phi(rad)')
        zlabel('U (watt/str)')
        title('Diagramme de rayonnement de l''antenne sphérique')
%Cartesien 3D
figure(4)
        Xc=linspace(0,2*pi,80);
        Yc=linspace(0,2*pi,80);
        [Xc,Yc]=meshgrid(Xc,Yc);
```

```matlab
        Zc=abs(umax*((cos(0.5*k*long*l*cos(Xc+eps))-
cos(k*l*long*0.5))./(sin(Xc+eps))).^2);
        mesh(Xc,Yc,Zc)
        xlabel('X (rad)')
        ylabel('Y (rad)')
        zlabel('Z (U-W/str)')
        title('Diagramme de rayonnement de l''antenne cartésien
3D')
```

- **Nous présentons les formules (1.72) à (1.78) pour le calcul des caractéristiques et simulation de l'antenne dipôle verticale avec effet du plan de masse.**

Dans les conditions de champ lointain $\frac{2\pi r}{\lambda} \gg 1\ et\ r \gg h$

$h = hauteur\ du\ centre\ de\ l'antenne\ au\ plan\ de\ masse\ ,\ k = \frac{2\pi}{\lambda}$

$\eta \simeq 120\pi$ Ohms

$$\left.\begin{array}{l} E_\theta \simeq j\eta \dfrac{kI_0 l e^{-jkr}}{4\pi r}\sin\theta[2\cos(kh\cos\theta)]\quad pour\ z \geq 0 \\[2mm] E_\theta = 0 \hspace{5.5cm} pour\ z < 0 \end{array}\right\} \tag{1.72}$$

$$P_{rad} = \eta\pi\frac{|I_0 l|^2}{\lambda^2}\left[\frac{1}{3} - \frac{\cos(2kh)}{(2kh)^2} + \frac{\sin(2kh)}{(2kh)^3}\right] \tag{1.73}$$

$$U = \frac{\eta}{2}\frac{|I_0 l|^2}{\lambda^2}\sin^2\theta\cos^2(kh\cos\theta) \tag{1.74}$$

$$U_{max} = \frac{\eta}{2}\frac{|I_0 l|^2}{\lambda^2} \tag{1.75}$$

$$D_o = 4\pi\frac{U_{max}}{P_{rad}} = \frac{2}{\left[\frac{1}{3} - \frac{\cos(2kh)}{(2kh)^2} + \frac{\sin(2kh)}{(2kh)^3}\right]} \tag{1.76}$$

$$R_r = \frac{2P_{rad}}{|I_0|^2} = 2\pi\eta\left(\frac{l}{\lambda}\right)^2\left[\frac{1}{3} - \frac{\cos(2kh)}{(2kh)^2} + \frac{\sin(2kh)}{(2kh)^3}\right] \tag{1.77}$$

$$A_{em} = \left(\frac{\lambda^2}{4\pi}\right)D_o \tag{1.78}$$

Les figures 36 et 37 représentent respectivement les caractéristiques d'une antenne dipôle verticale avec effet du plan de masse en coordonnées cartésien et polaire.

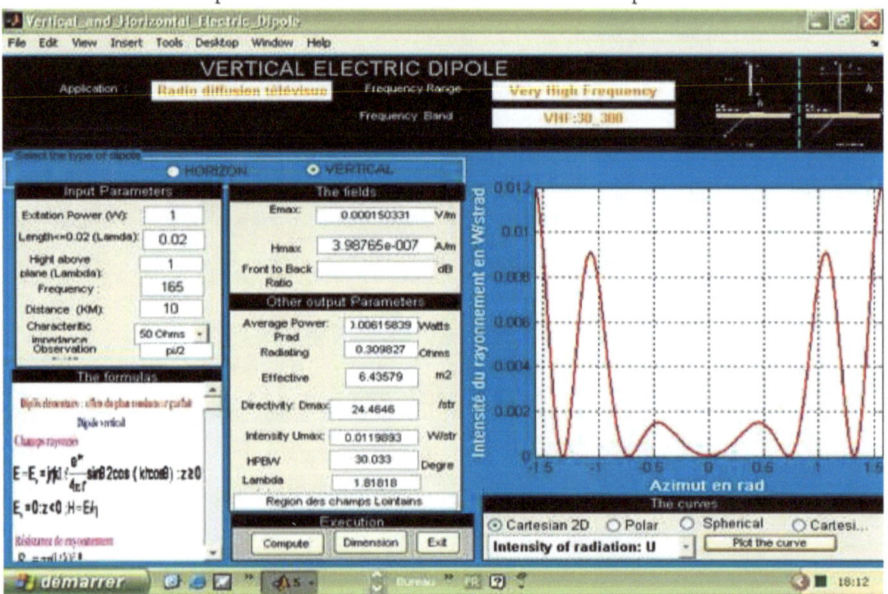

Figure 35:   Caractéristiques antenne dipôle verticale avec plan de masse en cartésien.

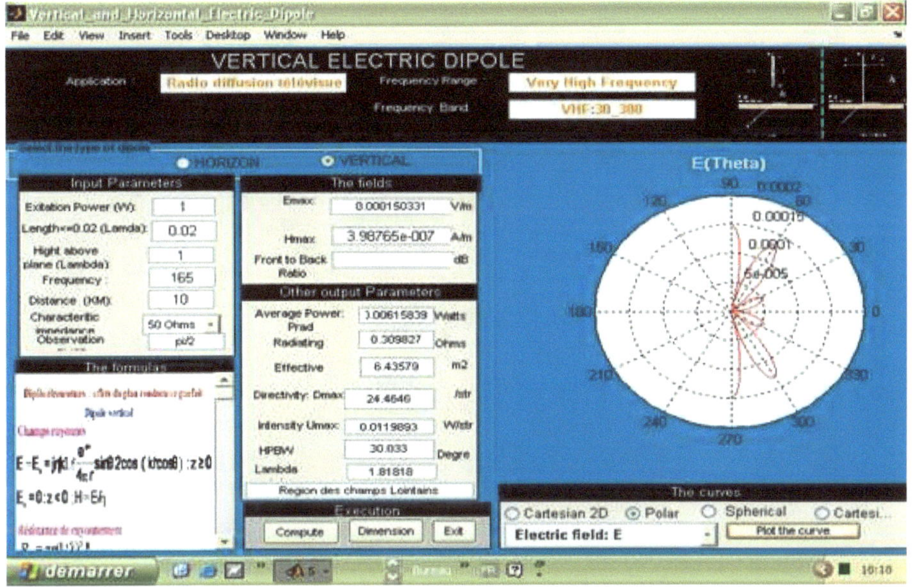

Figure 36:   *Caractéristiques antenne dipôle verticale avec plan de masse en polaire.*

- **Nous présentons les formules (1.79) à (1.84) pour le calcul des caractéristiques et simulation de l'antenne dipôle horizontal avec effet du plan de masse.**

Dans les conditions de champ lointain $\frac{2\pi r}{\lambda} \gg 1$ *et* $r \gg h$

$h = hauteur\ du\ centre\ de\ l'antenne\ au\ plan\ de\ masse,\ k = \frac{2\pi}{\lambda}$

$\eta \simeq 120\pi$ ohms

$$\left.\begin{array}{l} E_\Psi = jn\,\dfrac{kI_0le^{-jkr}}{4\pi r}\sqrt{1-sin^2\theta sin^2\emptyset}\,[2jsin(khcos\theta)]\ \ pour\ z \geq 0 \\[2mm] E_\Psi = 0 \hspace{6.5cm} pour\ z < 0 \end{array}\right\} \tag{1.79}$$

$$P_{rad} = \eta\,\frac{\pi}{2}\,\frac{|I_0l|^2}{\lambda^2}\left[\frac{2}{3} - \frac{sin(2kh)}{2kh} - \frac{cos(2kh)}{(2kh)^2} + \frac{sin(2kh)}{(2kh)^3}\right] \tag{1.80}$$

$$U \simeq \frac{\eta}{2}\,\frac{|I_0l|^2}{\lambda^2}\,(1-sin^2\theta sin^2\emptyset)sin^2(khcos\theta) \tag{1.81}$$

$$D_o = 4\pi\,\frac{U_{max}}{P_{rad}} = \begin{cases} \dfrac{4sin^2(kh)}{\left[\frac{2}{3}-\frac{sin(2kh)}{2kh}-\frac{cos(2kh)}{(2kh)^2}+\frac{sin(2kh)}{(2kh)^3}\right]} & pour\ h \leq \lambda/4 \\[4mm] \dfrac{4}{\left[\frac{2}{3}-\frac{sin(2kh)}{2kh}-\frac{cos(2kh)}{(2kh)^2}+\frac{sin(2kh)}{(2kh)^3}\right]} & pour\ h > \lambda/4 \end{cases} \tag{1.82}$$

$$R_r = \frac{2P_{rad}}{|I_0|^2} = \pi\eta\left(\frac{l}{\lambda}\right)^2\left[\frac{2}{3} - \frac{sin(2kh)}{2kh} - \frac{cos(2kh)}{(2kh)^2} + \frac{sin(2kh)}{(2kh)^3}\right] \tag{1.83}$$

$$A_{em} = \left(\frac{\lambda^2}{4\pi}\right)D_o \tag{1.84}$$

Les figures 38, 39 et 40 représentent respectivement les caractéristiques d'une antenne dipôle horizontale avec effet du plan de masse en coordonnées polaire, sphérique et cartésien 3D.

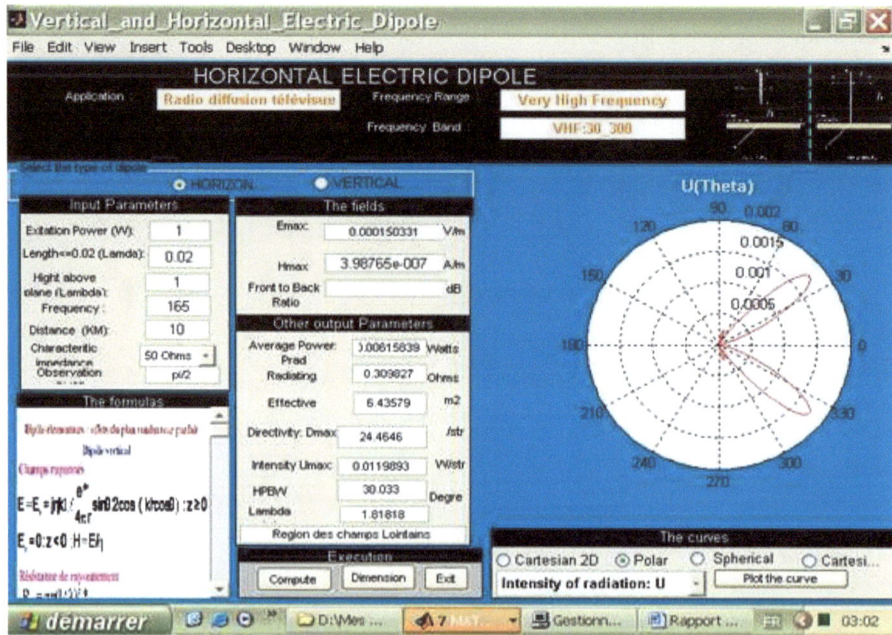

Figure 37:   *Caractéristiques antenne dipôle horizontale avec plan de masse en polaire.*

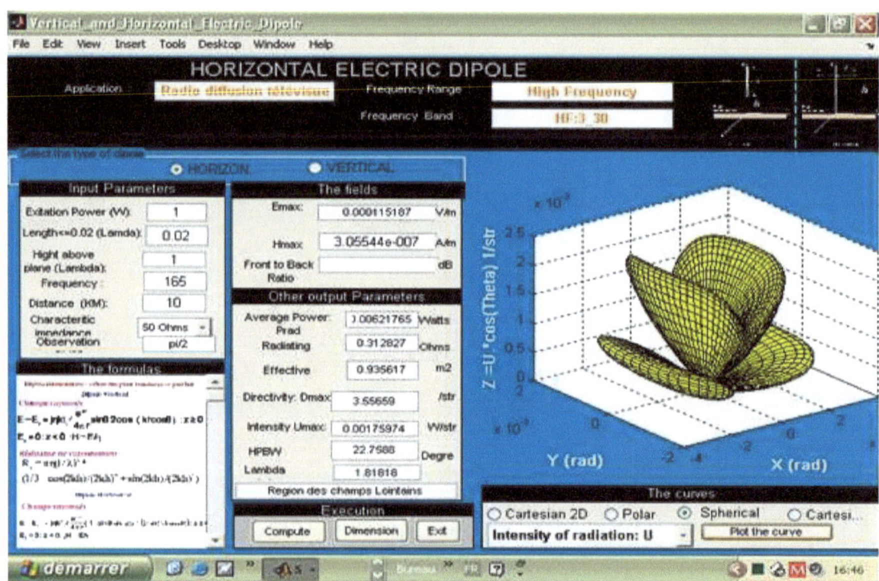

Figure 38:   *Caractéristiques antenne dipôle horizontale avec plan de masse en sphérique.*

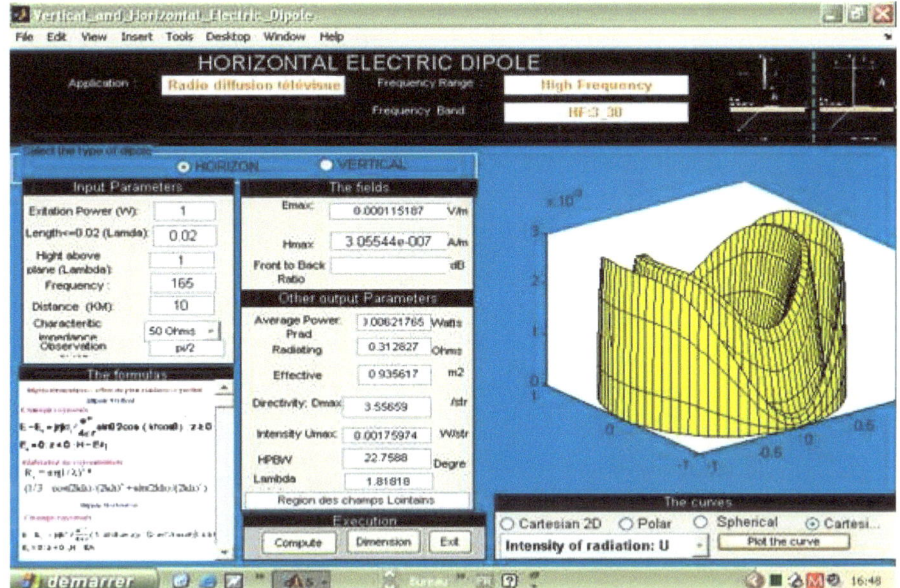

Figure 39: *Caractéristiques antenne dipole horizontale avec plan de masse en cartésien 3D.*

Nous présentons les formules (1.85) à (1.86) pour le calcul des caractéristiques et simulation de l'antenne à fils parallèles.

$$E_\theta = j\eta \frac{kI_0 l e^{-jkr}}{8\pi r} \sin\theta \times \frac{1}{3}\left[\frac{\sin\left[\frac{3}{2}(kd\sin\theta\cos\varphi)\right]}{\sin\left[\frac{1}{2}(kd\sin\theta\cos\varphi)\right]}\right] \tag{1.85}$$

$$R_r = \frac{2P_{rad}}{|I_0|^2} \tag{1.86}$$

$$A_{em} = \left(\frac{\lambda^2}{4\pi}\right)D_o \tag{1.87}$$

Les figures 41, 42, 42 et 43 représentent respectivement les caractéristiques d'une antenne à fils parallèles en coordonnées cartésien, polaire, sphérique et cartésien 3D.

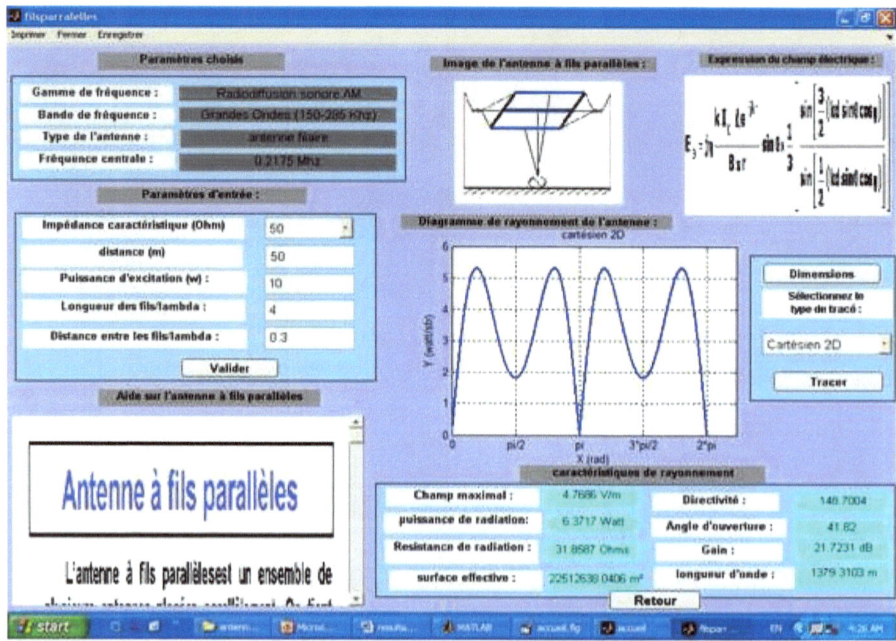

Figure 40:   *Caractéristiques antenne à fils parallèles en cartésien.*

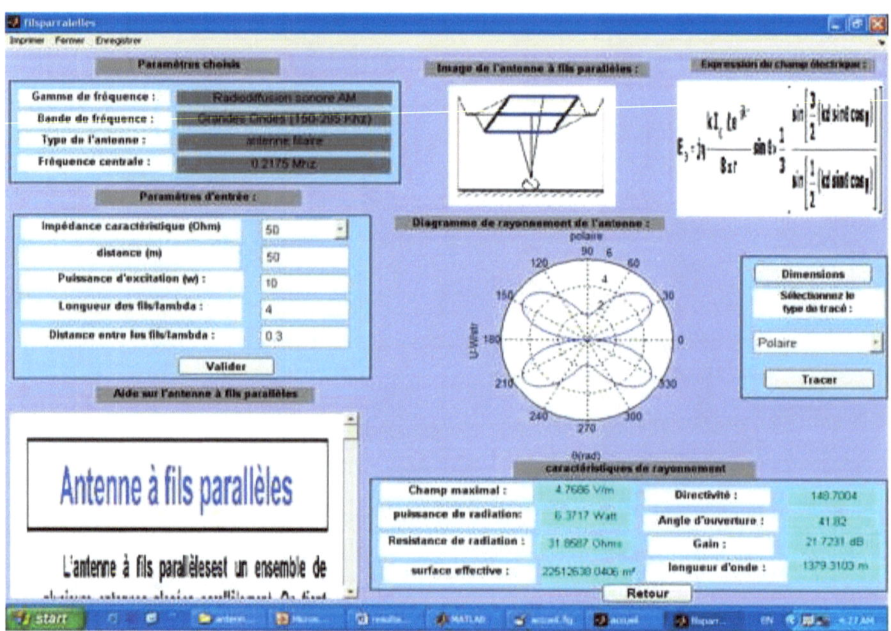

Figure 41:   *Caractéristiques antenne à fils parallèles en polaire.*

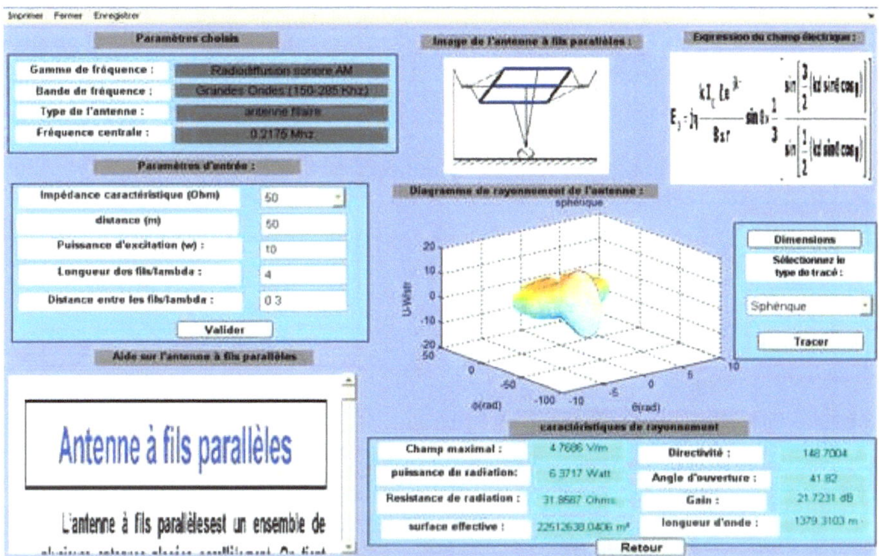

Figure 42: **Caractéristiques antenne à fils parallèles en sphérique.**

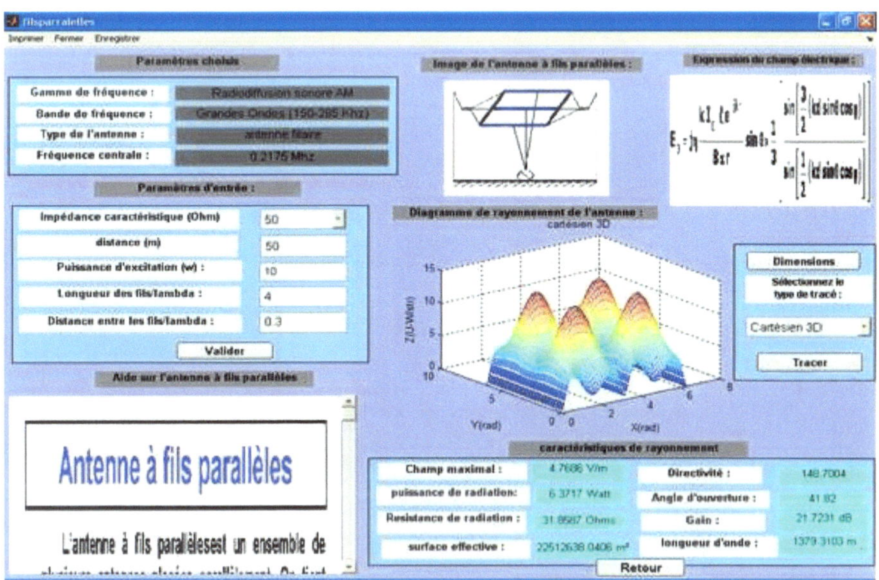

Figure 43: **Caractéristiques antenne à fils parallèles en cartésien 3D.**

En considérant dans Code source 5 ci-après fils parallèles (puiss, impc, dist, freq, Long,D) remplacer par fils parallèles (10,50,50,0.2175,4,0.3), on obtient notamment les courbes des figures 41, 42, 43 et 44.

__Code source 5 :__   *__Caractéristiques antenne dipôle de longueur finie__*

```matlab
function[aem,Rr,champmax,ouverture,directivite]=filsparalleles(pui
ss,impc,dist,freq,Long,D)
%puiss Puissance d'excitation (W)
%impc Impedance Caracteristique(ohm)
%dist distance (m)
%D Distance entre les fils /lambda
%freq Frequence centrale(MHz)
%Long Longueur des fils /lambda
%aem surface effective
%R resistance de radiation
%champmax champs max
%ouverture angle d'ouverture

%calcul de la demi longueur d'onde
l=300/freq;
%calcul de IO
IO=sqrt(2*puiss/impc);
%calcul du champ max
eta=120*pi;
k=2*pi/l;
champmax1=(eta*k*IO*Long*l)/(8*pi*dist)
%cal de puissance de radiation
prad=0;
phi=0:0.01:2*pi;
N=length(phi);
theta=0:0.01:pi;
M=length(theta);
for j=1:N
    for i=1:M

prad=prad+((sin(i*pi/M))^3*((sin(1.5*k*D*l)*sin(i*pi/M)*cos(j*2*pi
/N)))/(sin(0.5*k*D*l*sin(i*pi/M)*cos(j*2*pi/N))))^2;
    end
end
prad=(pi^2*dist^2/(eta*N*M*9))*prad*champmax1^2;
%calcul de la resistance de radiation
Rr=2*prad/IO^2
%calcul de la directivite
directivite1=(2*pi*dist^2*champmax1^2)/(eta*prad)
% Calcul du gain
gain=10*log10(directivite1);
%calcul de la surface effective
aem=l^2*directivite1/(4*pi)
%calcul de l'angle d'ouverture
theta=eps:0.001:2*pi;
vect=abs(sin(theta).*(sin(1.5*k*D*l.*sin(theta))).(sin(0.5*k*D*l.
*sin(theta))));
```

```matlab
a=max(vect);
for i=1:length(vect)
    if vect(i)==a
        b=i;
        break;
    end
end
e=b;
c=0;
while c==0
    b=b+1;
    if (a/sqrt(2)-vect(b))>=0
        c=1;
    end
end
theta1=theta(b);
c=0;
while c==0
    b=b-1;
    if (a/sqrt(2)-vect(b))>=0
        c=1;
    end
end
theta2=theta(b);
ouverture=(abs(theta1-theta2)/pi)*180;
ouverture=(floor(ouverture*100))/100


umax=(eta*k*IO*Long*l)/(8*pi*dist);


%Cartesien 2D
figure(1)
        theta=0:0.001:2*pi;

r=abs(umax*sin(theta).*(sin(1.5*k*D*l.*sin(theta)))./(sin(0.5*k*D*
l.*sin(theta)+eps)));
        plot(theta,r,'LineWidth',3)

        grid on
        xlabel('X (rad)')
        ylabel('Y (U-watt/str)')
        title('Diagramme de rayonnement de l''antenne cartésien
2D')
%polaire
figure(2)
        theta=eps:0.001:2*pi;

r=abs(umax*sin(theta).*(sin(1.5*k*D*l.*sin(theta)))./(sin(0.5*k*D*
l.*sin(theta)+eps)));
```

```matlab
        polar(theta,r)
        xlabel('\theta(rad)')
        ylabel('U (W/str)')
        title('Diagramme de rayonnement de l''antenne polaire')
%Spherique
figure(3)
        theta=linspace(0,pi,65);
        phi=linspace(0,2*pi,65);
        [theta,phi]=meshgrid(theta,phi);

r=abs(umax*sin(theta).*(sin(1.5*k*D*l.*sin(theta).*cos(phi)))./(si
n(0.5*k*D*l.*sin(theta).*cos(phi)+eps)));
        Zsp=r.*cos(theta);
        Xsp=r.*sin(theta).*cos(phi);
        Ysp=r.*sin(theta).*sin(phi);
        mesh(Xsp,Ysp,Zsp)
        xlabel('\theta(rad)')
        ylabel('\phi(rad)')
        zlabel('U (watt/str)')
        title('Diagramme de rayonnement de l''antenne sphérique')
%Cartesien 3D
figure(4)
        Xc=linspace(0,2*pi,60);
        Yc=linspace(0,2*pi,60);
        [Xc,Yc]=meshgrid(Xc,Yc);

Zc=abs(umax*sin(Xc).*(sin(1.5*k*D*l.*sin(Xc).*cos(Yc)))./(sin(0.5*
k*D*l.*sin(Xc).*cos(Yc)+eps)));
        mesh(Xc,Yc,Zc)
        xlabel('X (rad)')
        ylabel('Y (rad)')
        zlabel('Z (U-W/str)')
        title('Diagramme de rayonnement de l''antenne cartésien
3D')
```

- **Nous présentons les formules (1.88) à (1.99) pour le calcul des caractéristiques et simulation du réseau linéaire uniforme de N antennes.**

$$AF = \frac{sin\left(\frac{N}{2}\Psi\right)}{Nsin\left(\frac{\Psi}{2}\right)}, \Psi = kdcos\theta + \beta \tag{1.88}$$

Pour de petites valeurs de Ψ, on a :

$$AF \simeq \frac{sin\left(\frac{N}{2}\Psi\right)}{N\frac{\Psi}{2}} \tag{1.89}$$

β = déphasage progressif du courant entre les éléments.

$$U = [(AF)]^2 \tag{1.90}$$

$$P_{rad} = 2\pi \int_0^\pi U(\theta)sin(\theta)d\theta \ avec \ U(\theta) \tag{1.91}$$

$$D_o = 4\pi \frac{U_{max}}{P_{rad}} \qquad A_{em} = \left(\frac{\lambda^2}{4\pi}\right) D_o$$

$$HPBW = \cos^{-1}\left[\frac{\lambda}{2\pi d}\left(-\beta \pm \frac{2,782}{N}\right)\right] \qquad (1.92)$$

Suivant la valeur de β, on en distingue 04 types :

Réseau à large bande

$$\beta = 0 \; ou \; \Psi = kd\cos\theta \qquad (1.93)$$

$$D_o \simeq 2N\left(\frac{d}{\lambda}\right) \qquad (1.94)$$

Ordinary end-fire array

Le maximum est dirigé selon $\theta = 0°\; donc\; \beta = -kd$

Le maximum est dirigé selon $\theta = 180°\; donc\; \beta = kd$

$$D_o \simeq 4N\left(\frac{d}{\lambda}\right) \qquad (1.95)$$

Réseau déphasé

Le déphasage β entre les éléments doit être ajusté tel que :

$$\Psi = kd\cos\theta + \beta|_{\theta=\theta_0} donc\; \beta = -kd\cos\theta_0 \qquad (1.96)$$

Hansen-Woodyard end-fire array

$$\beta = -\left(kd + \frac{2,92}{N}\right) \approx -\left(kd + \frac{\pi}{N}\right) donc\; \theta = 0° \qquad (1.97)$$

$$\beta = \left(kd + \frac{2,92}{N}\right) \approx \left(kd + \frac{\pi}{N}\right) donc\; \theta = 180° \qquad (1.98)$$

$$D_o \simeq 1,805\left[4N\left(\frac{d}{\lambda}\right)\right] \qquad (1.99)$$

La figure 45 représente les caractéristiques d'une antenne réseau uniforme en coordonnées cartésien 3D.

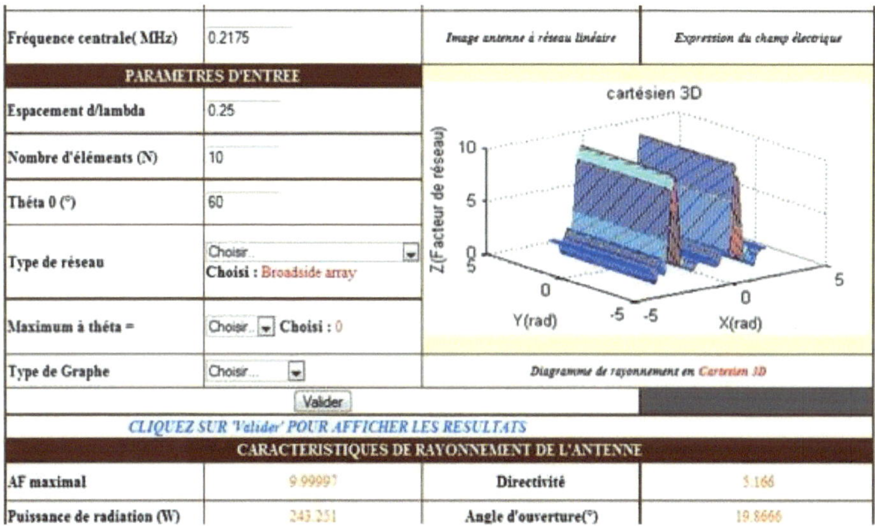

Fréquence centrale(MHz)	0.2175	Image antenne à réseau linéaire	Expression du champ électrique
PARAMETRES D'ENTREE			
Espacement d/lambda	0.25		
Nombre d'éléments (N)	10		
Théta 0 (°)	60		
Type de réseau	Choisir... **Choisi :** Broadside array		
Maximum à théta =	Choisir... **Choisi :** 0		
Type de Graphe	Choisir...		
Valider			
CLIQUEZ SUR 'Valider' POUR AFFICHER LES RESULTATS			
CARACTERISTIQUES DE RAYONNEMENT DE L'ANTENNE			
AF maximal	9.99997	**Directivité**	5.166
Puissance de radiation (W)	243.251	**Angle d'ouverture(°)**	19.8666

Figure 44: ***Caractéristiques antenne réseau linéaire uniforme en cartésien 3D.***

En considérant dans Code source 6 ci-après reseaulin(freq,d,N,angle,typres,bet) remplacer par reseaulin(0.2175,0.25,10,60,1,0), on obtient notamment la courbe de figure 45.

Code source 6 :   ***Caractéristiques antenne à fis parallèles***

```matlab
function [Aem, HPBW, Dmax]=reseaulin(freq,d,N,angle,typres,bet)

%dist distance (m)
%freq Frequence centrale( MHz)
%aem surface effective
%R resistance de radiation
%champmax champs max
%ouverture angle d'ouverture
%espace Espacement d/lambda
%N Nombre d'elements (N)
%angle Theta 0 ()
% typres Type de reseau
% 1 : Broadside array
% 2 : Ordinary End-fire array
% 3 : Phased array
% 4 : Hansen Woodyard End-fire array
%bet Maximum heta
% 0 pour 0
% 1 pour 180

%calcul de la longueur d'onde
l=300/freq;
k=2*pi/l;

if typres==1
    eta=0;
elseif typres==2
    eta0=bet;
    if eta0==0
       eta=-k*d*l;
    else
       eta=k*d*l;
    end
elseif typres==3
    eta0=bet;
    if eta0==0
       eta=-k*d*l+(pi/N);
    else
       eta=k*d*l+(pi/N);
    end
elseif typres==4
    angle1=pi*angle/90;
    eta=-k*d*l*cos(angle1);
else

end
%calcul de AF max
```

```matlab
theta =  linspace(0,pi,3000);
psi=k*d*l*cos(theta)+ eta;
E=N*abs(sinc(N*psi/(2*pi))./sinc(psi/(2*pi)));
AFmax=max(E)

%Calcul de U
U = E.^2;
Umax=max(U)
%Calcul de Prad
Theta =  linspace(0,pi,3000);
Uth =U.*sin(Theta);
Prad = 2*pi*trapz(Theta,Uth)
%Calcul de Do
Dmax = 4*pi*Umax/Prad
%calcul du gain
gain=10*log10(Dmax)
%Calcul de la surface effective
Aem = (Dmax*l^2)/(4*pi)
%calcul de l'angle d'ouverture
[C,I] = max(U);
Uex=C/2;
Precision = 0.05 ;
q=I;
p=I;
while (abs((U(q)-Uex)/Uex)>Precision & q< 3000)
    q=q+1;
end

while (abs((U(p)-Uex)/Uex)>Precision & p>1)
    p=p-1;
end
HPBW=abs(Theta(p)-Theta(q));
HPBW=180*HPBW/pi
%  calcul de Eav/Ear
[C,I] = max(U);
ThetaOp =pi+Theta(I);
Uop = 0;
psi=k*d*l*cos(ThetaOp)+ eta;
Eop=N*abs(sinc(N*psi/(2*pi))./sinc(psi/(2*pi)));
Uop = Eop.^2 ;
FTBR=Umax/Uop;

%Cartesien 2D
figure(1)
theta =  linspace(-pi,pi,1000);
psi=k*d*l*cos(theta)+ eta;
y=N*abs(sinc(N*psi/(2*pi))./sinc(psi/(2*pi)));
plot(theta,y,'LineWidth',1)
xlabel('X (rad)')
```

```matlab
ylabel('Y (Facteur de reseau)')
title('Facteur de reseau de l''antenne cartesien 2D')
%polaire
figure(2)
theta=linspace(-pi,pi,1000);
psi=k*d*l*cos(theta)+ eta;
y=N*abs(sinc(N*psi/(2*pi))./sinc(psi/(2*pi)));
polar(theta,y,'-r')
xlabel('\theta(rad)')
ylabel('Facteur de reseau')
title('Facteur de reseau de l''antenne polaire')
%Spherique
figure(3)
theta =  linspace(0,pi,80);
Phi=linspace(-pi , pi , 80);
[theta, Phi] = meshgrid(theta,Phi);
psi=k*d*l*cos(theta)+ eta;
E=N*abs(sinc(N*psi/(2*pi))./sinc(psi/(2*pi)));
X= E.*cos(Phi).*sin(theta);
Y= E.*sin(Phi).*sin(theta);
Z =E.*cos(theta);
mesh(X,Y,Z)
xlabel('\theta(rad)')
ylabel('\phi(rad)')
zlabel('Facteur de reseau')
title('Facteur de reseau de l''antenne spherique')
%Cartesien 3D
figure(4)
theta=linspace(-pi,pi,40);
Yc=linspace(-pi,pi,40);
[Yc,theta]=meshgrid(Yc,theta);
psi=k*d*l*cos(theta)+ eta;
Zc=N*abs(sinc(N*psi/(2*pi))./sinc(psi/(2*pi)));
mesh(theta,Yc,Zc)
xlabel('X(rad)')
ylabel('Y(rad)')
zlabel('Z(Facteur de reseau)')
title('Facteur de reseau de l''antenne cartesien 3D')
```

Nous présentons les formules (1.100) à (1.104) pour le calcul des caractéristiques et simulation de l'antenne hélicoïdale.

$S = distane\ séparant\ 2\ spires, D = diamètre\ de\ la\ spire,$

$C = circonférence\ de\ la\ spire, N = nombre\ de\ spires$

$0{,}22\lambda < D < 0.42\lambda$

$$S \approx \lambda/4$$

$$E_\theta = j\eta \frac{k^2 I_o \left(\frac{D}{2}\right)^2 sin\theta e^{-jkr}}{4\pi r} \qquad (1.100)$$

$$E_\emptyset = \eta \frac{k^2 I_o \left(\frac{D}{2}\right)^2 sin\theta e^{-jkr}}{4r} \qquad (1.101)$$

Champ normalisé :

$$E = sin\left(\frac{\pi}{2N}\right) cos\theta \frac{sin\left(\frac{N}{2}\Psi\right)}{sin\left(\frac{\Psi}{2}\right)} \qquad (1.102)$$

avec $\Psi\ phase\ relative$

$$D_o \simeq 15N\left(\frac{C^2 S}{\lambda^3}\right) \qquad (1.103)$$

$$R \simeq 140\frac{C}{\lambda} \qquad (1.104)$$

Les figures 46, 47, 48 et 49 représentent respectivement les caractéristiques d'une antenne hélicoïdale en coordonnées cartésien, polaire, sphérique et cartésien 3D.

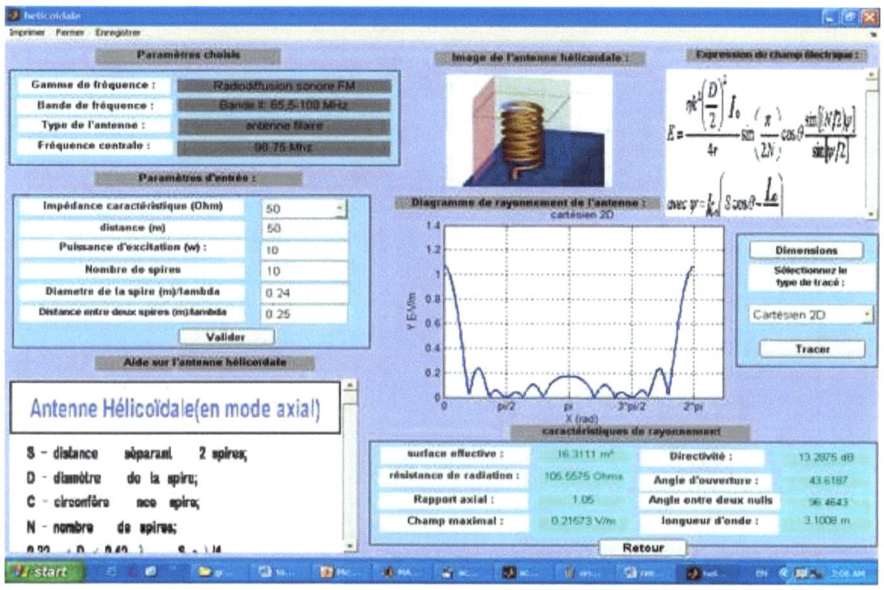

Figure 45: **Caractéristiques antenne hélicoïdale en cartésien.**

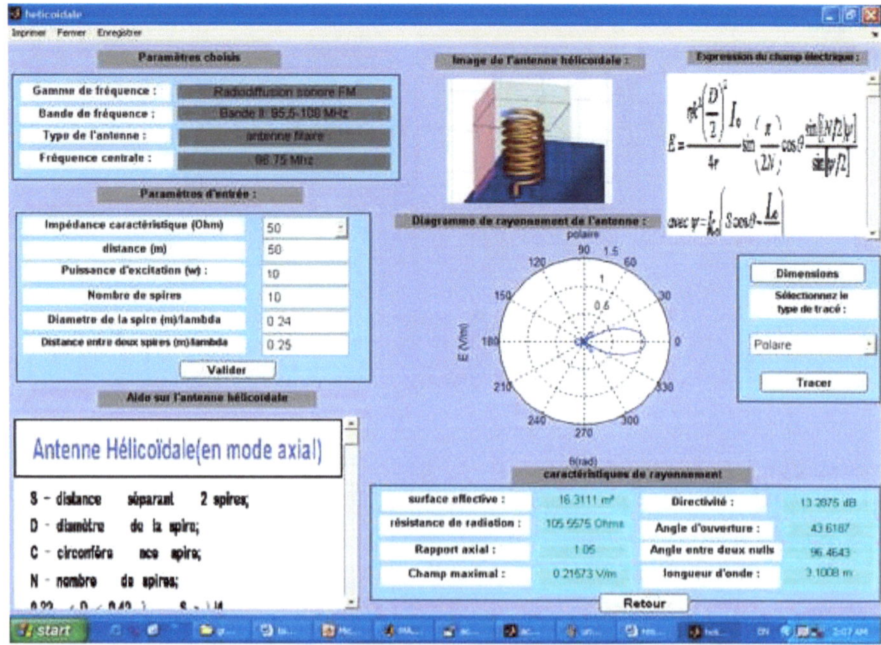

Figure 46:   Caractéristiques antenne hélicoïdale en polaire.

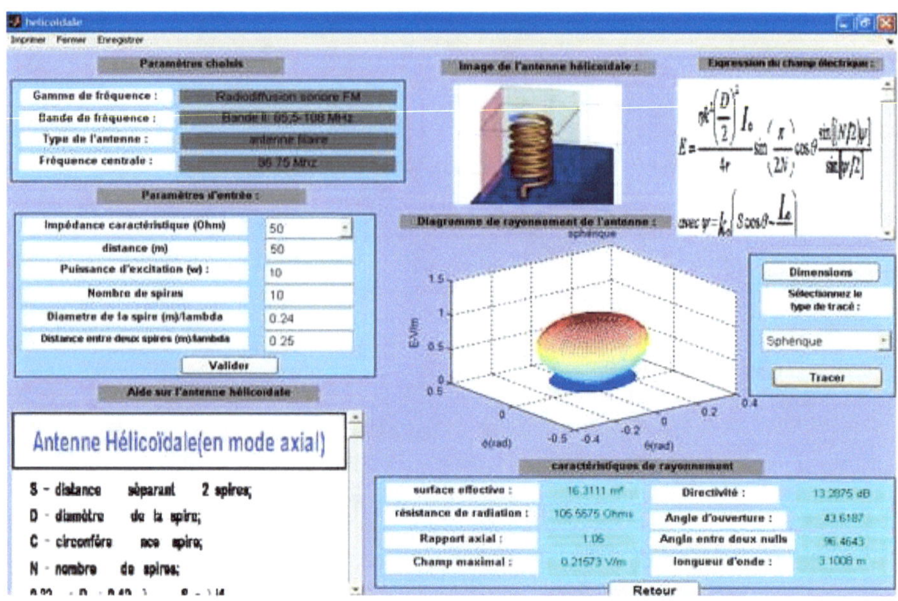

Figure 47:   Caractéristiques antenne hélicoïdale en sphérique.

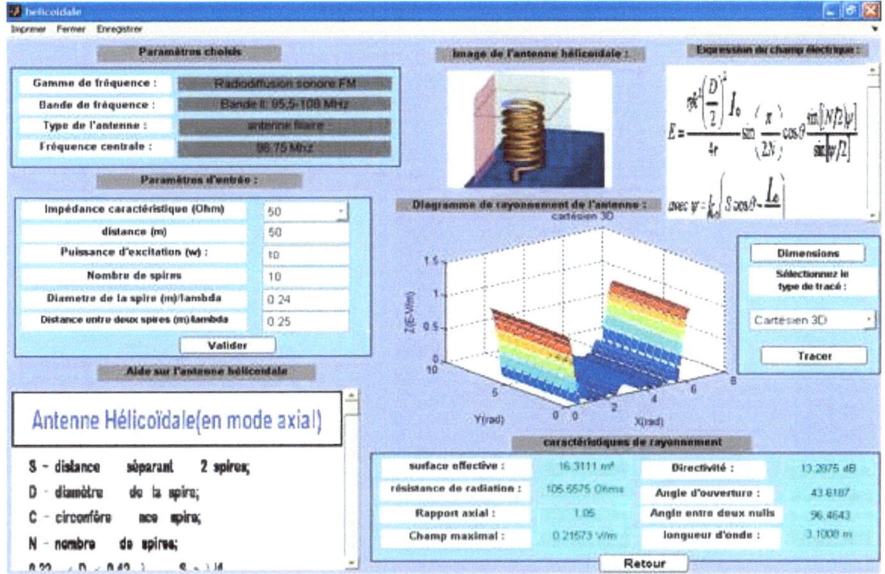

Figure 48: **Caractéristiques antenne hélicoïdale en cartésien 3D.**

En considérant dans Code source 7 ci-après antenne_helicoidale(Pe,Zc,dist,freq,D,N,separ) remplacer par antenne_helicoidale(10,50,50,96.75,0.24,10,0.25), on obtient notamment les courbes des figures 46, 47, 48 et 49.

Code source 7 :   *Caractéristiques antenne à fis parallèles*

```matlab
function [Rrad,
Emax,ouverture,directivite]=antenne_helicoidale(Pe,Zc,dist,freq,D,
N,separ)
%Pe Puissance d'excitation (W)
%Zc Impedance Caracteristique(ohm)
%dist Distance (m)
%freq Frequence centrale( MHz)
%D Diam货e/lambda
%N Nombre de spires
%separ Espacement interspires/lambda
%Rrad resistance de radiation
%Emax champs max
%ouverture angle d'ouverture
 S=separ*300/freq;
%calcul de la longueur d'onde
l=300/freq;
k=2*pi/l;
%calcul de la circonference
C=pi*D;
%calcul du courant I0
```

```matlab
Io=sqrt(Pe/Zc);
%calcul de emax
Emax=(120*pi)*(k*D/2)^2*Io/(4*dist)
%calcul de la puissance rayonnee
Rrad=140*C/l
Prad=Rrad*Io^2;%on en deduit Prad
%calcul de la directivite
directivite=15*N*C^2*S/(l^3)
%calcul de l'angle d'ouverture
ouverture=52*(l^1.5)/(C*sqrt(N*S))
eps=1e-9;
Lo=N*S;
%Cartesien 2D
figure(1)
        theta=linspace(-pi,pi,100);
            psi=2*pi*(S*(1-cos(theta))/l+1/(2*N));
            E =
Emax*abs(sin(pi/(2*N))*cos(theta).*sin(N*psi/2)./(sin(psi/2)+eps))
;

            plot(theta,E,'LineWidth',2);
            xlabel('\theta (rad)')
            ylabel('Champ electrique E (V/m)')
            title('cartesien 2D')
%polaire
figure(2)
        theta = (-pi:pi/100:pi);
            psi=2*pi*(S*(1-cos(theta))/l+1/(2*N));
            r =
abs(sin(pi/(2*N))*cos(theta).*sin(N*psi/2)./(sin(psi/2)+eps));
            polar(theta,r)
            xlabel('\theta(rad)')
            ylabel('E (V/m)')
            title('polaire')
%Spherique
figure(3)
            theta=linspace(-pi/2,pi/2,100);
             phi=linspace(-pi,pi,100);
            [phi,theta]=meshgrid(phi,theta);
            psi=2*pi*(S*(1-cos(theta))/l+1/(2*N));
            E =
abs(sin(pi/(2*N)).*cos(theta).*sin(N*psi/2)./(sin(psi/2)+eps));
            Zsp=E.*cos(theta);
            Xsp=E.*sin(theta).*cos(phi);
            Ysp=E.*sin(theta).*sin(phi);
            mesh(Xsp,Ysp,Zsp)
            xlabel('\theta(rad)')
            ylabel('\phi(rad)')
            zlabel('E-V/m')
```

```matlab
            title('spherique')

%Cartesien 3D
figure(4)
            theta=linspace(-pi/2,pi/2,100);
            phi=linspace(0,2*pi,100);
            [phi,theta]=meshgrid(phi,theta);

    psi=2*pi*(S*(1-cos(theta))/l+1/(2*N));
            E  =
Emax*abs(sin(pi/(2*N)).*cos(theta).*sin(N*psi/2)./(sin(psi/2)+eps)
);
            mesh(theta,phi,E)
             xlabel('\theta(rad)')
            ylabel('\phi(rad)')
            zlabel('E(V/m)')
            title('cartesien 3D'
```

$$E_\theta = -\,\mathrm{j}\,\frac{kE_0 e^{-jkr}}{4\pi r}\left[(1+\cos\theta)\,\mathrm{I}_1\,\mathrm{I}_2\,\sin\varphi\right] \qquad (1.117)$$

$$E_\varphi = -\,\mathrm{j}\,\frac{kE_0 e^{-jkr}}{4\pi r}\left[(1+\cos\theta)\,\mathrm{I}_1\,\mathrm{I}_2\,\cos\varphi\right] \qquad (1.118)$$

$$P_{rad} = |E_o|^2 \frac{AB}{4\eta} \qquad (1.119)$$

$$U_{max} = \frac{r^2}{2\eta}|E|^2 max \qquad (1.120)$$

avec A = longueur de la base de la pyramide

B= largeur de la base de la pyramide

Les figures 50(a et b), 51, 52 et 53 représentent respectivement les caractéristiques d'une antenne cornet pyramidal en coordonnées cartésien, polaire, sphérique et cartésien 3D.

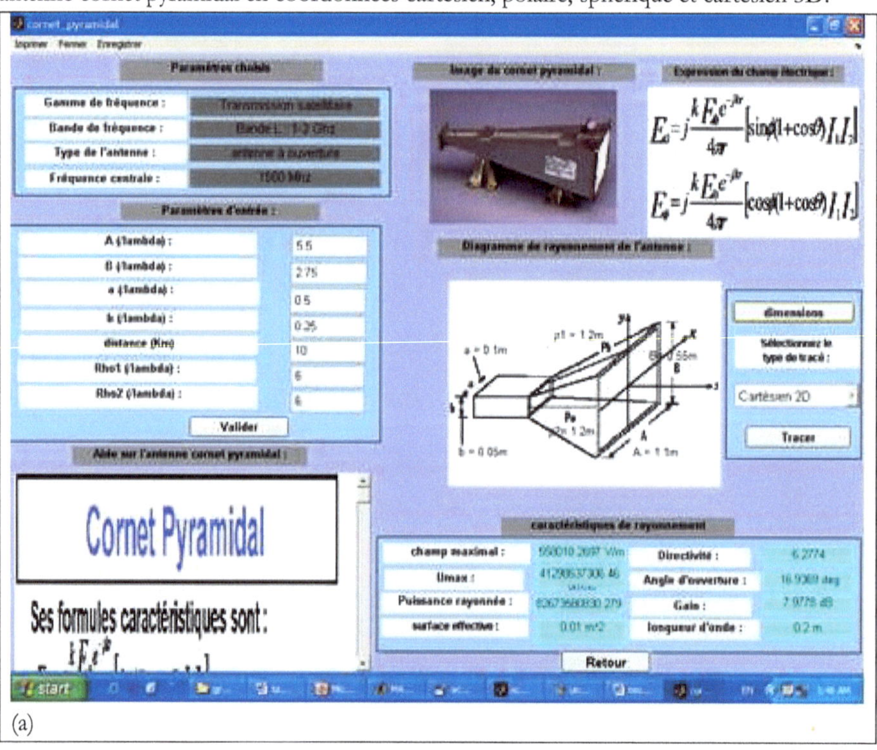

(a)

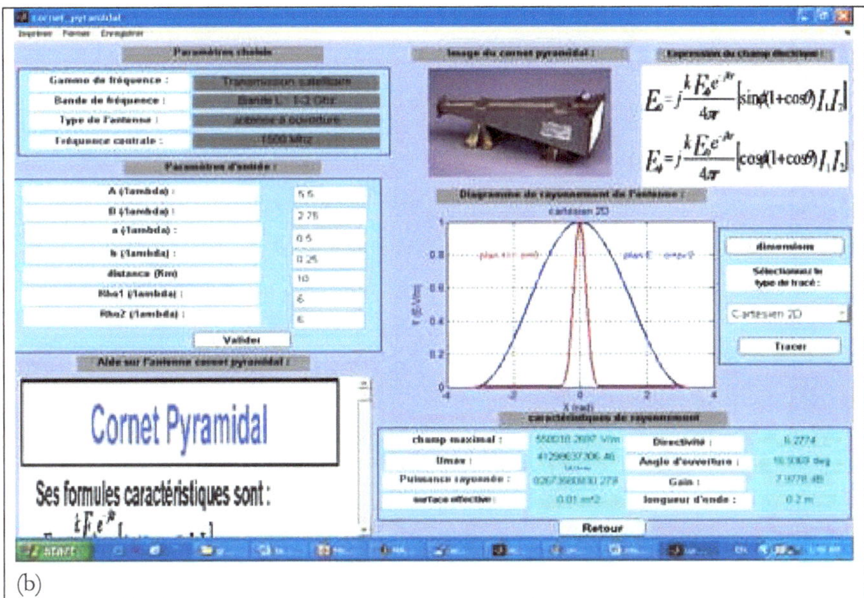

Figure 49: *Caractéristiques antenne cornet pyramidal en cartésien.*

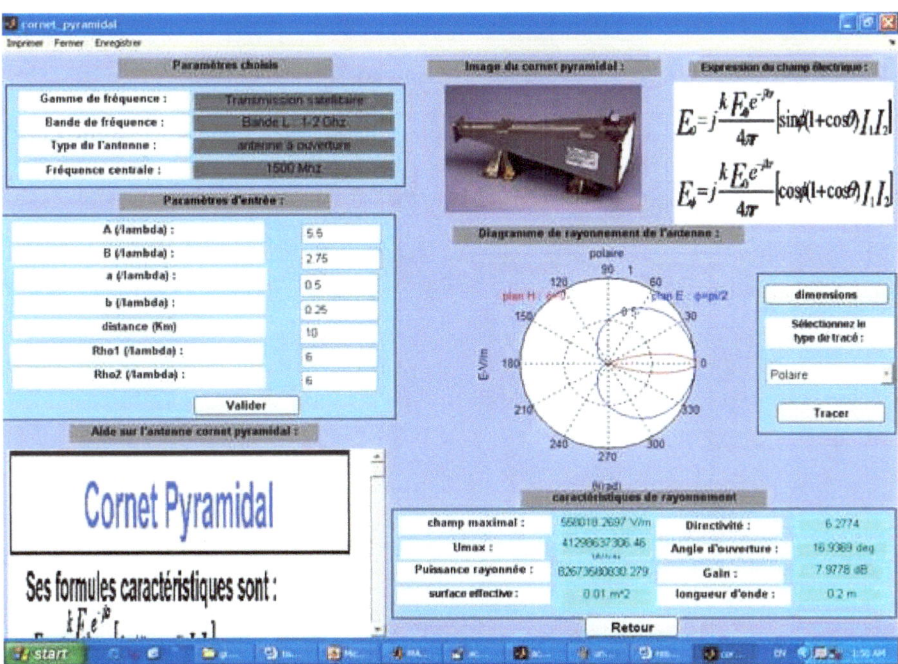

Caractéristiques antenne cornet pyramidal en polaire

Figure 50: .

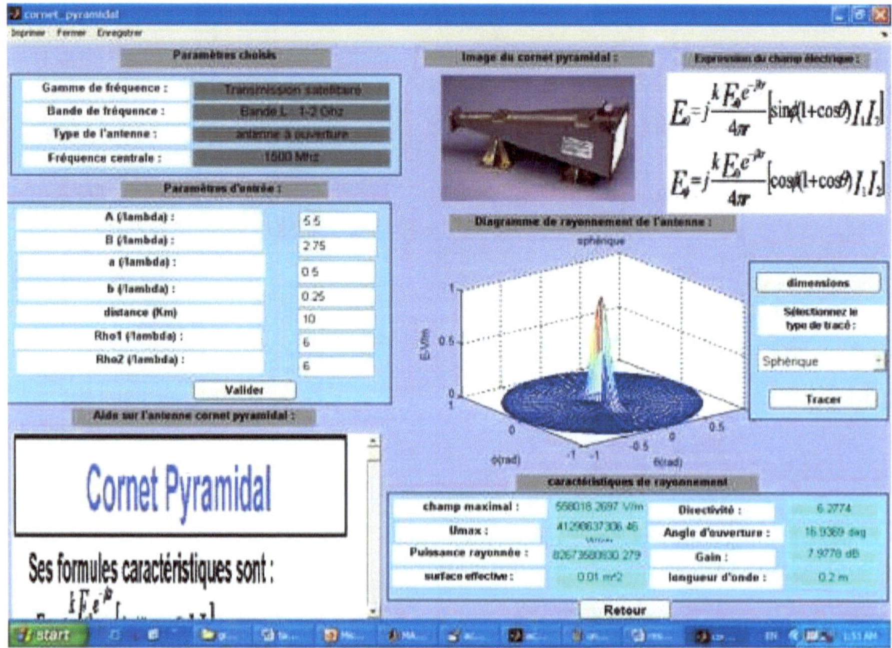

Figure 51: **Caractéristiques antenne cornet pyramidal en sphérique.**

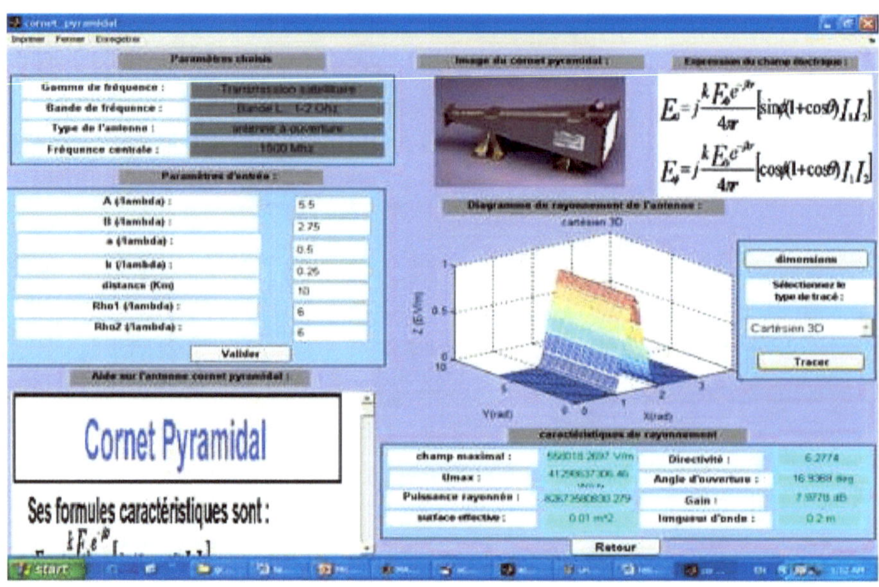

Figure 52: **Caractéristiques antenne cornet pyramidal en cartésien 3D.**

En considérant dans Code source 8 ci-après cornet_pyramidal(a,b,dist,A,B,freq,r1,r2) remplacer par cornet_pyramidal(0.5,0.25,10,5.5,2.75,1500,6,6), on obtient notamment les courbes des figures 50, 51, 52 et 53.

Code source 8 :   *Caractéristiques antenne linéaire uniforme*

```matlab
function[Aem,Emax,HPBW,directivite]=cornet_pyramidal(a,b,dist,A,B,
freq,r1,r2)
%A(A/lambda))
%B (B/lambda)
%a (a/lamda)
%b (b/lamda)
%dist distance(km)
%r1(Rho1/lamda)
%r2 (Rho2/lamda)
%R resistance de radiation
%Emax champs max
%HPBW angle d'ouverture
%----Calcul de la longueur d'onde-------
    l=300/freq;

    %---------------------------
    k=2*pi/l;
     a=a*l;
    b=b*l;
    A=A*l;
    B=B*l;
    r1=r1*l;
    r2=r2*l;
%---calcul du champ maximal---
   Theta=linspace(0,pi,1000);
   Phi2D=pi/2;
   Kpx = k*sin(Theta)*cos(Phi2D) + pi/A   ;

   Tp1 = (1/sqrt(k*pi*r2))*( -k*A/2 -Kpx*r2 ) ;
   Tp2 = (1/sqrt(k*pi*r2))*( k*A/2 -Kpx*r2 ) ;

   Ksx = k*sin(Theta)*cos(Phi2D) - pi/A   ;
   Ts1 = (1/sqrt(k*pi*r2))*( -k*A/2 -Ksx*r2 ) ;
   Ts2 = (1/sqrt(k*pi*r2))*( k*A/2 -Ksx*r2 ) ;

   Ky = k*sin(Theta)*sin(Phi2D)         ;
   T1 = (1/sqrt(k*pi*r1))*( -k*B/2 -Ky*r1 ) ;
   T2 = (1/sqrt(k*pi*r1))*( k*B/2 -Ky*r1 ) ;

   CTp2 = zeros(size(Theta));
   CTp1 = CTp2 ;
   STp2 = CTp2 ;
   STp1 = CTp2 ;

   CTs2 = CTp2 ;
   CTs1 = CTp2 ;
   STs2 = CTp2 ;
```

```matlab
STs1 = CTp2 ;

ST1 = CTp2 ;
CT1 = CTp2 ;
ST2 = CTp2 ;
CT2 = CTp2 ;
Npas = 100 ;
for s = 1:1:length(Theta)

    x=0:Tp2(s)/Npas:Tp2(s);
    Yc=cos(pi*x.^2/2);
    Ys=sin(pi*x.^2/2);

    CTp2(s) =  trapz(x,Yc ) ;
    STp2(s) =  trapz(x,Ys ) ;

    x=0:Tp1(s)/Npas:Tp1(s);
    Yc=cos(pi*x.^2/2);
    Ys=sin(pi*x.^2/2);
    CTp1(s) =  trapz(x,Yc ) ;
    STp1(s) =  trapz(x,Ys ) ;

    x=0:Ts2(s)/Npas:Ts2(s);
    Yc=cos(pi*x.^2/2);
    Ys=sin(pi*x.^2/2);
    CTs2(s) =  trapz(x,Yc ) ;
    STs2(s) =  trapz(x,Ys ) ;

    x=0:Ts1(s)/Npas:Ts1(s);
    Yc=cos(pi*x.^2/2);
    Ys=sin(pi*x.^2/2);
    CTs1(s) =  trapz(x,Yc ) ;
    STs1(s) =  trapz(x,Ys ) ;

    x=0:T1(s)/Npas:T1(s);
    Yc=cos(pi*x.^2/2);
    Ys=sin(pi*x.^2/2);
    CT1(s) =  trapz(x,Yc ) ;
    ST1(s) =  trapz(x,Ys ) ;
    x=0:T2(s)/Npas:T2(s);
    Yc=cos(pi*x.^2/2);
    Ys=sin(pi*x.^2/2);
    CT2(s) =  trapz(x,Yc ) ;
    ST2(s) =  trapz(x,Ys ) ;

end
I1 = 1/2 * sqrt(pi*r2/k)*(exp((r2*Kpx.^2)/(2*k)).*((CTp2-
CTp1)-j*(STp2- STp1)) + exp((r2*Ksx.^2)/(2*k)).*((CTs2- CTs1)-
j*(STs2- STs1)));
```

```matlab
    I2 = 1/2 * sqrt(pi*r1/k)*( (CT2- CT1)-j*(ST2-
ST1)).*exp((r2*Ky.^2)/(2*k));
    Eth =abs( (j*k*exp(-j*k*dist)/( 4*pi*dist))*(sin(Phi2D)*(
1+cos(Theta))).*I1.*I2)  ;
    Eph =abs( (j*k*exp(-j*k*dist)/( 4*pi*dist))*(cos(Phi2D)*(
1+cos(Theta))).*I1.*I2 ) ;
    E = sqrt( Eth.^2 + Eph .^2 )  ;
    Emax=max(E)
    %-----Calcul de U------------
    U = (dist^2)*( Eth.^2 + Eph .^2 )/(240*pi)   ;
    Umax=max(U);
    Uma=(floor(Umax*100))/100
    %calcul de la puissance rayonnee
    Uth =U.*sin(Theta);
    pui = 2*pi*trapz(Theta,Uth);
    %calcul de la directivite max
    directivite=4*pi*Uma/pui
    %calcul du gain
    gain=10*log10(directivite)
    %calcul de la surface effective
    Aem=l^2*directivite/(4*pi)
    surf= floor(Aem*100)/100;
    %calcul de l'angle d'ouverture
    [C,I] = max(U);
    Uex=C/2;
    Precision = 0.05 ;
    q=I;
    p=I;
    while (abs((U(q)-Uex)/Uex)>Precision & q< 1000)
        q=q+1;
    end
    while (abs((U(p)-Uex)/Uex)>Precision & p>1)
        p=p-1;
    end
    HPBW=abs(Theta(p)-Theta(q));
    HPBW=180*HPBW/pi

%Cartesien 2D
figure(1)
        Theta=linspace(-pi,pi,100);
          Phi2D=0;
          Kpx = k*sin(Theta)*cos(Phi2D) + pi/A    ;
          Tp1 = (1/sqrt(k*pi*r2))*( (-k*A/2) -Kpx*r2 );
          Tp2 = (1/sqrt(k*pi*r2))*( (k*A/2) -Kpx*r2 );
          Ksx = k*sin(Theta)*cos(Phi2D) - pi/A    ;
          Ts1 = (1/sqrt(k*pi*r2))*( (-k*A/2) -Ksx*r2 );
          Ts2 = (1/sqrt(k*pi*r2))*( (k*A/2) -Ksx*r2 );

          Ky = k*cos(Theta)*sin(Phi2D)        ;
```

```matlab
T1 = (1/sqrt(k*pi*r1))*( (-k*B/2) -Ky*r1 );
T2 = (1/sqrt(k*pi*r1))*( (k*B/2) -Ky*r1 ) ;

 CTp2 = zeros(size(Theta));
 CTp1 = CTp2 ;
 STp2 = CTp2 ;
 STp1 = CTp2 ;

 CTs2 = CTp2 ;
 CTs1 = CTp2 ;
 STs2 = CTp2 ;
 STs1 = CTp2 ;

 ST1 = CTp2 ;
 CT1 = CTp2 ;
 ST2 = CTp2 ;
 CT2 = CTp2 ;

 Npas = 100 ;
 for s = 1:1:length(Theta)

     x=0:Tp2(s)/Npas:Tp2(s);
     Yc=cos(pi*x.^2/2);
     Ys=sin(pi*x.^2/2);

     CTp2(s) =  trapz(x,Yc ) ;
     STp2(s) =  trapz(x,Ys ) ;

     x=0:Tp1(s)/Npas:Tp1(s);
     Yc=cos(pi*x.^2/2);
     Ys=sin(pi*x.^2/2);
     CTp1(s) =  trapz(x,Yc ) ;
     STp1(s) =  trapz(x,Ys ) ;

     x=0:Ts2(s)/Npas:Ts2(s);
     Yc=cos(pi*x.^2/2);
     Ys=sin(pi*x.^2/2);
     CTs2(s) =  trapz(x,Yc ) ;
     STs2(s) =  trapz(x,Ys ) ;

     x=0:Ts1(s)/Npas:Ts1(s);
     Yc=cos(pi*x.^2/2);
     Ys=sin(pi*x.^2/2);
     CTs1(s) =  trapz(x,Yc ) ;
     STs1(s) =  trapz(x,Ys ) ;

     x=0:T1(s)/Npas:T1(s);
     Yc=cos(pi*x.^2/2);
     Ys=sin(pi*x.^2/2);
```

```matlab
        CT1(s) =  trapz(x,Yc ) ;
        ST1(s) =  trapz(x,Ys ) ;

        x=0:T2(s)/Npas:T2(s);
        Yc=cos(pi*x.^2/2);
        Ys =sin(pi*x.^2/2);
        CT2(s) =  trapz(x,Yc ) ;
        ST2(s) =  trapz(x,Ys ) ;

    end
    I1 = 1/2 *
sqrt(pi*r2/k)*(exp((r2*Kpx.^2)/(2*k)).*((CTp2- CTp1)-j*(STp2-
STp1)) + exp((r2*Ksx.^2)/(2*k)).*((CTs2- CTs1)-j*(STs2- STs1)));
    I2 = 1/2 * sqrt(pi*r1/k)*( (CT2- CT1)-j*(ST2-
ST1)).*exp((r1*Ky.^2)/(2*k));
    Eth =abs( (j*k*exp(-j*k*dist)/( 4*pi*dist))*(
sin(Phi2D)*( 1+cos(Theta))).*I2.*I2)  ;
    Eph =abs( (j*k*exp(-j*k*dist)/( 4*pi*dist))*(
cos(Phi2D)*( 1+cos(Theta))).*I2.*I2 ) ;
    y1 = sqrt( Eth.^2 + Eph .^2 );
    y1=y1/max(y1);
    plot(Theta,y1,'LineWidth',2);
    hold on;


    Phi2D=pi/2;
    Kpx = k*sin(Theta)*cos(Phi2D) + pi/A ;
    Tp1 = (1/sqrt(k*pi*r2))*( (-k*A/2) -Kpx*r2 );
    Tp2 = (1/sqrt(k*pi*r2))*( (k*A/2) -Kpx*r2 );
    Ksx = k*sin(Theta)*cos(Phi2D) - pi/A   ;
    Ts1 = (1/sqrt(k*pi*r2))*( (-k*A/2) -Ksx*r2 );
    Ts2 = (1/sqrt(k*pi*r2))*( (k*A/2) -Ksx*r2 );

    Ky = k*cos(Theta)*sin(Phi2D)         ;
    T1 = (1/sqrt(k*pi*r1))*( (-k*B/2) -Ky*r1 );
    T2 = (1/sqrt(k*pi*r1))*( (k*B/2) -Ky*r1 ) ;

    CTp2 = zeros(size(Theta));
    CTp1 = CTp2 ;
    STp2 = CTp2 ;
    STp1 = CTp2 ;

    CTs2 = CTp2 ;
    CTs1 = CTp2 ;
    STs2 = CTp2 ;
    STs1 = CTp2 ;

    ST1 = CTp2 ;
    CT1 = CTp2 ;
```

```matlab
            ST2 = CTp2 ;
            CT2 = CTp2 ;

            Npas = 100 ;
            for s = 1:1:length(Theta)

                x=0:Tp2(s)/Npas:Tp2(s);
                Yc=cos(pi*x.^2/2);
                Ys=sin(pi*x.^2/2);

                CTp2(s)  =  trapz(x,Yc ) ;
                STp2(s)  =  trapz(x,Ys ) ;

                x=0:Tp1(s)/Npas:Tp1(s);
                Yc=cos(pi*x.^2/2);
                Ys=sin(pi*x.^2/2);
                CTp1(s)  =  trapz(x,Yc ) ;
                STp1(s)  =  trapz(x,Ys ) ;

                x=0:Ts2(s)/Npas:Ts2(s);
                Yc=cos(pi*x.^2/2);
                Ys=sin(pi*x.^2/2);
                CTs2(s)  =  trapz(x,Yc ) ;
                STs2(s)  =  trapz(x,Ys ) ;

                x=0:Ts1(s)/Npas:Ts1(s);
                Yc=cos(pi*x.^2/2);
                Ys=sin(pi*x.^2/2);
                CTs1(s)  =  trapz(x,Yc ) ;
                STs1(s)  =  trapz(x,Ys ) ;

                x=0:T1(s)/Npas:T1(s);
                Yc=cos(pi*x.^2/2);
                Ys=sin(pi*x.^2/2);
                CT1(s)  =  trapz(x,Yc ) ;
                ST1(s)  =  trapz(x,Ys ) ;

                x=0:T2(s)/Npas:T2(s);
                Yc=cos(pi*x.^2/2);
                Ys =sin(pi*x.^2/2);
                CT2(s)  =  trapz(x,Yc ) ;
                ST2(s)  =  trapz(x,Ys ) ;

            end
            I1 = 1/2 *
sqrt(pi*r2/k)*(exp((r2*Kpx.^2)/(2*k)).*((CTp2- CTp1)-j*(STp2-
STp1)) + exp((r2*Ksx.^2)/(2*k)).*((CTs2- CTs1)-j*(STs2- STs1)));
            I2 = 1/2 * sqrt(pi*r1/k)*( (CT2- CT1)-j*(ST2-
ST1)).*exp((r1*Ky.^2)/(2*k));
```

```matlab
            Eth =abs( (j*k*exp(-j*k*dist)/( 4*pi*dist))*(
sin(Phi2D)*( 1+cos(Theta))).*I1.*I2)   ;
            Eph =abs( (j*k*exp(-j*k*dist)/( 4*pi*dist))*(
cos(Phi2D)*( 1+cos(Theta))).*I1.*I2 ) ;
            y2 = sqrt( Eth.^2 + Eph .^2 )   ;
            y2=y2/max(y2);
            plot(Theta,y2,'LineWidth',2,'color','red')
            xlabel('X (rad)')
            ylabel('Y (E-V/m)')
            title('cartesien 2D')
            grid on;
            hold off;

%polaire
figure(2)
        Phi2D=0;
            Kpx = k*sin(Theta)*cos(Phi2D) + pi/A    ;
            Tp1 = (1/sqrt(k*pi*r2))*( (-k*A/2) -Kpx*r2 );
            Tp2 = (1/sqrt(k*pi*r2))*( (k*A/2) -Kpx*r2 );
            Ksx = k*sin(Theta)*cos(Phi2D) - pi/A    ;
            Ts1 = (1/sqrt(k*pi*r2))*( (-k*A/2) -Ksx*r2 );
            Ts2 = (1/sqrt(k*pi*r2))*( (k*A/2) -Ksx*r2 );

            Ky = k*cos(Theta)*sin(Phi2D)          ;
            T1 = (1/sqrt(k*pi*r1))*( (-k*B/2) -Ky*r1 );
            T2 = (1/sqrt(k*pi*r1))*( (k*B/2) -Ky*r1 ) ;

            CTp2 = zeros(size(Theta));
            CTp1 = CTp2 ;
            STp2 = CTp2 ;
            STp1 = CTp2 ;

            CTs2 = CTp2 ;
            CTs1 = CTp2 ;
            STs2 = CTp2 ;
            STs1 = CTp2 ;

            ST1 = CTp2 ;
            CT1 = CTp2 ;
            ST2 = CTp2 ;
            CT2 = CTp2 ;

            Npas = 100 ;
            for s = 1:1:length(Theta)

                x=0:Tp2(s)/Npas:Tp2(s);
                Yc=cos(pi*x.^2/2);
                Ys=sin(pi*x.^2/2);
```

```matlab
        CTp2(s) =  trapz(x,Yc ) ;
        STp2(s) =  trapz(x,Ys ) ;

        x=0:Tp1(s)/Npas:Tp1(s);
        Yc=cos(pi*x.^2/2);
        Ys=sin(pi*x.^2/2);
        CTp1(s) =  trapz(x,Yc ) ;
        STp1(s) =  trapz(x,Ys ) ;

        x=0:Ts2(s)/Npas:Ts2(s);
        Yc=cos(pi*x.^2/2);
        Ys=sin(pi*x.^2/2);
        CTs2(s) =  trapz(x,Yc ) ;
        STs2(s) =  trapz(x,Ys ) ;

        x=0:Ts1(s)/Npas:Ts1(s);
        Yc=cos(pi*x.^2/2);
        Ys=sin(pi*x.^2/2);
        CTs1(s) =  trapz(x,Yc ) ;
        STs1(s) =  trapz(x,Ys ) ;

        x=0:T1(s)/Npas:T1(s);
        Yc=cos(pi*x.^2/2);
        Ys=sin(pi*x.^2/2);
        CT1(s) =  trapz(x,Yc ) ;
        ST1(s) =  trapz(x,Ys ) ;

        x=0:T2(s)/Npas:T2(s);
        Yc=cos(pi*x.^2/2);
        Ys =sin(pi*x.^2/2);
        CT2(s) =  trapz(x,Yc ) ;
        ST2(s) =  trapz(x,Ys ) ;

    end
        I1 = 1/2 *
sqrt(pi*r2/k)*(exp((r2*Kpx.^2)/(2*k)).*((CTp2- CTp1)-j*(STp2-
STp1)) + exp((r2*Ksx.^2)/(2*k)).*((CTs2- CTs1)-j*(STs2- STs1)));
        I2 = 1/2 * sqrt(pi*r1/k)*( (CT2- CT1)-j*(ST2-
ST1)).*exp((r1*Ky.^2)/(2*k));
        Eth =abs( (j*k*exp(-j*k*dist)/( 4*pi*dist))*(
sin(Phi2D)*( 1+cos(Theta))).*I2.*I2)  ;
        Eph =abs( (j*k*exp(-j*k*dist)/( 4*pi*dist))*(
cos(Phi2D)*( 1+cos(Theta))).*I2.*I2 ) ;
        y1 = sqrt( Eth.^2 + Eph .^2 );
        y1=y1/max(y1);
        polar(Theta,y1)
        hold on;
        Phi2D=pi/2;
        Kpx = k*sin(Theta)*cos(Phi2D) + pi/A ;
```

```matlab
Tp1 = (1/sqrt(k*pi*r2))*( (-k*A/2) -Kpx*r2 );
Tp2 = (1/sqrt(k*pi*r2))*( (k*A/2) -Kpx*r2
Ksx = k*sin(Theta)*cos(Phi2D) - pi/A    ;
Ts1 = (1/sqrt(k*pi*r2))*( (-k*A/2) -Ksx*r2
Ts2 = (1/sqrt(k*pi*r2))*( (k*A/2) -Ksx*r2

Ky = k*cos(Theta)*sin(Phi2D)          ;
T1 = (1/sqrt(k*pi*r1))*( (-k*B/2) -Ky*r1
T2 = (1/sqrt(k*pi*r1))*( (k*B/2) -Ky*r1 )

CTp2 = zeros(size(Theta));
CTp1 = CTp2 ;
STp2 = CTp2 ;
STp1 = CTp2 ;

CTs2 = CTp2 ;
CTs1 = CTp2 ;
STs2 = CTp2 ;
STs1 = CTp2 ;

ST1 = CTp2 ;
CT1 = CTp2 ;
ST2 = CTp2 ;
CT2 = CTp2 ;

Npas = 100 ;
for s = 1:1:length(Theta)

    x=0:Tp2(s)/Npas:Tp2(s);
    Yc=cos(pi*x.^2/2);
    Ys=sin(pi*x.^2/2);

    CTp2(s) =  trapz(x,Yc ) ;
    STp2(s) =  trapz(x,Ys ) ;

    x=0:Tp1(s)/Npas:Tp1(s);
    Yc=cos(pi*x.^2/2);
    Ys=sin(pi*x.^2/2);
    CTp1(s) =  trapz(x,Yc ) ;
    STp1(s) =  trapz(x,Ys ) ;

    x=0:Ts2(s)/Npas:Ts2(s);
    Yc=cos(pi*x.^2/2);
    Ys=sin(pi*x.^2/2);
    CTs2(s) =  trapz(x,Yc ) ;
    STs2(s) =  trapz(x,Ys ) ;

    x=0:Ts1(s)/Npas:Ts1(s);
    Yc=cos(pi*x.^2/2);
```

```matlab
            Ys=sin(pi*x.^2/2);
            CTs1(s) =  trapz(x,Yc ) ;
            STs1(s) =  trapz(x,Ys ) ;

            x=0:T1(s)/Npas:T1(s);
            Yc=cos(pi*x.^2/2);
            Ys=sin(pi*x.^2/2);
            CT1(s) =  trapz(x,Yc ) ;
            ST1(s) =  trapz(x,Ys ) ;

            x=0:T2(s)/Npas:T2(s);
            Yc=cos(pi*x.^2/2);
            Ys =sin(pi*x.^2/2);
            CT2(s) =  trapz(x,Yc ) ;
            ST2(s) =  trapz(x,Ys ) ;

        end
        I1 = 1/2 *
sqrt(pi*r2/k)*(exp((r2*Kpx.^2)/(2*k)).*((CTp2- CTp1)-j*(STp2-
STp1)) + exp((r2*Ksx.^2)/(2*k)).*((CTs2- CTs1)-j*(STs2- STs1)));
        I2 = 1/2 * sqrt(pi*r1/k)*( (CT2- CT1)-j*(ST2-
ST1)).*exp((r1*Ky.^2)/(2*k));
        Eth =abs( (j*k*exp(-j*k*dist)/( 4*pi*dist))*(
sin(Phi2D)*( 1+cos(Theta))).*I1.*I2)  ;
        Eph =abs( (j*k*exp(-j*k*dist)/( 4*pi*dist))*(
cos(Phi2D)*( 1+cos(Theta))).*I1.*I2 )  ;
        y2 = sqrt( Eth.^2 + Eph .^2 )  ;
        y2=y2/max(y2);
        polar(Theta,y2,'r')
        xlabel('\theta(rad)')
        ylabel('E-V/m')
        title('polaire')
        grid on
        hold off
%Spherique
figure(3)
        Theta=linspace(0,pi/2,50);
        Phi=linspace(-pi,pi,50);
        [Theta,Phi]=meshgrid(Theta,Phi);
        Kpx = k*sin(Theta).*cos(Phi) + pi/A   ;
    Tp1 = (1/sqrt(k*pi*r2))*( -k*A/2 -Kpx*r2 );
    Tp2 = (1/sqrt(k*pi*r2))*( k*A/2 -Kpx*r2 ) ;

    Ksx = k*sin(Theta).*cos(Phi) - pi/A   ;
    Ts1 = (1/sqrt(k*pi*r2))*( -k*A/2 -Ksx*r2 ) ;
    Ts2 = (1/sqrt(k*pi*r2))*( k*A/2 -Ksx*r2 )   ;

    Ky = k*cos(Theta).*sin(Phi);
    T1 = (1/sqrt(k*pi*r1))*( -k*B/2 -Ky*r1 )   ;
```

```matlab
T2 = (1/sqrt(k*pi*r1))*( k*B/2 -Ky*r1 ) ;

CTp2 = zeros(size(Theta));
CTp1 = CTp2 ;
STp2 = CTp2 ;
STp1 = CTp2 ;

CTs2 = CTp2 ;
CTs1 = CTp2 ;
STs2 = CTp2 ;
STs1 = CTp2 ;

ST1 = CTp2 ;
CT1 = CTp2 ;
ST2 = CTp2 ;
CT2 = CTp2 ;

Npas = 100 ;
[Nlin,Ncol] = size(Kpx) ;
for s = 1:1:Nlin

    for p = 1:1:Ncol

        x=0:Tp2(s,p)/Npas:Tp2(s,p);
        Yc=cos(pi*x.^2/2);
        Ys=sin(pi*x.^2/2);
        CTp2(s,p) =  trapz(x,Yc ) ;
        STp2(s,p) =  trapz(x,Ys ) ;

        x=0:Tp1(s,p)/Npas:Tp1(s,p);
        Yc=cos(pi*x.^2/2);
        Ys=sin(pi*x.^2/2);
        CTp1(s,p) =  trapz(x,Yc ) ;
        STp1(s,p) =  trapz(x,Ys ) ;

        x=0:Ts2(s,p)/Npas:Ts2(s,p);
        Yc=cos(pi*x.^2/2);
        Ys=sin(pi*x.^2/2);
        CTs2(s,p) =  trapz(x,Yc ) ;
        STs2(s,p) =  trapz(x,Ys ) ;

        x=0:Ts1(s,p)/Npas:Ts1(s,p);
        Yc=cos(pi*x.^2/2);
        Ys=sin(pi*x.^2/2);
        CTs1(s,p) =  trapz(x,Yc ) ;
        STs1(s,p) =  trapz(x,Ys ) ;

        x=0:T1(s,p)/Npas:T1(s,p);
        Yc=cos(pi*x.^2/2);
```

```matlab
                    Ys=sin(pi*x.^2/2);
                    CT1(s,p)  =  trapz(x,Yc ) ;
                    ST1(s,p)  =  trapz(x,Ys ) ;

                    x=0:T2(s,p)/Npas:T2(s,p);
                    Yc=cos(pi*x.^2/2);
                    Ys=sin(pi*x.^2/2);
                    CT2(s,p)  =  trapz(x,Yc ) ;
                    ST2(s,p)  =  trapz(x,Ys ) ;
            end
        end
        I1 = 1/2 *
sqrt(pi*r2/k)*(exp((r2*Kpx.^2)/(2*k)).*((CTp2- CTp1)-j*(STp2-
STp1)) + exp((r2*Ksx.^2)/(2*k)).*((CTs2- CTs1)-j*(STs2- STs1) ) )
;
        I2 = 1/2 * sqrt(pi*r1/k)*( (CT2- CT1)-j*(ST2-
ST1)).*exp((r1*Ky.^2)/(2*k));
        Eth =abs( (j*k*exp(-j*k*dist)/( 4*pi*dist))*(
sin(Phi).*( 1+cos(Theta))).*I2.*I2)  ;
        Eph =abs( (j*k*exp(-j*k*dist)/( 4*pi*dist))*(
cos(Phi).*( 1+cos(Theta))).*I2.*I2 ) ;
        E = sqrt( Eth.^2 + Eph .^2 )  ;
        r = E/max(max(E));
        Zsp=r; %.*cos(Theta);
        Xsp=sin(Theta).*cos(Phi);
        Ysp=sin(Theta).*sin(Phi);
        mesh(Xsp,Ysp,Zsp)
        xlabel('\theta(rad)')
        ylabel('\phi(rad)')
        zlabel('E-V/m')
        title('spherique')
%Cartesien 3D
figure(4)
        Theta=linspace(0,pi,40);
        Phi=linspace(0,2*pi,40);
        [Theta,Phi]=meshgrid(Theta,Phi);
        Phi2D=0;
        Kpx = k*sin(Theta)*cos(Phi2D) + pi/A    ;
        Tp1 = (1/sqrt(k*pi*r2))*( -k*A/2 -Kpx*r2 );
        Tp2 = (1/sqrt(k*pi*r2))*( k*A/2 -Kpx*r2 );
        Ksx = k*sin(Theta)*cos(Phi2D) - pi/A    ;
        Ts1 = (1/sqrt(k*pi*r2))*( -k*A/2 -Ksx*r2 );
        Ts2 = (1/sqrt(k*pi*r2))*( k*A/2 -Ksx*r2 );

        Ky = k*sin(Theta)*sin(Phi2D);
        T1 = (1/sqrt(k*pi*r1))*( -k*B/2 -Ky*r1 );
        T2 = (1/sqrt(k*pi*r1))*( k*B/2 -Ky*r1 ) ;

        CTp2 = zeros(size(Theta));
```

```matlab
CTp1 = CTp2 ;
STp2 = CTp2 ;
STp1 = CTp2 ;

CTs2 = CTp2 ;
CTs1 = CTp2 ;
STs2 = CTp2 ;
STs1 = CTp2 ;

ST1 = CTp2 ;
CT1 = CTp2 ;
ST2 = CTp2 ;
CT2 = CTp2 ;

Npas = 50          ;
[Nlin,Ncol] = size(Kpx) ;
for s = 1:1:Nlin

    for p = 1:1:Ncol
        x=0:Tp2(s,p)/Npas:Tp2(s,p);
        Yc=cos(pi*x.^2/2);
        Ys=sin(pi*x.^2/2);

        CTp2(s,p) =  trapz(x,Yc ) ;
        STp2(s,p) =  trapz(x,Ys ) ;

        x=0:Tp1(s,p)/Npas:Tp1(s,p);
        Yc=cos(pi*x.^2/2);
        Ys=sin(pi*x.^2/2);
        CTp1(s,p) =  trapz(x,Yc ) ;
        STp1(s,p) =  trapz(x,Ys ) ;

        x=0:Ts2(s,p)/Npas:Ts2(s,p);
        Yc=cos(pi*x.^2/2);
        Ys=sin(pi*x.^2/2);
        CTs2(s,p) =  trapz(x,Yc ) ;
        STs2(s,p) =  trapz(x,Ys ) ;

        x=0:Ts1(s,p)/Npas:Ts1(s,p);
        Yc=cos(pi*x.^2/2);
        Ys=sin(pi*x.^2/2);
        CTs1(s,p) =  trapz(x,Yc ) ;
        STs1(s,p) =  trapz(x,Ys ) ;

        x=0:T1(s,p)/Npas:T1(s,p);
        Yc=cos(pi*x.^2/2);
        Ys=sin(pi*x.^2/2);
        CT1(s,p) =  trapz(x,Yc ) ;
        ST1(s,p) =  trapz(x,Ys ) ;
```

```matlab
            x=0:T2(s,p)/Npas:T2(s,p);
            Yc=cos(pi*x.^2/2);
            Ys=sin(pi*x.^2/2);
            CT2(s,p) =  trapz(x,Yc ) ;
            ST2(s,p) =  trapz(x,Ys ) ;


        end
    end


        I1 = 1/2 *
sqrt(pi*r2/k)*(exp((r2*Kpx.^2)/(2*k)).*((CTp2- CTp1)-j*(STp2-
STp1)) + exp((r2*Ksx.^2)/(2*k)).*((CTs2- CTs1)-j*(STs2- STs1) ) )
;
        I2 = 1/2 * sqrt(pi*r1/k)*( (CTp2- CTp1)-j*(STp2-
STp1)).*exp((r1*Ky.^2)/(2*k));
        Eth =abs( (j*k*exp(-j*k*dist)/( 4*pi*dist))*(
sin(Phi2D)*( 1+cos(Theta))).*I1.*I2)  ;
        Eph =abs( (j*k*exp(-j*k*dist)/( 4*pi*dist))*(
cos(Phi2D)*( 1+cos(Theta))).*I1.*I2 ) ;
        E = sqrt( Eth.^2 + Eph .^2 )  ;
        Zc = E/max(max(E));
        mesh(Theta,Phi,Zc)
        xlabel('X(rad)')
        ylabel('Y(rad)')
        zlabel('Z (E-V/m)')
        title('cartesien 3D')
```

- **Nous présentons les formules (1.121) à (1.127) pour le calcul des caractéristiques et simulation de l'antenne à ouverture circulaire sur un plan de masse infini.**

a=rayon de l'antenne

$$Z = kasin\theta \tag{1.121}$$

$$Z = kasin\theta, \quad C_1 = j\frac{k(a)^2 E_o e^{-jkr}}{r} \tag{1.122}$$

$$E_\theta = jC_1 sin\emptyset \frac{J_1(Z)}{Z} \tag{1.123}$$

$$J_1 = fonction\ de\ bessel\ d'ordre1$$

$$E_\emptyset = jC_1 cos\theta cos\emptyset \frac{J_1(Z)}{Z} \tag{1.124}$$

$$E_o = \frac{Z_c I_o}{a} \tag{1.125}$$

$$P_{rad} = \frac{|aE_o|^2}{2\eta} \tag{1.126}$$

$$D_o = 4\pi \frac{\pi a^2}{(\lambda)^2} = \left(\frac{2\pi a}{\lambda}\right)^2 \tag{1.127}$$

Les figures 54, 55, 56 et 57 représentent respectivement les caractéristiques d'une antenne à ouverture circulaire sur un plan de masse infini en coordonnées cartésien, polaire, sphérique et cartésien 3D.

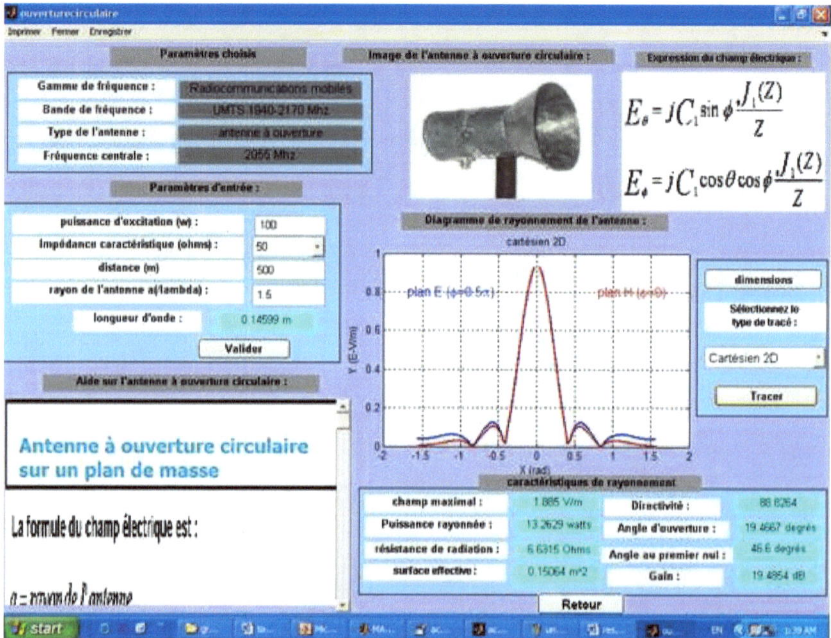

Figure 53:   *Caractéristiques antenne à ouverture circulaire en cartésien.*

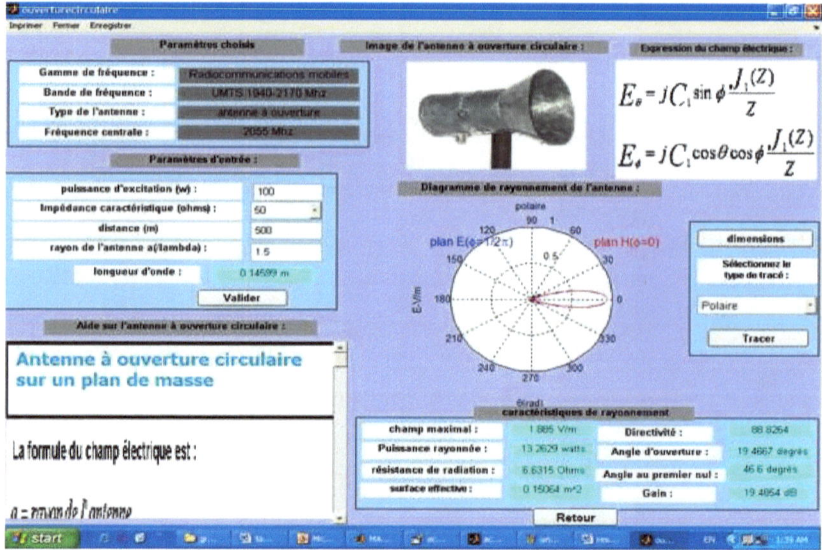

Figure 54:   *Caractéristiques antenne à ouverture circulaire en polaire.*

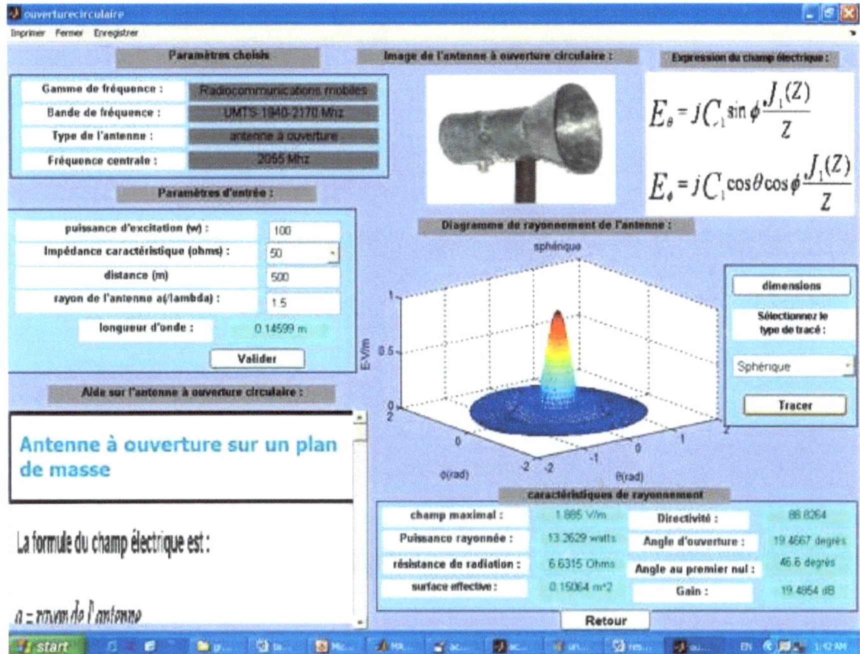

Figure 55: **Caractéristiques antenne à ouverture circulaire en sphérique.**

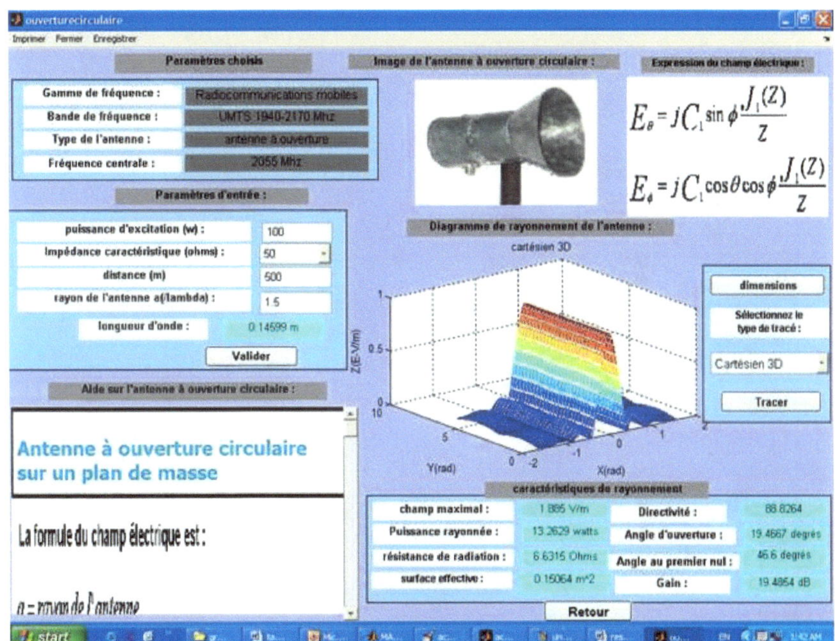

Figure 56: **Caractéristiques antenne à ouverture circulaire en cartésien 3D.**

En considérant dans Code source 9 ci-après ouverturecirculaire(Pe,Zc,dist,freq,L) remplacer par ouverturecirculaire(100,50,500,2055,1.5), on obtient notamment les courbes des figures 54, 55, 56 et 57.

Code source 9 :   ***Caractéristiques antenne à ouverture circulaire***

```matlab
function[Aem, Rr,
champmax,ouverture]=ouverturecirculaire(Pe,Zc,dist,freq,L)
%Pe Puissance d'excitation (W)
%Zc Impedance Caracteristique(ohm)
%dist Distance (m)
%freq Frequence centrale( MHz)
%L Rayon de l'antenne a (/lamda)
%Aem surface effective
%Rr esistance de radiation
%champmax champs max
%calcul de la longueur d'onde
    l=300/freq;
    k=2*pi/l;
    %calcul du courant I0
    Io=sqrt(2*Pe/Zc);
    %calcul de emax
    E0=Zc*Io/(L*l); % E0 devrait etre une constante et indique le
champ moyen a l'ouverture
    champmax=(L*l)^2*k*E0/dist
    %calcul de la puissance rayonnee
    prad=(L*l*E0)^2/(240*pi);
    Rr=2*prad/Io^2 %on en deduit Rr
    %calcul de la directivite
    directivite=(2*pi*L)^2;
  %calcul du gain
  gain=10*log10(directivite);
    %calcul de la surface effective
    Aem=l^2*directivite/(4*pi);
    %calcul de l'angle d'ouverture
    ouverture=29.2/L
    %calcul du premier null
    null=69.9/L;
    % Trace de graphe
    Emax=(L*l)^2*k*E0/dist;
%Cartesien 2D
figure(1)
        x=-pi/2:pi/100:pi/2;

y=Emax*abs(besselj(1,(k*L*l.*sin(x)))./(k*L*l.*sin(x)));

y1=Emax*abs(cos(x).*besselj(1,(k*L*l.*sin(x)))./(k*L*l.*sin(x)));
        plot(x,y,'LineWidth',2);
        hold on
```

```matlab
            plot(x,y1,'LineWidth',2,'color','red');
            text(-1.7,0.8,['plan E
(\phi=0.5\pi)'],'Fontsize',12,'color',[0 0 1]);
            text(0.8,0.8,['plan H
(\phi=0)'],'Fontsize',12,'color',[1 0 0]);
            xlabel('X (rad)');
            ylabel('Y (E-V/m)');
            title('cartesien 2D');
%polaire
figure(2)
            x=-pi/2:pi/100:pi/2;

y=Emax*abs(besselj(1,(k*L*l.*sin(x)))./(k*L*l.*sin(x)));

y1=Emax*abs(cos(x).*besselj(1,(k*L*l.*sin(x)))./(k*L*l.*sin(x)));
            polar(x,y)
            hold on
            polar(x,y1,'r')
            text(-0.4*pi,0.8,['plan
E(\phi=1/2\pi)'],'Fontsize',12,'color',[0 0 1]);
            text(0.25*pi,0.8,['plan
H(\phi=0)'],'Fontsize',12,'color',[1 0 0]);
            xlabel('\theta(rad)')
            ylabel('E-V/m')
            title('polaire')
%Spherique
figure(3)
        theta=linspace(eps,pi/2,80);
            phi=linspace(0,2*pi,80);
            [theta, phi]=meshgrid(theta,phi);
            X=(k*L*l).*sin(theta);
            Etheta=sin(phi).*(besselj(1,X)./X+eps);
            Ephi=cos(theta).*cos(phi).*(besselj(1,X)./X);
            E=Etheta.^2+Ephi.^2;
            Zsp=Emax*sqrt(E);
            Xsp=theta.*cos(phi);
            Ysp=theta.*sin(phi);
            mesh(Xsp,Ysp,Zsp)
            xlabel('\theta(rad)')
            ylabel('\phi(rad)')
            zlabel('E-V/m')
            title('spherique')
            hold off
%Cartesien 3D
figure(4)
            theta=linspace(-pi/2,pi/2,80);
            phi=linspace(0,2*pi,80);
            [theta, phi]=meshgrid(theta,phi);
            X=(k*L*l).*sin(theta);
```

```matlab
Etheta=sin(phi).*(besselj(1,X)./X+eps);
Ephi=cos(theta).*cos(phi).*(besselj(1,X)./X);
E=Etheta.^2+Ephi.^2;
Zc=Emax*sqrt(E);
mesh(theta,phi,Zc)
xlabel('X(rad)')
ylabel('Y(rad)')
zlabel('Z(E-V/m)')
title('cartesien 3D')
hold off
```

- **Nous présentons les formules (1.128) et (1.129) pour le calcul des caractéristiques et simulation de l'antenne dipôle avec réflecteur 90 degrés avec longueur d'un côté L= 2*s.**

Dans les conditions de champ lointain $\frac{2\pi r}{\lambda} \gg 1$

La distance entre l'arête et la position de l'élément rayonnant est s.La longueur d'un côté est généralement l=2s ; l'ouverture du cornet est $\lambda < D_a < 2\lambda$ et la hauteur de l'antenne est $1{,}2s < h < 1{,}5s$.

Facteur de regroupement :

$$\frac{E}{E_o} = AF(\theta, \emptyset) = 2[cos(ks \sin \theta \; cos\emptyset) - cos(ks \sin \theta \; sin\emptyset)] \tag{1.128}$$

Nous utilisons le dipôle demi onde comme élément rayonnant donc :

$$E_o = j\eta \frac{I_o e^{-jkr}}{2\pi r} \left[\frac{cos\left(\frac{\pi}{2}cos\theta\right)}{sin\theta} \right]$$

$$P_{rad} = \iint_0^\pi 2\pi E^2 \sin \theta \; d\theta \tag{1.129}$$

$$R_r = \frac{2P_{rad}}{(I_o)^2}$$

$$D_o = 4\pi \frac{U_{max}}{P_{rad}}$$

$$A_{em} = \left(\frac{\lambda^2}{4\pi}\right) D_o$$

Les figures 58(a et b), 59(a et b), 60 et 61 représentent respectivement les caractéristiques d'une antenne dipôle demi-onde avec réflecteur à 90° en coordonnées cartésien, polaire, sphérique et cartésien 3D.

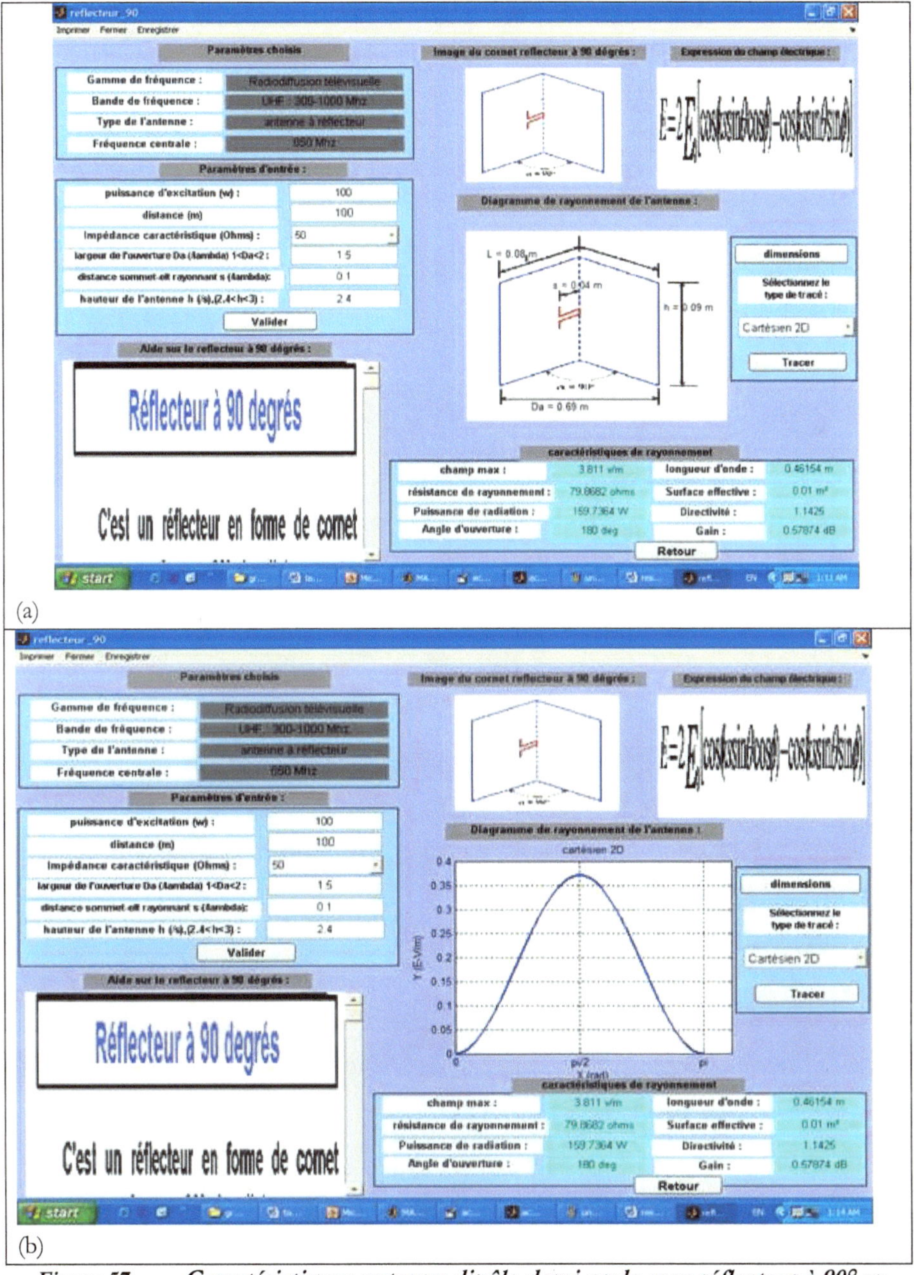

Figure 57:   *Caractéristiques antenne dipôle demi-onde avec réflecteur à 90° en cartésien.*

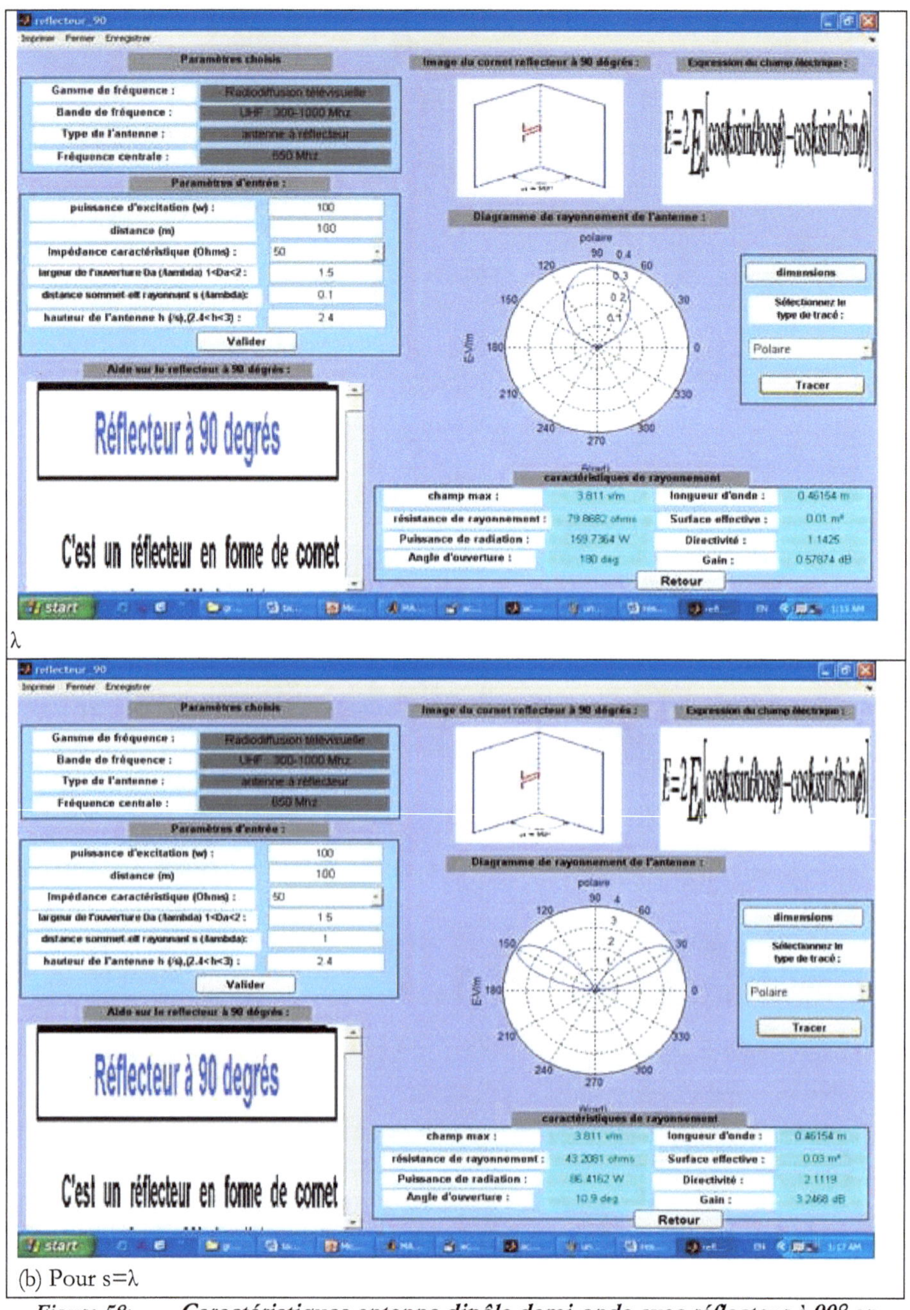

λ

(b) Pour s=λ

Figure 58:   Caractéristiques antenne dipôle demi-onde avec réflecteur à 90° en polaire.

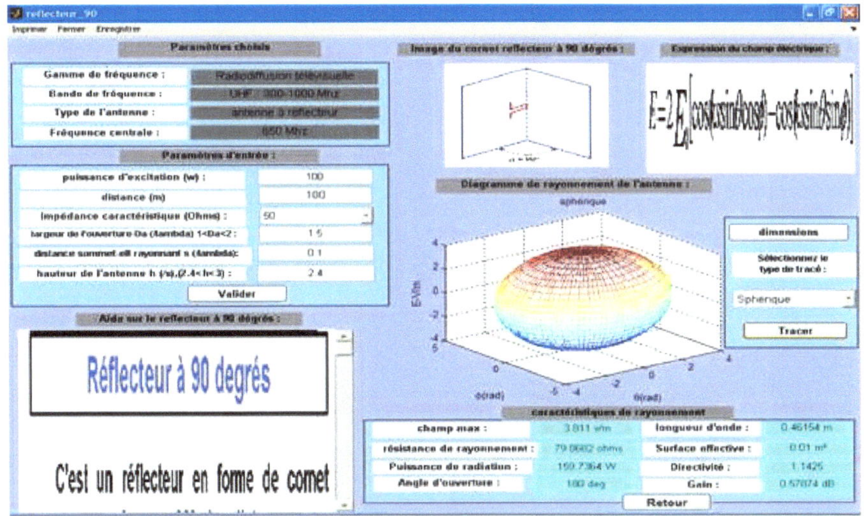

Figure 59:   Caractéristiques antenne dipôle demi-onde avec réflecteur à 90° en sphérique.

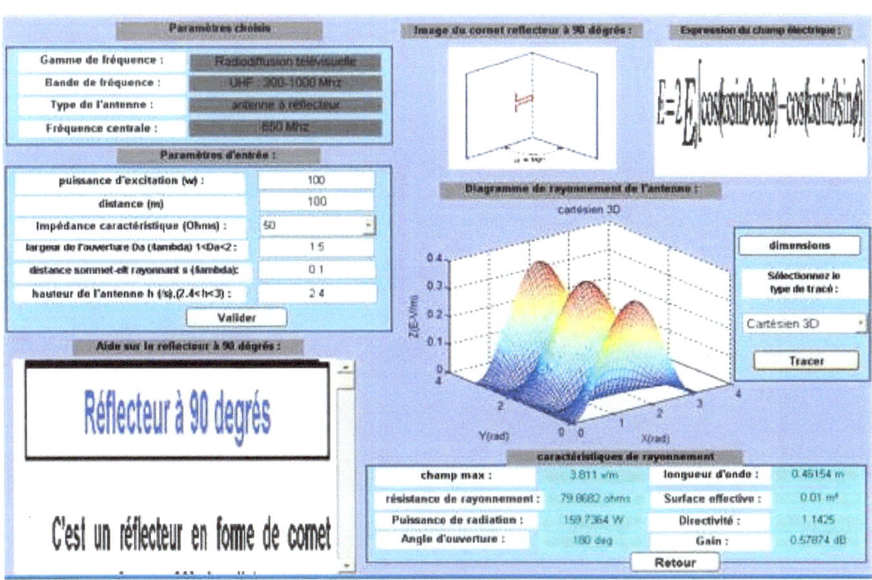

Figure 60:   Caractéristiques antenne dipôle demi-onde avec réflecteur à 90° en cartésien 3D.

En considérant dans Code source 10 ci-après reflecteur (puiss, impc, dist, freq, ouvre, hauteur,s) remplacer par reflecteur (100,50,100,650,1.4,2.4,0.1), on obtient notamment les courbes des figures 58, 59, 60 et 61.

Code source 10 :   Caractéristiques antenne demi-onde avec réflecteur 90°

```matlab
function [Aem, Rr,
champmax,HPBW]=reflecteur(puiss,impc,dist,freq,ouvre,hauteur,s)
%puiss Puissance d'excitation (W)
%impc Impedance Caracteristique(ohm)
%dist Distance (m)
%freq Frequence centrale( MHz)
%ouvre Largeur de l'ouverture Da / lambda
%s Distance sommet-elt rayonnant s   (m)
%hauteur Hauteur de l'antenne h (m)
%Aem surface effective
%Rr esistance de radiation
%calcul de la longueur d'onde
l=300/freq;
k=2*pi/l;
s=s*l;
I0=sqrt(2*puiss/impc);
theta=linspace(0,pi,100);
phi=linspace(0,pi,100);
E0=j*120*pi*I0*exp(-
j*k*dist)*cos(pi*cos(theta)/2)/(2*pi*dist*sin(theta));
r=2*abs(E0*cos(k*s.*sin(theta).*cos(phi))-
cos(k*s.*sin(theta).*sin(phi)));
%calcul de AF max
Emax=max(r);
champmax=num2str(Emax)
%Calcul de Prad
U=r.^2;
Umax=max(U);
% Theta = linspace(0,pi,3000);
Uth =U.*sin(theta);
Prad = 2*pi*trapz(theta,Uth);
Rr=2*Prad/(I0)^2
%Calcul de Do
Dmax = 4*pi*Umax/Prad
```

```matlab
%calcul du gain
gain=10*log10(Dmax);
%Calcul de la surface effective
Aem = (Dmax*l^2)/(4*pi)
%calcul de l'angle d'ouverture
[C,I] = max(U);
Uex=C/2;
Precision = 0.05 ;
q=I;
p=I;
while (abs((U(q)-Uex)/Uex)>Precision & q< 100)
    q=q+1;
end

while (abs((U(p)-Uex)/Uex)>Precision & p>1)
    p=p-1;
end
HPBW=abs(theta(p)-theta(q));
HPBW=180*HPBW/pi
%Cartesien 2D
figure(1)
        theta=linspace(0,pi,100);

E0=j*120*pi*I0*exp(-
j*k*dist)*cos(pi*cos(theta)/2)/(2*pi*dist*sin(theta));
        y1=2*abs(E0*(cos(k*s*sin(theta))-1));
        plot(theta,y1)
        xlabel('X (rad)')
        ylabel('Y (E-V/m)')
        title('cartesien 2D')
        grid on
%polaire
figure(2)
        theta=linspace(0,pi,100);
        E0=j*120*pi*I0*exp(-
j*k*dist)*cos(pi*cos(theta)/2)/(2*pi*dist*sin(theta));
        y1=2*abs(E0*(cos(k*s*sin(theta))-1));
        polar(theta,y1)
        xlabel('\theta(rad)')
        ylabel('E-V/m')
        title('polaire')
%Spherique

figure(3)
        theta=linspace(0,pi,80);
        phi=linspace(0,2*pi,80);
        [theta,phi]=meshgrid(theta,phi);
        r=2*abs((cos(k*s*sin(theta)*cos(phi))-
cos(k*s*sin(theta)*sin(phi))));
```

```matlab
        Zsp=r.*cos(theta);
        Xsp=r.*sin(theta).*cos(phi);
        Ysp=r.*sin(theta).*sin(phi);
        mesh(Xsp,Ysp,Zsp)
        xlabel('\theta(rad)')
        ylabel('\phi(rad)')
        zlabel('E-V/m')
        title('spherique')
%Cartesien 3D
figure(4)
        theta=linspace(0,pi,60);
        phi=linspace(0,pi,60);
        [theta,phi]=meshgrid(theta,phi);
        r=2*abs((cos(k*s.*sin(theta).*cos(phi))-
cos(k*s.*sin(theta).*sin(phi))));
        mesh(theta,phi,r)
        xlabel('X(rad)')
        ylabel('Y(rad)')
        zlabel('Z(E-V/m)')
        title('cartesien 3D')
        hold off
```

- **Nous présentons les formules (1.130) à (1.136) pour le calcul des caractéristiques et simulation d'une antenne microstrip.**

$$V_o = hE_o = tension \ à \ travers \ le \ slot$$

$$k_o h \ll 1, h = épaisseur \ du \ slot \ et \ w = largeur \ du \ slot$$

$$L_e = distance \ séparant \ les \ deux \ slots \ constituant \ l'antenne$$

$$E_\emptyset \simeq j\frac{2V_o e^{-jk_o r}}{\pi r}\left\{\sin\theta \frac{sin\left(\frac{k_o w}{2}cos\theta\right)}{cos\theta}\right\} cos\left(\frac{k_o L_e}{2} sin\theta sin\emptyset\right) \qquad (1.130)$$

Facteur de regroupement :

$$AF = 2cos\left(\frac{k_o L_e}{2} sin\theta sin\emptyset\right) \qquad (1.131)$$

E-Plane ($\theta = 90°, 0° \leq \emptyset \leq 90°$ et $270° \leq \emptyset \leq 360°$) :

$$E_\emptyset \simeq j\frac{k_o w V_o e^{-jk_o r}}{\pi r}\left\{\frac{sin\left(\frac{k_o h}{2}cos\emptyset\right)}{\frac{k_o h}{2}cos\emptyset}\right\} cos\left(\frac{k_o L_e}{2} sin\emptyset\right) \qquad (1.132)$$

H-Plane ($\emptyset = 0°, 0° \leq \theta \leq 180°$) :

$$E_\emptyset \simeq j\frac{k_o w V_o e^{-jk_o r}}{\pi r}\left\{\sin\theta \frac{sin\left(\frac{k_o h}{2}\sin\theta\right)}{\frac{k_o h}{2}\sin\theta} \frac{sin\left(\frac{k_o h}{2}\cos\theta\right)}{\frac{k_o h}{2}\cos\theta}\right\} \qquad (1.133)$$

$$U_{max} = \frac{|V_o|^2}{2\eta_o \pi^2}\left(\frac{\pi w}{\lambda_o}\right)^2 \qquad (1.134)$$

$$P_{rad} = \frac{|V_o|^2}{2\eta_o \pi}\int_0^\pi \left[\frac{sin\left(\frac{k_o w}{2}\cos\theta\right)}{\cos\theta}\right]^2 sin^3\theta d\theta \qquad (1.135)$$

$$D_o = \left(\frac{2\pi w}{\lambda_o}\right)^2 \frac{1}{\int_0^\pi \left[\frac{sin\left(\frac{k_o w}{2}\cos\theta\right)}{\cos\theta}\right]^2 sin^3\theta d\theta} \qquad (1.136)$$

Les figures 62(a et b), 63, 64 et 65 représentent respectivement les caractéristiques d'une antenne microstrip en coordonnées cartésien, polaire, sphérique et cartésien 3D.

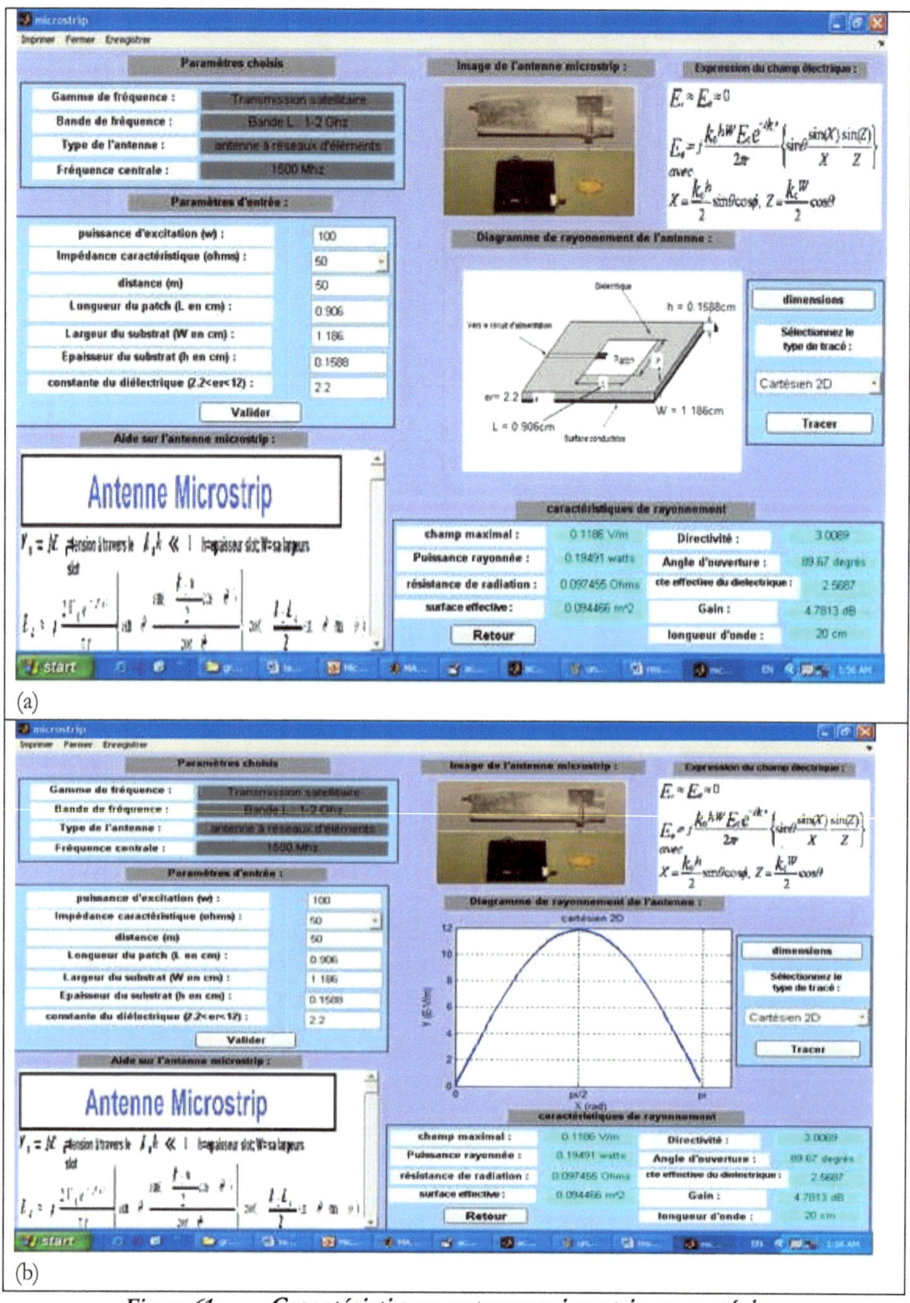

Figure 61:   *Caractéristiques antenne microstrip en cartésien.*

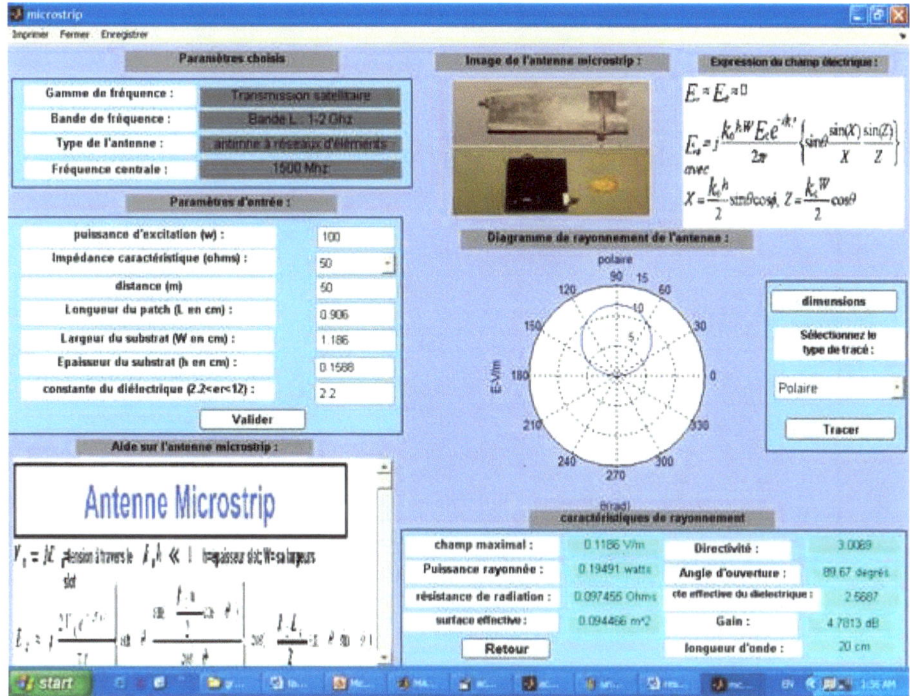

Figure 62:   *Caractéristiques antenne microstrip en polaire.*

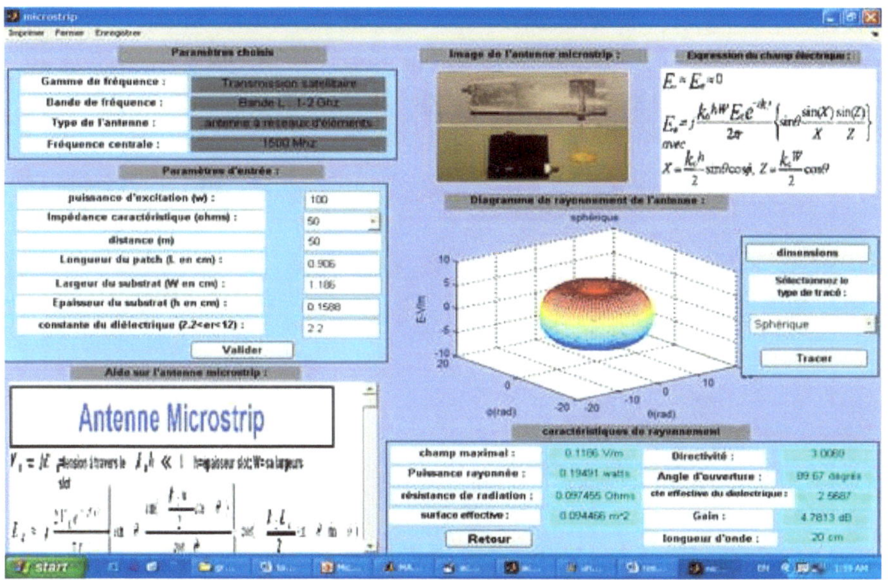

Figure 63:   *Caractéristiques antenne microstrip en sphérique.*

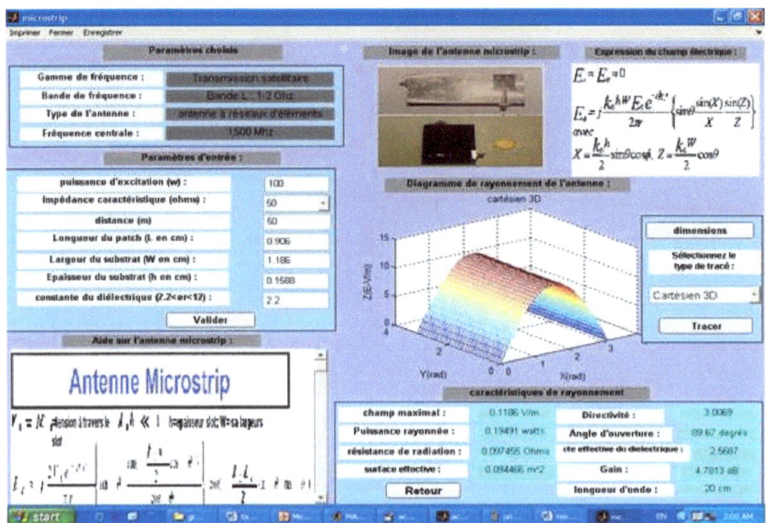

Figure 64:   **Caractéristiques antenne microstrip en cartésien 3D.**

En considérant dans Code source 11 ci-après microstrip(Pe,Zc,dist,freq,er,h0,W,L) remplacer par microstrip(100,50,50,1500,2.2,0.1588,1.186,0.906), on obtient notamment les courbes des figures 62, 63, 64 et 65.

Code source 11 :   *Caractéristiques antenne microstrip*

```matlab
function                              [Aem,                              Rr,
Emax,directivite]=microstrip(Pe,Zc,dist,freq,er,h0,W,L)
%Pe Puissance d'excitation (W)
%Zc Impedance Caracteristique(ohm)
%dist Distance (m)
%freq Frequence centrale( MHz)
%L Longueur du patch (L en cm)
%W Longueur du substrat(W en cm)
%h0 Epaisseur du substrat(h en cm)
%er Constante du dielectrique(2.2<er<12)
%Aem surface effective
%Rr esistance de radiation
%calcul de la longueur d'onde
    l=300/freq;
    ko=2*pi/l;
    %calcul du courant I0
    Io=sqrt(2*Pe/Zc);
    %calcul de V0
    Vo=Io*Zc;
    %calcul du champ maximal
    Emax=(W*Vo)/(dist*l)
```

```matlab
%calcul de la puissance rayonnee et de la resistance de
radiation
pr=(Vo^2/(240*pi^2))*(-
2+cos(ko*W)+ko*W*sinint(ko*W)+sin(ko*W)/(ko*W));
Rr=2*pr/Io^2
%calcul de la directivite
directivite=(Vo*W)^2/(60*pr*(l^2))
%calcul du gain
gain=10*log10(directivite);
%calcul de la surface effective
Aem=(directivite*l^2)/40000*pi
%calcul de l'angle d'ouverture
theta=0.0001:0.0001:2*pi;
x=ko*h0*sin(theta)/2;
y=ko*W*cos(theta)/2;
vect=Emax*abs(sin(theta).*sin(x).*sin(y)./(x.*y));
a=max(vect);
for i=1:length(vect)
    if vect(i)==a
        b=i;
        break;
    end
end
e=b;
c=0;
while c==0
    b=b+1;
    if (a/sqrt(2)-vect(b))>=0
        c=1;
    end
end
theta1=theta(b);
c=0;
while c==0
    b=b-1;
    if (a/sqrt(2)-vect(b))>=0
        c=1;
    end
end
theta2=theta(b);
ouverture=(abs(theta1-theta2)/pi)*180;
ouverture=(floor(ouverture*100))/100
%-------Affichage de l'angle d'ouverture-------------
%calcul de constante du dielectrique effective
ereff=0.5*(er+1) + 0.5*(er-1)*sqrt(1+12*h0/W);
```

```matlab
    % Trace des figures
    l=300/freq;
    lam=30000/freq;
    ko=2*pi/lam;
    %calcul du courant I0
    Io=sqrt(2*Pe/Zc);
    %calcul de V0
    Vo=Io*Zc;
    %calcul du champ maximal
    Emax=(W*Vo)/(dist*l);
%Cartesien 2D
figure(1)
        X2d=0.0001:pi/100:pi;
            x=ko*h0*sin(X2d)/2;
            y=ko*W*cos(X2d)/2;
            Y2d=Emax*abs(sin(X2d).*sin(x).*sin(y)./(x.*y));
            plot(X2d,Y2d,'LineWidth',2)
            set(gca,'XTick',0:pi/2:pi)
            set(gca,'XTickLabel',{'0','pi/2','pi'})
            xlabel('X (rad)')
            ylabel('Y (E-V/m)')
            title('cartesien 2D')
        grid on
%polaire
figure(2)
        theta = (0.0001:pi/100:pi);
            x=ko*h0*sin(theta)/2;
            y=ko*W*cos(theta)/2;
            r=Emax*abs(sin(theta).*sin(x).*sin(y)./(x.*y));
            polar(theta,r)
            xlabel('\theta(rad)')
            ylabel('E-V/m')
            title('polaire')
            grid on
%Spherique
figure(3)
        theta=linspace(0.001,pi,80);
            phi=linspace(0.001,2*pi,80);
            [theta,phi]=meshgrid(theta,phi);
            x=ko*h0*sin(theta)*cos(phi)/2;
            y=ko*W*cos(theta)/2;
            r=Emax*abs(sin(theta).*sin(x).*sin(y)./(x.*y));
            Zsp=r.*cos(theta);
            Xsp=r.*sin(theta).*cos(phi);
            Ysp=r.*sin(theta).*sin(phi);
```

```matlab
        mesh(Xsp,Ysp,Zsp)
        xlabel('\theta(rad)')
        ylabel('\phi(rad)')
        zlabel('E-V/m')
        title('spherique')
        hold off
%Cartesien 3D
figure(4)
        Xc=linspace(0,pi,40);
            Yc=linspace(0,pi,40);
            [Xc,Yc]=meshgrid(Xc,Yc);
            x=ko*h0*sin(Xc)*cos(Yc)/2;
            y=ko*W*cos(Xc)/2;
            Zc=Emax*abs(sin(Xc).*sin(x).*sin(y)./(x.*y));
            mesh(Xc,Yc,Zc)
            xlabel('X(rad)')
            ylabel('Y(rad)')
            zlabel('Z(E-V/m)')
            title('cartesien 3D')
            hold off
```

■   **Nous présentons les formules (1.137) à (1.143) pour le calcul des caractéristiques et simulation d'une antenne à ouverture rectangulaire sur un plan de masse infini.**

a= longueur de l'antenne

b= largeur de l'antenne

$$X = \frac{ka}{2} sin\theta cos\emptyset \tag{1.137}$$

$$Y = \frac{kb}{2} sin\theta sin\emptyset \tag{1.138}$$

$$C = j\frac{abkE_o e^{-jkr}}{2\pi r} \tag{1.139}$$

$$E_\theta = Csin\emptyset \frac{sinX}{X} \frac{sinY}{Y} \tag{1.140}$$

$$E_\emptyset = Ccos\theta cos\emptyset \frac{sinX}{X} \frac{sinY}{Y} \tag{1.141}$$

$$D_o = 4\pi \frac{ab}{(\lambda)^2} \tag{1.142}$$

$$P_{rad} = \frac{|abE_o|^2}{2\eta} \tag{1.143}$$

Les figures 66(a et b), 67, 68(a et b) et 69 représentent respectivement les caractéristiques d'une antenne à ouverture rectangulaire sur un plan infini en coordonnées cartésien, polaire, sphérique et cartésien 3D.

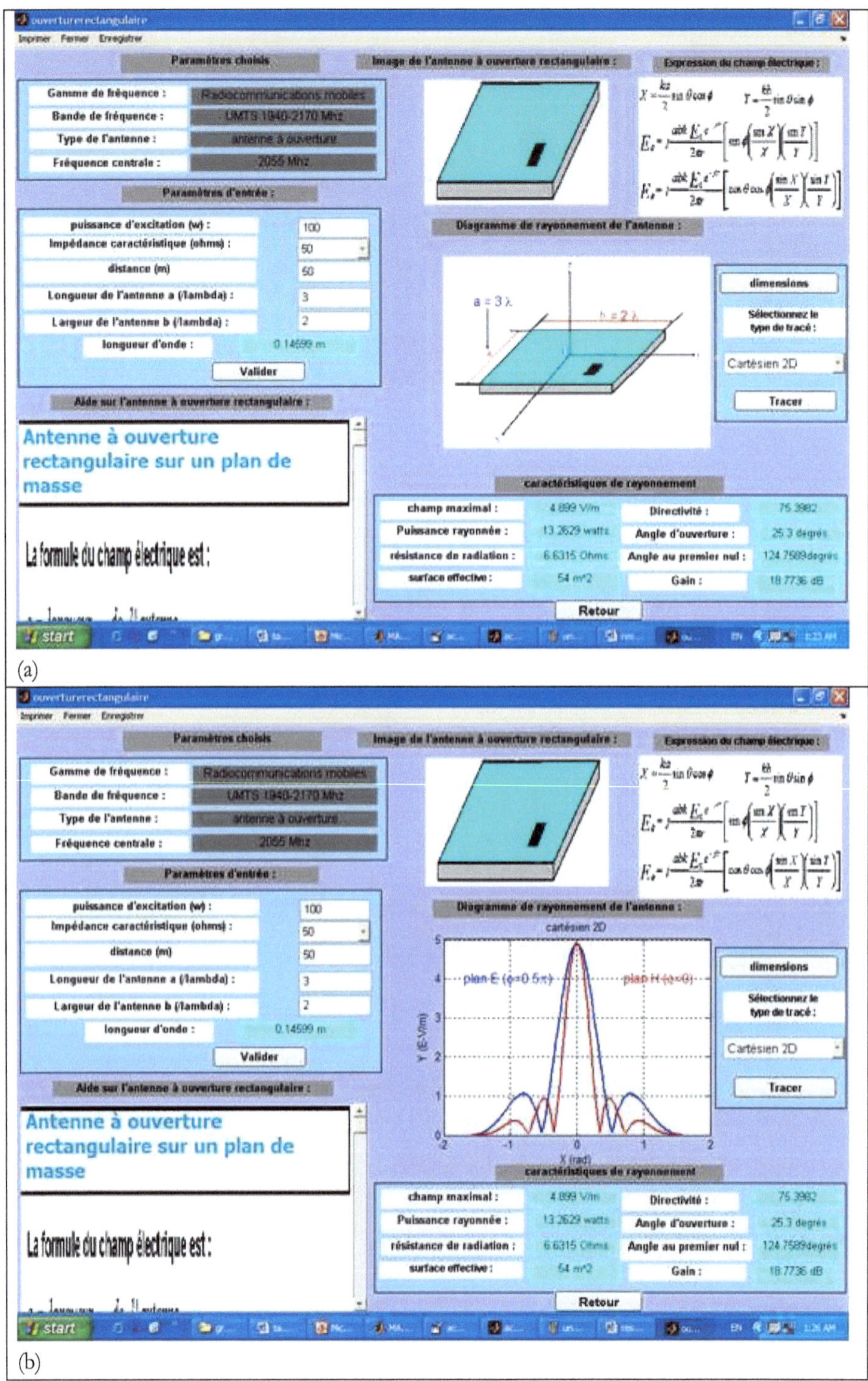

Figure 65:   *Caractéristiques antenne à ouverture rectangulaire en cartésien.*

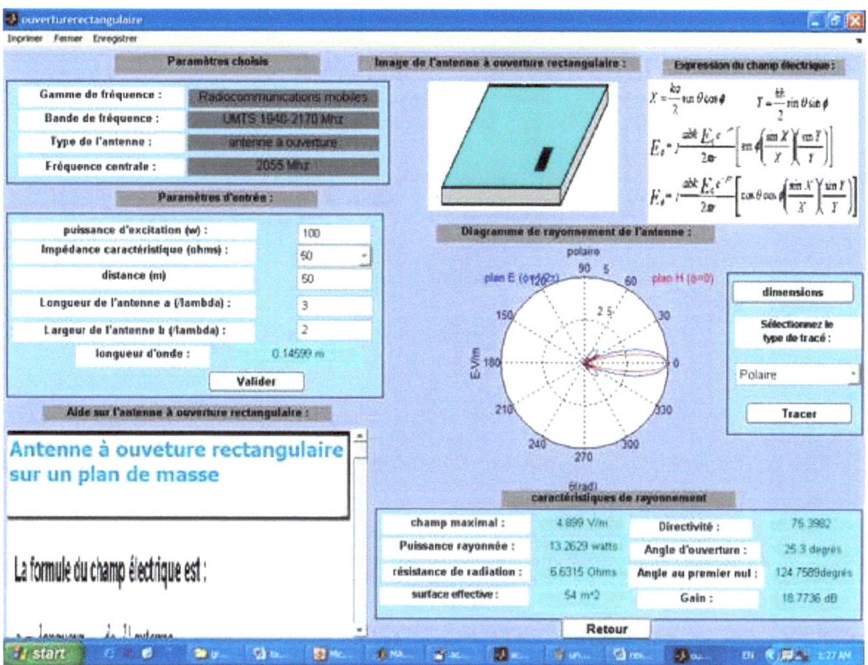

Figure 66: **Caractéristiques antenne à ouverture rectangulaire en polaire.**

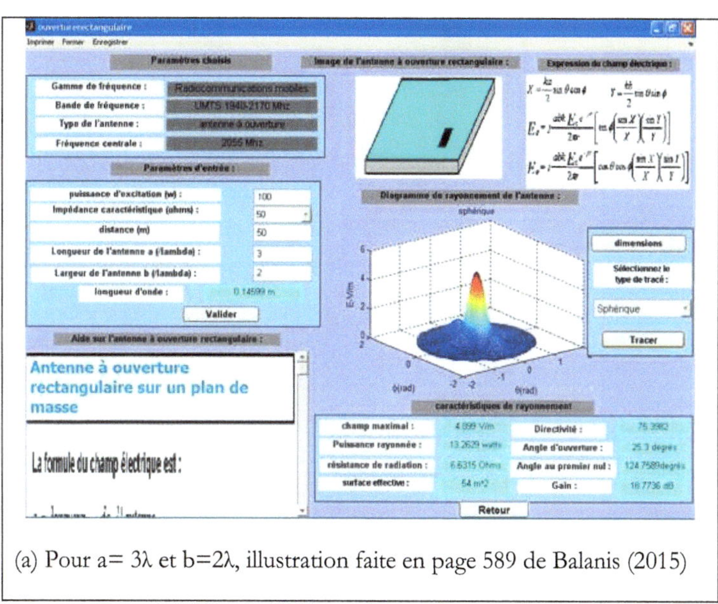

(a) Pour a= 3λ et b=2λ, illustration faite en page 589 de Balanis (2015)

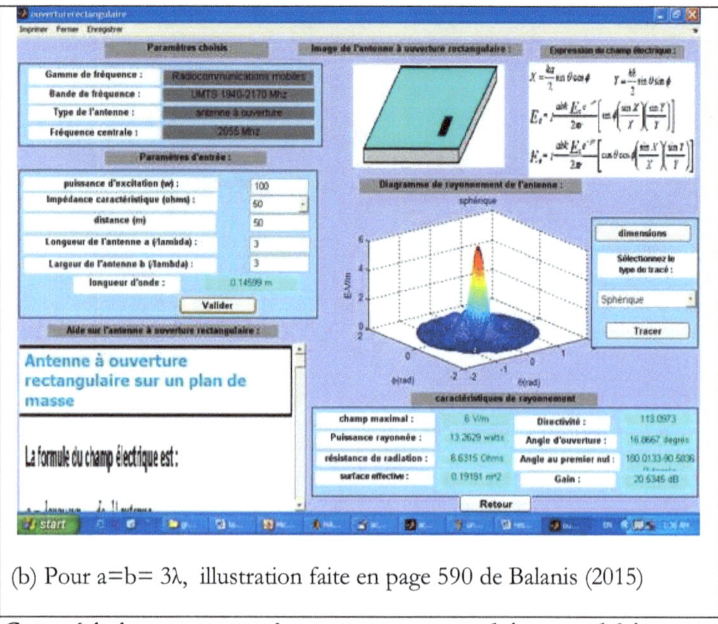

(b) Pour a=b= 3λ, illustration faite en page 590 de Balanis (2015)

Figure 67:   ***Caractéristiques antenne à ouverture rectangulaire en sphérique.***

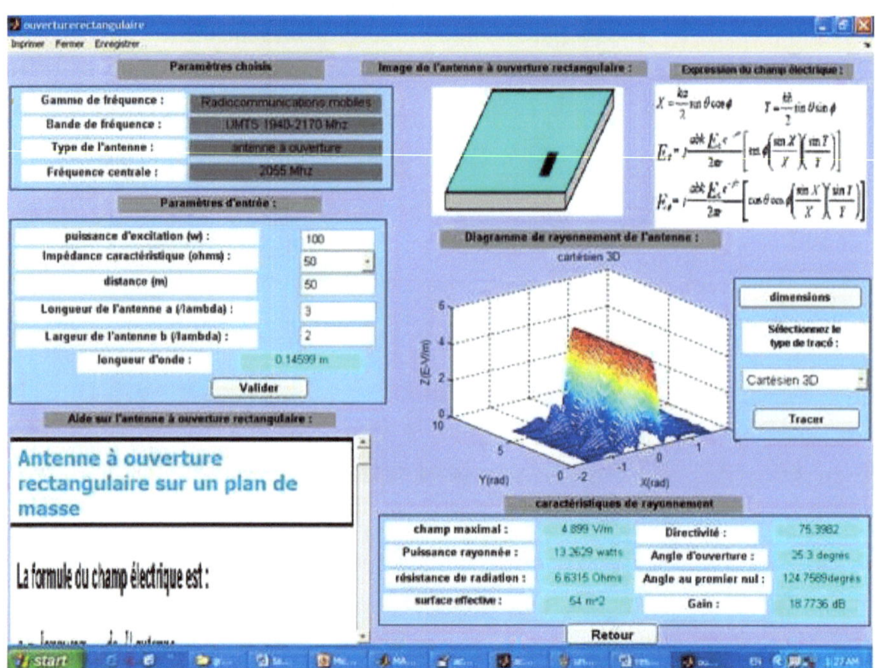

Figure 68:   ***Caractéristiques antenne à ouverture rectangulaire en cartésien 3D.***

En considérant dans Code source 12 ci-après ouverturerectangulaire(Pe,Zc,dist,freq,L,W) remplacer par ouverturerectangulaire(100,50,50,2055,3,2), on obtient notamment les courbes des figures 66, 67, 68 et 69.

Code source 12 :   *Caractéristiques antenne à ouverture rectangulaire*

```matlab
function [Aem, Rr,
champmax,directivite]=ouverturerectangulaire(Pe,Zc,dist,freq,L,W)
%Pe Puissance d'excitation (W)
%Zc Impedance Caracteristique(ohm)
%dist Distance (m)
%freq Frequence centrale( MHz)
%L Longueur de l'antenne a (/lamda)
%W Largeur de l'antenne b (/lamda)
%Aem surface effective
%Rr esistance de radiation
%calcul de la longueur d'onde
    l=300/freq;
    k=2*pi/l;
    %calcul du courant I0
    Io=sqrt(2*Pe/Zc);
    %calcul de emax
    E0=Zc*Io/(sqrt(L*W*l^2)); % E0 devrait etre une constante et
indique le champ moyen □'ouverture
    champmax=L*W*l^2*k*E0/(2*pi*dist)
    %calcul de la puissance rayonnee
    prad=(L*W*l^2*E0^2)/(240*pi)
    Rr=2*prad/Io^2;%on en deduit Rr
    %calcul de la directivite
    directivite=4*pi*L*W
    %calcul du gain
    gain=10*log10(directivite);
    %calcul de la surface effective
    Aem=L*W*L^2
    %calcul de l'angle d'ouverture
    ouverture=50.6/W
    %-------Affichage de l'angle d'ouverture--------------
    %calcul de l'angle du 1er null
    null=114.6*asin(0.443*W);
    % Trace de graphe
    Emax=(L*W*l^2*k*E0)/(2*pi*dist);
%Cartesien 2D
figure(1)
        x=-pi/2:pi/100:pi/2;
        y=Emax*abs(sinc(0.5*k*l*W.*sin(x)/pi));
        y1=Emax*abs(cos(x).*sinc(0.5*k*l*L.*sin(x)/pi));
        plot(x,y,'LineWidth',2)
        hold on
        plot(x,y1,'LineWidth',2,'color','red')
        text(-1.7,4,['plan E
(\phi=0.5\pi)'],'Fontsize',12,'color',[0 0 1]);
        text(0.7,4,['plan H
(\phi=0)'],'Fontsize',12,'color',[1 0 0]);
```

```matlab
            xlabel('X (rad)')
            ylabel('Y (E-V/m)')
            title('cartesien 2D')
        grid on
%polaire
figure(2)
            x=-pi/2:pi/100:pi/2;
            y=Emax*abs(sinc(0.5*k*l*W.*sin(x)/pi));
            y1=Emax*abs(cos(x).*sinc(0.5*k*l*L.*sin(x)/pi));
            polar(x,y)
            hold on
            polar(x,y1,'r')
            text(-1.9*pi,5,['plan E
(\phi=1/2\pi)'],'Fontsize',10,'color',[0 0 1]);
            text(1.3*pi,5,['plan H
(\phi=0)'],'Fontsize',10,'color',[1 0 0]);
            xlabel('\theta(rad)')
            ylabel('E-V/m')
            title('polaire')
            grid on
%Spherique
figure(3)
        theta=linspace(0,pi/2,80);
            phi=linspace(0,2*pi,80);
            [theta, phi]=meshgrid(theta,phi);
            X=(k*L*l/2).*sin(theta).*cos(phi);
            Y=(k*W*l/2).*sin(theta).*sin(phi);
            Etheta=sin(phi).*(sinc(X/pi)).*(sinc(Y/pi));
            Ephi=cos(theta).*cos(phi).*(sinc(X/pi)).*(sinc(Y/pi));
            E=Etheta.^2+Ephi.^2;
            Zsp=Emax*sqrt(E);
            Xsp=theta.*cos(phi);
            Ysp=theta.*sin(phi);
            mesh(Xsp,Ysp,Zsp)
            xlabel('\theta(rad)')
            ylabel('\phi(rad)')
            zlabel('E-V/m')
            title('spherique')
            hold off
%Cartesien 3D
figure(4)
        theta=linspace(-pi/2,pi/2,80);
            phi=linspace(0,2*pi,80);
            [theta, phi]=meshgrid(theta,phi);
            X=(k*L*l/2).*sin(theta).*cos(phi);
            Y=(k*W*l/2).*sin(theta).*sin(phi);
            Etheta=sin(phi).*(sinc(X/pi)).*(sinc(Y/pi));
            Ephi=cos(theta).*cos(phi).*sinc(X/pi).*sinc(Y/pi);
            E=Etheta.^2+Ephi.^2;
```

```matlab
Zc=Emax*sqrt(E);
mesh(theta,phi,Zc)
xlabel('X(rad)')
ylabel('Y(rad)')
zlabel('Z(E-V/m)')
title('cartesien 3D'
```

I.6.1. Antenne à base de substrat Balsa

Cette antenne basée sur le bois et aluminium est une antenne de type microruban.
L'antenne SSWP (Strip Slot Wood Patch) [9] est une antenne utilisant les mêmes technologies de fabrication que celles des antennes SSFIP (Strip Slot Foam Inverted Patch) illustrée dans la figure 70. .

Figure 69: **Antenne SSWP.**

Les figures 71 et 72 montrent respectivement une vue explosé et une vue de dessous de l'antenne SSWP tirées de la thèse de Videme Bossou (2007) [9].

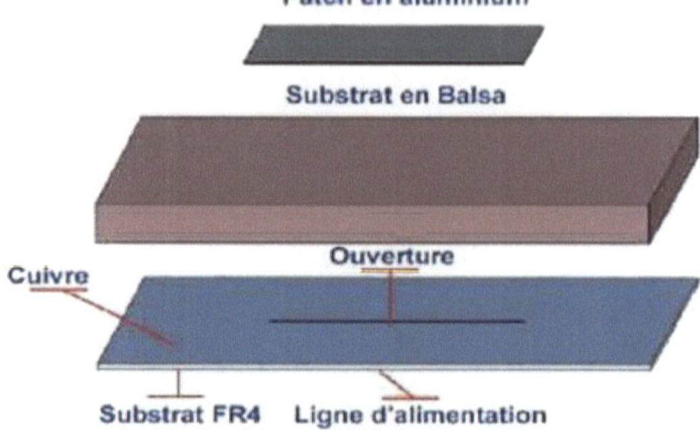

Figure 70: **Antenne SSWP : Vue explosé.**

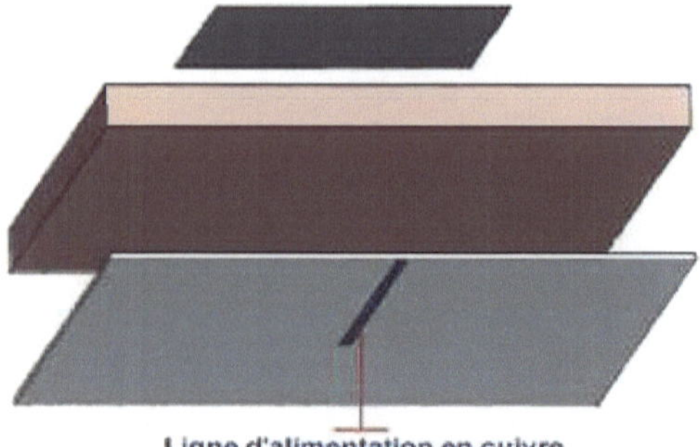

Figure 71: **Antenne SSWP : Vue de dessous.**

I.6.1.1. Conception de l'antenne SSWP (Strip Slot Wood Patch)

En remplaçant progressivement tous les matériaux importés par les matériaux locaux et en gardant les mêmes performances.

La figure 73 montre la conception d'une antenne SSWP à base de matériaux locaux tirée de la thèse de Videme Bossou (2007) [9].

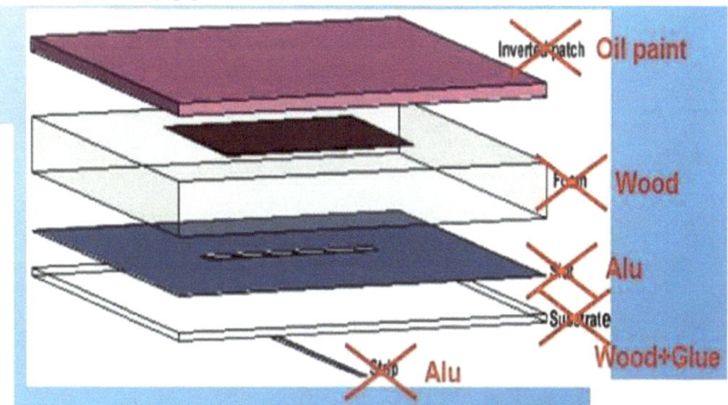

Figure 72:   ***Conception de l'antenne SSWP.***

Les caractéristiques diélectriques des bois utilisés dans la conception de l'antenne SSWP par la méthode de cavité (1) et de résonateur (2) sont illustrées dans la figure 74 tirées de la thèse de Videme Bossou (2007) [9].

(1)

Species of wood	ε_{rx}	ε_{ry}	ε_{rz}	μ_r	$\tan\delta_x$	$\tan\delta_y$	$\tan\delta_z$
Ayous	1.767 − j 0.0994	1.776 − j 0.1291	2.091 − j 0.1876	1	$5.545\ 10^{-2}$	$5.992\ 10^{-2}$	$9.069\ 10^{-2}$
Balsa	1.110 − j 0.0166	1.212 − j 0.0303	1.217 − j 0.0357	1	$1.791\ 10^{-2}$	$3.321\ 10^{-2}$	$3.205\ 10^{-2}$
Bubinga	2.091 − j 0.2958	2.767 − j 0.2173	3.278 − j 0.4941	1	$7.938\ 10^{-2}$	$7.085\ 10^{-2}$	$11.511\ 10^{-2}$
Dibetou	1.875 − j 0.1296	1.947 − j 0.1209	2.436 − j 0.2783	1	$6.125\ 10^{-2}$	$6.191\ 10^{-2}$	$11.330\ 10^{-2}$
not indexed	1.696 − j 0.1185	1.748 − j 0.1185	2.053 − j 0.1939	1	$7.228\ 10^{-2}$	$6.505\ 10^{-2}$	$8.133\ 10^{-2}$

(2)

Species of wood	ε_r	$\tan\delta$
Ayous	1.7822 − j 0.13991	$7.8474\ 10^{-2}$
Ayous90	2.1038 − j 0.21029	$1.0024\ 10^{-1}$
Balsa	1.2348 − j 0.031347	$2.5384\ 10^{-2}$
Balsa90	1.3758 − j 0.073406	$5.3344\ 10^{-2}$
Bubinga	2.6316 − j 0.27573	$1.0457\ 10^{-1}$
Bubinga90	3.1067 − j 0.44553	$1.4298\ 10^{-1}$
Dibetou	1.743 − j 0.1473	$8.447\ 10^{-2}$
Dibetou90	2.176 − j 0.2896	$1.330\ 10^{-1}$
not indexed	1.677 − j 0.1269	$7.563\ 10^{-2}$
not indexed90	2.014 − j 0.2460	$1.221\ 10^{-1}$

Figure 73:   ***Caractéristiques diélectriques des bois sans substance protectrice.***

Et la figure 75 présente les caractéristiques diélectriques des bois induits de substance protectrice contre les intempéries tirée de la thèse de Videme Bossou (2007) [9].

Figure 74:   ***Caractéristiques diélectriques des bois induits de substance protectrice.***

I.6.1.2. Paramètres de l'antenne

En vue de le réaliser, les paramètres suivants tirés de la thèse de Videme Bossou(2007) sont définis dans la figure 76 :

Nom	Matériau	Longueur	Largeur	L'épaisseur	Unité
Patch	Aluminium	76	76	0.140	mm
Balsa (substrat)	Bois	180	150	12.3	mm
Plan de masse	Cuivre	180	150	0.017	mm
Fente	Air	69	1.5	0.017	mm
FR4 (substrat)	Epoxy-FR4	180	150	1.6	mm
Alimentation	Cuivre	107.3	3	0.017	mm

Figure 75: **Paramètres antenne Balsa.**

Nous avons introduit les paramètres suivants pour le Balsa :

$$\varepsilon_r = 1.2$$
$$\mu_r = 1$$
$$\tan\delta = 0.026$$

Au vu du procédé de fabrication des plaques des circuits imprimés, nous avons divisé la conductivité du cuivre par deux pour le plan de masse et la ligne d'alimentation.

I.6.1.3. Diagramme de rayonnement et Gain de l'antenne

Ainsi le diagramme de rayonnement obtenu pour une fréquence de 10478Ghz illustré dans la figure 77 tirée de la thèse de Videme Bossou (2007) [9]:

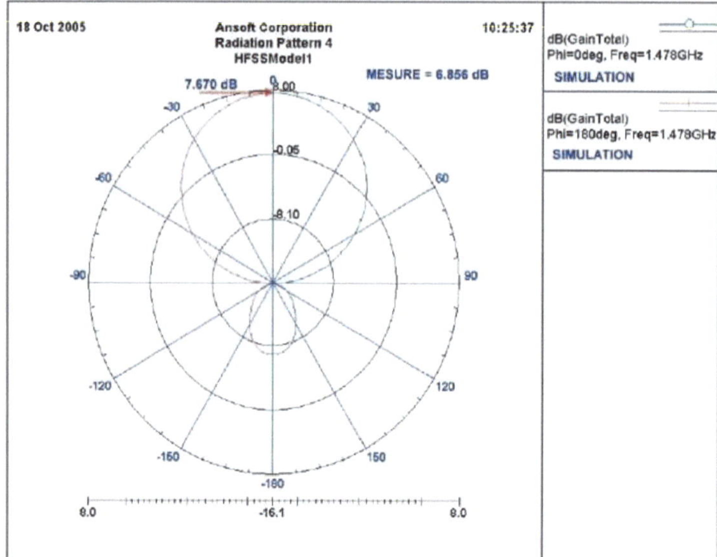

Figure 76: **Diagramme de rayonnement en coordonnée polaire d'une antenne Balsa.**

De même, une représentation en coordonnée sphérique est illustrée dans la figure 78 tirée de la thèse de Videme Bossou (2007) [9]:

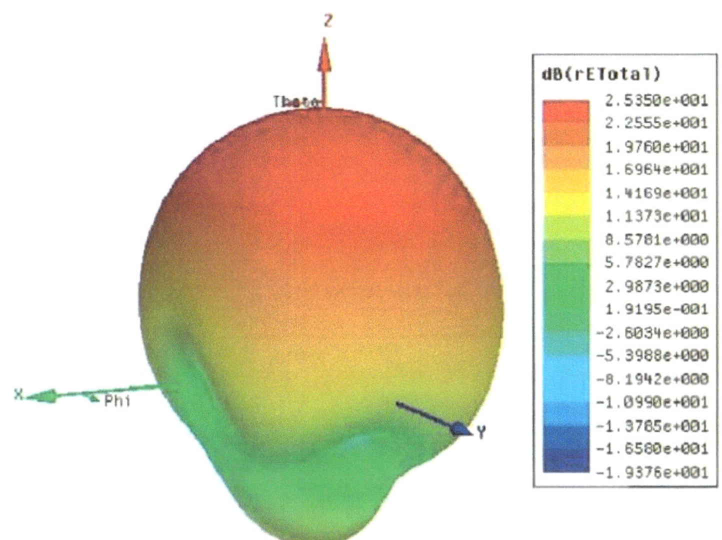

Figure 77:   ***Champ total rayonné en sphérique.***

La figure 79 représente les champs E (1) et H (2).

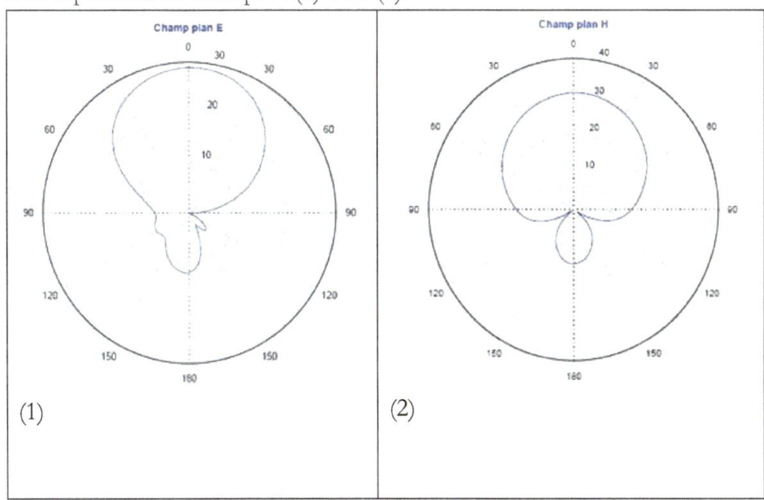

Figure 78:   ***Les champs E et H de l'antenne à base de balsa.***

I.6.1.4. Polarisation

La mesure de la cross- polarisation nous permet de vérifier la polarisation de l'antenne. La figure 80 présente les champs Co-polaire et Cross-polaire tirée de la thèse de Videme Bossou (2007) [9]:

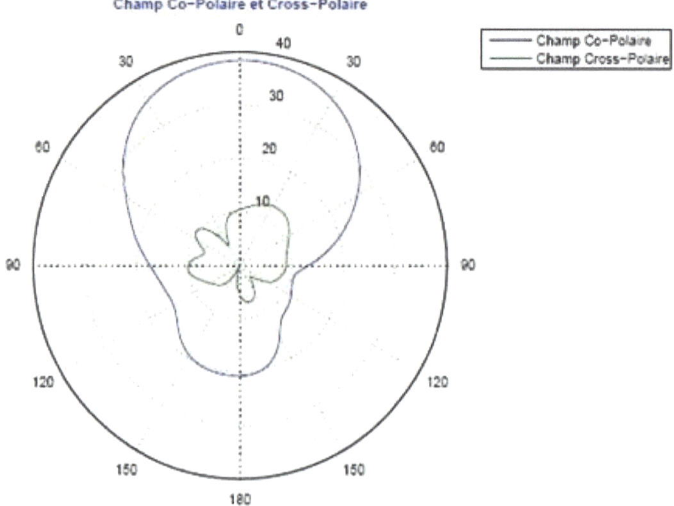

Figure 79:   ***Champs Co-polaire et Cross-polaire.***

Ici nous avons une très faible valeur du champ cross-polaire. Ceci nous amène à dire que nous sommes en face d'une antenne à polarisation linéaire.

Cette antenne à substrat en bois a de bonnes caractéristiques et elle a pu capter les ondes radios de WorlSpace qui est une station radio par satellite comme illustré sur la figure 81 :

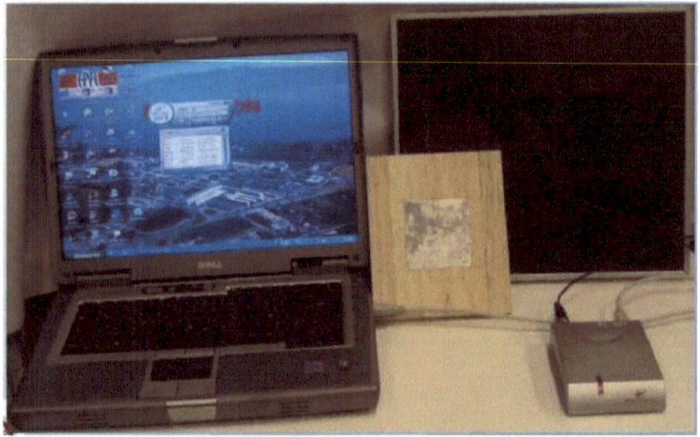

Figure 80:   ***Réception de WorlSpace via l'antenne à substrat Balsa.***

Une antenne à réseaux d'éléments est un regroupement d'antennes élémentaires, astucieusement disposées dans l'espace et alimentées par des courants d'excitation dont les paramètres d'amplitudes et de phases peuvent être commandés par un dispositif d'alimentation. Ce chapitre décrit les antennes à réseau d'éléments (linéaires, planaire, circulaire et planaire hybride) en émission et en réception et des applications commerciales de ces antennes.

I.7.   Définition

Comme illustré dans la figure 82 représentant une antenne réseau à 5 éléments, la commande de ces paramètres (amplificateur et déphaseur) va permettre de contrôler la direction du lobe principal et éventuellement celles des creux de rayonnement.

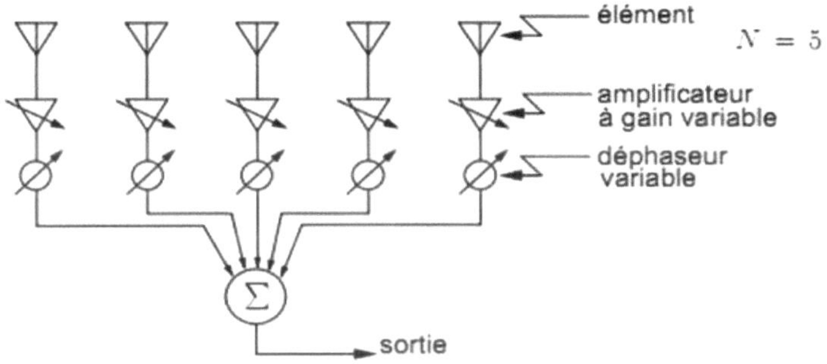

Figure 81:   **Antenne réseau à 5 éléments.**

Dans la figure 83, suivant la géométrie, nous représentons trois types de réseau d'antennes.

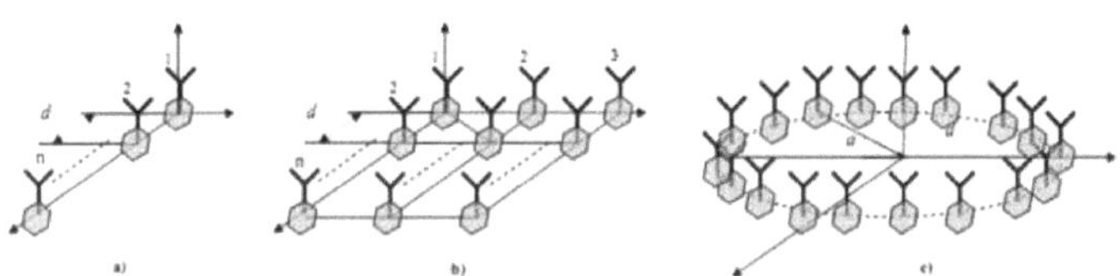

Figure 82:   **Géométrie d'antennes réseau ; a)linéaire, b) planaire et c) circulaire.**

I.8.   Modélisation mathématiques des antennes à réseaux d'éléments

Nous distinguons des antennes à réseau d'éléments linéaire, planaire, circulaire et planaire hybride. Dans ce qui va suivre, nous avons modélisé les antennes à réseau d'éléments en émission et en réception.

Pour chaque configuration des antennes à réseau d'éléments linéaire, planaire et circulaire, nous faisons les hypothèses suivantes :

–   Tous les signaux incidents au réseau d'antennes ne sont constitués que d'ondes planes,

–   Tous les signaux émis par le réseau d'antennes ne sont constitués que d'ondes planes,

–   L'émetteur et les objets causant le multi-trajet sont tous situés dans la région de champ lointain,

–   Le couplage mutuel entre les divers éléments d'antennes est négligeable,

–   La distance inter-éléments est très petite si bien que les amplitudes des signaux reçus restent constantes,

–   Cette distance est fixée à $\lambda/2$ mais modifiable sur l'outil de simulation,

–   Chaque élément d'antenne possède le même diagramme de rayonnement et la même polarisation.

I.8.1.   Réseau linéaire

I.8.1.1. Réseau linéaire en émission

Considérons un réseau linéaire constitué de N éléments   d'antenne isotrope uniformément espacés de d, parcourus par des courants d'excitation d'amplitudes égales illustré à la figure 84 tiré de Gross (2015) [2].

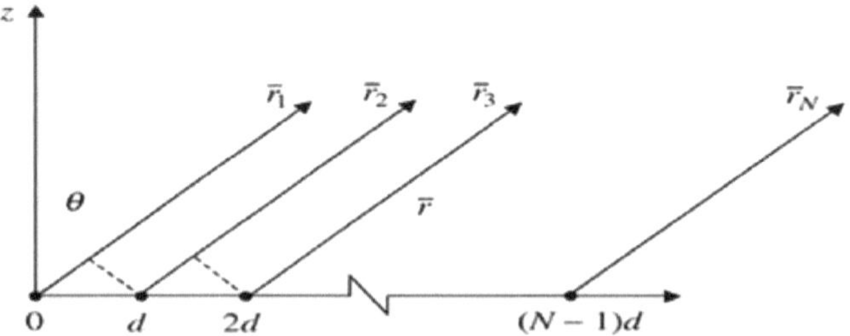

Figure 83:   ***Réseau linéaire uniforme de N antennes.***

Le champ rayonné par l'élément isotrope à l'origine excité par un courant d'amplitude I_0 est donné par :

$$E_{\theta_1} = I_0 \frac{e^{-jkr_1}}{4\pi r_1} \tag{2.1}$$

On considère le premier élément de l'antenne réseau situé à l'origine du repère comme référence des phases. Et on note par δ le déphasage entre deux éléments adjacents réalisé en décalant la phase du courant d'excitation d'antenne pour chaque élément.

Dans les conditions de champ lointain $r \gg d$, le champ électrique totale est la somme de tous les champs des différents éléments d'antennes donc l'expression tiré de Balanis (2016) est :

$$E_\theta = E_{\theta_1}\left(1 + e^{j(kd\sin\theta+\delta)} + e^{j2(kd\sin\theta+\delta)} + \cdots + e^{j(N-1)(kd\sin\theta+\delta)}\right) \tag{2.2}$$

Ainsi le champ électrique total rayonné par un réseau d'antennes à éléments identiques est le produit du facteur d'élément (Element Factor) $[E_{\theta_1}]$ qui est le champ lointain d'un dipôle et du facteur réseau (Array Factor) $[1 + e^{j(kd\sin\theta+\delta)} + e^{j2(kd\sin\theta+\delta)} + \cdots + e^{j(N-1)(kd\sin\theta+\delta)}]$ qui est le modèle associé à la géométrie du réseau [2].

Le facteur réseau dépend de la géométrie du réseau, l'espacement des différents éléments et la phase électrique de chaque élément.

Le facteur réseau peut aussi être représenté de la façon suivante :

$$AF = 1 + e^{j(kd\sin\theta+\delta)} + e^{j2(kd\sin\theta+\delta)} + \cdots + e^{j(N-1)(kd\sin\theta+\delta)}$$

$$= \sum_{n=1}^{N} e^{j(n-1)(kd\sin\theta + \delta)}$$

$$= \sum_{n=1}^{N} e^{j(n-1)\Psi} \tag{2.3}$$

avec $\Psi = kd\sin\theta + \delta$

donc en remplaçant $kd\sin\theta + \delta$ par Ψ dans l'équation 2.3 on obtient :

$$AF = 1 + e^{j\Psi} + e^{j2\Psi} + \cdots + e^{j(N-1)\Psi} \tag{2.4}$$

L'équation 2.4 représente la somme des termes d'une suite géométrique de raison $e^{j\Psi}$ avec N termes donc l'expression de AF est :

$$AF = \frac{\left(e^{jN\Psi} - 1\right)}{\left(e^{j\Psi} - 1\right)} = \frac{e^{j\frac{N}{2}\Psi}\left(e^{j\frac{N}{2}\Psi} - e^{-j\frac{N}{2}\Psi}\right)}{e^{j\frac{\Psi}{2}}\left(e^{j\frac{\Psi}{2}} - e^{-j\frac{\Psi}{2}}\right)}$$

$$= e^{j\frac{(N-1)}{2}\Psi} \frac{\sin\left(\frac{N}{2}\Psi\right)}{\sin\left(\frac{\Psi}{2}\right)} \tag{2.5}$$

Le centre physique du réseau à $\frac{(N-1)d}{2}$ produit un déphasage de $\frac{(N-1)}{2}\Psi$ dans le facteur réseau donc si le réseau est centré physiquement à l'origine alors l'expression du facteur réseau se simplifie et devient :

$$AF = \frac{\sin\left(\frac{N}{2}\Psi\right)}{\sin\left(\frac{\Psi}{2}\right)} \tag{2.6}$$

La valeur maximale de AF est obtenu lorsque Ψ tend vers 0, dans ce cas AF=N car $\sin\left(\frac{\Psi}{2}\right) \approx \frac{\Psi}{2}$ et $\sin\left(\frac{N\Psi}{2}\right) \approx \frac{N\Psi}{2}$ lorsque Ψ tend vers 0. Ainsi le facteur réseau normalisé est :

$$AF_n = \frac{\sin\left(\frac{N}{2}\Psi\right)}{N\sin\left(\frac{\Psi}{2}\right)} \tag{2.7}$$

Nous allons analyser le comportement du facteur réseau en variant certains des paramètres du réseau d'antennes.

I.8.1.1.1.   *Variation du nombre d'éléments*

La figure 85 représente les facteurs réseaux en coordonnée polaire d'un réseau linéaire à 1, 2, 4 et 6 éléments pour $\delta = 0$ et $\frac{d}{\lambda} = 0.75$.

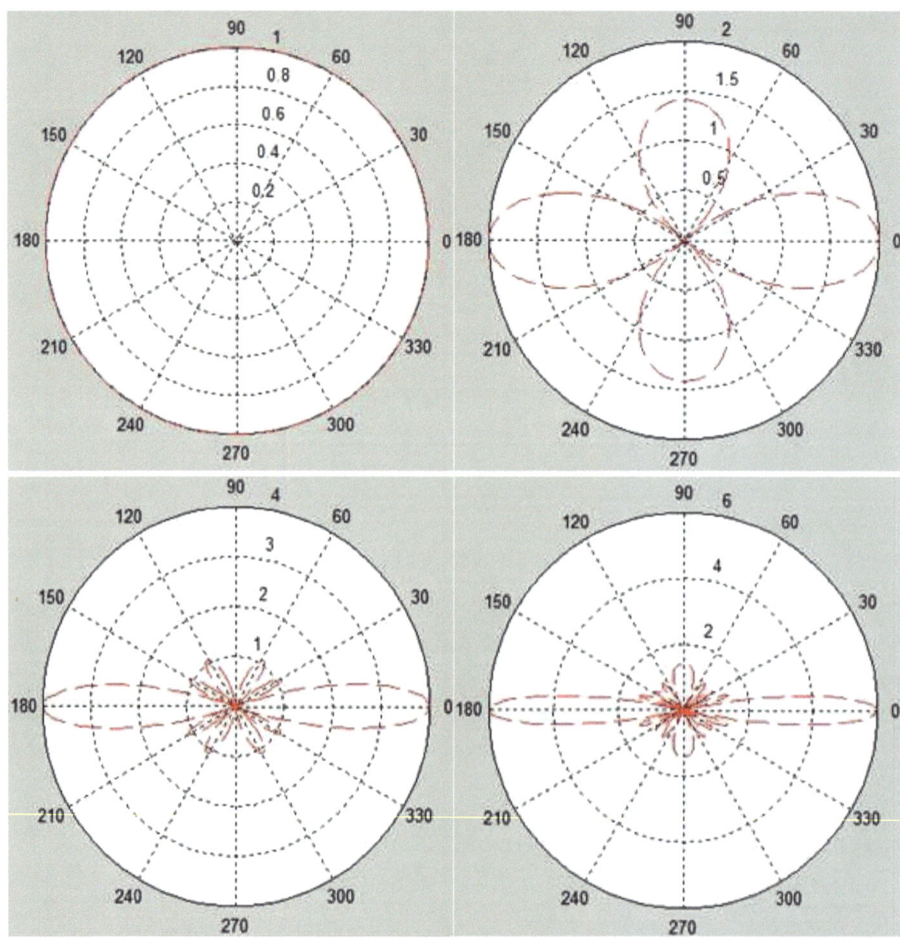

Figure 84: ***Variation du nombre d'éléments d'un réseau linéaire d'antennes à 4 éléments.***

Nous observons que la largeur des lobes principaux diminue avec l'augmentation du nombre d'éléments et on note aussi l'apparition des lobes secondaires.

Donc plus il y a d'éléments, plus les lobes principaux sont étroits et plus il y a de lobes secondaires.

I.8.1.1.2. Variation de l'espacement entre les éléments

La figure 86 représente les facteurs réseaux en coordonnée polaire d'un réseau linéaire à 4 élémentsavec $\delta = 0$ *et* $\frac{d}{\lambda}$ égale respectivement à 0.25, 0.5 et 0.75.

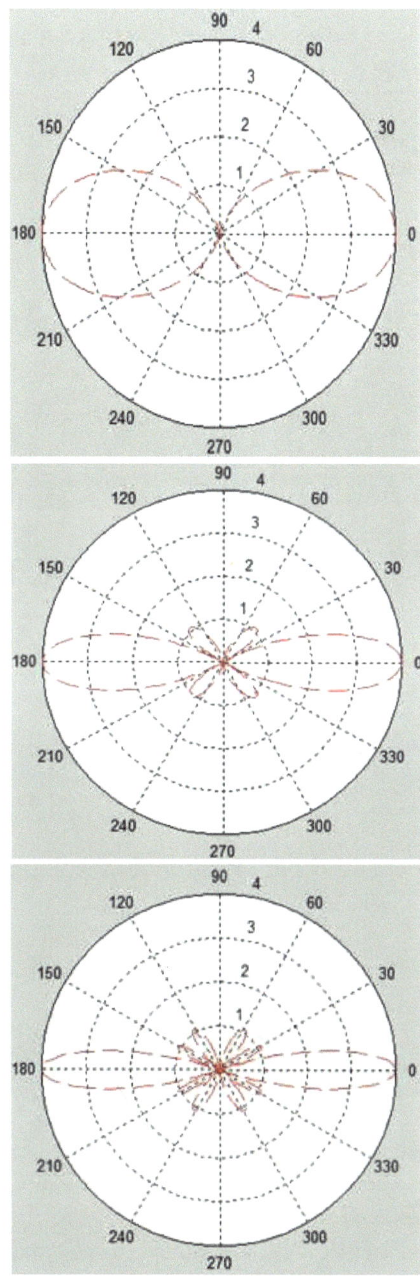

Figure 85: **Variation de l'espacement entre les éléments d'un réseau linéaire d'antennes à 4 éléments.**

Nous observons que la largeur des lobes principaux diminue avec l'augmentation de l'espace entres les éléments et on note aussi l'apparition des lobes secondaires qui augmente.

Donc plus la distance entre les éléments augmente, plus les lobes principaux sont étroits et plus il y a de lobes secondaires.

De façon générale, $\frac{d}{\lambda} = 0.5$ est un bon compromis entre la précision et réduction des interférences causées par les lobes secondaires.

I.8.1.1.3. *Variation du déphasage*

Nous allons effectuer une variation constante et progressive du déphasage entre les éléments du réseau d'antennes.

La figure 87 représente les facteurs réseaux en coordonnée polaire d'un réseau linéaire à 4 éléments pour δ égale respectivement à $0, \frac{\pi}{4}, \frac{\pi}{2} et \pi$ et $\frac{d}{\lambda} = 0.5$.

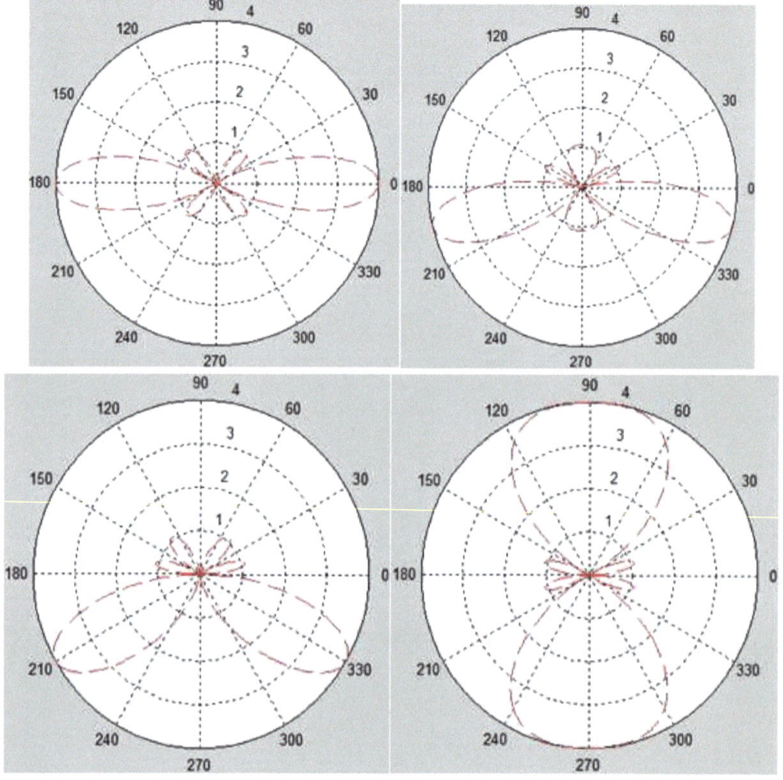

Figure 86: ***Variation du déphasage d'un réseau linéaire d'antennes à 4 éléments.***

Nous constatons que les lobes principaux changent progressivement leurs orientations (0 à -180°) lorsque le déphasage varie de 0 à 180°. Donc il est possible d'orienter les lobes principaux en jouant sur le déphasage entre les éléments. Ainsi d'après Gross, pour orienter le lobe principal vers un utilisateur à la direction θ_0 , il faut que $\delta = -kdsin(\theta_0)$.

La figure 88 représente les facteurs réseaux en coordonnée polaire d'un réseau linéaire à 4 éléments pour θ_0 égale respectivement à $0°, 20°, 40° et 60°$ et $\frac{d}{\lambda} = 0.5$.

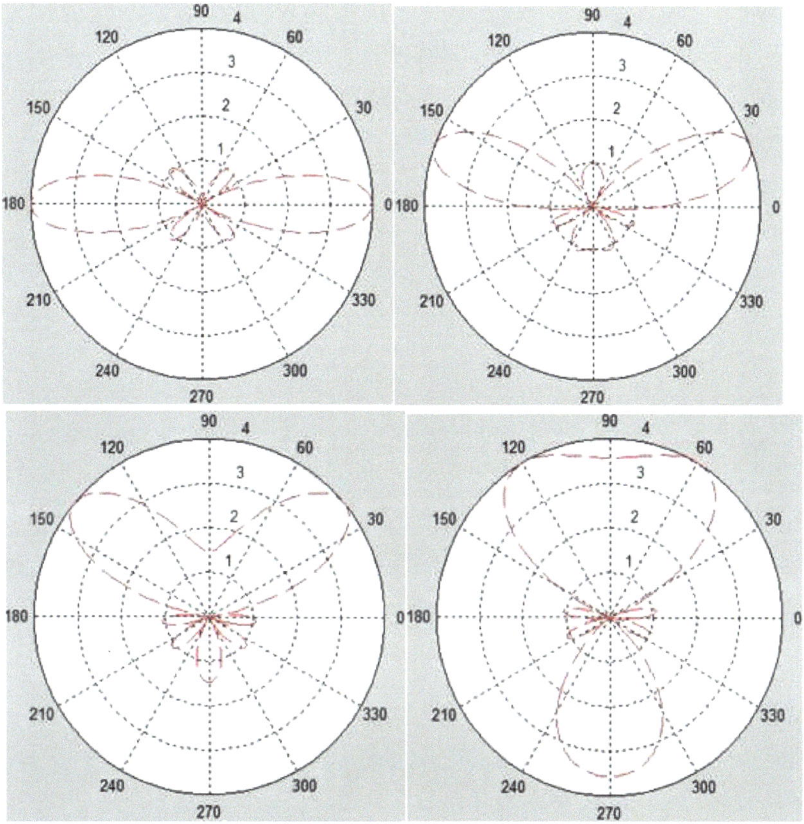

Figure 87: **Orientation des lobes d'un réseau linéaire d'antennes à 4 éléments.**

Nous constatons effectivement que l'un des lobes principaux est orienté dans la direction souhaitée.

I.8.1.1.4. *Variation de l'amplitude des signaux*

Généralement, nous utilisons une distribution uniforme de l'amplitude des signaux des différents éléments du réseau d'antenne avec $d \leq 0.5\lambda$.

Considérons une antenne à réseau d'éléments symétriques composé de N éléments rayonnants alignés, équidistants, discrets, cohérents équiphases et amplitudes différentes représenté dans la figure 89 [2].

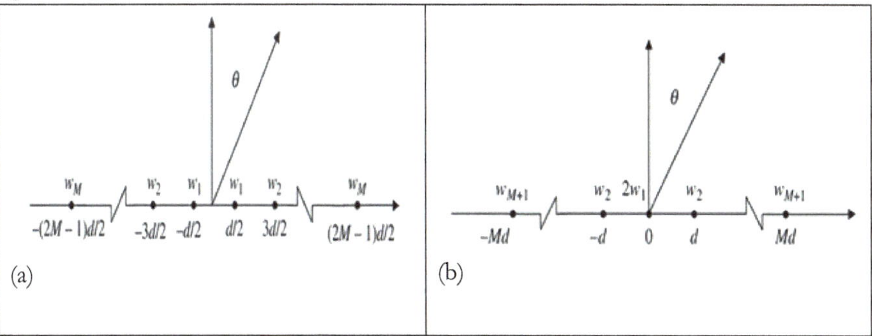

La figure 89.a représente un réseau linéaire d'antennes avec un nombre pair d'éléments (N=2M) et la figure 89.b représente un réseau linéaire d'antennes avec un nombre impair d'éléments (N=2M+1).

On parle de réseau pondéré [2] car chaque élément du réseau est pondéré par un poids noté W_n qui est le poids du $n^{ième}$ élément du réseau.

Ainsi d'après Gross, le facteur réseau pair (AF_{even}) et le facteur réseau impair (AF_{odd}) sont :

$$AF_{even} = w_N e^{-j\frac{(2M-1)}{2}kd\sin\theta} + \cdots + w_1 e^{-j\frac{1}{2}kd\sin\theta}$$
$$+ w_1 e^{j\frac{1}{2}kd\sin\theta} + \cdots + w_N e^{j\frac{(2M-1)}{2}kd\sin\theta}$$

$$AF_{even} = 2\sum_{n=1}^{M} w_n \cos\big((2n-1)u\big) \tag{2.7}$$

avec $u = \dfrac{kd\sin\theta}{2}$

et

$$AF_{odd} = 2\sum_{n=1}^{M+1} w_n \cos(2(n-1)u) \tag{2.8}$$

AF est maximum lorsque argument $(2n-1)u$ est nulle, c'est-à-dire lorsque $\theta = 0$. Donc le maximum de AF est la somme de tous les poids du réseau. Ainsi les valeurs normalisées sont :

$$AF_{even_n} = \frac{\sum_{n=1}^{M} w_n \cos\big((2n-1)u\big)}{\sum_{n=1}^{M} w_n} \tag{2.9}$$

$$AF_{odd_n} = \frac{\sum_{n=1}^{M+1} w_n \cos(2(n-1)u)}{\sum_{n=1}^{M+1} w_n} \tag{2.10}$$

La nature des poids permet ainsi de définir plusieurs distributions :

a.   Distribution binomiale

Elle est basée sur le binôme de Newton. Les poids sont les coefficients du binôme de Newton obtenus en mettant la fonction $(1+x)^{m-1}$ sous la forme d'une série :

$$(1+x)^{m-1} = 1 + (m\text{-}1)x + \frac{(m\text{-}1)(m\text{-}2)}{2!}x^2 + \frac{(m\text{-}1)(m\text{-}2)(m\text{-}3)}{3!}x^3 + \dots \tag{2.11}$$

$$w_n = \frac{(2M-1)!}{(2M-1-n)!\,n!} \tag{2.12}$$

Ces poids sont aussi obtenus grâce au triangle de pascal comme illustré sur la figure 90 tiré du livre de Gross (2015) [2]:

N = 1									1								
N = 2								1		1							
N = 3							1		2		1						
N = 4						1		3		3		1					
N = 5					1		4		6		4		1				
N = 6				1		5		10		10		5		1			
N = 7			1		6		15		20		15		6		1		
N = 8		1		7		21		35		35		21		7		1	
N = 9	1		8		28		56		70		56		28		8		1

Les poids sont choisis dans le tableau de la figure 90 en fonction du nombre total d'éléments ou calculés par l'équation x.

Si N=8, alors $w_1 = 35, w_2 = 21, w_3 = 7$ et $w_1 = 1$.

La fonction Matlab suivante « diag(rot90(pascal(N))) » [2] permet d'obtenir ces poids.

La figure 91 représente le facteur réseau (en trait fort) en coordonnée cartésien pour une distribution binomiale du réseau linéaire d'antennes à 8 éléments et $\frac{d}{\lambda} = 0.5$. La courbe en trait interrompu est celle de la distribution uniforme.

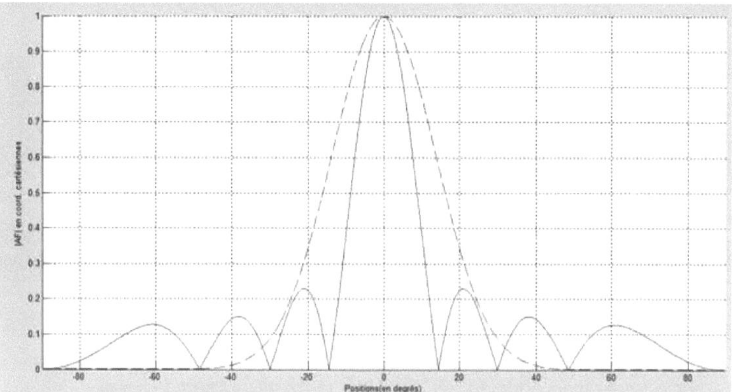

Figure 90:   *Facteur réseau avec une distribution binomiale.*

b.   Distribution de Blackman

Les poids de Blackman sont donnés par [2] :

$$w(k + 1) = 0.42 - 0.5 \cos\left(\frac{2\pi k}{N-1}\right) + 0.08 \cos(4\pi k/(N - 1)) \tag{2.13}$$

avec $k = 0,1, ... , N - 1$

Si N=8, alors $w_1 = 1$, $w_2 = 0.4989, w_3 = 0.0983$ et $w_4 = 0$.

La fonction Matlab suivante « Blackman(N)» [2] permet d'obtenir ces poids.

La figure 92 représente le facteur réseau (en trait fort) en coordonnée cartésien pour une distribution Blackman du réseau linéaire d'antennes à 8 éléments et $\frac{d}{\lambda} = 0.5$. La courbe en trait interrompu est celle de la distribution uniforme.

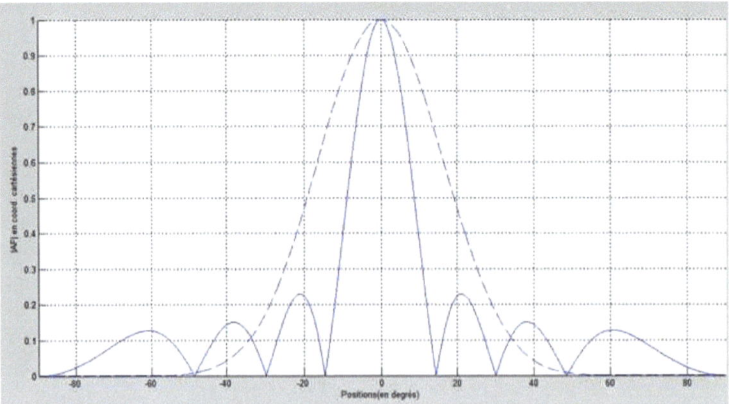

Figure 91:   *Facteur réseau avec une distribution blackman.*

c.   Distribution de Hamming

Les poids de Hamming sont donnés par [2] :

$$w(k + 1) = 0.54 - 0.46 \cos\left(\frac{2\pi k}{N-1}\right) \tag{2.14}$$

avec $k = 0,1, \dots , N - 1$

La fonction Matlab suivante « hamming(N)» [2] permet d'obtenir ces poids.

Si N=8, alors les poids normalisés (obtenus par division du poids précèdent par le poids ayant la valeur maximale), $w_1 = 1, w_2 = 0.673, w_3 = 0.2653\ et\ w_4 = 0.0838$.

La figure 93 représente le facteur réseau (en trait fort)   en coordonnée cartésien pour une distribution Hamming du réseau linéaire d'antennes à 8 éléments et $\frac{d}{\lambda} = 0.5$. La courbe en trait interrompu est celle de la distribution uniforme.

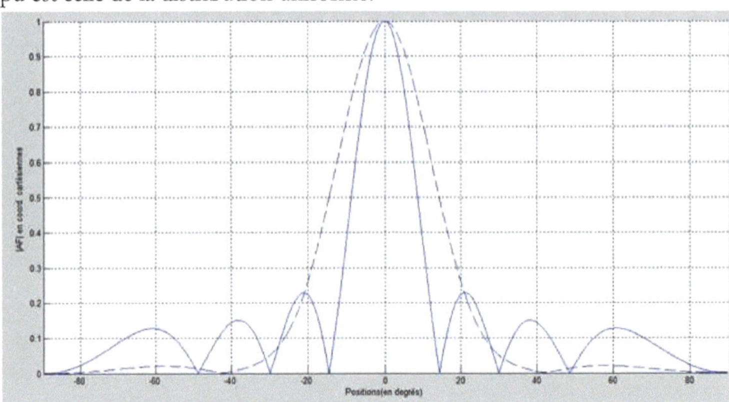

Figure 92:   *Facteur réseau avec une distribution Hamming.*

d.   Distribution Gaussien

Les poids Gaussien sont donnés par [2] :

$$w(k + 1) = e^{-\frac{1}{2}\left(\left(\alpha\frac{k-N/2}{N/2}\right)^2\right)} \tag{2.15}$$

avec $k = 0,1, \dots, N-1$ et $\alpha \geq 2$.

La fonction Matlab suivante « gausswin(N)» [2] permet d'obtenir ces poids.

Si N=8 et $\alpha = 2.5$, alors les poids normalisés (obtenus par division du poids précèdent par le poids ayant la valeur maximale), $w_1 = 1, w_2 = 0.6766, w_3 = 0.3098 \; et \; w_4 = 0.0960$.

La figure 94 représente le facteur réseau (en trait fort) en coordonnée cartésien pour une distribution Hamming du réseau linéaire d'antennes à 8 éléments et $\frac{d}{\lambda} = 0.5$. La courbe en trait interrompu est celle de la distribution uniforme.

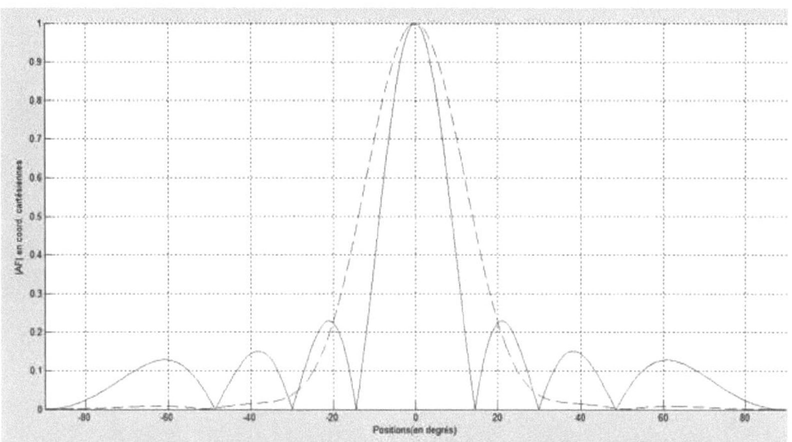

Figure 93: **Facteur réseau avec une distribution Gaussien.**

e.	Distribution Kaiser-Bessel

Les poids Kaiser-Bessel sont donnés par [2] :

$$w(k+1) = \frac{I_0\left[\pi\alpha\sqrt{1-\left(\frac{k}{N/2}\right)^2}\right]}{I_0[\pi\alpha]} \tag{2.16}$$

avec $k = 0,1, \dots, N-1$ et $\alpha > 1$.

Si N=8, alors $w_1 = 1, w_2 = 0.8136 \; w_3 = 0.5137 \; et \; w_4 = 0.210$.

La fonction Matlab suivante « kaiser(N, α)» [2] permet d'obtenir ces poids.

La figure 95 représente le facteur réseau (en trait fort) en coordonnée cartésien pour une distribution Kaiser-Bessel du réseau linéaire d'antennes à 8 éléments et $\frac{d}{\lambda} = 0.5$. La courbe en trait interrompu est celle de la distribution uniforme.

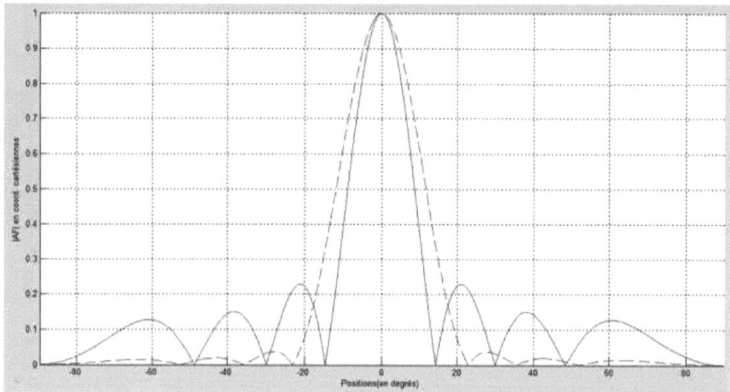

Figure 94:   ***Facteur réseau avec une distribution Kaiser-Bessel.***

f.   Distribution de Dolph-Chebyshev

Basé sur les polynôme de Chebyshev, $T_m(u) = cos(mu)$

Ainsi on obtient les poids Dolph- Chebyshev grâce aux formules suivantes tiré de Balanis (2016) [5]:

Pour N=2M on a :

$$w_n = \sum_{n=1}^{M} \sum_{q=n}^{M} \frac{[((-1)^{(M-q)} z_0^{(2q-1)})(N-1)(q+M-2)!]}{(q-n)!(q+n-1)!(M-q)!} \tag{2.17}$$

$$\text{avec } z_0 = \frac{1}{2}\left[\left(R_0 + \sqrt{R_0^2 - 1}\right)^{1/N-1} + \left(R_0 - \sqrt{R_0^2 - 1}\right)^{1/N-1}\right]$$

SLL (Side Lobe level) est le niveau d'atténuation des lobes latéraux en décibel.

$$SLL = 10 \log \frac{P_{max}(lobe\ principal)}{P_{max}(lobes\ latéraux)} \tag{2.18}$$

Pour N=2M+1 on a :

$$w_n = \sum_{n=1}^{M+1} \sum_{q=n}^{M-1} \frac{[((-1)^{(M-q)} z_0^{2(q-1)})(N-1)(q+M-2)!]}{a(q-n)!(q+n-2)!(M-q+1)!} \tag{2.19}$$

$$\text{avec } z_0 = \frac{1}{2}\left[\left(R_0 + \sqrt{R_0^2 - 1}\right)^{1/N-1} + \left(R_0 - \sqrt{R_0^2 - 1}\right)^{1/N-1}\right]$$

$$\text{et } a = \begin{cases} 2\ si\ n = 1 \\ 1\ sinon \end{cases}$$

R_0 est le rapport du lobe principal sur les lobes secondaires.

$$R_0 = 10^{\frac{SLL}{20}}$$

Si N=8 et $R_0 = 5$, alors $w_1 = 0.917$, $w_2 = 0.840$, $w_3 = 0.7$ et $w_4 = 1$.

La figure 96 représente le facteur réseau (en trait fort) en coordonnée cartésien pour une distribution Dolph- Chebyshev du réseau linéaire d'antennes à 8 éléments, $R_0 = 5$ et $\frac{d}{\lambda} = 0.5$. La courbe en trait interrompu est celle de la distribution uniforme.

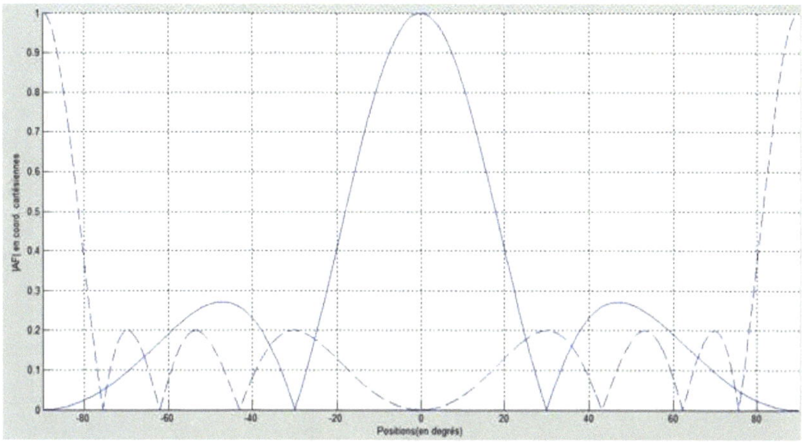

Figure 95:   ***Facteur réseau avec une distribution Dolph- Chebyshev.***

De nombreuses autres distributions de poids existent (Blackman-Harris, Bohman, Hanning, Bartlett et Nuttall. De amples déscriptions de ces distributions sont disponibles dans Harris (1978) [12] et Nuttall (1981)[25].

les figures 91, 92, 93, 94, 95 et 96 repésentant les facteurs de réseau (AF) de la section 2.2.1.1. sont issues des codes suivants :

I.8.1.1.5.   *Codes sources*

a.   AF d'une distribution uniforme

Code source 13 :   ***AF réseau linéaire à poids uniforme en coordonnée polaire***

```matlab
function afn(a,gamma,N)

%afn est le facteur réseau normalisé
% a est le rapport de d/lamda
% gamma est le déphasage entre les éléments
% N est le nombre d'éléments de l'antenne à réseau d'éléments


theta = 0:.01:2*pi;
phi   = 2*pi*a*sin(theta)+gamma;
AF = sin((N/2)*phi)./sin(phi/2);
polar(theta, abs(AF/N),'--r')
```

b.   AF d'une distribution non uniforme

Code source 14 :   ***AF d'un réseau linéaire de N éléments (N pair) en coordonnée cartésienne***

```matlab
function nafalleven(a,N,dist,R)
```

```matlab
%afn est le facteur réseau normalisé
% a est le rapport de d/lamda
% gamma est le déphasage entre les éléments
% N est le nombre d'éléments de l'antenne à réseau d'éléments
%dist est le choix de la distribution
%R rapport entre le niveau de lobe principal sur le lobe
secondaire
theta = -0.5*pi:.001:0.5*pi;
theta_deg = theta*180/pi;
u    = pi*a*sin(theta);
M=N/2;
n=1:M;
arg=(2*n'-1)*u;
  switch dist
      case 1
          %binomial
          w=diag(rot90(pascal(N)));
          w=w';
          w=w(M:-1:1);
          AF =w*cos(arg);
      case 2
          %blackman
          w=blackman(N);
          w=w';
          w=w(M:-1:1);
          AF =w*cos(arg);
      case 3
          %hamming
          w=hamming(N);
          w=w';
          w=w(M:-1:1);
          AF =w*cos(arg);
      case 4
          %gausswin
          w=gausswin(N);
          w=w';
          w=w(M:-1:1);
          AF =w*cos(arg);
      case 5
          %kaiser
          w=kaiser(N,3);
          w=w';
          w=w(M:-1:1);
          AF =w*cos(arg);

case 6
          %tchebyshev
          p = N - 1;
          AF = 0;
```

```matlab
        sum = 0;
        Zo = 0.5 * ((R + sqrt(R.^2 - 1)).^(1 / p) + (R -
sqrt(R.^2 - 1)).^(1 / p));
            for m = 1:M
            an = 0;
                for q = m:M


                an = an + (-1).^(M-q) .* (Zo).^(2*q-1) .*
factorial(q+M-2) .*...
                    (2*M-1) / (factorial(q-m) .* factorial(q+m-1) .*
factorial(M-q));
                end
            AF = AF + an .* cos((2*m-1).* u);
            end
        otherwise
            %uniform
            w=ones(N,1);
            w=w';
            w=w(M:-1:1);
            AF =w*cos(arg);
    end
phi   = 2*pi*a*sin(theta);
AFu = sin((N/2)*phi)./sin(phi/2);

hold on
plot(theta_deg,abs(AF / max(max(abs(AF)))),'--b')
plot(theta_deg, abs(AFu/N),'b')
xlabel('Positions(en degré'); ylabel('|AF| en coord.
cartésiennes');
axis([-90 90 0 1]);
grid on
hold off
```

Code source 15 :   ***AF d'un réseau linéaire de N éléments (N impair) en coordonnée cartésienne***

```matlab
function nafalloddn(a,N,dist,R)
%afn est le facteur réseau normalisé
% a est le rapport de d/lamda
% gamma est le déphasage entre les éléments
% N est le nombre d'éléments de l'antenne à réseau d'éléments
%dist est le choix de la distribution
%R rapport entre le niveau de lobe principal sur le lobe
secondaire
theta = -0.5*pi:.001:0.5*pi;
theta_deg = theta*180/pi;
u   = pi*a*sin(theta);
M=(N-1)/2;
M=M+1;
n=1:M;
arg=2*(n'-1)*u;
 switch dist
     case 1
         %binomial
         w=diag(rot90(pascal(N)));
         w=w';
         w=w(M:-1:1);
         w(1)=w(1)/2;
         AF =w*cos(arg);
     case 2
         %blackman
         w=blackman(N);
         w=w';
         w=w(M:-1:1);
         AF =w*cos(arg);
     case 3
         %hamming
         w=hamming(N);
         w=w';
         w=w(M:-1:1);
         w(1)=w(1)/2;
         AF =w*cos(arg);
     case 4
         %gausswin
         w=gausswin(N);
         w=w';
         w=w(M:-1:1);
         AF =w*cos(arg);
     case 5
         %kaiser
         w=kaiser(N,3);
```

```matlab
            w=w';
            w=w(M:-1:1);
            w(1)=w(1)/2;
            AF =w*cos(arg);
        case 6
            %tchebyshev
            p = N - 1;
            AF = 0;
            sum = 0;
            Zo = 0.5 * ((R + sqrt(R.^2 - 1)).^(1 / p) + (R -
sqrt(R.^2 - 1)).^(1 / p));
            for m = 1:M
                an = 0;
                eps = 1;
                if(m == 1)
                    eps = 2;
                end
                for q = m:M
                    an = an + (-1).^(M-q) .* (Zo).^(2*(q-1)) .*
factorial(q+M-3) .* (2*(M-1)) / (eps*factorial(q-m) .*
factorial(q+m-2) .* factorial(M-q));
                end
                AF = AF + an .* cos(2*(m-1).* u);
            end
        otherwise
            %uniform
            w=ones(N,1);
            w=w';
            w=w(M:-1:1);
            w(1)=w(1)/2;
            AF =w*cos(arg);
 end
phi   = 2*pi*a*sin(theta);
AFu = sin((N/2)*phi)./sin(phi/2);
hold on
plot(theta_deg,abs(AF / max(max(abs(AF)))),'--b')
plot(theta_deg, abs(AFu/N),'b')
xlabel('Positions(en degr鳩'); ylabel('|AF| en coord. cart鳩
ennes');
axis([-90 90 0 1]);
grid on
hold off
```

I.8.1.2.   Réseau linéaire en réception

Considérons M antennes uniformément espacés de d sur lesquels arrivent L signaux (figure 97).

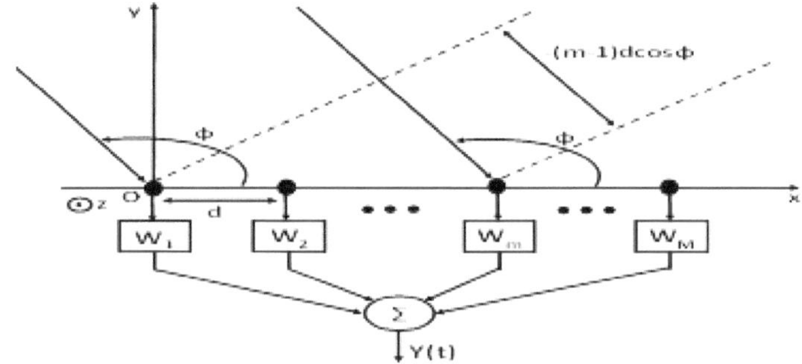

Figure 96:   ***Réseau linéaire uniforme de M antennes.***

L'origine est en O, premier élément du réseau. Les coordonnées de l'antenne de rang m sont (x_m, y_m, z_m). Le déphasage entre le signal reçu à l'origine et celui reçu par l'élément de rang m [53] est :

$$\Delta\gamma_m = \gamma_m(t) - \gamma_1(t) = -kx_m\cos\quad\sin\theta - ky_m\sin\quad\sin\theta - kz_m\cos \tag{2.20}$$

où $k = 2\pi/\lambda$ est le nombre d'onde et   l'angle entre la direction des signaux incidents et l'axe du réseau (Ox).

On a $x_m = (m-1)d$ et $y_m = z_m = 0$. D'autre part, $\theta = \pi/2$ car les éléments sont tous suivant (Ox). Dès lors :

$$\Delta\gamma_m = -kd(m-1)\cos \tag{2.21}$$

Remarquons que $\Delta\gamma_1 = 0$. Le signal arrivant sur le 1er élément en provenance d'une source ℓ en absence de bruit est :

$$S_\ell(t) = m_\ell(t)e^{j2\pi f0t} \tag{2.22}$$

$m_\ell(t)$ est la fonction de modulation de la $\ell^{ième}$ source et f_0 la fréquence d'utilisation. Ce signal au niveau du $m^{ième}$ élément, en présence de bruit, devient :

$$x_m(t) = m_\ell(t)\, e^{j(2\pi f0t+\Delta\gamma m)} + b_m(t) = S_\ell(t)a_m(\quad\ell) + b_m(t) \tag{2.23}$$

$$\text{où } a_m(\quad\ell) = e^{j\Delta\gamma m} = e^{-jkd(m-1)\cos(\quad\ell)} \tag{2.24}$$

et $b_m(t)$, la $m^{ième}$ composante du bruit aléatoire constitué du bruit de fond et du bruit électronique généré dans le canal m. Il est supposé blanc, à moyenne nulle et à variance égale à σ_n^2.

Dès lors, le vecteur déphasage du signal provenant d'une source ℓ sur les différents éléments du réseau est :

$$a(\quad\ell) = [1, a_2(\quad\ell), ..., a_m(\quad\ell), ..., a_M(\quad\ell)]^T \tag{2.25}$$

où T est l'opérateur « transposée ».

Si nous considérons toutes les sources simultanément, le signal reçu au $m^{ième}$ élément est :

$$X_m(t) = \sum_{\ell=1}^{L}\left[m_\ell(t)e^{j(2\pi f_0 t+\Delta\gamma_m)}\right]+b_m(t) = \sum_{\ell=1}^{L}\left[S_\ell(t)a_m(\phi_\ell)\right]+b_m(t) \tag{2.26}$$

On peut alors définir le vecteur signal du réseau par :

$$\mathbf{X}(t) = [X_1(t), X_2(t), ..., X_m(t), ..., X_M(t)]^T \tag{2.27}$$

et le vecteur signal incident par :

$$\mathbf{S}(t) = [S_1(t), S_2(t), ..., S_\ell(t), ..., S_L(t)]^T \tag{2.28}$$

Le vecteur bruit est : $\mathbf{b}(t) = [b_1(t), b_2(t),..., b_m(t),..., b_M(t)]^T$. $\tag{2.29}$

La matrice déphasage (MxL) du réseau est donnée par :

$$\mathbf{A} = [a(\quad_1), a(\quad_2), ..., a(\quad_\ell), ..., a(\quad_L)]. \tag{2.30}$$

On peut donc écrire sous forme matricielle : $\mathbf{X}(t) = \mathbf{A}\mathbf{S}(t) + \mathbf{b}(t)$ (2.31)

En appelant W, le vecteur « pondérations » du réseau. On peut écrire :

$\mathbf{W} = [w_1, w_2, \ldots, w_m, \ldots, w_M]^{\mathrm{T}}$ (2.32)

La sortie du réseau d'antennes est alors obtenue par :

$$Y(t) = \sum_{m=1}^{M} w_m^* x_m(t) = \mathbf{W}^{\mathrm{H}}\mathbf{X}(t)$$ (2.33)

où H est l'opérateur « transposée du conjugué complexe ». Si les composantes de $\mathbf{X}(t)$ peuvent être modélisées par des processus stationnaires à moyennes nulles, la puissance moyenne de sortie du réseau est :

$\mathbf{P} = \mathrm{E}[\mathbf{Y}(t)\mathbf{Y}^*(t)] = \mathbf{W}^{\mathrm{H}}\mathbf{R}_{xx}\mathbf{W}$ (2.34)

où E[.] est l'opérateur « espérance mathématique » et $\mathbf{R}_{xx}$ la matrice de corrélation du réseau. On a :

$\mathbf{R}_{xx} = \mathrm{E}[\mathbf{X}(t)\mathbf{X}^{\mathrm{H}}(t)]$ (2.35)

En remplaçant $\mathbf{X}(t)$ par (28) et en développant, on obtient :

$\mathbf{R}_{xx} = \mathbf{A}\mathbf{S}\mathbf{A}^{\mathrm{H}} + \sigma_n^2\mathbf{I}$ (2.36)

où I est la matrice identité d'ordre M.

I.8.2. Réseau planaire

I.8.2.1. Réseau planaire en émission

Considérons un réseau carré (par nécessité d'inversion de matrices), comprenant NxM antennes uniformément espacés de d = λ/2, supposés ponctuels,isotropes alimentés par des courants d'amplitudes différentes illustré à la figure 98 tirée de Gross (2015) [2].

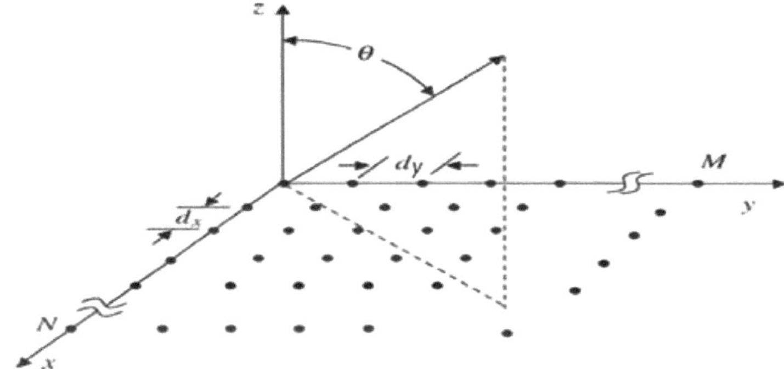

Figure 97:   ***Réseau planaire à NxM éléments en émission.***

Le réseau planaire peut être vue comme M réseaux linéaires de N éléments ou N réseaux linéaires de M éléments.Ainsi le facteur réseau est le produit des facteurs réseau des deux réseaux linéaires et la formule tiré de Gross(2015) [2] est la suivante :

$$AF = AF_{xn} \cdot AF_{ym}$$

$$AF = \sum_{n=1}^{N} a_n e^{j(n-1)(kd_x sin\theta cos\Phi + \beta_x)} \sum_{m=1}^{M} b_m e^{j(m-1)(kd_y sin\theta cos\Phi + \beta_y)}$$

$$AF = \sum_{m=1}^{M} \sum_{n=1}^{N} w_{mn} e^{j[(n-1)(kd_x sin\theta cos\Phi + \beta_x)+(m-1)(kd_y sin\theta cos\Phi + \beta_y)]}$$ (2.37)

Avec

$$w_{mn} = a_m b_n$$

avec a_n le poids du $n^{ième}$ élément suivant x et a_m le poids du $m^{ième}$ élément suivant y.

Si nous supposons que les amplitudes des courants d'excitation sont égales et en se basant sur le même principe que celle de l'équation 2.5, nous aurons le facteur réseau normalisé :

$$AF_n = \frac{sin\left(\frac{N}{2}\Psi_x\right)}{Nsin\left(\frac{\Psi_x}{2}\right)}\frac{sin\left(\frac{M}{2}\Psi_y\right)}{Msin\left(\frac{\Psi_y}{2}\right)} \tag{2.38}$$

avec $\Psi_x = kd_x sin\theta cos\Phi + \beta_x$ et $\Psi_y = kd_y sin\theta cos\Phi + \beta_y$

La figure 99 représente le facteur réseau en coordonnée cartésien d'un réseau uniforme planaire à 9x9 éléments pour $\Phi = 0$, $d_x = d_y = d$, $\beta_x = \beta_y = 0$ et $\frac{d}{\lambda} = 0.75$.

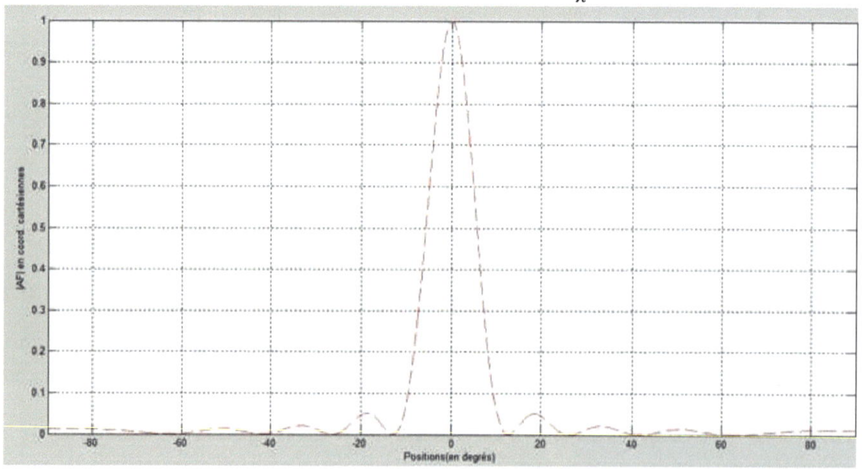

Figure 98:   Facteur réseau planaire avec une distribution uniforme.

Comme dans le cas du réseau linéaire, les poids a_m et b_n peuvent être définis grâce aux différentes distributions de la section 2.2.1.1.4.

La figure 99 repésentant le facteur de réseau (AF) de la section 2.2.2.1. est issue du codes suivant :

I.8.2.1.1. Codes sources

Code source 16 :   AF réseau planaire à poids uniforme en coordonnée cartésienne

```matlab
function planafn(a,M,N)
%afn est le facteur réseau normalisé
% a est le rapport de d/lamda
% gamma est le déphasage entre les éléments
% N est le nombre d'éléments de l'antenne à réseau d'éléments

theta = -0.5*pi:.001:0.5*pi;
theta_deg = theta*180/pi;
phi   = 2*pi*a*sin(theta);
AF = (sin((N/2)*phi)./sin(phi/2)).*(sin((M/2)*phi)./sin(phi/2));
plot(theta_deg, abs(AF/(N*M)),'--r')
```

```matlab
xlabel('Positions(en degr鳩'); ylabel('|AF| en coord. cart鳩
ennes');
axis([-90 90 0 1]);
grid on
```

I.8.2.2. Réseau planaire en réception

Considérons un réseau carré (par nécessité d'inversion de matrices), comprenant MxM antennes uniformément espacés de d = λ/2, supposés ponctuels, sur lesquels arrivent L signaux en provenance de L sources (figure 100).

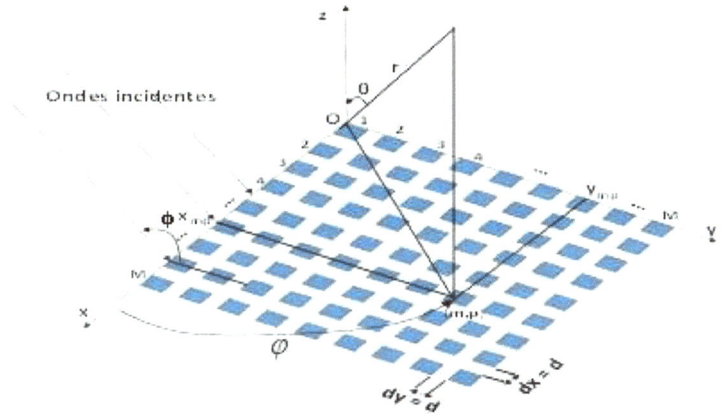

Figure 99:   Réseau carré uniforme de MxM éléments.

L'élément de référence est l'un des sommets, origine du repère (O, x, y, z).

Les coordonnées d'un élément de rangs respectifs m suivant x et p suivant y seront notées (x_{mp}, y_{mp}, z_{mp}).

En reprenant l'équation 2.20 et en considérant que $z_{mp} = 0$, $x_{mp} = (m-1)d$, $y_{mp} = (p-1)d$ et $\theta = \pi/2$, on obtient :

$$\Delta\gamma_{mp} = \gamma_{mp}(t) - \gamma_1(t)$$
$$= - kx_{mp}\cos\phi\,\sin\theta - ky_{mp}\sin\phi\,\sin\theta - kz_{mp}\cos\phi$$
$$= - kd[(m-1)\cos(\phi) + (p-1)\sin(\phi)] \tag{2.39}$$

Le signal reçu sur le capteur en (m, p) et en provenance d'une source ℓ est :

$$x_{mp}(t) = m_\ell(t)e^{j(2\pi f_0 t + \Delta\gamma mp)} + b_{mp}(t) \tag{2.40}$$

Où $S_\ell(t) = m_\ell(t)e^{j(2\pi f_0 t)}$ est le signal incident reçu sur le capteur de référence et $b_{mp}(t)$ le bruit additif sur le capteur en (m, p). Dès lors :

$$X_{mp}(t) = S_\ell(t)e^{j\Delta\gamma mp} + b_{mp}(t) = S_\ell(t)a_{mp}(\phi_\ell) + b_{mp}(t) \tag{2.41}$$

$$\text{Où} \quad a_{mp}(\phi_\ell) = e^{j\Delta\gamma mp} = e^{-jkd[(m-1)\cos(\phi_\ell) + (p-1)\sin(\phi_\ell)]} \tag{2.42}$$

En considérant toutes les sources ensemble, le signal incident sur le capteur en (m, p) est :

$$X_{mp}(t) = \sum_{\ell=1}^{L}\left[S_\ell(t)a_{mp}(\phi_\ell)\right] + b_{mp}(t) \tag{2.43}$$

Dès lors, le vecteur signal du réseau devient une matrice:

$$X(t) = \begin{bmatrix} x_{11} & x_{12}\ldots x_{1p}\ldots x_{1M} \\ x_{21} & x_{22}\ldots x_{2p}\ldots x_{2M} \\ x_{m1} & x_{m2}\ldots x_{mp}\ldots x_{mM} \\ x_{M1} & x_{M2}\ldots x_{Mp}\ldots x_{MM} \end{bmatrix}$$

(2.44)

On peut aussi définir la matrice déphasage du signal provenant d'une source ℓ sur les différents éléments par :

$$A_l = (a_{mp}(\phi_l)) = \begin{bmatrix} 1\, a_{12}\ldots a_{1p}\ldots a_{1M} \\ a_{21}\, a_{22}\ldots a_{2p}\ldots a_{2M} \\ a_{m1}\, a_{m2}\ldots a_{mp}\ldots a_{mM} \\ a_{M1}\, a_{M2}\ \, a_{Mp}\ldots a_{MM} \end{bmatrix}$$

(2.45)

La matrice déphasage, produite par toutes les L sources, sera une matrice à M lignes et MxL colonnes :

$$A = \begin{bmatrix} \begin{pmatrix} 1 & a_{12}..a_{1M} \\ a_{21}\, a_{22}..a_{2M} \\ a_{m1}\, a_{m2}..a_{mM} \\ a_{M1}\, a_{M2}..a_{MM} \end{pmatrix} (A_2)(A_3)...(A_L) \end{bmatrix}$$

(2.46)

Comme dans le cas linéaire, le vecteur signal incident sera toujours $\mathbf{S}(t) = [S_1(t), S_2(t), \ldots, S_\ell(t), \ldots, S_L(t)]^T$.

Le bruit sur l'ensemble du réseau devient une matrice $\mathbf{B}(t)$. Dès lors sous forme matricielle, nous avons :

$$\mathbf{X}(t) = \mathbf{A}\mathbf{S}(t) + \mathbf{B}(t)$$

(2.47)

D'autre part, le vecteur poids permettant la formation de faisceaux devient une matrice MxM :

$$W = \begin{bmatrix} w_{11} & w_{12}\ldots w_{1p}\ldots w_{1M} \\ w_{21} & w_{22}\ldots w_{2p}\ldots w_{2M} \\ w_{m1} & w_{m2}\ldots w_{mp}\ldots w_{mM} \\ w_{M1} & w_{M2}\ldots w_{Mp}\ldots w_{MM} \end{bmatrix}$$

(2.48)

Le signal obtenu en sortie du réseau est alors :

$$\mathbf{Y}(t) = \sum_{m=1}^{M} \left(\sum_{p=1}^{M} W_{mp}^{*} X_{mp} \right) = \mathbf{W}^H \mathbf{X}(t)$$

(2.49)

Comme pour le réseau linéaire, les équations 2.34, 2.35 et 2.36 permettront de calculer la puissance moyenne de sortie du réseau et d'évaluer la matrice de corrélation.

2.2.2.1. Réseaux d'antennes hybrides

Un réseau hybride n'est pas un ensemble simple de plusieurs réseaux analogiques [107]. Classiquement, une matrice à phase analogique utilise des multiples entiers d'une valeur fixe pour ses déphaseurs, sur la base de la direction du signal. Ceci est efficace lorsque les signaux se concentrent dans un sens.

Une matrice hybride permet d'optimiser les valeurs de déphasage entre les sous-réseaux. En d'autres termes, chaque sous-arborescence peut former plusieurs faisceaux simultanés au lieu du faisceau unique traditionnel dans les applications de réseau en phase, et le formage de faisceau global pour un utilisateur ciblé peut avoir des contributions de plus d'un sous-ensemble.

Le sous-tableau analogique est supposé avoir un déphaseur appliqué au signal à chaque élément d'antenne.

Nous considérons un tableau carré avec M=Mx×My sous-tableaux, et chaque sous-tableau a N=Nx×Ny éléments, où Mx (ou Nx) et My (ou Ny) sont les nombres de sous-tableaux (ou éléments) placés le long de l'axe X et de l'axe Y respectivement. La position du i-ème élément dans le m-ième (m=myMx+mx) sous-tableau est (Xi,m,Yi,m) où $X_{i,m} = X_{i,0} + m_x d_x^s$, $Y_{i,m} = Y_{i,0} + m_y d_y^s$, mx=0,1, … , Mx-1 et my=0,1, … , My-1, d_x^s et d_y^s sont les espaces entre les sous-tableaux le long de l'axe X et l'axe Y respectivement.

La position (Xi,0,Yi,0) du i-ème élément, i=iyNx+ix, est donnée par $X_{i,0} = X_{0,0} + i_x d_x^e$, ix=0,1, …, Nx-1, $Y_{i,0} = Y_{0,0} + i_y d_y^e$, iy=0,1, …, Ny-1 où d_x^e et d_y^e sont les espaces entre les éléments le long de l'axe X et l'axe Y respectivement, et (X0,0,Y0,0) est la position de l'élément i=0. Pour simplifier, nous posons (X0,0,Y0,0)= (0,0) et déposer les indices x et y lorsque les discussions s'appliquent aux sous-tableaux et aux éléments des deux axes. M=4 ; N=2 ; N_x=4 ; N_y.

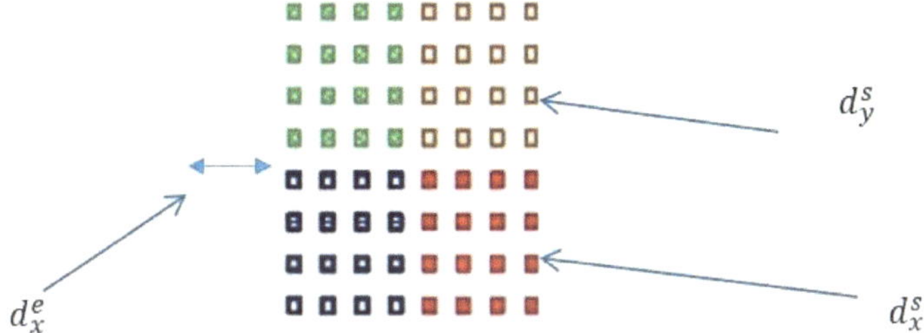

Figure 100: **Réseau planaire hybride**

I.8.3. Réseau circulaire

I.8.3.1. Réseau circulaire en émission

Considérons un réseau circulaire constitué de N éléments d'antenne isotrope uniformément espacés le long de l'anneau de rayon a et amplitudes différentes illustrées à la figure 102 tirée de Gross (2015) [2].

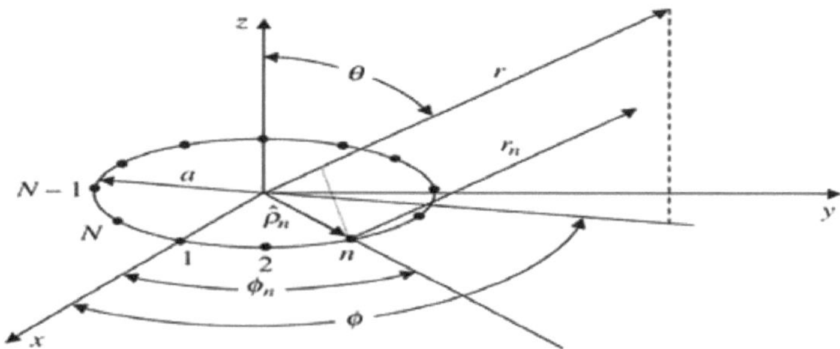

Figure 101: **Réseau circulaire à N éléments en émission.**

De la même facon que pour les réseaux linéaires, le facteur réseau tiré de Gross (2015) [2] est :

$$AF = \sum_{n=1}^{N} w_n e^{-j[kasin\theta cos(\phi-\phi_n)+\delta_n]} \qquad (2.50)$$

avec $\phi_n = \frac{2\pi}{N}(n-1)$ angle de localisation du $n^{ième}$ élément du réseau

et δ_n la phase du $n^{ième}$ élément du réseau.

Si nous voulons orienter le lobe principal dans une direction (θ_0, ϕ_0), il suffit de réaliser le déphasage entre éléments adjacents comme suit :

$$\delta_n = -kasin\theta_0 cos(\phi_0 - \phi_n) \qquad (2.51)$$

Et en remplacant léquation dans l'équation on a :

$$AF = \sum_{n=1}^{N} w_n e^{-j[ka(sin\theta cos(\phi-\phi_n)-sin\theta_0 cos(\phi_0-\phi_n))]} \qquad (2.52)$$

Nous allons supposé que les poids sont identiques (réseau uniforme). La figure 103 représente le facteur réseau en coordonnée cartésienne d'une antenne à réseau circulaire de 10 éléments régulièrement espacés de le long d'un anneau de rayon λ orienté dans la direction $(\theta_0 = 40°, \phi_0 = 0°)$ et $\phi = 0°$

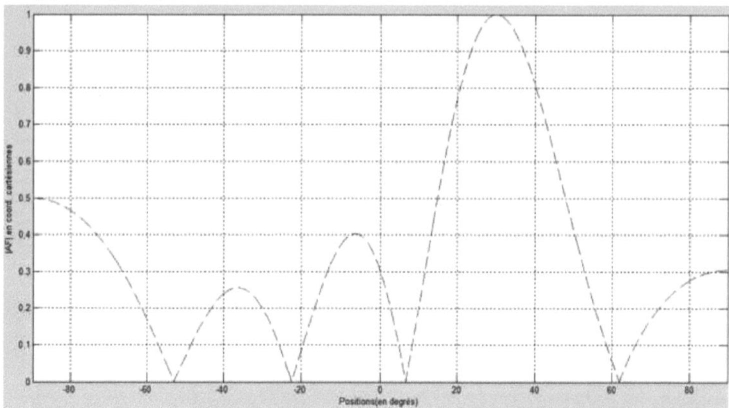

Figure 102: **Facteur réseau circulaire avec une distribution uniforme.**

Comme dans le cas du réseau linéaire, les poids w_n peuvent être définis grâce aux différentes distributions de la section 2.2.1.1.4.

La figure 103 repésentant le AF de la section 2.2.3.1. est issu du codes suivant :

Code source 17 :   AF réseau circulaire à poids uniforme en coordonnée cartésienne

```matlab
function naf_circulaire(ka,N,theta0,phi0)
%------------------------------------------------------------
---------
% Générateur de Facteur de Réseau Normalisé(FRN) pour le réseau
circulaire
%ka : d/λ(nombre d'onde)*(rayon de l'anneau)
% N : nombre total d'éléments du réseau
% w : vecteur des pondérations
%------------------------------------------------------------
---------
theta = -0.5*pi:.001:0.5*pi;
theta_deg = theta*180/pi;
theta0=theta0*ones(1,length(theta));
n = (1:1:N)';
phi_n = 2*pi*(n-1)/N; % Position de l'élément numéro m
% vecteur permettant d'étirer le faisceau (vecteur déphasage)
A = exp(1i*2*pi*ka*(cos(phi_n)*sin(theta)-cos(phi0-
phi_n)*sin(theta0)));
%poids uniforme
w=ones(N,1);
% Facteur de réseau (FR) dit en anglais Array factor(AF)
AF = w'*A;
% Facteur de Réseau Normalisé (FRN)
NAF = AF/max(AF);
plot(theta_deg,abs(NAF),'--b')
xlabel('Positions(en degrés)'); ylabel('|AF| en coord.
cartésiennes');
axis([-90 90 0 1]);
grid on
```

I.8.3.2. Réseau circulaire en réception

Considérons un réseau circulaire de rayon a (figure 104), comprenant M éléments uniformément espacés, contenu dans le plan (x, O, y).

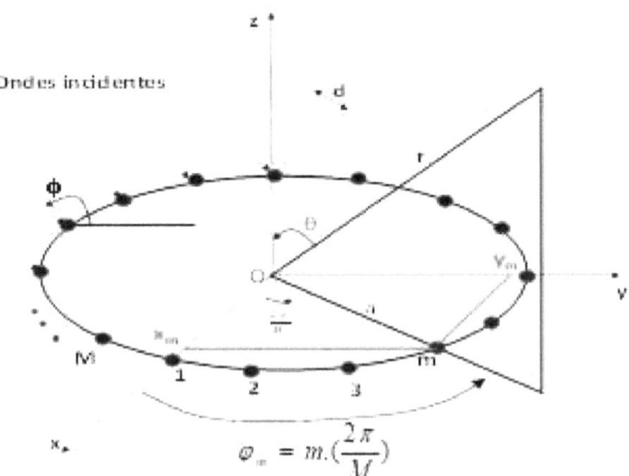

Figure 103: ***Réseau circulaire uniforme de M éléments en réception.***

Les coordonnées d'un élément de rang m sont (x_m, y_m, z_m). On a $\theta = \pi/2$; $x_m = a\cos(\varphi_m)$; $y_m = a\sin(\varphi_m)$ et $z_m = 0$. En les intégrant dans l'équation 2.20, on obtient :

$$\Delta\gamma_m = \gamma_m(t) - \gamma_1(t) \qquad = -kx_m\cos(\ ) - ky_m\sin(\ )$$
$$= -ka[\cos(\varphi_m)\cos(\phi) - \sin(\varphi_m)\sin(\phi)] \tag{2.53}$$

Le signal reçu au niveau du $m^{\text{ième}}$ élément est donné par :

$$x_m(t) = m_\ell(t)e^{j(2\pi f0t + \Delta\gamma m)} + b_m(t) = S_\ell(t)a_m(\varphi_m, \phi_\ell) + b_m(t) \tag{2.54}$$

$$\text{où } a_m(\varphi_m, \phi_\ell) = e^{j\Delta\gamma m} = e^{-jka[\cos(\varphi m)\cos(\phi \ell) - \sin(\varphi m)\sin(\phi \ell)]} \tag{2.55}$$

et $b_m(t)$, la $m^{\text{ième}}$ composante du bruit aléatoire.

Le déphasage sur un signal provenant d'une source ℓ est :

$$\mathbf{a}(\varphi_m, \phi_\ell) = [1, a_2(\varphi_m, \phi_\ell), \ldots, a_m(\varphi_m, \phi_\ell), \ldots, a_M(\varphi_m, \phi_\ell)]^T \tag{2.56}$$

Si nous considérons toutes les sources simultanément, le signal reçu au $m^{\text{ième}}$ élément est :

$$X_m(t) = \sum_{\ell=1}^{L}\left[m_\ell(t)e^{j(2\pi f_0 t + \Delta\gamma_m)}\right] + b_m(t) = \sum_{\ell=1}^{L}\left[S_\ell(t)a_m(\varphi_m, \phi_\ell)\right] + b_m(t)$$

(2.57)

Les équations 2.27, 2.28 et 2.29 restent les mêmes. La matrice déphasage (MxL) est alors donnée par :

$$\mathbf{A} = [a(\varphi_m, \phi_1), a(\varphi_m, \phi_2), \ldots, a(\varphi_m, \phi_\ell), \ldots, a(\varphi_m, \phi_L)] \tag{2.58}$$

Les équations 2.31 à 2.36 restent les mêmes.

I.9. Antenne Yagi-Uda

Dans le cas où nous avons un seul élément qui est alimenté par un courant d'excitation, dans une antenne à réseau d'éléments linéaire, nous parlerons d'une antenne Yagi-Uda.

Une antenne Yagi-Uda est constituée d'un certain nombre de dipôles linéaires, dont les rôles sont classifiables en trois catégories :

– L'élément rayonnant ou radiateur (en général un simple dipôle ou un « trombone »), qui est un dipôle alimenté en son milieu

– Les brins directeurs, qui renforcent le gain avant de l'antenne

– Les réflecteurs, qui minmisent les lobes arrières, permettant ainsi de renforcer le rayonnement avant.

Les éléments non alimentés sont qualifiés de « parasistes » (de simples baguettes métalliques).
La figure 105 représente une antenne Yagi-Udda tiré de Balanis (2016) [5].

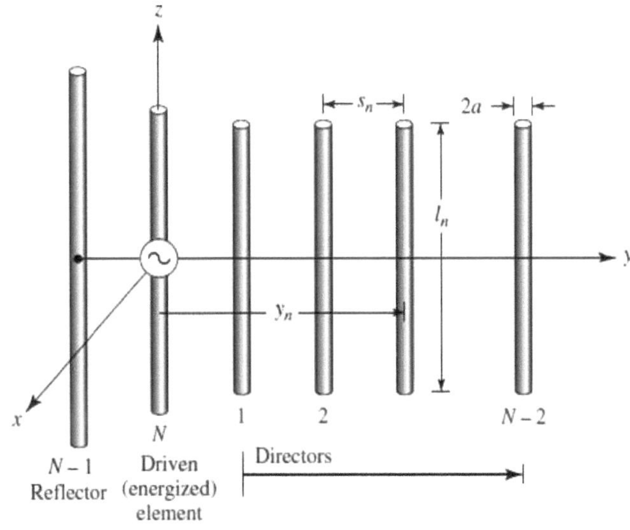

Figure 104:   ***Antenne Yagi-Udda.***

Longueur de l'élément rayonnant :

$$0.45\lambda \leq L \leq 0.49\lambda$$

Longueur des brins directeurs :

$$0.4\lambda \leq l_n \leq 0.45\lambda$$

Ils ne sont pas nécessairement de même longueur, et leurs diamètres ne sont pas forcément identiques.

Espacement entre directeurs :

$0.3\lambda \leq s_n \leq 0.4\lambda$, pas nécessairement uniforme.

Espacement radiateur – réflecteur :

$$e_r \approx 0.25\lambda$$

Une antenne Yagi peut être assimilée à une antenne réseau dont les éléments seraient alimentés par induction mutuelle qui produirait un gain supérieur à celui du dipôle dans la direction avant et inférieur dans la direction arrière.

Le courant électrique qui circule dans l'élément alimenté produit par rayonnement un champ électromagnétique, lequel induit des courants dans les autres éléments. Le courant induit dans les éléments parasites produit à son tour d'autres champs rayonnés qui induisent du courant dans les autres éléments y compris sur l'élément alimenté. Finalement le courant qui circule dans chaque élément est le résultat de l'interaction entre tous les éléments. Ce courant dépend de la position et de ses dimensions.

Considérons une antenne Yagi-Uda à N éléments (incluant un radiateur et un réflecteur) de position (x_n, y_n), M le nombre de modes de courant dans chaque élément et l_n la longueur de $n^{i\grave{e}me}$ élément.

D'après Yagi(1997), le champ électromagnétique rayonné par l'antenne dans une direction donnée sera la somme des champs rayonnés par chacun des éléments :

$$E_\theta = \sum_{n=1}^N E_{\theta n} = -j\omega A_\theta \tag{2.59}$$

avec $A_\theta = \sum_{n=1}^N A_{\theta n}$

$$= -\frac{\mu e^{-jkr}}{4\pi r} \sin\theta \sum_{n=1}^N e^{jk(x_n \sin\theta \cos\phi + y_n \sin\theta \sin\phi)} \left[\int_{-l_n/2}^{l_n/2} I_n e^{jkz_n'\cos\theta} dz_n' \right]$$

Où $\int_{-l_n/2}^{l_n/2} I_n e^{jkz_n'\cos\theta} dz_n' = \sum_{m=1}^M I_{nm} \left[\frac{\sin(Z^+)}{z^+} + \frac{\sin(Z^-)}{z^-} \right] \frac{l_n}{2}$ \hfill (2.60)

$$Z^+ = \left[\frac{(2m-1)\pi}{l_n} + k\cos\theta \right] \frac{l_n}{2} \tag{2.61}$$

$$Z^- = \left[\frac{(2m-1)\pi}{l_n} - k\cos\theta \right] \frac{l_n}{2}$$

et $\sum_{m=1}^M I_{nm}(Z' = 0)|_{n=N} = 1$

la figure 106 représente le champ rayonné total d'une antenne Yagi à 15 éléments, 8 modes et un fréquence centrale de 57.5 Mhz en coordonnée cartésienne.

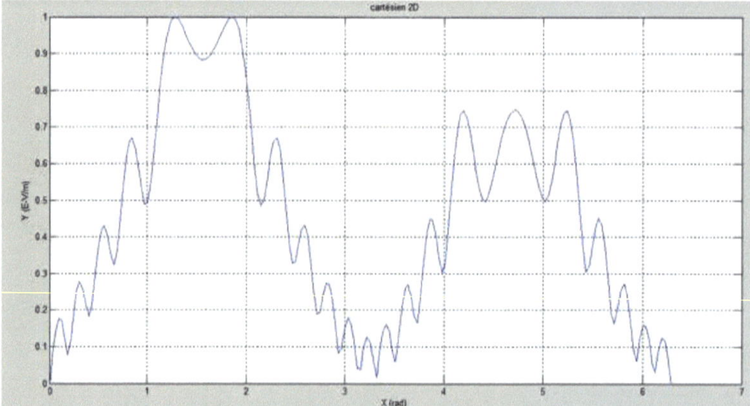

Figure 105: *Champ rayonné total antenne Yagi à 15 éléments en coordonnée cartésienne.*

I.9.1. Code source

Code source 18 : *Champ rayonné antenne Yagi*

```matlab
function
yagi(freq,Long_p,dist,Long_r,Long_d,ray,N,M,refpil,dirdir,graph)
    %freq : Fréquence centrale( MHz)
    %Long_p : Longueur pilote (/lamda)
    %dist : distance
    %Long_r : Longueur réflecteur (/lamda)
    %Long_d : Longueur directeur
    %ray : Rayon du fil (/lamda)
    %N : Nombres d'éléments
    %M: Nombre de modes
    %refpil : Distance réflecteur-pilote(/lamda)
    %dirdir : Distance entre directeurs(/lamda)
```

```matlab
%graph : Type de Graphe

%CALCUL des amplitudes complexes DES COURANTS DE MODE DES
ELTS--------------------
    I=[N,M];
    for n=1:N
        for m=1:M
            I(n,m)=(2*(m)/(M*(M-1)))*exp(j*2*pi*m*f*(((2*m)-
M+1)*l(n)/(2*(M-1)))/c);
        end
    end
    E=0;
    for n=1:N;
        for m=1:M
            E=E+I(n,m)*l(n)*(sinc((((((2*m)-
1)*pi/2)+(k*l(n)*cos(theta)/2))/pi))+sinc((((((2*m)-1)*pi/2)-
(k*l(n)*cos(theta)/2))/pi))).*exp(j*k*y(n)*sin(theta).*sin(phi0));
        end

theta=linspace(0,2*pi,200);
    l=[N];
    y=[N];
    l(1)=Long_r;
    l(2)=Long_p;
    y(1)=-refpil;
    y(2)=0;

for n=3:N
        l(n)=Long_d;
        y(n)=(n-2)*dirdir;
    end

%CALCUL des amplitudes complexes DES COURANTS DE MODE DES
ELTS--------------------
    I=[N,M];
    for n=1:N
        for m=1:M
            I(n,m)=(2*(m)/(M*(M-1)))*exp(j*2*pi*m*f*(((2*m)-
M+1)*l(n)/(2*(M-1)))/c);
        end
    end
    E=0;
    for n=1:N;
        for m=1:M
            E=E+I(n,m)*l(n)*(sinc((((((2*m)-
1)*pi/2)+(k*l(n)*cos(theta)/2))/pi))+sinc((((((2*m)-1)*pi/2)-
(k*l(n)*cos(theta)/2))/pi))).*exp(j*k*y(n)*sin(theta).*sin(phi0));
        end
    end
```

```matlab
    E=((4*dist)^-1)*mu*E.*sin(theta);
    AF=abs(E)/max(abs(E));
            polar(theta,AF)
            xlabel('\theta(rad)')
            ylabel('E-V/m')
            title('polaire')
            hold off
    end

if(graph==3)
%'Spherique'
    theta=linspace(0,2*pi,60);
    phi=linspace(0,2*pi,60);
    [theta, phi]=meshgrid(theta,phi);
    %ACQUISITION DES POSITIONS SPACIALES DES ELTS ET LEURS
LONGUEURS-------------
    l=[N];
    y=[N];
    l(1)=Long_r;
    l(2)=Long_p;
    y(1)=-refpil;
    y(2)=0;
    for n=3:N
        l(n)=Long_d;
    y(n)=(n-2)*dirdir;
    end

    %CALCUL des amplitudes complexes DES COURANTS DE MODE DES
ELTS--------------------
    I=[N,M];
    for n=1:N
        for m=1:M
            I(n,m)=(2*(m)/(M*(M-1)))*exp(j*2*pi*m*f*(((2*m)-
M+1)*l(n)/(2*(M-1)))/c);
        end
    end
    E=0;
    for n=1:N;
        for m=1:M
            E=E+I(n,m)*l(n)*(sinc((((((2*m)-
1)*pi/2)+(k*l(n)*cos(theta)/2))/pi))+sinc((((((2*m)-1)*pi/2)-
(k*l(n)*cos(theta)/2))/pi))).*exp(j*k*y(n)*sin(theta).*sin(phi0));
        end

    end
    r=((4*dist)^-1)*mu*E.*sin(theta);
    Zsp=r.*cos(theta);
    Xsp=r.*sin(theta).*cos(phi);
    Ysp=r.*sin(theta).*sin(phi);
```

```matlab
            mesh(Xsp,Ysp,Zsp)
            xlabel('\theta(rad)')
            ylabel('\phi(rad)')
            zlabel('E-V/m')
            title('sphérique')
            grid on
end
if(graph==4)
%'Cartesien 3D'
    theta=linspace(0,2*pi,60);
    phi=linspace(0,2*pi,60);
    [theta,phi]=meshgrid(theta,phi);
    %ACQUISITION DES POSITIONS SPACIALES DES ELTS ET LEURS
LONGUEURS------------
    l=[N];
    y=[N];
    l(1)=Long_r;
    l(2)=Long_p;
    y(1)=-refpil;
    y(2)=0;
    for n=3:N
        l(n)=Long_d;
        y(n)=(n-2)*dirdir;
    end
    %CALCUL des amplitudes complexes DES COURANTS DE MODE DES
ELTS-------------
    I=[N,M];
    for n=1:N
        for m=1:M
            I(n,m)=(2*(m)/(M*(M-1)))*exp(j*2*pi*m*f*(((2*m)-
M+1)*l(n)/(2*(M-1)))/c);
        end
    end
    E=0;
    for n=1:N;
        for m=1:M
            E=E+I(n,m)*l(n)*(sinc((((((2*m)-
1)*pi/2)+(k*l(n)*cos(theta)/2))/pi))+sinc((((((2*m)-1)*pi/2)-
(k*l(n)*cos(theta)/2))/pi))).*exp(j*k*y(n)*sin(theta).*sin(phi0));
        end
    end
    Zc=((4*dist)^-1)*mu*E.*sin(theta);
            mesh(theta,phi,Zc)
            xlabel('X(rad)')
            ylabel('Y(rad)')
            zlabel('Z(E-V/m)')
            title('cartésien 3D')
            hold off
end
```

I.10. Antennes dipôle log-périodiques (LPDA : Log Periodic Dipole Array) [13]

Ce sont des réseaux linéaires dégressifs d'éléments de doublets de longueur variable qui fonctionnent sur une large gamme de fréquences. Le fonctionnement à large bande est réalisé en admettant que différents groupes d'éléments rayonnent à des fréquences différentes. L'espacement entre les éléments est proportionnel à leur longueur et le système est alimenté au moyen d'une ligne de transmission. Selon la variation du rapport de fréquence, les éléments qui se trouvent à la fréquence de résonance ou à son voisinage couplent l'énergie en provenance de la ligne de transmission. Le diagramme de rayonnement qui en résulte est directif et présente une caractéristique de rayonnement à peu près constante sur toute la gamme des fréquences de travail.

La figure 107 représente une antenne dipôle log-périodique commerciale à 9 éléments [14].

Figure 106: ***Antenne dipôle log-périodique VHF-UHF commerciale à 9 éléments.***

Considérons une antenne dipôle log-périodique à N éléments de longueur l_i espacés de
La figure 108 représente une antenne dipôle log-périodique à N éléments placée dans le plan horizontal [13].

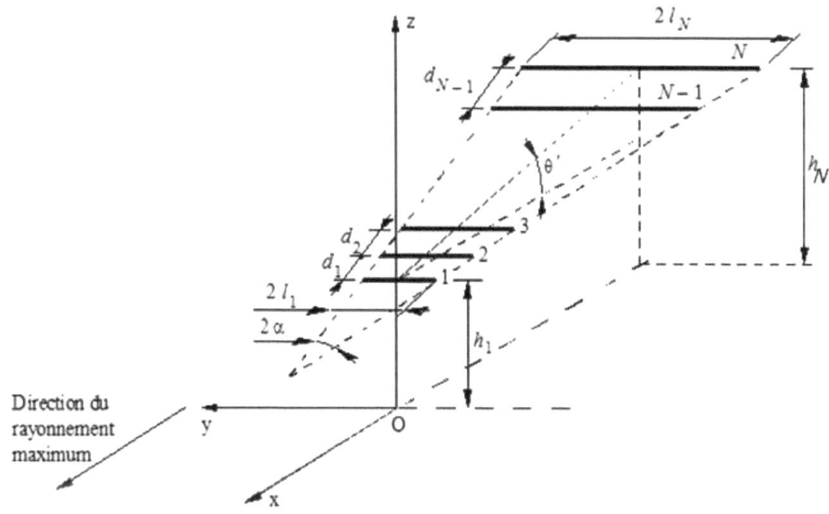

Figure 107:   ***Antenne dipôle log-périodique horizontale à N éléments***

La figure 108 représente un réseau log-périodique à N éléments avec :

N : Nombre d'éléments

L :   Distance entre les centres de l'élément le plus court et de l'élément le plus long (m)

h_1 : Hauteur de l'élément le plus court (m)

h_N :   Hauteur de l'élément le plus long (m)

l_1 : Demi-longueur de l'élément le plus court (m)

l_N :   Demi-longueur de l'élément le plus long (m)

l_1 :   Demi-longueur de l'élément le plus court (m)

Z :   Impédance de la ligne d'alimentation interne de l'antenne (Z_0).

Une autre représentation (vue de dessus) de la figure précédente (figure 109) tiré de Balanis(2016) [5] est la suivante :

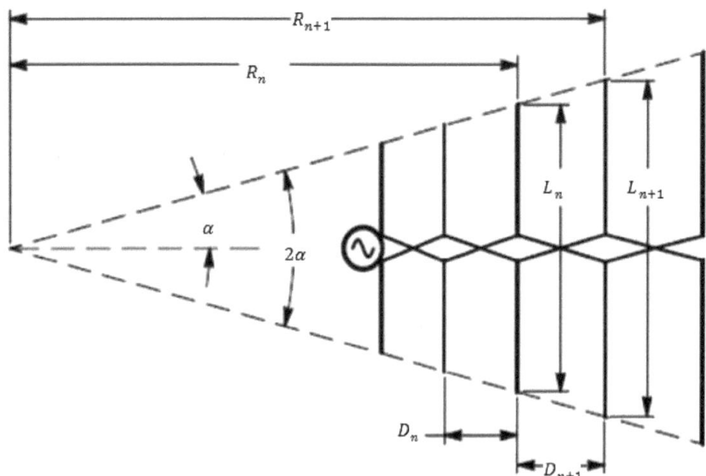

Figure 108:   ***Antenne LPDA.***

Et nous noterons que $L_n = 2l_n$

Elle montre l'accroissement de la longueur des dipôles L_n, les espacements D_n et leur position R_n sont tels que les extrémités des dipôles sont délimités par un coin avec un angle au sommet 2α. Le facteur d'accroissement des longueurs, positions et espaces doivent être identiques au rapport de conceptionτ, soit:

$$\tau = \frac{l_n}{l_{n+1}} = \frac{L_n}{L_{n+1}} = \frac{D_n}{D_{n+1}} = \frac{R_n}{R_{n+1}}$$

(2.62)

Un autre paramètre associé à la LPDA (Log Periodic Dipole Antenna) est le facteur d'espacement σ:

$$\sigma = \frac{R_{n+1} - R_n}{4l_{n+1}} \tag{2.63}$$

Or

$$\tan\alpha = \frac{l_{n+1}}{R_{n+1}}$$

(2.64)

En remplaçant l'équation 2.63 dans l'équation 2.64 on obtient :

$$\alpha = \tan^{-1}\left(\frac{1-\tau}{\sigma}\right) \tag{2.65}$$

Dans la pratique d'après Balanis (2016) [5], le nombre d'éléments est défini par la relation :

$$\log(f_U) - \log(f_L) = (N-1)\log\left(\frac{1}{\tau}\right) \tag{2.66}$$

Le réseau est alimenté en polarités alternées, c'est-à-dire que des doublets adjacents sont connectés en «inversion de phase» par une ligne de transmission d'impédance Z_0.

La hauteur du premier doublet (le plus bas et le plus court) est h_1. Les hauteurs h_i. des autres doublets i sont:

$$h_i = h_1 + x_i \tan\theta' \tag{2.67}$$

Où θ' est l'angle d'élévation de l'axe du réseau (et coïncide avec sa flèche).

L'angle ψ entre les doublets de l'antenne et la direction du point d'observation $P(r, \theta, \varphi)$ est donné par la formule:

$$\cos \Psi = \cos \theta \cos \varphi \tag{2.68}$$

L'angle ψ_a entre l'axe de l'antenne et la direction du point d'observation est:

$$\cos \Psi_a = -\cos \theta \cos \theta' \cos \varphi + \sin \theta \sin \theta' \tag{2.69}$$

La distance entre le centre du ième doublet et le point d'observation dans les conditions de l'espace lointain est donnée par:

$$r_i = r_1 + \cos \Psi_a / \cos \theta'$$
(2.70)

Ces relations sont utilisées dans le calcul du diagramme.

D' après l'International Telecommunication Union (ITU) [13], le diagramme de rayonnement du réseau horizontal log-périodique sur sol homogène plat et imparfaitement conducteur peut être exprimé au moyen de la fonction de directivité normée suivante:

$$F(\theta, \varphi) = K f(\theta, \varphi) S_\theta S_\varphi \tag{2.71}$$

Où:

K :   facteur normant pour établir $|F(\theta, \varphi)|_{max} = 1$, c'est-à-dire 0 dB

$f(\theta, \varphi)$:   fonction de diagramme d'élément horizontal

S_θ: fonction caractéristique du réseau pour la direction θ

S_φ: fonction caractéristique du réseau pour la direction φ

N_a: Nombre de doublets

La fonction de directivité est exprimée sous la forme :

$$F(\theta, \varphi) = K|E(\theta, \varphi)| = \left[|E_\theta(\theta, \varphi)|^2 + \left| E_\varphi(\theta, \varphi) \right|^2 \right] \tag{2.72}$$

avec :

$$E_\theta(\theta, \varphi) = j60 \frac{e^{-jkr}}{r} \sin \theta \sin \varphi \, S_\theta \tag{2.73}$$

et

$$E_\varphi(\theta, \varphi) = -j60 \frac{e^{-jkr}}{r} \cos \varphi \, S_\varphi \tag{2.74}$$

si l'on tient compte des équations 2.66, 2.65, 2.66 et 2.67, les fonctions caractéristiques du réseau peuvent être écrites sous la forme:

$$S_\theta = \sum_{i=1}^{N_a} I_{mi} e^{jkx_i \cos \Psi_a / \cos \theta} \left(1 - R_v e^{-2jkh_i \sin \theta} \right) F_i \tag{2.75}$$

$$S_\varphi = \sum_{i=1}^{N_a} I_{mi} e^{jkx_i \cos \Psi_a / \cos \theta} \left(1 + R_h e^{-2jkh_i \sin \theta} \right) F_i \tag{2.76}$$

où F_i est la fonction de rayonnement du $i^{ème}$ doublet exprimée sous la forme:

$$F_i = \frac{\cos(kl_i \cos \theta \cos \theta') - \cos(kl_i)}{1 - \cos^2(\theta) \cos^2(\theta')} \tag{2.77}$$

avec

R_v : Coefficient de réflexion vertical

R_h : Coefficient de réflexion horizontal

La distribution du courant d'excitation des éléments(en amplitude et phase) n'étant pas facile à calculer une solution approchée générale de distribution en amplitude et en phase ont été calculés en fonction de la longueur des éléments est illustré à la figure 110 tirée de ITU [13]:

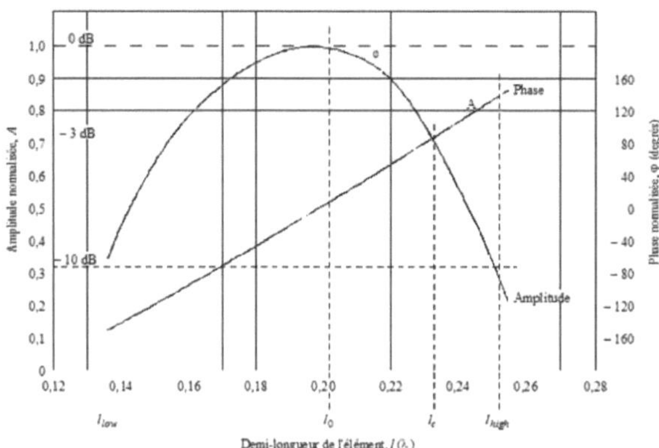

Figure 109: **Courbe générale établie par extrapolation de l'amplitude et de la phase normalisées des courants de base en fonction de la longueur des éléments.**

Dans le cas d'une antenne dipôle log-périodique verticale comme illustré sur la figure 111 ci-dessous [13]:

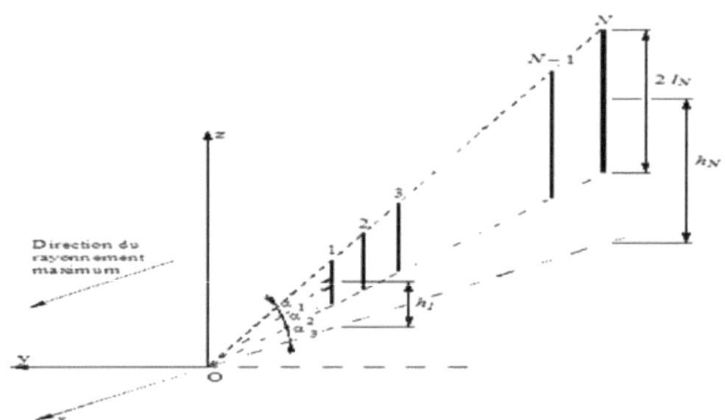

Figure 110: **Antenne dipôle log-périodique verticale à N éléments.**

En considérant les calculs et expressions définies précédemment, on a :

$$E_\theta(\theta, \varphi) = 0$$
(2.78)

$$E_\varphi(\theta, \varphi) = j60 \frac{e^{-jkr}}{r} S_v$$
(2.79)

Avec

$$S_v = \sum_{i=1}^{N} I_{mi} e^{jkx_i \cos \Psi_b / \cos(\alpha_2 + \alpha_3)} e^{jkh_i \sin\theta} \left(1 + R_v e^{-2jkh_i \sin\theta}\right) F_i$$
(2.80)

où F_i est la fonction de rayonnement du $i^{ème}$ doublet exprimée sous la forme:

$$F_i = \frac{\cos(kl_i \sin\theta) - \cos(kl_i)}{\cos\theta}$$
(2.81)

avec

R_v : Coefficient de réflexion vertical

La figure 112 représente l'antenne dipôle log-périodique obtenu pour les fréquences variant de 200 Mhz à 400 Mhz et $\tau = 0.8$.

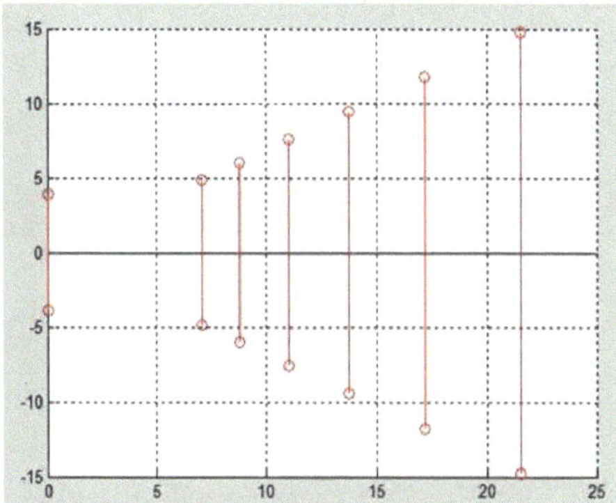

Figure 111:   ***Antenne dipôle log périodique à 7 éléments.***

Figure 112:

Le code source 19 est extrait de Vijay S. Kale (2015) [26].

I.10.1.   Code source

Code source 19 :   ***Construction d'une antenne dipôle log périodique***

```matlab
N=1+(log(Bs)/log(1/tau));
n=round(N);
fprintf('No. of elements are, N =%f \n',n);
sigma1=sigma/sqrt(tau);
fprintf('Relative mean spacing =%f \n',sigma1);
LN=l2/2;%length of nth element in feet
Lnn=LN*12;
stub_length=((l2/8)/tau)*12;
disp(['stud length =',num2str(stub_length),' inch']);
za=120*(log((LN*12)/dmax)-2.25);
fprintf('Average characteristic impedance,za =%f ohms \n',za);
Rin=50;
Zrel=za/Rin;
fprintf('Relative characteristic impedance, Zrel =%f ohms \n',Zrel);
VAR=1.2;
z0=VAR*Rin;
fprintf('Characteristic impedance of Feeder line, Z0 =%f ohms \n',z0); R0=z0/(sqrt(1+(z0/(4*sigma1*za))));
disp(['Mean Radiation resistance level of input impedance = ',num2str(R0),' ohm']);
dir= 10*log(4*(Lmax/2)/Lmax) ;
disp(['Directivity =',num2str(dir),' dB']);
fs=(dmax*(cosh(z0/120)))*2.54;
s=Vapex*30.48;
fprintf('Centre-to-centre spacing of feeder line conductor =%f cm\n',fs);
L(n)=LN*12;
d(n)=s;
k=n;
disp(' ');
disp(' ');
 for i=n-1:-1:1
    L(i)=L(i+1)*tau ;
    r(k)=d(i+1)*(1-tau);
    d(i)=d(i+1)-r(k);
    gtl=gtl+L(i) ;
    gt2=gt2+r(k);
    k=k-1;
 end
 element=n;
 for j=1:n disp(' ');
    fprintf(' Length   of %d th element is  %f inch \n',j,L(element));
    gt3=(gt3+r(j));
    element=element-1;
    fprintf(' distance of %d element from 1st element is %f inch\n',j,(gt3/2.54));
    distnc=element+1;
    if(j<n)
        fprintf(' Spacing between %d & %d element is %f cm \n',j,j+1,r(distnc)) ;
    end
 end
fprintf(' Gross total length req. for all elements is %f inch \n',gtl+Lnn)
fprintf(' Gross total space req. for all elements is %f cm\n',gt2)
hold on
stem(r,L./2,'r');
stem(r,-L./2,'r');
grid on
hold off
```

I.11. Antenne intelligente

Une antenne intelligente est un système constitué d'une série linéaire, planaire, circulaire ou volumique d'antennes élémentaires et d'un processeur numérique de signaux (Digital Signal Processor (DSP)) dans lequel sont implémentés des algorithmes adaptatifs permettant de modifier à souhait et automatiquement son diagramme de rayonnement. La figure 113 présente la structure d'une antenne intelligente [15] avec un exemple de traitement au niveau de la BTS [16].

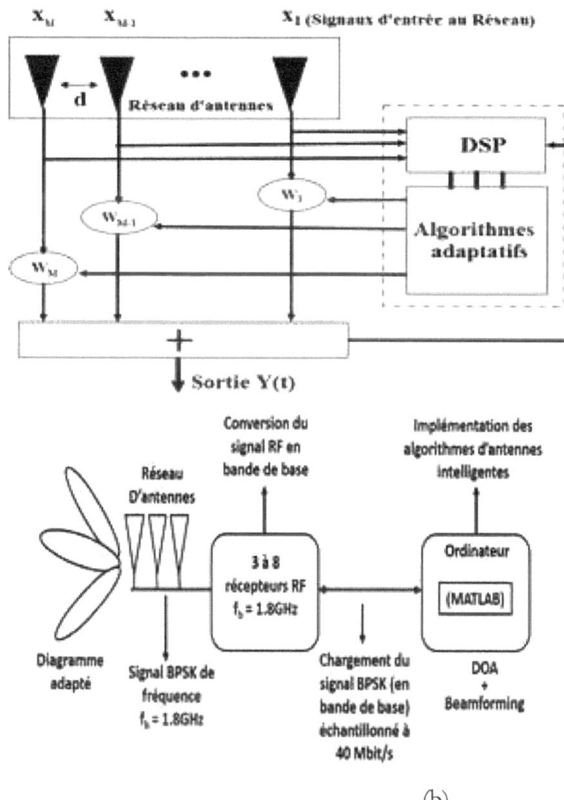

Figure 113: ***Structure d'une antenne intelligente et exemple de traitement au niveau d'une BTS.***

Il existe deux types d'antennes intelligentes [17] : les antennes à commutation de faisceaux (SBA : Switched Beam Antennas) dont les diagrammes de rayonnement, préfixés à la fabrication, ne peuvent être modifiés en cours d'utilisation mais dont le DSP détermine lesquels activer en fonction de la position ou du mouvement de l'utilisateur (figure 114.a) et les antennes adaptatives dont les diagrammes sont conformés suite à un ajustement en temps réel des coefficients de pondération associés à chaque élément rayonnant (figure 114.b). Ces dernières constituent le système le plus avancé d'antennes intelligentes et attirent le plus d'attention.

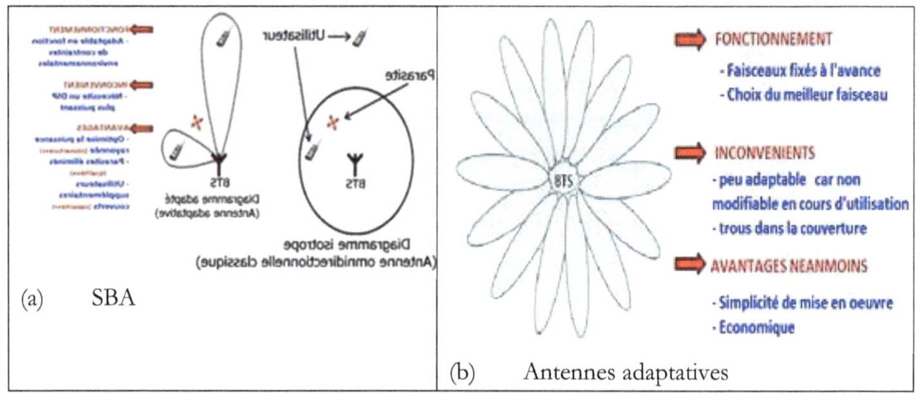

Figure 114: **Différents types d'antennes intelligentes.**

Les algorithmes adaptatifs réalisent deux phases successives : la détermination des directions d'arrivées (DDA), suivie de la focalisation (beamforming) du rayonnement dans des directions privilégiés. L'implémentation de ces algorithmes demeure un défi majeur et sont modélisés par des approches analytiques et heuristiques pour déterminer les performances des antennes intelligentes.

Les diagrammes de rayonnement des éléments pris individuellement sont additionnés, les phases et les amplitudes dépendent à la fois des coefficients appliqués et de leurs positions dans l'espace ; on obtient ainsi un nouveau diagramme.

Si les coefficients varient avec le temps, on obtient un réseau adaptatif et peut être exploité pour améliorer la performance d'un système de communication mobile. On parle de balayage électronique.

Concrètement, ceci peut être réalisé en estimant les coefficients désirés à l'aide d'un processeur de signaux numériques (DSP : Digital Signal Processor) et en les appliquant dans une bande de base complexe aux échantillons de signaux provenant de chacun des éléments.

La même approche peut être réalisée aussi bien en émission qu'en réception du fait de la réciprocité du canal (figure 115).

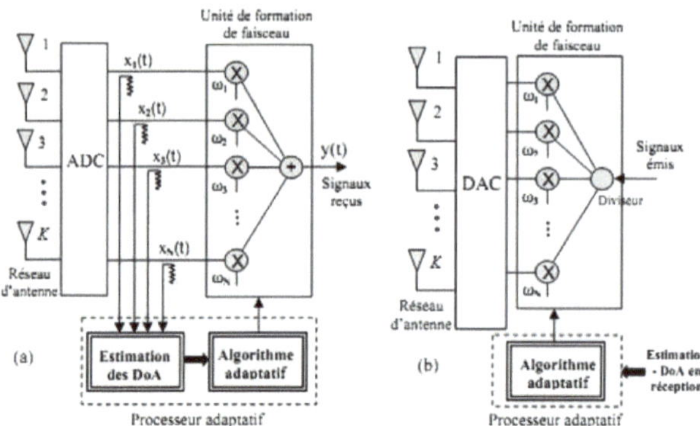

Figure 115: **Structure et principe du système adaptatif en (a) Réception et en (b) Emission.**

2.1.   Quelques applications INTELLIGENTES

La figure 116 décrit les avantages d'utilisation des antennes intelligentes dans l'optimisation du bluetooth [18].

Figure 116: ***Optimisation du Bluetooth.***

La figure 117 présente quelques tests en GSM 1800 grâce aux antennes adaptatives par l'entreprise ArrayComm [19].

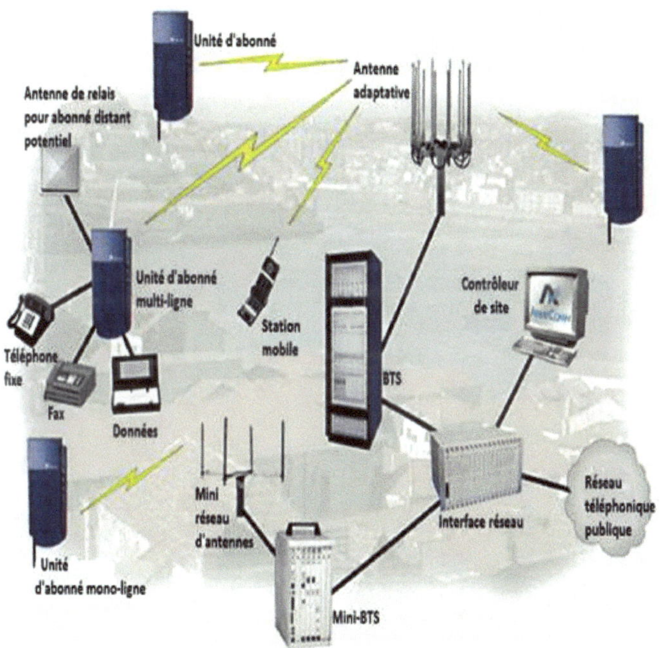

Figure 117: ***Tests en GSM 1800 par ArrayComm.***

La figure 118 représente l'utilisation des antennes inteligentes dans la géolocalisation [20].

Figure 118: **Réseau de 5 capteurs pour la géo-localisation.**

2.2. Solutions commerciales

Plusieurs solutions commerciales des antennes intelligentes ont déjà vu le jour, notamment :

– « GSM Capacity Booster RBS 2205 » d'Ericsson [21],

– « Intellicell » d'ArrayComm [19],

– « ClientLink2.0 » de Cisco [22],

– « WBS-2400 » de WAVION [23],

– Plusieurs autres sont en cours de développement [24].

Nous pouvons aussi les regrouper dans le tableau 2 ci-dessous :

Fabricant	Interface Air	Configuration d'antenne	Type d'intelligence	Remarques
Metawave (US) Spotlight2000	**AMPS** **CDMA**	12 éléments	12 faisceaux commutables sur les deux liaisons	
Raytheon (US)	IS-136 (D-AMPS)	8 éléments	DoA sur la liaison montante	Peut être connecté sur l'entrée RF d'une station de base
ArrayComm "IntelliCell" (US)	WLL, PHS, GSM	4 éléments	ESPRIT avec rejection d'interférent sur la liaison montante	Premier produit commercial de masse
Wireless Online "ClearBeam" (US)	GSM		7 faisceaux fixes à bande étroite et 2 à large bande sur les deux iaisons	Double la capacité Triple la couverture Améliore le C/I de 18 dB

Une approche analytique, à la base, consiste à diviser un problème en différents sous-problèmes afin de les résoudre plus facilement ; à la fin, une solution globale est déduite [27]. On parle d'approche formelle. Elle peut aussi être vue comme le fait de résoudre à la main, grâce à une feuille et un crayon, un problème modélisé par des équations mathématiques dont il existe déjà un formalisme reconnu de résolution. Cette dernière approche est celle que nous considérons à la seule différence qu'ici, ces équations ne sont plus résolues à la main mais plutôt au moyen de l'ordinateur [28]. La modélisation des antennes intelligentes passe par deux étapes successives : la détermination des directions d'arrivées suivie de la formation conséquente de faisceaux.

En réception, les antennes intelligentes sont implémentées en deux étapes successives :
−   la détermination des directions d'arrivée (Directions Of Arrival (DOA)) ;
−   la formation de faisceaux (Beamforming) suivant ces directions.

Pour l'estimation des directions d'arrivées, nous implémentons certains des algorithmes suivants:
1)   la transformée de Fourier spatiale développée par BARTLETT,
2)   la méthode de prédiction linéaire développée par PRONY,
3)   les méthodes de maximum de Vraisemblance (Maximum Likelihood Methods : MLM) développées suivant plusieurs critères : la maximisation du Rapport Signal à Interférence plus Bruit (RSIB) développée par CAPON. Elle est basée sur une estimation sans biais et à variance minimale (elle est aussi baptisée MVDR : Minimum Variance Distorsionless Response),
4)   la méthode de maximum d'entropie (Maximum Entropie Method : MEM) Développé par BURG,
5)   la décomposition harmonique de PISARENKO (MMSE : Minimum Mean Square Error),
6)   la méthode MUSIC (MUltiple SIgnal Classification) dont la version de base a été proposée par SCHMIDT,
7)   ESPRIT (Estimation of Signal Parameters via Rotationnal Invariance Techniques). Les mêmes améliorations apportées à MUSIC sont souvent appliquées à ESPRIT,
8)   la méthode de norme minimale (MIN-NORM) développée par REDDI, KUMARESAN et TUFS.
La figure 119 modélise l'estimation spectrale des antennes intelligentes.
Pour la formation de faisceaux dans les directions désirées, nous implémentons:
1)   le conformateur conventionnel,
2)   le conformateur à l'annulation de lobes,
3)   MVDR,
4)   DMI (Direct Matrix Inversion, aussi appelé SMI : Sampled Matrix Inversion),
5)   LMS (Least Mean Square),
6)   RLS (Recursive Least Square),
7)   et CMA (Constant Modulus Amplitude).

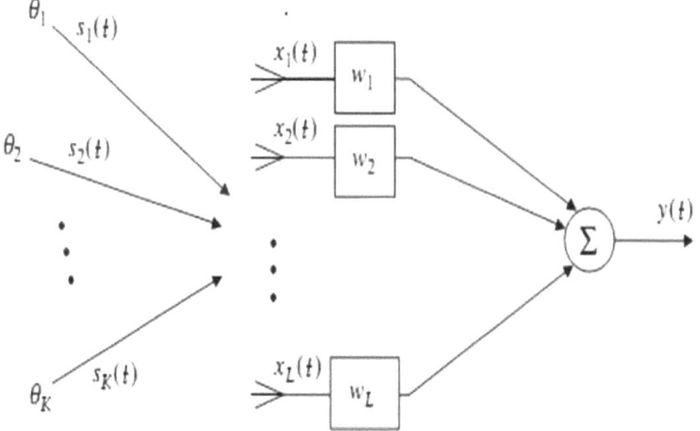

Figure 119: **Modélisation de l'Estimation des Directions d'Arrivée ou Estimation spectrale.**

I.12. Les algorithmes classiques d'estimation de directions d'arrivées (Directions Of Arrivals : DOA)

On les regroupe généralement en deux grandes catégories (figure 120) :

➢ Les méthodes d'estimation spectrale,

➢ Les méthodes structurelles à valeurs propres (ou méthodes des sous espaces).

Nous résumons sur la figure 120, les principaux algorithmes classiques d'estimation de DOA.

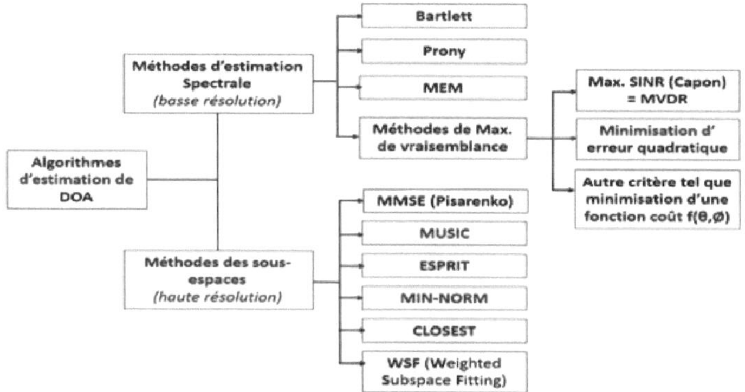

Figure 120: **Principales méthodes classiques d'estimation de DOA.**

I.12.1. Les méthodes d'estimation spectrale

I.12.1.1.   La méthode de base : La transformée de Fourier spatiale [29]

Développée par BARTLETT, elle est l'une des premières méthodes utilisées pour détecter les angles d'arrivées.

Son principe est de réaliser la transformée de Fourier dans l'espace des signaux reçus. Si on trace cette fonction pour une onde donnée, on obtient un pic d'énergie pour la direction dans laquelle se situe la source. En cas de superposition de plusieurs ondes on a des pics pour chaque DOA. Son pseudo spectre d'énergie est donné par :

$$P = \frac{1}{M^2} A^H R_{xx} A$$

$$(3.1)$$

I.12.1.2.   La Méthode de prédiction linéaire [3]

Elle a été développée par PRONY en 1795.
Son principe est de minimiser l'erreur de prédiction sur la réponse d'un élément quelconque du réseau. La recherche des coefficients de pondération qui vont minimiser la valeur moyenne de cette erreur conduit au pseudo spectre suivant :

$$P = \frac{u_m^H R_{xx}^{-1} u_m}{| u_m^H R_{xx}^{-1} A |^2}$$

$$(3.2)$$

Où um est la mième colonne de la matrice identité IM.

I.12.1.3. Les Méthodes de maximum de Vraisemblance (Maximum Likelihood Methods : MLM)

Elles sont développées suivant plusieurs critères :
- La maximisation du Rapport Signal à Interférence plus Bruit (RSIB) : Développée par CAPON en 1969, elle est basée sur une estimation sans biais et à variance minimale (elle est aussi baptisée MVDR : Minimum Variance Distorsionless Response) [4]. Il est démontré dans [29] que son pseudo spectre est :

$$P = \frac{1}{A^H R_{xx}^{-1} A}$$

$$(3.3)$$

- La minimisation de l'erreur quadratique [29] : On considère le problème comme un problème inverse, en minimisant un critère aux moindres carrés :

$$mcr = \| X - AS \|^2$$

$$(3.4)$$

L'objectif est de trouver pour quelle valeur de   , mcr est minimal. Pour cela, on fait :

$$\frac{d(mcr)}{dS} = -2A^H X + 2A^H AS = 0$$

$$(3.5)$$

On trouve :

$$S = (A^H A^{-1}) A^H X$$

$$(3.6)$$

(3.6) dans (3.2) permet d'obtenir :

$$mcr = \| X - A(A^H A)^{-1} A^H X \|^2$$

$$(3.7)$$

On minimise alors mcr, qui ne contient comme seule inconnue que le vecteur   recherché, contenu dans A.

➢   La minimisation d'une fonction coût f( ) : Par exemple dans [1], CHIME utilise :

$$f(\phi) = \ln\left[\det(APA^H + qI_M) \right]$$

$$(3.8)$$

avec

$$P = (A^H A)^{-1} A^H R_{xx} A (A^H A)^{-1} - \frac{1}{M-L} trace\left\{\left[I_M - A(A^H A)^{-1} A^H \right] R_{xx}\right\}(A^H A)^{-1} \tag{3.9}$$

Malheureusement, résoudre par méthode analytique ce problème, est lourd et difficile [1].

I.12.1.4. La méthode de maximum d'entropie (Maximum Entropie Method : MEM) [1]

Développé par BURG, on recherche les directions qui maximisent le pseudo spectre :

$$P = \frac{1}{A^H C_m C_m^H A} \tag{3.10}$$

Où Cm est la mième colonne de l'inverse de la matrice de corrélation Rxx.

I.12.2. Les méthodes des sous espaces

Elles font suite historiquement à la méthode de CAPON et s'appuient sur une décomposition de l'espace en un espace signal (Es) et un espace bruit (Eb) par recherche de valeurs propres.

I.12.2.1. La décomposition harmonique de PISARENKO (MMSE : Minimum Mean Square Error) [1]

Son but est de minimiser l'erreur quadratique moyenne de la sortie du réseau sous la contrainte que la norme du vecteur poids soit égale à unité.
Le vecteur propre de la matrice de corrélation correspondante est celui associé à la valeur propre la plus petite. Son pseudo spectre est :

$$P = \frac{1}{|A^H e_1|} \tag{3.11}$$

où e1 est le vecteur propre associé à la plus petite valeur propre $\lambda 1$.

I.12.2.2. La méthode de norme minimale [1]

Développée par REDDI, KUMARESAN et TUFS.
Cette méthode optimise le vecteur de pondération par la résolution du système d'équations :
$$\min(W^H W) \ ; \ E_s^H W = 0 \ ; \ W.e_1 = 1 \ . \tag{3.12}$$
La solution conduit au pseudo spectre :

$$P = \frac{1}{|A^H E_b E_b^H e_1|^2} \tag{3.13}$$

I.12.2.3. La méthode MUSIC (Multiple SIgnal Classification) [30][29]

La version de base a été proposée par SCHMIDT : généralement, évaluer Rxx par l'expression 3.3 n'est pas aisé. On utilise plutôt son estimée, toujours notée Rxx, et donnée par :

$$R_{xx} = \frac{1}{N} \sum_{t=1}^{N} X(t) X^H(t) \tag{3.14}$$

où N est le nombre d'échantillons de l'expérience. En calculant les valeurs propres de Rxx ainsi estimée (classés par ordre décroissant), on obtient M vecteurs propres, dont les L premiers correspondent au sous espace signal Es, et les (M-L) derniers, au sous espace bruit Eb. Donc, Es = [e1 e2 … eL] et Eb = [eL+1 eL+2 … eM].

On va ensuite tracer la fonction coût, qui réalise une projection de l'espace bruit sur l'espace signal ; donc qui cherche en fait pour quelles valeurs de   l'espace bruit est orthogonal à l'espace signal, ce qui correspond aux directions d'arrivées recherchées. Cette fonction est le pseudo spectre de MUSIC, donné par :

$$P = \frac{1}{|A^H E_b E_b^H A|}$$

(3.15)

De même que la méthode de Capon, cette version de base marche exclusivement pour des sources décorrélées. Des variantes ont été développées dans [30] et [29] pour faire face à des insuffisances afin de répondre à certaines conditions particulières. On peut citer : Root-MUSIC qui a pour objectif de décorréler les signaux ; Unitary-MUSIC qui a pour objectif d'accélérer les calculs en réduisant la complexité de ceux-ci par des transformations sur les matrices de corrélation ; Smoothing-MUSIC qui a pour objectif de décorréler les signaux par rehaussement de l'ordre de la matrice d'autocorrélation lorsque le nombre d'échantillons est relativement faible ; Cyclic-MUSIC qui permet par prise en compte de phénomènes de cyclo-stationnarité contenues dans le signal, d'augmenter le nombre de DOA détectables de (M-1) à (2M-1).

I.12.2.4. ESPRIT (Estimation of Signal Parameters via Rotationnal Invariance Techniques) [29]

La version de base décompose le réseau d'antennes en deux sous-réseaux X et Y décalés de Δ. Le signal reçu sur le second sous-réseau est alors déphasé par rapport au premier. Au lieu de calculer les valeurs propres d'une seule matrice d'autocorrélation puis parcourir un spectre comme c'est le cas avec MUSIC, on le fait pour les deux matrices RX et RY respectivement, puis on cherche la matrice Ψ permettant de passer de l'une à l'autre. On en déduit alors les angles d'arrivées :

$\theta n = \arcos[\arg(\lambda1) / 2\pi\Delta]$ (3.16)

où $\ell = 1 … L$ et $\lambda\ell$ les valeurs propres de Ψ.

Les mêmes améliorations apportées à MUSIC sont souvent appliquées à ESPRIT [29].

I.13.   Les algorithmes classiques de formation des faisceaux (beamforming) dans des directions privilégiés

La figure 121 modélise la formation des faisceaux des antennes intelligentes.

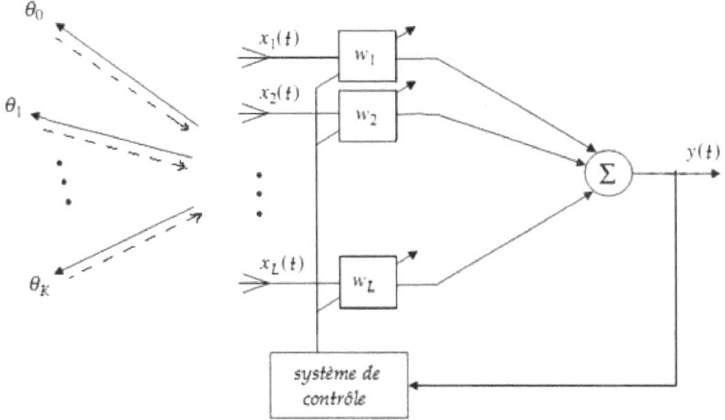

Figure 121:   Modélisation de Formation de faisceaux - Beamforming.

Les modèles d'antennes réseaux développés au chapitre 2   permettent d'obtenir en absence de bruit : X(t) = A(θ,   )S. En remplaçant dans Y = WHX(t), on obtient Y = WHA(θ,   )S.

On pose :

FR = WHA(θ,)   (3.17)

FR représente le facteur de réseau (AF en anglais pour Array Factor). Il permet de calculer le diagramme de rayonnement lorsque les poids des différents éléments d'antennes sont connus. Conformer le rayonnement suivant des directions privilégiées revient alors à ajuster les différents poids. Sa valeur normalisée est :

$$FRN = \frac{FR(\theta,\phi)}{\max(FR)}$$

(3.18)

On recense principalement deux types de conformateurs : les fixes et les adaptatifs (figure 120). Le graphe de la figure 122 donne les principaux algorithmes classiques de formation de faisceaux.

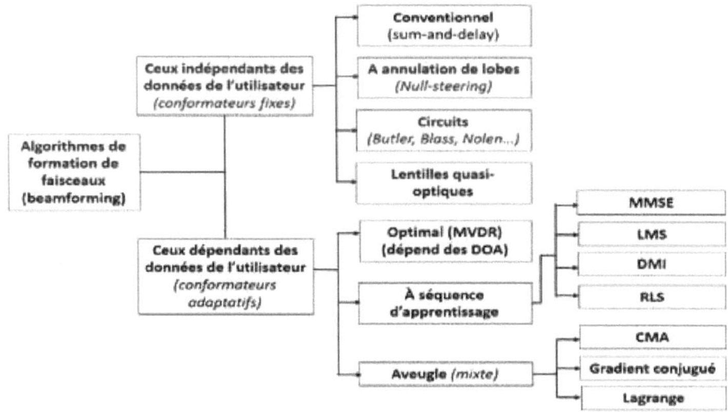

Figure 122:   Principaux algorithmes de formation de faisceaux.

I.13.1. Les conformateurs fixes

Ils sont indépendants des données des utilisateurs.

I.13.1.1. Le conformateur conventionnel

Encore dit Sum & delay beamformer, il ne conforme le diagramme de rayonnement que dans une seule direction.

Il est le plus simple à réaliser et est aussi connu sous le nom de « sum-and-delay beamformer ». Généralement, on l'utilise en combinaison avec MUSIC pour pointer le lobe principal suivant la direction détectée [30]. Tous ses poids ont la même valeur et sont donnés par :

$$W = \frac{1}{M} A(\theta_0, \phi_0)$$

(3.19)

Le réseau possèdera alors une réponse unité dans la direction d'observation. Ce type de « beamformer » ne requiert aucune information sur le signal incident à l'exception de la position de l'utilisateur ; c'est pourquoi il n'est pas influencé par le bruit thermique des éléments d'antennes. La seule source d'erreur est une éventuelle erreur sur la direction d'observation désirée. Le désavantage de cette technique est qu'il n'est pas possible d'agir sur les niveaux des lobes secondaires ni d'adapter les positions des annulations.

I.13.1.2. Le conformateur à annulation de lobes (« Null-steering beamformer »)

Il s'agit du beamformer à annulation de lobes. Son principe est de mettre les zeros dans les directions des interférents afin de les annuler. L'inconvénient est qu'il ne se préoccupe pas de la position des utilisateurs ; ses résultats laissent parfois à désirer.

Il est utilisé pour annuler une onde plane en provenance d'une direction connue en annulant le diagramme de rayonnement suivant cette direction. Les poids sont déterminés tels que :

WHA=e1T où e1 = (1,0,0...0)T

(3.20)

Si toutes les sous-matrices a($\theta\ell$, ℓ) de A sont linéairement indépendantes et A une matrice carrée, alors on peut l'inverser et calculer la matrice poids W par :

W = WHA = e1T.A^{-1}

(3.21)

Bien qu'annulant les signaux des interférents, ce « beamformer » ne prend pas en compte les signaux utiles, ce qui fait que ses résultats laissent grandement à désirer [29].

I.13.2. Les conformateurs adaptatifs

Ils dépendent des données de l'utilisateur et sont donc indiqués pour les antennes adaptatives.

I.13.2.1. Le conformateur optimal

« Minimum Variance Distorsionless Response » (MVDR), développé par CAPON. A ce niveau, on peut modifier la valeur de D_cst qui est fixée par défaut à 20. Cette valeur permet de stabiliser la courbe du MVDR, mais choisir une valeur supérieure à 30 est négatif car le MVDR tendrait alors à se comporter comme le conventionnel or le MVDR à l'opposé du conventionnel, dépend des données envoyées par les signaux incidents et est parfaitement adaptable.

Il permet de remédier à deux des principales limitations du « Null-steering beamformer » :

➢   Il ne requiert pas d'informations sur les directions des interférents,

➢   Il maximise le rapport signal sur interférence plus bruit en sortie du réseau (MVDR).

Les pondérations sont données par :

$$W = \mu 0 \, R_{xx}^{-1} A(\theta 0, \; 0) \tag{3.22}$$

où $\mu 0$ est une constante donnée par :

$$\mu 0 = 1/[AH(\theta 0, \; 0)R_{xx}A(\theta 0, \; 0)] \tag{3.23}$$

En remplaçant (3.23) dans (3.22), on obtient :

$$W = \frac{R_{xx}^{-1} A(\theta_0, \phi_0)}{A^H(\theta_0, \phi_0) R_{xx} A(\theta_0, \phi_0)} \tag{3.24}$$

Ces poids minimisent la puissance moyenne de sortie tout en maintenant une réponse unité dans la direction de l'utilisateur. Ainsi le processus minimise le bruit total comprenant les interférences et les bruits de corrélation. La valeur de Rxx n'étant pas disponible, on utilise son estimé. La nouveauté dans cette technique est qu'on n'a plus besoin d'attendre que tous les échantillons arrivent avant de calculer R_{xx}. Il peut être actualisé chaque fois qu'un nouvel échantillon arrive en utilisant l'expression :

$$R_{xx}[n+1] = \frac{nR_{xx}[n] + X[n+1]X^H[n+1]}{n+1} \tag{3.25}$$

Le rayonnement du « beamformer » optimal tend à avoir de longs lobes et une mauvaise annulation des interférences ; ceci est causé d'une part par la maximisation du SINR et d'autre part par le bruit thermique, qui ne devrait pas être corrélé d'un élément d'antenne à l'autre mais qui, pour un nombre fini d'échantillons, paraît l'être. Pour y remédier, on ajoute à Rxx, un bruit idéal thermique artificiel. Puisque la matrice de covariance d'un bruit thermique idéal est une matrice diagonale, nous pouvons ajouter à Rxx une matrice diagonale qui domine l'effet nuisant de la corrélation du bruit initial. Dans [29], cette matrice de « surcharge » atténue considérablement les effets des corrélations du bruit et réduit le nombre d'échantillons requis pour obtenir de bons résultats. Nous la notons D_cst dans nos codes.

I.13.2.2.   Les conformateurs à séquence d'apprentissage

La séquence d'apprentissage est une partie d'information envoyée connue du récepteur lui permettant de déduire de l'état d'arrivée des bits la fonction de transfert du canal. On a ainsi un signal de référence avec lequel l'antenne confronte le signal en sortie du réseau. Les algorithmes les plus utilisés sont :

- LMS (Least Mean Square)
- RLS (Recursive Least Square)
- DMI (Direct Matrix Inversion, aussi appelé SMI : Sampled Matrix Inversion)
- CMA (Constant Modulus Amplitude)

I.13.2.2.1.   L'algorithme des moindres carrés moyens (LMS)

« Least mean square ». On pourra à souhait modifier la valeur de Mu_cst qui est un paramètre dont dépend la convergence de l'algorithme. Sa valeur par défaut permettant d'obtenir de meilleurs résultats est de 0.03.

Il est dit de gradient stochastique et est la version récurrente du filtre de Wiener [32]. Cet algorithme permet de calculer les pondérations selon l'équation :

$$W(n+1) = W(n) + \mu X(n)[d^*(n) - XH(n)W(n)] \tag{3.26}$$

où W(n+1) représente le poids à la (n+1)e itération et μ le gain constant qui contrôle le degré d'adaptation, c'est-à-dire à quelle vitesse et à quel point, les poids estimés sont proches des poids optimaux. Dans nos codes, nous l'appelons mu_cst. La convergence de l'algorithme dépend des valeurs propres de Rxx (matrice de corrélation du réseau). Dans un système numérique, le signal de référence est obtenu par une transmission périodique d'un signal connu du récepteur (cas du GSM) ou par l'utilisation du spectre de code dans le cas d'un système CDMA à séquence directe.

I.13.2.2.2. *L'algorithme des moindres carrés récursifs (RLS)*

Recursive Least Square, est aussi dit de gradient stochastique. Il converge plus vite que LMS mais nécessite une valeur de N élevée pour conserver **Delta_zero** proche de 1.

La convergence de LMS dépend des valeurs propres de Rxx. Si Rxx possède un très large spectre, LMS devient assez lent. Ce problème peut être résolu en remplaçant le gain μ précédent par une matrice Rxx-1(n) à la nième itération. On a alors d'après S. Haykin (2002) [32] :

$$W(n) = W(n-1) - Rxx\text{-}1(n)X(n)\,\varepsilon^*(W(n-1)) \tag{3.27}$$

$$\text{où } \varepsilon^*(W(n-1)) = [d^*(n-1) - XH(n-1)W(n-1)] \tag{3.28}$$

$$Rxx(n) = \delta o\, Rxx(n-1) + X(n)XH(n) = \sum_{k=0}^{n} \delta_0^{n-k} X(k)X^H(k) \tag{3.29}$$

$\delta o = (1-1/N)$ devant être inférieur mais proche de 1 et N le nombre d'itérations.

Dans Ch. Santhi (2008) [8], on a :

$$R_{xx}^{-1}(0) = \frac{I_M}{\delta_0} \tag{3.30}$$

où IM est la matrice identité d'ordre M avec M le nombre d'éléments du réseau d'antennes. Bien que l'algorithme converge environ 10 fois plus vite que LMS, le nombre d'itérations N doit être maintenu élevé afin d'obtenir δo proche de 1, ce qui constitue sa principale limitation.

3.2.2.2.1. L'algorithme d'inversion directe de matrice (DMI ou SMI)

Direct Matrix Inversion, aussi appelé **SMI : Simple Matrix Inversion**. Ici, les pondérations optimales sont obtenues par une simple inversion de la matrice de covariance. Les pondérations sont choisies de façon à minimiser l'erreur quadratique entre le signal de sortie du réseau d'antennes et le signal de référence. Cette erreur est donnée par :

$$E\,[\{r(t)\text{-}WHX(t)\}^2] = E\,[\{r^2(t)] - 2WHRr + WHRmW \tag{3.31}$$

où X(t) est la sortie du réseau au temps t et r(t) le signal de référence. Rm = E [X(t)XH(t)] est la matrice d'autocorrélation du signal ou matrice de covariance. Rr = E [r(t)XH(t)] est la matrice d'inter-corrélation entre le signal de référence et le signal de sortie du réseau [32]. Le vecteur poids pour lequel l'équation 3.31 admet un minimum est obtenu en annulant son vecteur gradient par rapport à W. C'est-à-dire :

$$\vec{\nabla}_w \{E[\{r(t)- WHX(t)\}^2]\} = -2\,Rr + 2RmW = 0.\ \text{On tire alors : Wopt} = \text{Rm-1Rr} \qquad (3.32)$$

Ainsi, les poids optimaux peuvent aisément être obtenus par une inversion directe de la matrice de covariance.

I.13.2.2.3. *Un conformateur aveugle : CMA (Constant Modulus Amplitude)*

Constant Modulus Amplitude. C'est un algorithme de gradient basé sur le fait que l'existence des interférences induit généralement une variation d'amplitude du signal transmis, qui néanmoins conserve une enveloppe constante.

Sa configuration est la même que celle du système SMI à la seule différence qu'ici un signal de référence n'est pas requis [31]. C'est un algorithme de gradient qui travaille selon la théorie que, l'existence d'interférences entraîne généralement des variations d'amplitude du signal transmis, qui néanmoins possède une enveloppe constante. L'actualisation des poids est obtenue par minimisation de la moyenne positive de la fonction coût Jn définie par :

$$Jn = (½)\ E\ [(|y(n)|^2 - yo^2)^2] \qquad (3.33)$$

Les poids sont donnés par :

$$W(n+1) = W(n) - \mu.g(W(n)) \qquad (3.34)$$

où y(n) est la sortie du réseau après la nième itération ; yo l'amplitude de l'enveloppe du signal désiré en absence d'interférence ; g(w(n)) une estimation de la fonction coût et µ le coefficient d'adaptation.

I.14. *Estimation de directions d'arrivées (Directions Of Arrivals : DOA)*

Avant de les présenter, nous allons d'abord décrire la procédure de simulation de l'outil developpé pour montrer les différents résultats de l'implémentation des algorithmes classiques d'estimation de directions d'arrivées.

I.14.1. Procédure de simulation

Les figures ci-après présentent l'utilisation de l'application réalisée.

En figure 123, nous avons la page de garde de l'outil « Antennes intelligentes : Optimisation de l'estimation des DDA par synthèse au moyen des algorithmes génétiques ».

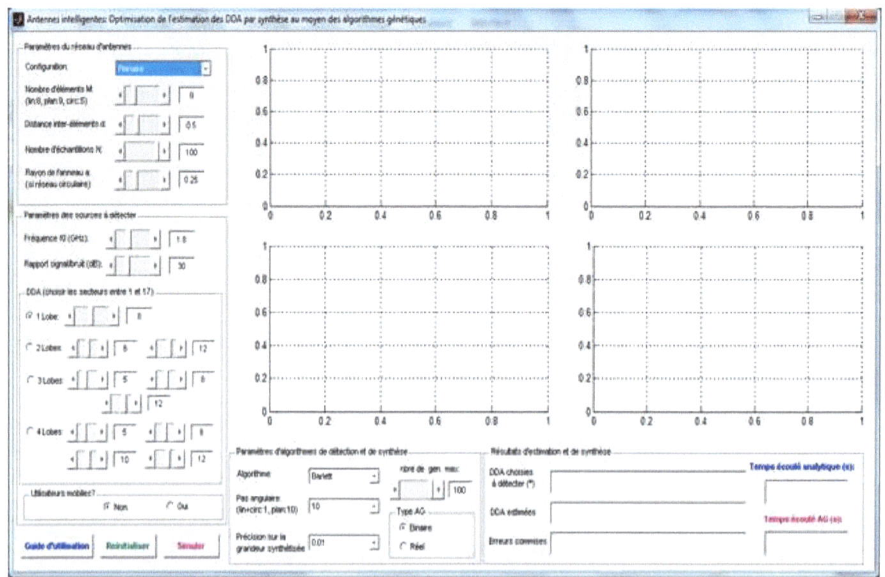

Figure 123: **Page de garde de l'outil de détection des DOA par approche analytique.**

Après avoir rempli les paramètres du réseau d'antennes comme illustré sur la figure 124.

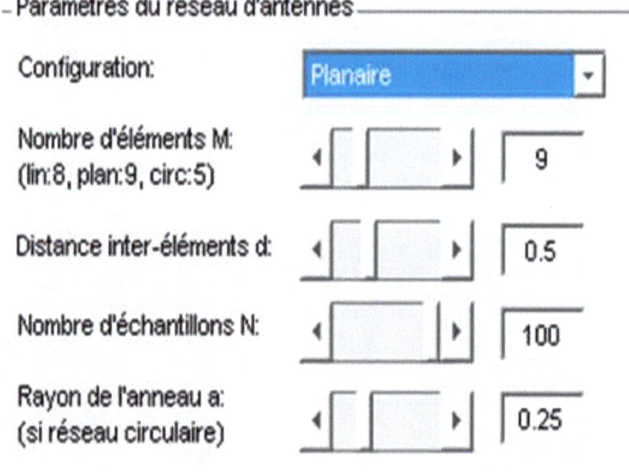

Figure 124: **Choix des paramètres du réseau d'antennes.**

On a dans les paramètres du réseau d'antennes :

Le nombre d'éléments M : par défaut lorsqu'on a choisi le réseau linéaire, la valeur de M a basculé automatiquement à 8, si on a choisi le réseau planaire, la valeur de M a basculé automatiquement à 9 (cela signifie qu'on a 9x9 = 81 éléments d'antennes) et si on a choisi le réseau circulaire, la valeur de M a basculé automatiquement à 5. Mais il est à noter que ces valeurs ne sont que celles par défaut pour lesquelles nous avons mené nos simulations. L'utilisateur peut à souhait les modifier et observer les changements sur les courbes du spectre de puissance et sur le nombre de raies détectables. Néanmoins, le nombre de sources doit être strictement inférieur au nombre d'éléments de l'antenne ($L < M$ pour les réseaux linéaire et circulaire ou L < (M*M) pour le réseau planaire). En d'autres termes, un réseau de M éléments ne peut détecter convenablement qu'au plus (M-1) sources.

La distance inter-éléments en termes de lambda : d, qui est fixée par défaut à 0.5, mais que l'utilisateur peut également modifier à souhait et observer l'influence.

Le nombre d'échantillons N dont la valeur maximale par défaut a été fixé à 100.

Le rayon de l'anneau a (qui n'est pris en compte que pour le réseau circulaire) est fixé par défaut à 0.25.

On rentre les paramètres des sources à détecter (voir figure 125), à savoir :

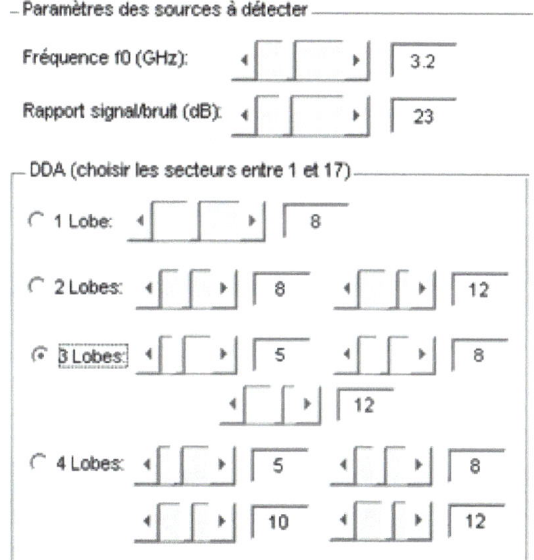

Figure 125:   ***Choix des paramètres des sources à détecter.***

La fréquence d'utilisation f0 dont la valeur par défaut est fixée à 1.8 GHz mais dont la modification n'influe pas de façon notable les résultats. Ainsi on peut l'essayer à 2.4 GHz ou à 5 GHz.

Le rapport signal sur bruit dont la valeur par défaut est fixée à 30 dB, modifiable ;

Les directions d'arrivées (« DDA » en français et « DOA » en anglais) selon le nombre de lobes souhaités. Ainsi l'utilisateur coche l'une des cases entre 1lobe, 2lobes, 3lobes et 4lobes. Par la suite, il lui est offert la possibilité de rentrer les directions d'arrivées en termes de secteurs entre 1 et 17 car l'espace a été divisé en 17 secteurs entre 5 et 175°. Il pourra ainsi à souhait indiquer où se trouvent la ou les sources qu'il souhaite détecter.

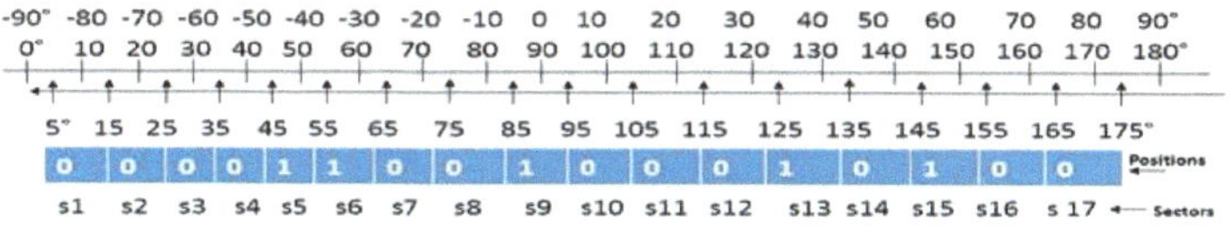

Figure 126:   ***Les différents secteurs.***

Par la suite, il répond à la question si la source est mobile ou statique en cochant. Pour l'instant, l'outil d'optimisation ne fonctionne que pour des sources statiques (figure 127).

*Figure 127:   **Choix du type d'utilisateurs.***

On choisit l'algorithme, comme celui de « Barlett » à la figure 128.

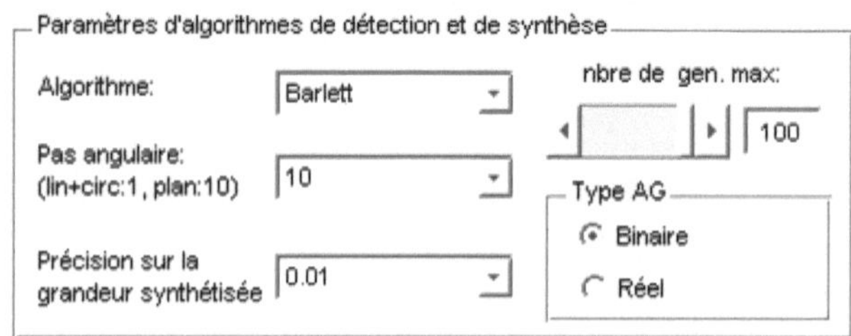

*Figure 128:   **Choix des paramètres d'algorithmes de détection.***

Pour les méthodes analytiques, nous avons plusieurs algorithmes qui sont :

•   **Barlett** : il s'agit de la première méthode d'estimation spectrale développée par BARLETT. Elle est basée sur la transformée de Fourier spatiale,

•   **Prony** : il s'agit de la méthode de prédiction linéaire développée par Prony en 1795. Elle fait suite à la méthode de BARLETT,

•   **Capon** : il s'agit d'une des méthodes de Maximum de Vraisemblance (MLM), développée par CAPON, basée sur une estimation sans biais et à variance minimale (MVDR), elle repose ici sur une maximisation du SINR. D'autres critères peuvent être retenus pour développer des méthodes de Maximum de Vraisemblance, notamment la minimisation de l'erreur quadratique ou la minimisation d'une fonction coût donnée,

•   **MEM** : il s'agit de la méthode de Maximum d'entropie (**M**aximum **E**ntropy **M**ethod).

NB : les 4 méthodes ci-dessus font partie d'une première catégorie dites d'estimation spectrale ou méthodes basse résolution. Une deuxième catégorie, dite méthode de sous espace ou méthodes haute résolution, basée sur la décomposition spectrale, comprend :

•   **Pisarenko**: il s'agit de la méthode de **M**inimisation de l'**E**rreur **Q**uadratique **M**oyenne (**M**inimum **M**ean **S**quare **E**rror (MMSE) en anglais) développée par PISARENKO,

•   **MUSIC** : pour **MU**ltiple **SI**gnal **C**lassification, elle constitue avec « ESPRIT » non développée ici, deux des plus efficaces méthodes de détection de DDA. Elle est donc très prisée,

•   **MIN-NORM** : elle repose sur la minimisation de la norme du spectre de puissance.

NB : beaucoup d'autres méthodes de détection de DDA existent dans la littérature.
Au final, toutes les données sont définies et on obtient la feuille de représentation de la figure 129.

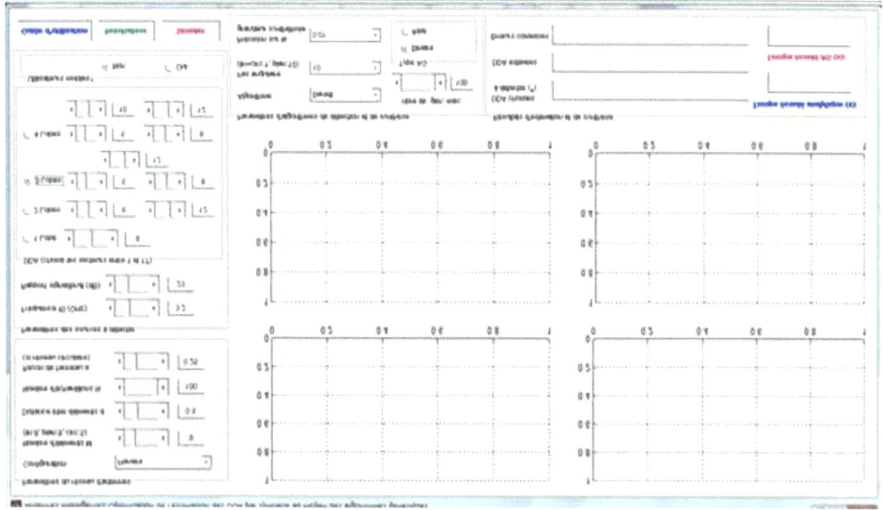

Figure 129: **Représentation des paramètres pour la détection de 3 DOA par « Barlett » sur réseau planaire.**

Enfin, il suffit de lancer la simulation en cliquant sur « simuler » comme illustré par le cercle rouge dans la figure 129 et on obtient le résultat final de la figure 130.

Par la suite, nous présenterons juste les résultats finaux.

I.14.2. Les méthodes d'estimation spectrale

I.14.2.1. La méthode de base : La transformée de Fourier spatiale [29]

Développée par BARTLETT, elle est l'une des premières méthodes utilisées pour détecter les angles d'arrivées.

I.14.2.1.1. Résultats

La configuration de l'application est faite conformement aux recommandations de la section 3.3.1.

a.   Planaire

La figure 130 présente la détection de trois directions d'arrivées (50°, 80° et 120°) par l'algorithme Barlett sur un réseau planaire à 9x9 éléments distants de 0.5 m.

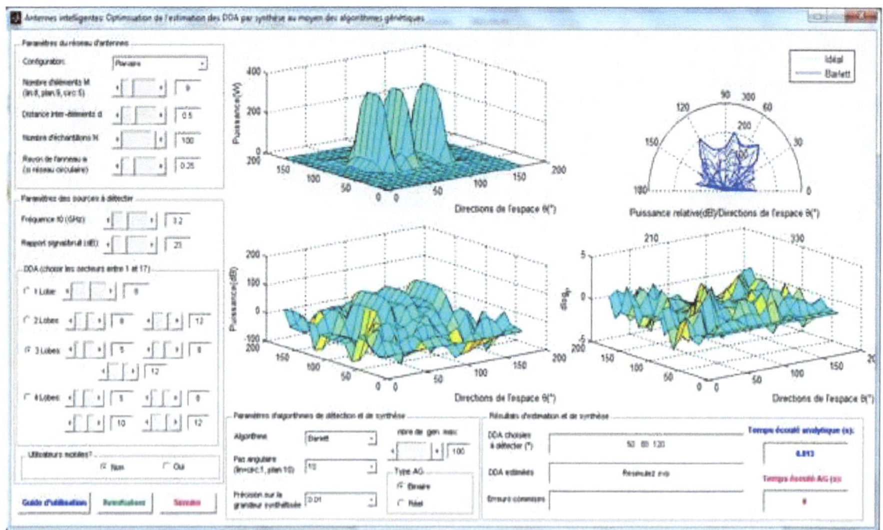

Figure 130:   *Détection de 3 DOA par l'algorithme « Barlett » sur réseau planaire.*

b.   Linéaire

La figure 131 présente la détection de trois directions d'arrivées (50°, 80° et 120°) par l'algorithme Barlett sur un réseau linéaire à 8 éléments distants de 0.5 m.

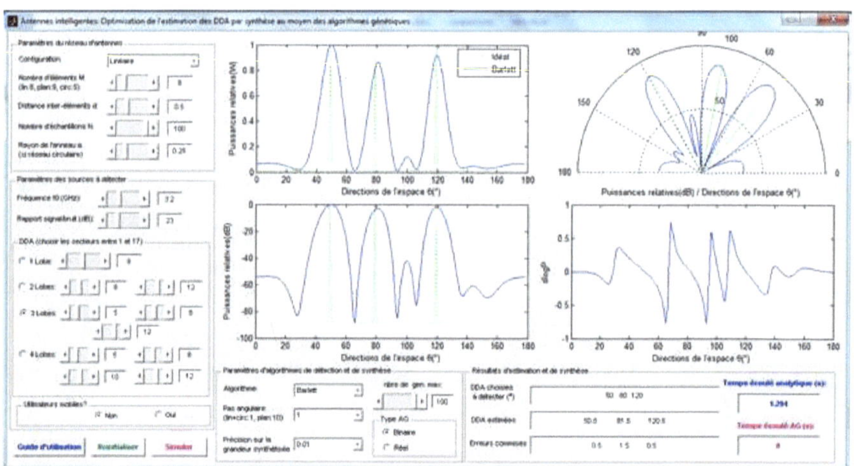

Figure 131:   *Détection de 3 DOA par l'algorithme « Barlett » sur réseau linéaire.*

c.   Circulaire

La figure 132 présente la détection de trois directions d'arrivées (50°, 80° et 120°) par l'algorithme Barlett sur un réseau circulaire à 5 éléments distants de 0.5 m.

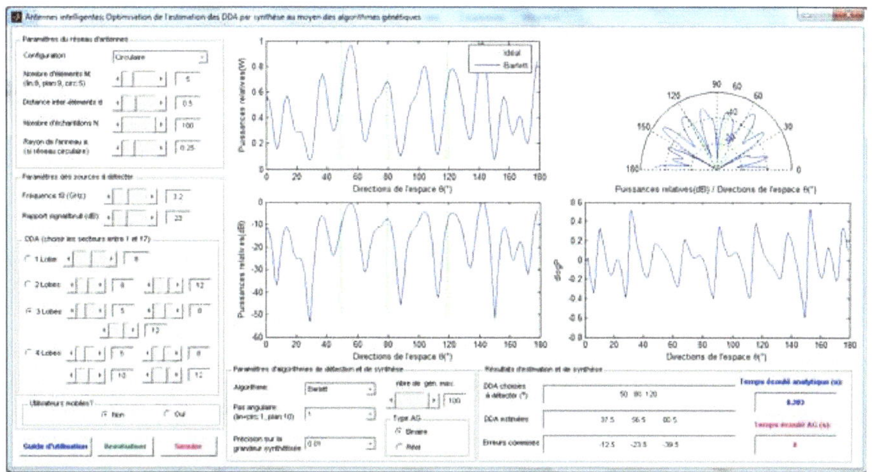

Figure 132:   *Détection de 3 DOA par l'algorithme « Barlett » sur réseau circulaire.*

I.14.2.1.2.   Codes sources

a.   Planaire

Code source 20 :   Détection des DDA par « Barlett » sur réseau planaire

```matlab
function [PI] = barlett_planaire(X,N,dtheta,k,d,L)

%Spectre de puissance de Barlett, cas planaire
%--------------------------------------------------------------------
%algorithme Barlet: début
%matrice de covariance de X
Rxx = X*X'/N;
% spectre P
phi_deg = (0:dtheta:180-dtheta);
phi = phi_deg*(pi/180);
phi_size = size(phi);

PI = zeros(1,phi_size(2));

for ii = 1:phi_size(2)
  angle1 = cos(phi(ii));
  angle2 = sin(phi(ii));
  for s=0:L-1
      for t=0:L-1
          A(s+1,t+1) = exp(-j*k*d*(s*angle1 + t*angle2));
      end
  end

  size(A);
```

```matlab
  size(Rxx);


  PI(ii) = abs(sum(sum((A'*Rxx*A))))/L^2; % spectre de Barlett
end
```

```matlab
%Barlett:fin
```

Les paramètres peuvent être : N = 9*9; f = 1800000000 ; c = 300000000; lamda = c/f; d = 0.5 * lamda; k = 2*pi/lamda; X = 1 + 9.*rand(9); L = 9; dtheta = 1;

b.   Linéaire

Code source 21 :   ***Détection des DDA par « Barlett » sur réseau linéaire***

```matlab
function [P,Rxx] = barlett_lineaire(X,N,k,d,dtheta,M,theta,L);
%-----------------------------------------------------------------------
%Spectre de puissance de Barlett, cas linéaire
%-----------------------------------------------------------------------
%algo Barlett : debut
% matrice de covariance de X
theta_deg = (0:dtheta:180-dtheta);
theta = theta_deg*(pi/180);
theta_size = size(theta)

Rxx = X*X'/N;
P = zeros(1,theta_size(2));
for kk = 1:theta_size(2)
    a = transpose(exp(-j*k*d*(0:M-1)*cos(theta(kk))));
    P(kk) = abs(a'*Rxx*a)/L^2;
end
%algo Barlett : fin
```

Les paramètres peuvent être : N = 8; f = 1800000000; c = 300000000; lamda = c/f; d = 0.5 * lamda; k = 2*pi/lamda; X = 1 + 9.*rand(8,1); L = N et dtheta = 0.5.

c.   Circulaire

Code source 22 :   ***Détection des DDA par « Barlett » sur réseau circulaire***

```matlab
function [PI,Rxx] = barlett_circulaire(X,N,dtheta,k,a,L)
%-----------------------------------------------------------------------
%Spectre de puissance de Barlett, cas circulaire
%-----------------------------------------------------------------------
```

```matlab
%algo Barlett : debut
% matrice de covariance de X
Rxx = X*X'/N;
phi_deg = (0:dtheta:180-dtheta);
phi = phi_deg*(pi/180);
phi_size = size(phi);

%spectre P
    PI = zeros(1,phi_size(2));

for ii = 1:phi_size(2)
  angle1 = cos(phi(ii));
  angle2 = sin(phi(ii));
  for s=0:L-1
      for t=0:L-1
          A(s+1,t+1) = exp(-j*k*d*(s*angle1 + t*angle2));
      end
  end


  size(A);
  size(Rxx);



  PI(ii) = abs(sum(sum((A'*Rxx*A))))/L^2; % spectre de Barlett
end
%algo Barlett : fin
```

Les paramètres peuvent être : `N = 9*9;  f = 1800000000;  c = 300000000;  lamda = c/f; d = 0.5 * lamda; k = 2*pi/lamda; X = 1 + 9.*rand(9); dtheta = 1 et  L = 9;`

Sa résolution étant faible, cette technique nécessite d'utiliser un très grand nombre de capteurs si on veut arriver à des résultats acceptables. Très rapidement, il a fallu faire appel à des techniques plus évoluées.

I.14.2.2. La Méthode de prédiction linéaire

I.14.2.2.1. *Résultats*

La configuration de l'application est faite conformement aux recommandations de la section 3.3.1.

a.   Planaire

La figure 133 présente la détection de trois directions d'arrivées (50°, 80° et 120°) par l'algorithme Prony sur un réseau planaire à 9x9 éléments distants de 0.5 m.

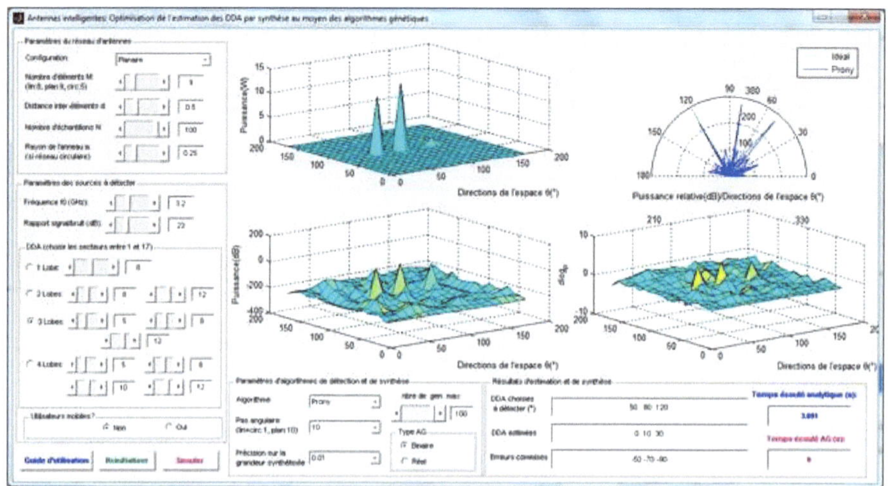

Figure 133: *Détection de 3 DOA par l'algorithme « Prony » sur réseau planaire.*

b.   Linéaire

La figure 134 présente la détection de trois directions d'arrivées (50°, 80° et 120°) par l'algorithme Prony sur un réseau linéaire à 8 éléments distants de 0.5 m.

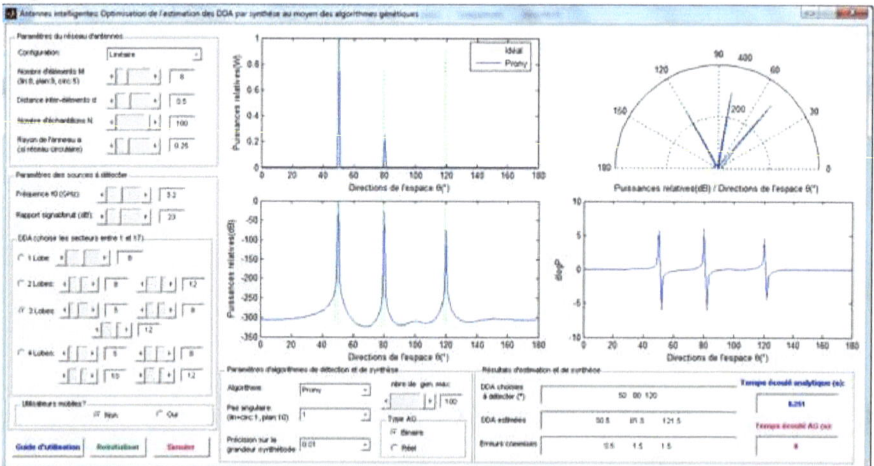

Figure 134: *Détection de 3 DOA par l'algorithme « Prony » sur réseau linéaire.*

c.   Circulaire

La figure 135 présente la détection de trois directions d'arrivées (50°, 80° et 120°) par l'algorithme Prony sur un réseau circulaire à 5 éléments distants de 0.5 m.

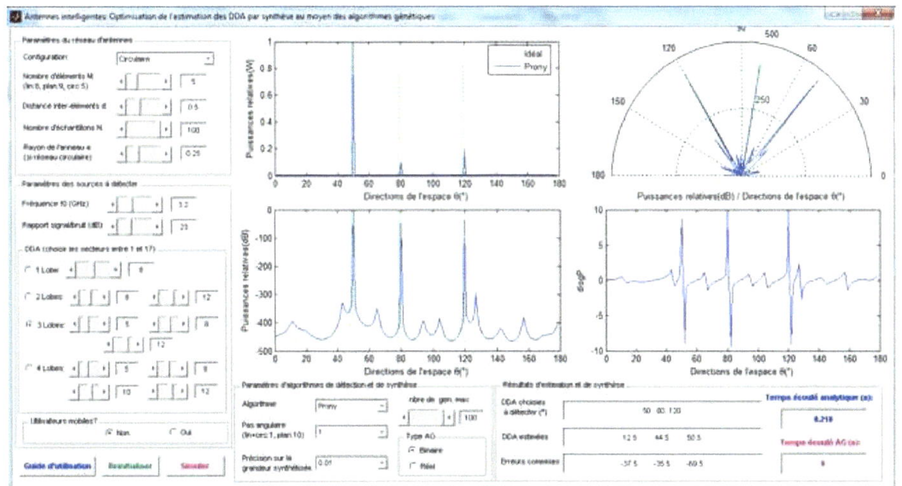

Figure 135: **Détection de 3 DOA par l'algorithme « Prony » sur réseau circulaire.**

I.14.2.2.2. *Codes sources*

a.   Planaire

Code source 23 :   *Détection des DDA par « Prony » sur réseau planaire*

```matlab
function [PI] = prony_planaire(X,N,M,dtheta,L,k,d)
%----------------------------------------------------------------
---------
%Spectre de puissance de Prony, cas planaire
%----------------------------------------------------------------
---------
%algorithme PRONY: début
%matrice de covariance de X
Rxx = X*X'/N;
% spectre P
phi_deg = (0:dtheta:180-dtheta);
phi = phi_deg*(pi/180);
phi_size = size(phi);


PI = zeros(1,phi_size(2));
u = zeros(M, 1);
u(round(L/2)) = 1;


for ii = 1:phi_size(2)
  angle1 = cos(phi(ii));
  angle2 = sin(phi(ii));
  for s=0:L-1
      for t=0:L-1
          a(s+1,t+1) = exp(-j*k*d*(s*angle1 + t*angle2));
```

```matlab
    end
  end

  PI(ii) = (abs(u'*inv(Rxx)*u)) / (abs(sum(u'*inv(Rxx)*a))^2);
  %Spectre de PRONY
end
% PRONY: fin
```

les paramètres peuvent être : N = 9*9; f = 1800000000 ; c = 300000000; lamda = c/f; d = 0.5 * lamda; k = 2*pi/lamda; X = 1 + 9.*rand(9); L = 9; M = L; dtheta = 1;

b.   Linéaire

Code source 24 :   ***Détection des DDA par « Prony » sur réseau linéaire***

```matlab
function [PI] = prony_lineaire(X,N,L,k,d,dtheta)
%-------------------------------------------------------------------
---------
%Spectre de puissance de Prony, cas linéaire
%-------------------------------------------------------------------
---------
% Algorithme PRONY: début
% matrice de covariance de X
Rxx = X*X'/N;
% spectre P
phi_deg = (0:dtheta:180-dtheta);
phi = phi_deg*(pi/180);
phi_size = size(phi);


PI = zeros(1,phi_size(2));

for ii = 1:phi_size(2)
  angle1 = cos(phi(ii));
  angle2 = sin(phi(ii));
  for s=0:L-1
      for t=0:L-1
          A(s+1,t+1) = exp(-j*k*d*(s*angle1 + t*angle2));
      end
  end

  size(A)
  size(Rxx)


  PI(ii) = abs(sum(sum((A'*Rxx*A))))/L^2; % spectre de Barlett
end
% PRONY: fin
```

Les paramètres peuvent être : N = 9*9; f = 1800000000 ; c = 300000000; lamda = c/f; d = 0.5 * lamda; k = 2*pi/lamda; X = 1 + 9.*rand(9); L = 9; dtheta = 1;

c.   Circulaire

Code source 25 :   ***Détection des DDA par « Prony » sur réseau circulaire***


```matlab
function [P] = prony_circulaire(X,N,L,a,dtheta)
%-------------------------------------------------------------------------------------
%Spectre de puissance de Prony, cas circulaire
%-------------------------------------------------------------------------------------
% Algorithme PRONY: début
% matrice de covariance de X
theta_deg = (0:dtheta:180-dtheta);
theta = theta_deg*(pi/180);
theta_size = size(theta)

Rxx = X*X'/N;
P = zeros(1,theta_size(2));
for kk = 1:theta_size(2)
    a = transpose(exp(-j*k*d*(0:L-1)*cos(theta(kk))));
    P(kk) = abs(a'*Rxx*a)/L^2;
end
% PRONY: fin
```
Les paramètres peuvent être : N = 8; f = 1800000000 ; c = 300000000; lamda = c/f; d = 0.5 * lamda; k = 2*pi/lamda; X = 1 + 9.*rand(8,1); L = N;

I.14.2.3.   Les Méthodes de maximum de Vraisemblance (Maximum Likelihood Methods : MLM)

I.14.2.3.1.   Résultats

La configuration de l'application est faite conformement aux recommandations de la section 3.3.1.

a.   Planaire

La figure 136 présente la détection de trois directions d'arrivées (50°, 80° et 120°) par l'algorithme Capon sur un réseau planaire à 9x9 éléments distants de 0.5 m.

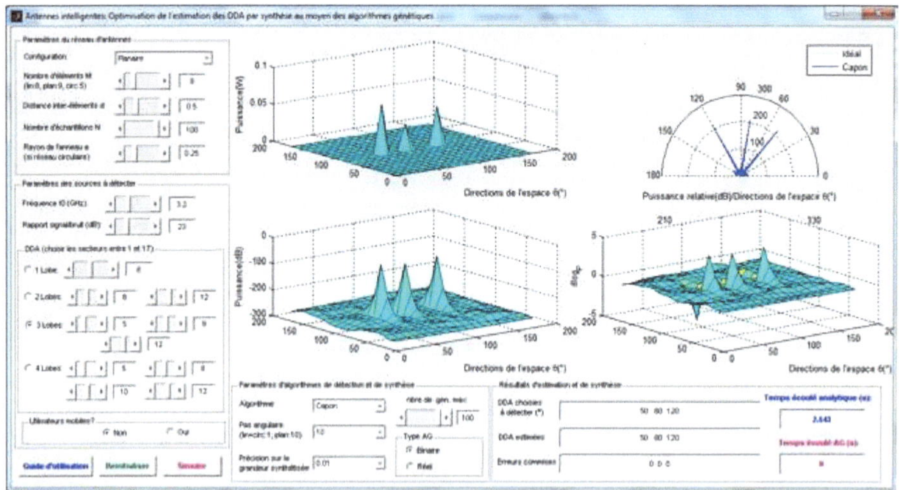

Figure 136: ***Détection de 3 DOA par l'algorithme « Capon » sur réseau planaire.***

b.   Linéaire

La figure 137 présente la détection de trois directions d'arrivées (50°, 80° et 120°) par l'algorithme Capon sur un réseau linéaire à 8 éléments distants de 0.5 m.

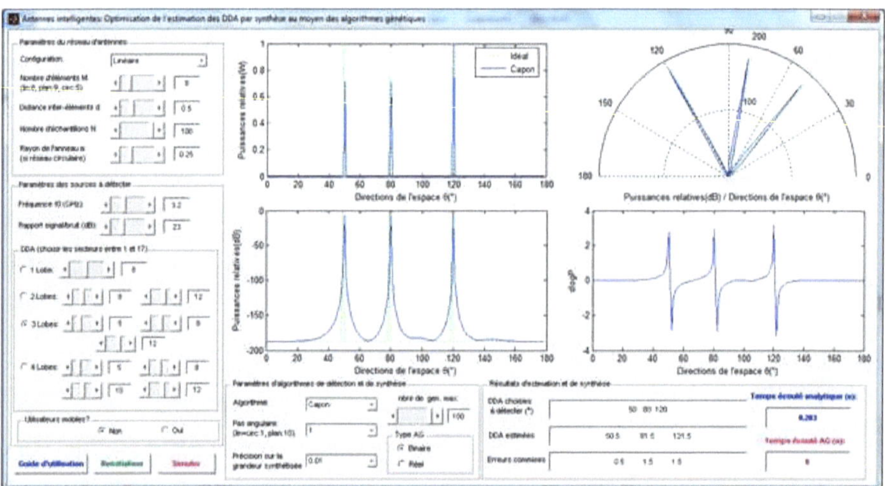

Figure 137: ***Détection de 3 DOA par l'algorithme « Capon » sur réseau linéaire.***

c.   Circulaire

La figure 138 présente la détection de trois directions d'arrivées (50°, 80° et 120°) par l'algorithme Capon sur un réseau circulaire à 5 éléments distants de 0.5 m.

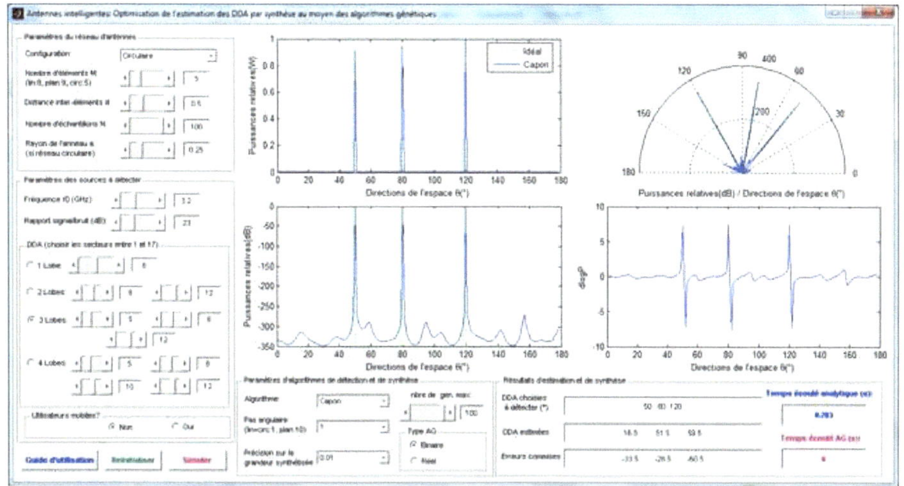

Figure 138:   Détection de 3 DOA par l'algorithme « Capon » sur réseau circulaire.

I.14.2.3.2. Codes sources

a.   Planaire

Code source 26 :   Détection des DDA par « Capon » sur réseau planaire

```matlab
function [P1] = capon_planaire(X,N,dtheta,k,d,thet1,thet2)
%-------------------------------------------------------------
%---------
%Spectre de puissance de capon, cas planaire
%-------------------------------------------------------------
%---------
%algorithme CAPON: début
%matrice de covariance de X
Rxx = X*X'/N;
% spectre P
%dtheta = 10;
theta_deg = (0:dtheta:180-dtheta);
theta = theta_deg*(pi/180);
theta_size = size(theta);
phi_deg = (0:dtheta:180-dtheta);
phi = phi_deg*(pi/180);
phi_size = size(phi);
vv = theta_size(2);
xx = phi_size(2);
[theta1,phi1] = meshgrid(theta,phi);
[theta_deg1,phi_deg1] = meshgrid(theta_deg,phi_deg);
phi1a = reshape(phi1,1,xx*xx);
thet1a = reshape(theta1,1,vv*vv);
phi_dega = reshape(phi_deg1,1,xx*xx);
```

```matlab
theta_dega = reshape(theta_deg1,1,xx*xx);
for ii = 1:theta_size(2)*theta_size(2)
    angle1 = cos(phi1a(ii))*sin(thet1a(ii));
    angle2 = sin(phi1a(ii))*sin(thet1a(ii));
    A = exp(-j*k*d*(thet1'*angle1 + thet2'*angle2));
    P1(ii) = 1/abs(A'*inv(Rxx)*A);  %spectre de Capon = MVDR
end;
% CAPON: fin
```

b.   Linéaire

Code source 27 :   ***Détection des DDA par « Capon » sur réseau linéaire***

```matlab
function [P] = capon_lineaire(X,N,L,k,d,M,dtheta)
%-----------------------------------------------------------------
----------
%Spectre de puissance de capon, cas linéaire
%-----------------------------------------------------------------
----------
%algo capon : debut
% matrice de covariance de X
theta_deg = (0:dtheta:180-dtheta);
theta = theta_deg*(pi/180);
theta_size = size(theta)

Rxx = X*X'/N;
P = zeros(1,theta_size(2));
for kk = 1:theta_size(2)
    a = transpose(exp(-j*k*d*(0:L-1)*cos(theta(kk))));
    P(kk) = 1/(a'*Rxx'*a);
end
%algo capon : fin
```

Les paramètres peuvent être : N = 8; f = 1800000000 ; c = 300000000; lamda = c/f; d = 0.5 * lamda; k = 2*pi/lamda; X = 1 + 9.*rand(8,1); L = N; dtheta = 0.5;

c.   Circulaire

Code source 28 :   ***Détection des DDA par « Capon » sur réseau circulaire***

```matlab
function [P] = capon_circulaire(X,N,phi_size,k,a,phi_m,phi)
%-----------------------------------------------------------------
----------
%Spectre de puissance de capon, cas circulaire
%-----------------------------------------------------------------
----------
%algo capon : debut
% matrice de covariance de X
Rxx = X*X'/N;
    for kk = 1:phi_size(2)
```

```matlab
        A = exp(-j*k*a*(cos(phi_m)*cos(phi(kk))-
sin(phi_m)*sin(phi(kk))));
        P(kk) = 1/abs(A'*inv(Rxx)*A);
    end
%algo capon : fin
```

I.14.2.4.   La méthode de maximum d'entropie (Maximum Entropie Method : MEM)

I.14.2.4.1.   Résultats

La configuration de l'application est faite conformement aux recommandations de la section 3.3.1.

a.   Planaire

La figure 139 présente la détection d'une direction d'arrivée (80°) par l'algorithme MEM sur un réseau planaire à 9x9 éléments distants de 0.5 m.

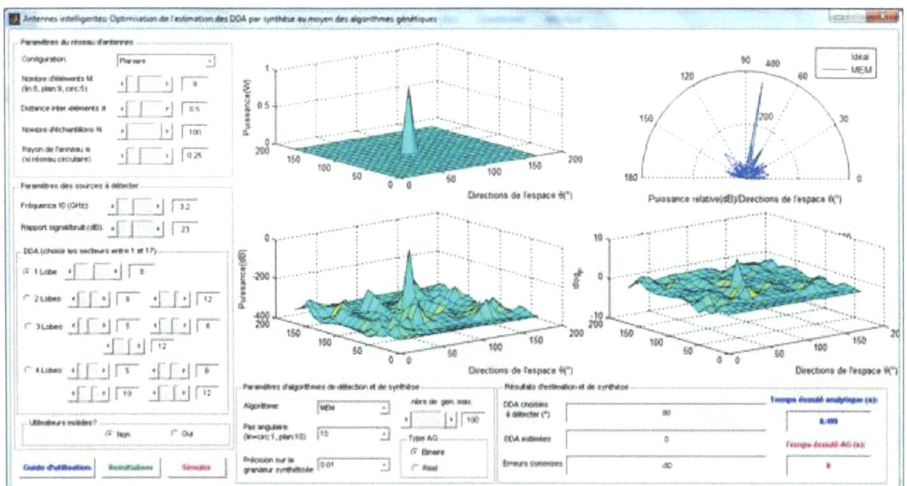

*Figure 139:   **Détection d'un DOA par l'algorithme « MEM » sur réseau planaire.***

b.   Linéaire

La figure 140 présente la détection d'une direction d'arrivée (80°) par l'algorithme MEM sur un réseau linéaire à 8 éléments distants de 0.5 m.

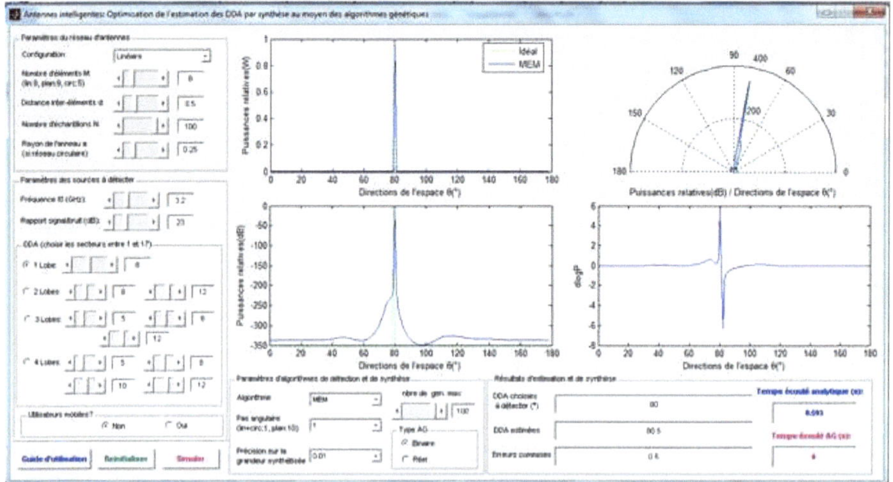

Figure 140: **Détection d'un DOA par l'algorithme « MEM » sur réseau linéaire.**

c.   Circulaire

La figure 141 présente la détection d'une direction d'arrivée (80°) par l'algorithme MEM sur un réseau circulaire à 5 éléments distants de 0.5 m.

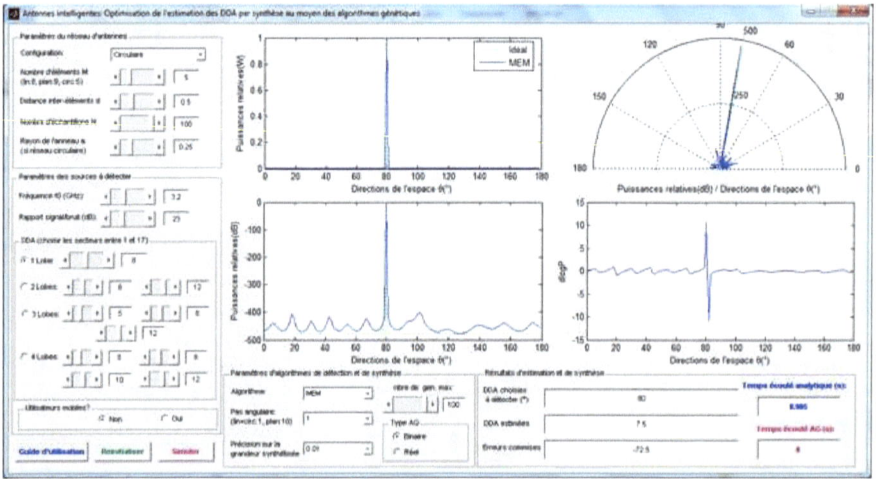

Figure 141: **Détection d'un DOA par l'algorithme « MEM » sur réseau circulaire.**

I.14.2.4.2. Codes sources

a.   Planaire

Code source 29 :   Détection des DDA par « MEM » sur réseau planaire

```matlab
function [P1] = mem_planaire(X,N,M,dtheta,k,d,thet1,thet2)
%-----------------------------------------------------------------
---------
%Spectre de puissance de "Maximum Entropy Method" (MEM), cas
planaire
```

```matlab
%-----------------------------------------------------------------------
---------
%algorithme MEM: début
%matrice de covariance de X
Rxx = X*X'/N;
rXX = inv(Rxx); c = rXX(:,round(M*M/2));
% spectre P
%dtheta = 10;
theta_deg = (0:dtheta:180-dtheta);
theta = theta_deg*(pi/180);
theta_size = size(theta);
phi_deg = (0:dtheta:180-dtheta);
phi = phi_deg*(pi/180);
phi_size = size(phi);
vv = theta_size(2);
xx = phi_size(2);
[theta1,phi1] = meshgrid(theta,phi);
[theta_deg1,phi_deg1] = meshgrid(theta_deg,phi_deg);
phi1a = reshape(phi1,1,xx*xx);
thet1a = reshape(theta1,1,vv*vv);
phi_dega = reshape(phi_deg1,1,xx*xx);
theta_dega = reshape(theta_deg1,1,xx*xx);
for ii = 1:theta_size(2)*theta_size(2)
    angle1 = cos(phi1a(ii))*sin(thet1a(ii));
    angle2 = sin(phi1a(ii))*sin(thet1a(ii));
    A = exp(-j*k*d*(thet1'*angle1 + thet2'*angle2));
        P1(ii) = 1/abs(A'*c*c'*A); %spectre de MEM
end;
% MEM: fin
```

b.   Linéaire

Code source 30 :   ***Détection des DDA par « MEM » sur réseau linéaire***

```matlab
function [P,Rxx] = mem_lineaire(X,N,M,L,k,d,dtheta)
%-----------------------------------------------------------------------
---------
%Spectre de puissance de "Maximum Entropy Method" (MEM), cas
linéaire
%-----------------------------------------------------------------------
---------
% Algorithme MEM: début
% matrice de covariance de X
theta_deg = (0:dtheta:180-dtheta);
theta = theta_deg*(pi/180);
theta_size = size(theta);

Rxx = X*X'/N;
rXX = inv(Rxx);
```

```matlab
c = rXX; round(M/2);
P = zeros(1,theta_size(2));
%Spectre P
for kk = 1:theta_size(2)
    a = transpose(exp(-j*k*d*(0:M-1)*cos(theta(kk))));
    P(kk) = 1/(abs(a'*(c*c')*a));
end;
% MEM: fin
```

Les paramètres peuvent être : N = 8; f = 1800000000 ; c = 300000000; lamda = c/f; d = 0.5 * lamda; k = 2*pi/lamda; X = 1 + 9.*rand(8,1); M = N; L = N; dtheta = 0.5;

c.   Circulaire

Code source 31 :   ***Détection des DDA par « MEM » sur réseau circulaire***

```matlab
function [P] = mem_circulaire(X,N,M,phi_size,k,a,phi_m,phi)
%-----------------------------------------------------------------
---------
%Spectre de puissance de "Maximum Entropy Method" (MEM), cas
circulaire
%-----------------------------------------------------------------
---------
% Algorithme MEM: début
% matrice de covariance de X
Rxx = X*X'/N;
rXX = inv(Rxx); c = rXX(:,round(M/2));
%spectre P
for kk = 1:phi_size(2)
    A = exp(-j*k*a*(cos(phi_m)*cos(phi(kk))-
sin(phi_m)*sin(phi(kk))));
    P(kk) = 1/abs(A'*c*c'*A);
end;
% MEM: fin
```

I.14.3. Les méthodes des sous espaces

Elles font suite historiquement à la méthode de CAPON et s'appuient sur une décomposition de l'espace en un espace signal (Es) et un espace bruit (Eb) par recherche de valeurs propres.

I.14.3.1.   La décomposition harmonique de PISARENKO (MMSE : Minimum Mean Square Error)

I.14.3.1.1.   Résultats

La configuration de l'application est faite conformement aux recommandations de la section 3.3.1.

a.   Planaire

La figure 142 présente la détection de trois directions d'arrivées (50°, 80° et 120°) par l'algorithme Pisarenko sur un réseau planaire à 9x9 éléments distants de 0.5 m.

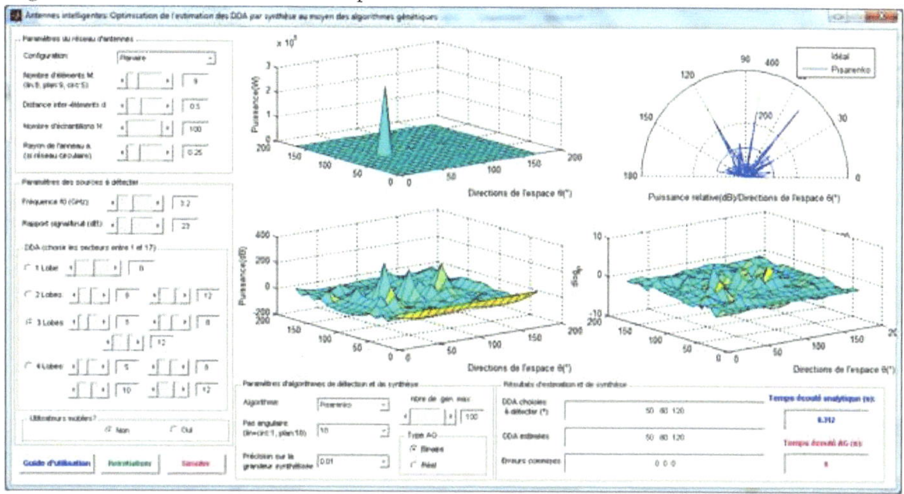

Figure 142:   ***Détection de 3 DOA par l'algorithme « Pisarenko » sur réseau planaire.***

b.   Linéaire

La figure 143 présente la détection de trois directions d'arrivées (50°, 80° et 120°) par l'algorithme Pisarenko sur un réseau linéaire à 8 éléments distants de 0.5 m.

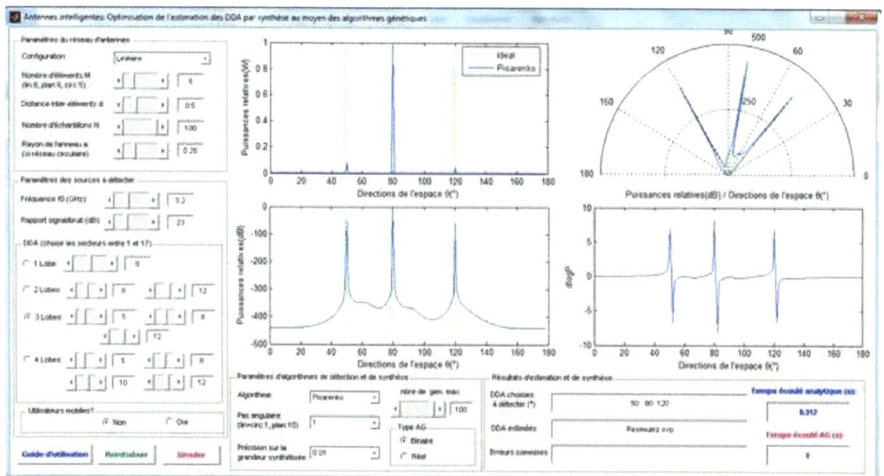

Figure 143:   ***Détection de 3 DOA par l'algorithme « Pisarenko » sur réseau linéaire.***

c.   Circulaire

La figure 144 présente la détection de trois directions d'arrivées (50°, 80° et 120°) par l'algorithme Pisarenko sur un réseau circulaire à 5 éléments distants de 0.5 m.

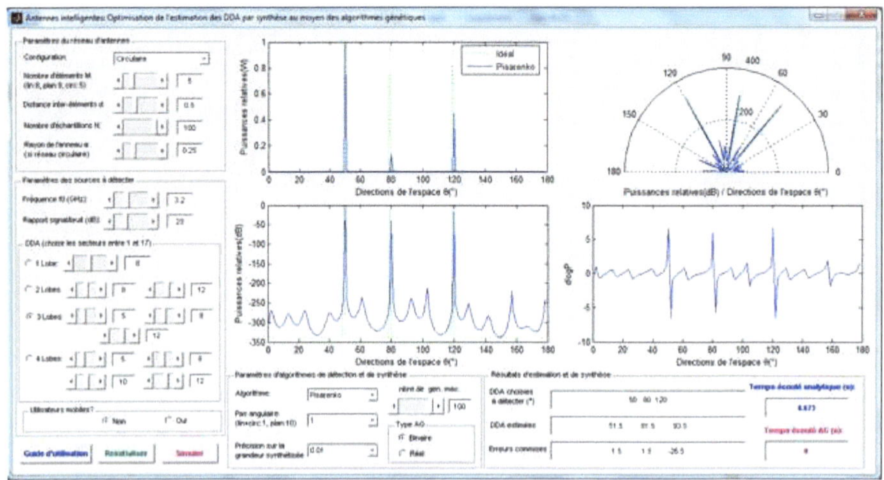

Figure 144: **Détection de 3 DOA par l'algorithme « Pisarenko » sur réseau circulaire.**

I.14.3.1.2. *Codes sources*

a.   Planaire

Code source 32 :   Détection des DDA par « Pisarenko » sur réseau planaire

```matlab
function [P1] = pisarenko_planaire(X,N,dtheta,k,d,thet1,thet2)
%---------------------------------------------------------------------
%Spectre de puissance de Pisarenko, cas planaire
%---------------------------------------------------------------------
%algorithme Pisarenko: début
%matrice de covariance de X
Rxx = X*X'/N;
[Exx,Dxx] = eig(Rxx);
[Y,Index] = sort(diag(Dxx)); % tri des valeurs propres dans
l'ordre croissant
e1=Exx(:,Index(1)); % vecteur propre associé à la plus petite
valeur propre
% spectre P
%dtheta = 10;
theta_deg = (0:dtheta:180-dtheta);
theta = theta_deg*(pi/180);
theta_size = size(theta);
phi_deg = (0:dtheta:180-dtheta);
phi = phi_deg*(pi/180);
phi_size = size(phi);
vv = theta_size(2);
```

```matlab
xx = phi_size(2);
[theta1,phi1] = meshgrid(theta,phi);
[theta_deg1,phi_deg1] = meshgrid(theta_deg,phi_deg);
phi1a = reshape(phi1,1,xx*xx);
thet1a = reshape(theta1,1,vv*vv);
phi_dega = reshape(phi_deg1,1,xx*xx);
theta_dega = reshape(theta_deg1,1,xx*xx);
for ii = 1:theta_size(2)*theta_size(2)
    angle1 = cos(phi1a(ii))*sin(thet1a(ii));
    angle2 = sin(phi1a(ii))*sin(thet1a(ii));
    A = exp(-j*k*d*(thet1'*angle1 + thet2'*angle2));
        P1(ii)=1/(abs(A'*e1))^2; %spectre de Pisarenko
end;
% Pisarenko: fin
```

b.   Linéaire

Code source 33 :   ***Détection des DDA par « Pisarenko » sur réseau linéaire***

```matlab
function [P] = pisarenko_lineaire(X,N,k,L,d,dtheta)
%-------------------------------------------------------------------
%---------
%Spectre de puissance de Pisarenko, cas linéaire
%-------------------------------------------------------------------
%---------
% Algorithme Pisarenko: début
% matrice de covariance de X
theta_deg = (0:dtheta:180-dtheta);
theta = theta_deg*(pi/180);
theta_size = size(theta);
Rxx = X*X'/N;

[Exx, Dxx] = eig(Rxx);
%tri par des valeurs propres dans l'ordre croissant
[Y, Index] = sort(diag(Dxx));
%vecteur propre associé à la plus petite valeur propre
e1 =Exx(:, Index(1));
P = zeros(1,theta_size(2));
%Spectre P
for kk = 1:theta_size(2)
    a= transpose(exp(-j*k*d*(0:M-1)*cos(theta(kk))));
    P(kk) = 1/(abs(a'*e1))^2;
end;% Pisarenko: fin
```

Les paramètres peuvent être : N = 8; f = 1800000000 ; c = 300000000; lamda = c/f; d = 0.5 * lamda; k = 2*pi/lamda; X = 1 + 9.*rand(8,1); L = N; dtheta = 0.5;

c.   Circulaire

Code source 34 :   ***Détection des DDA par « Pisarenko » sur réseau circulaire***

```matlab
function [P,Rxx] =
pisarenko_circulaire(X,N,phi_size,k,a,phi_m,phi)
%-------------------------------------------------------------------------
%Spectre de puissance de Pisarenko, cas circulaire
%-------------------------------------------------------------------------
% Algorithme Pisarenko: début
% matrice de covariance de X
Rxx = X*X'/N;
[Exx,Dxx] = eig(Rxx);
[Y,Index] = sort(diag(Dxx)); %tri des valeurs propres dans l'ordre croissant
e1=Exx(:,Index(1)); % vecteur propre associé à la plus petite valeur propre
% spectre P
for kk = 1:phi_size(2)
    A = exp(-j*k*a*(cos(phi_m)*cos(phi(kk))-sin(phi_m)*sin(phi(kk))));
    P(kk)=1/(abs(A'*e1))^2;
end
% Pisarenko: fin
```

I.14.3.2. La méthode de norme minimale

I.14.3.2.1. Résultats

La configuration de l'application est faite conformément aux recommandations de la section 3.3.1.

a.   Planaire

La figure 145 présente la détection de trois directions d'arrivées (50°, 80° et 120°) par l'algorithme MinNorm sur un réseau planaire à 9x9 éléments distants de 0.5 m.

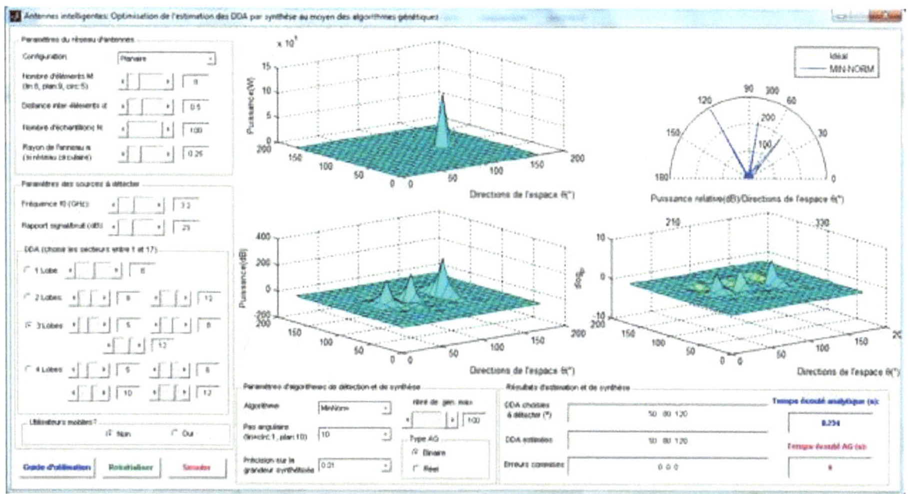

Figure 145:   ***Détection de 3 DOA par l'algorithme « MinNorm » sur réseau planaire.***

b.   Linéaire

La figure 146 présente la détection de trois directions d'arrivées (50°, 80° et 120°) par l'algorithme MinNorm sur un réseau linéaire à 8 éléments distants de 0.5 m.

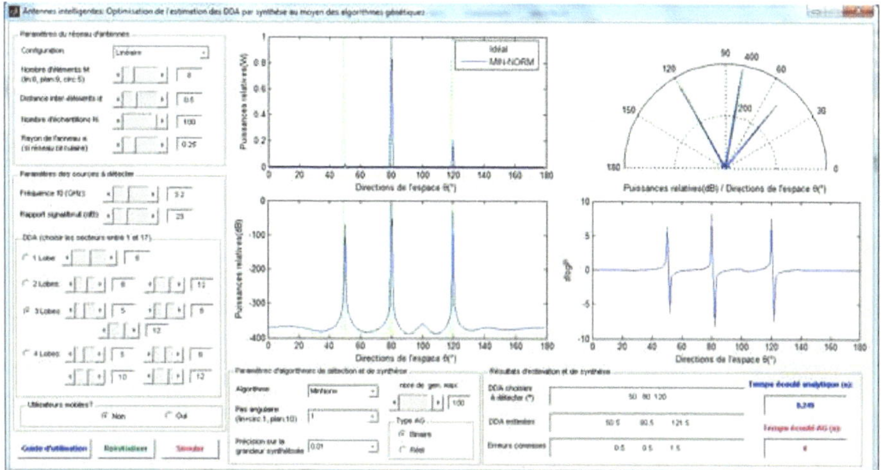

Figure 146:   ***Détection de 3 DOA par l'algorithme « MinNorm » sur réseau linéaire.***

c.   Circulaire

La figure 147 présente la détection de trois directions d'arrivées (50°, 80° et 120°) par l'algorithme MinNorm sur un réseau circulaire à 5 éléments distants de 0.5 m.

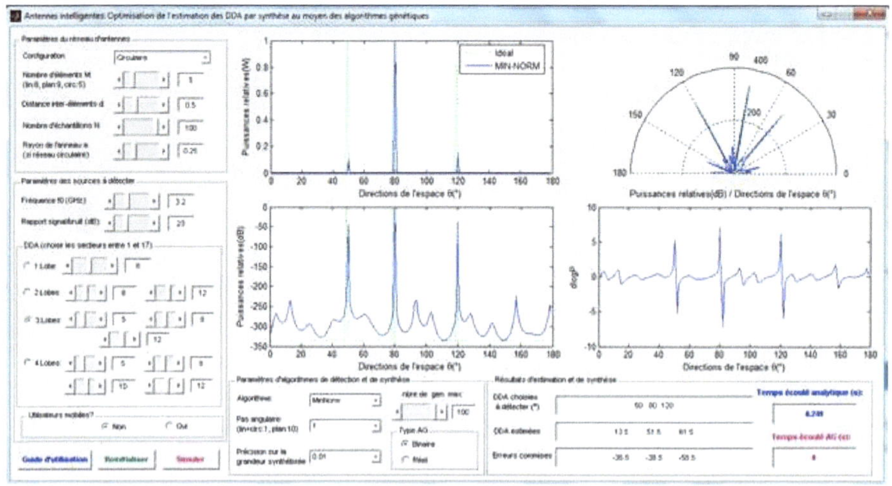

Figure 147: *Détection de 3 DOA par l'algorithme « MinNorm » sur réseau circulaire.*

I.14.3.2.2. Codes sources

a.   Planaire

Code source 35 :   Détection des DDA par « MinNorm » sur réseau planaire

```matlab
function [P1] = minnorm_planaire(X,N,M,L,dtheta,k,d,thet1,thet2)
%------------------------------------------------------------
%----------
%Spectre de puissance de MIN-NORM, cas planaire
%------------------------------------------------------------
%----------
%algorithme MIN-NORM: début
%matrice de covariance de X
Rxx = X*X'/N;
[Exx,Dxx] = eig(Rxx);
    [Y,Index] = sort(diag(Dxx)); % tri des valeurs propres dans
l'ordre croissant
    Enn = Exx(:,Index(1:M*M-L)); % matrice du sous espace bruit
    IK = eye(M*M);
    u1 = IK(:,1);
% spectre P
%dtheta = 10;
theta_deg = (0:dtheta:180-dtheta);
theta = theta_deg*(pi/180);
theta_size = size(theta);
phi_deg = (0:dtheta:180-dtheta);
phi = phi_deg*(pi/180);
phi_size = size(phi);

vv = theta_size(2);
```

```matlab
xx = phi_size(2);

[theta1,phi1] = meshgrid(theta,phi);
[theta_deg1,phi_deg1] = meshgrid(theta_deg,phi_deg);

phi1a = reshape(phi1,1,xx*xx);
thet1a = reshape(theta1,1,vv*vv);
phi_dega = reshape(phi_deg1,1,xx*xx);
theta_dega = reshape(theta_deg1,1,xx*xx);

for ii = 1:theta_size(2)*theta_size(2)
    angle1 = cos(phi1a(ii))*sin(thet1a(ii));
    angle2 = sin(phi1a(ii))*sin(thet1a(ii));
    A = exp(-j*k*d*(thet1'*angle1 + thet2'*angle2));
    P1(ii)=1/(abs(A'*Enn*Enn'*u1))^2; %spectre de MIN-NORM
end;
% MIN-NORM: fin
```

b. Linéaire

Code source 36 :   ***Détection des DDA par « MinNorm » sur réseau linéaire***

```matlab
function [P,Rxx] = minnorm_lineaire(X,N,M,L,k,d,dtheta)
%--------------------------------------------------------------------
%Spectre de puissance de MIN-NORM, cas linéaire
%--------------------------------------------------------------------
% Algorithme MIN-NORM: début
% matrice de covariance de X
theta_deg = (0:dtheta:180-dtheta);
theta = theta_deg*(pi/180);
theta_size = size(theta);

Rxx = X*X'/N;
[Exx, Dxx] = eig(Rxx);
%tri par des valeurs propres dans l'ordre croissant
[Y, Index] = sort(diag(Dxx));
%matrice du sous espace bruit
Enn =Exx(:, Index(1:M-L));
IK = eye(M);
u1 = IK(:,1);

P = zeros(1,theta_size(2));
%Spectre P
for kk = 1:theta_size(2)
    a = transpose(exp(-j*k*d*(0:M-1)*cos(theta(kk))));
    P(kk) = 1/(abs(a'*(Enn*Enn')*u1))^2;
end;% MIN-NORM: fin
```

Les paramètres peuvent être : N = 8; f = 1800000000 ; c = 300000000; lamda = c/f; d = 0.5 * lamda; k = 2*pi/lamda; X = 1 + 9.*rand(8,1); M = N; L=1; dtheta = 0.5;

c.   Circulaire

Code source 37 :   Détection des DDA par « MinNorm » sur réseau circulaire

```matlab
function [P,Rxx] =
minnorm_circulaire(X,N,M,L,phi_size,k,a,phi_m,phi)
%-------------------------------------------------------------
---------
%Spectre de puissance de MIN-NORM, cas circulaire
%-------------------------------------------------------------
---------
% Algorithme MIN-NORM: début
% matrice de covariance de X
Rxx = X*X'/N;
    [Exx,Dxx] = eig(Rxx);
    [Y,Index] = sort(diag(Dxx)); % tri des valeurs propres dans
l'ordre croissant
    Enn = Exx(:,Index(1:M-L)); % matrice du sous espace bruit
    IK = eye(M);
    u1 = IK(:,1);
% spectre P
    for kk = 1:phi_size(2)
        A = exp(-j*k*a*(cos(phi_m)*cos(phi(kk))-
sin(phi_m)*sin(phi(kk))));
        P(kk)=1/(abs(A'*Enn*Enn'*u1))^2;
    end
% MIN-NORM: fin
```

I.14.3.3.   La méthode MUSIC (Multiple SIgnal Classification)

I.14.3.3.1.   Résultats

La configuration de l'application est faite conformement aux recommandations de la section 3.3.1.

a.   Planaire

La figure 148 présente la détection de trois directions d'arrivées (50°, 80° et 120°) par l'algorithme MUSIC sur un réseau planaire à 9x9 éléments distants de 0.5 m.

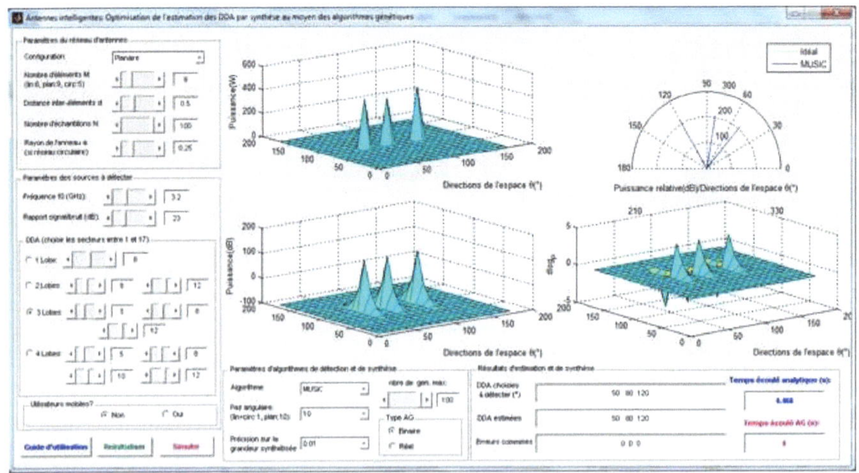

Figure 148: *Détection de 3 DOA par l'algorithme « MUSIC » sur réseau planaire.*

b.   Linéaire

La figure 149 présente la détection de trois directions d'arrivées (50°, 80° et 120°) par l'algorithme MUSIC sur un réseau linéaire à 8 éléments distants de 0.5 m.

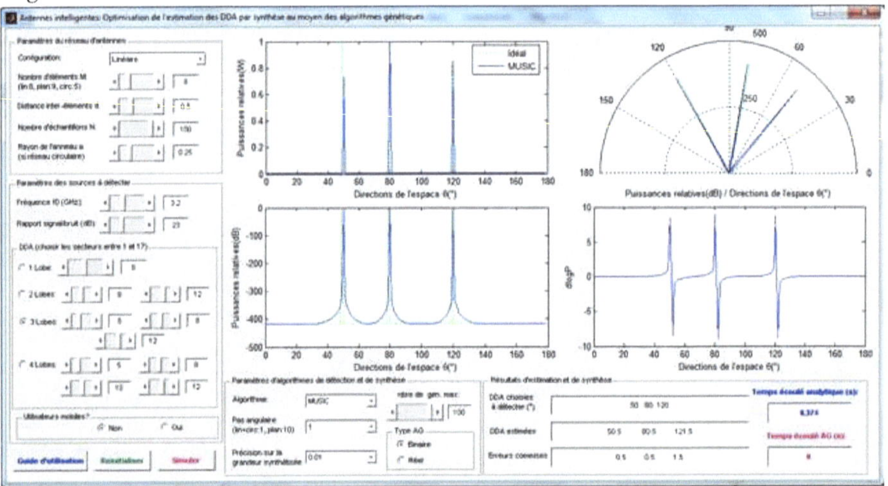

Figure 149: *Détection de 3 DOA par l'algorithme « MUSIC » sur réseau linéaire.*

c.   Circulaire

La figure 150 présente la détection de trois directions d'arrivées (50°, 80° et 120°) par l'algorithme MUSIC sur un réseau circulaire à 5 éléments distants de 0.5 m.

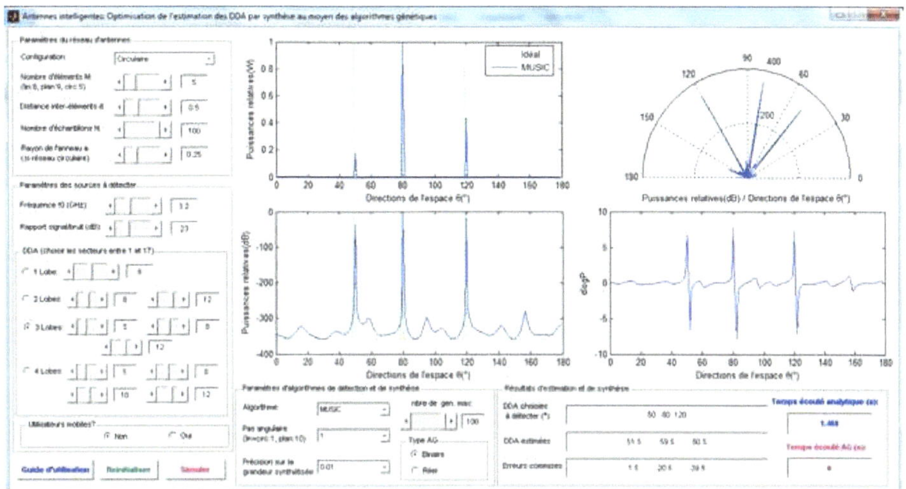

Figure 150:   *Détection de 3 DOA par l'algorithme « MUSIC » sur réseau linéaire.*

I.14.3.3.2. Codes sources

a.   Planaire

Code source 38 :   Détection des DDA par « MUSIC » sur réseau planaire

```matlab
function [P1] = music_planaire(X,N,M,dtheta,k,d,thet1,thet2,L)
%------------------------------------------------------------
%Spectre de puissance de MUSIC, cas planaire
%------------------------------------------------------------
%algorithme MUSIC: début
%matrice de covariance de X
Rxx = X*X'/N;
% V = vecteurs propres, D = valeurs propres
[V,D] = eigs(Rxx, M*M, 'SM');
% spectre P
%dtheta = 10;
theta_deg = (0:dtheta:180-dtheta);
theta = theta_deg*(pi/180);
theta_size = size(theta);
phi_deg = (0:dtheta:180-dtheta);
phi = phi_deg*(pi/180);
phi_size = size(phi);
vv = theta_size(2);
xx = phi_size(2);
```

```matlab
[theta1,phi1] = meshgrid(theta,phi);
[theta_deg1,phi_deg1] = meshgrid(theta_deg,phi_deg);

phi1a = reshape(phi1,1,xx*xx);
thet1a = reshape(theta1,1,vv*vv);
phi_dega = reshape(phi_deg1,1,xx*xx);
theta_dega = reshape(theta_deg1,1,xx*xx);

for ii = 1:theta_size(2)*theta_size(2)
    angle1 = cos(phi1a(ii))*sin(thet1a(ii));
    angle2 = sin(phi1a(ii))*sin(thet1a(ii));
    A = exp(-j*k*d*(thet1'*angle1 + thet2'*angle2));
    P1(ii) = 1./abs((A'*V(:,(L+1):M*M)*V(:,(L+1):M*M)'*A));
%spectre de MUSIC
end;
% MUSIC: fin
```

b.   Linéaire

Code source 39 :   ***Détection des DDA par « MUSIC » sur réseau linéaire***

```matlab
function [P] = music_lineaire(X,N,M,k,d,dtheta,L)
%------------------------------------------------------------------
%--------
%Spectre de puissance de MUSIC, cas linéaire
%------------------------------------------------------------------
%--------
% Algorithme MUSIC: début
% matrice de covariance de X
theta_deg = (0:dtheta:180-dtheta);
theta = theta_deg*(pi/180);
theta_size = size(theta);
%matrice de covariance de X
Rxx = X*X'/N;

% V = vecteurs propres, D = valeurs propres
[V,D] = eigs(Rxx, M, 'LM');
% spectre P

P = zeros(1,theta_size(2));
for ii = 1:theta_size(2)
    A = transpose(exp(-j*k*d*(0:M-1)*cos(theta(ii))));
    P(ii)= 1/(abs((A'*V(:,(L+1):M)*V(:,(L+1):M)'*A)));
end;
% MUSIC: fin
```

Les paramètres peuvent être : N = 8; f = 1800000000 ; c = 300000000; lamda = c/f; d = 0.5 * lamda; k = 2*pi/lamda;   X = 1 + 5.*rand(8,1); M = N; L=1; dtheta = 0.5;

c.   Circulaire

Code source 40 :   ***Détection des DDA par « MUSIC » sur réseau circulaire***

```matlab
function [P] = music_circulaire(X,N,M,phi_size,k,a,phi_m,phi,L)
%-------------------------------------------------------------------
---------
%Spectre de puissance de MUSIC, cas linéaire
%-------------------------------------------------------------------
---------
% Algorithme MUSIC: début
% matrice de covariance de X
Rxx = X*X'/N;
% V = vecteurs propres, D = valeurs propres
[V,D] = eigs(Rxx, M, 'LM');
%spectre P
for ii = 1:phi_size(2)
A = exp(-j*k*a*(cos(phi_m)*cos(phi(ii))-sin(phi_m)*sin(phi(ii))));
P(ii) = 1./abs((A'*V(:,(L+1):M)*V(:,(L+1):M)'*A));
end;
% MUSIC: fin
```

I.14.4.   Synthèse de l'estimation des DDA au moyen des méthodes analytiques

Elle s'est basée essentiellement sur deux paramètres :

–   Spectre de rayonnement,

–   Temps écoulé.

I.14.4.1.   Spectres de rayonnement

Les figures 151 et 152 présentent les spectres de détection d'une direction   =180° au moyen d'un réseau circulaire de M=16 éléments, N = 1000 et SNR = 0 (a) ou -15dB (b) obtenus respectivement dans Ahmed Badawy et al. (2014) [34] et avec notre outil.

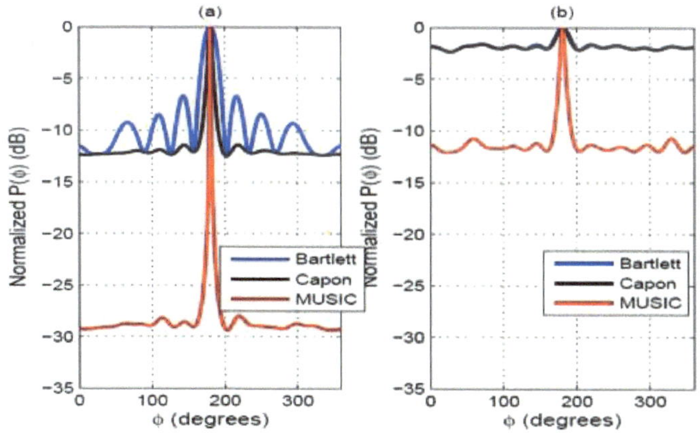

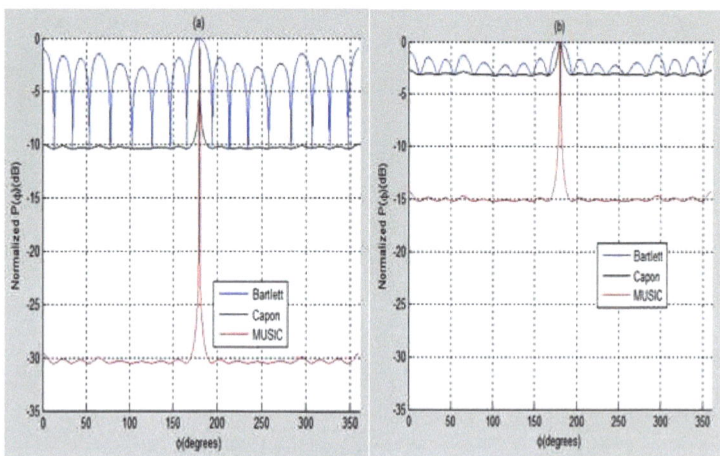

Figure 152:   **Résultas obtenus avec notre outil.**

Les figures 153 à 154 permettent de généraliser.

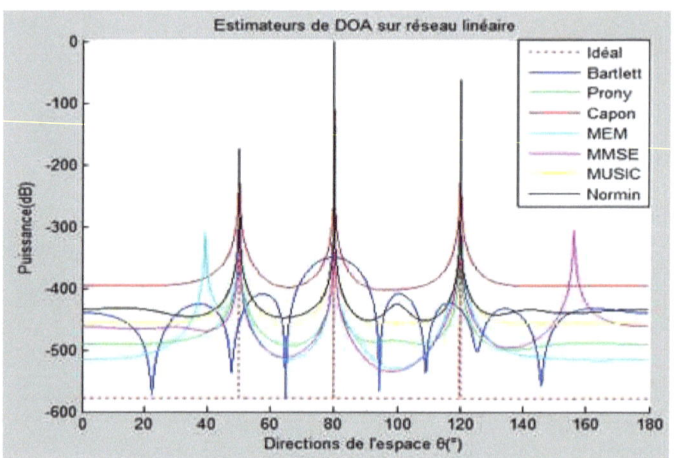

Figure 153:   *Divers spectres d'estimateurs de DOA sur réseau linéaire de M=8 éléments, 3 DDA (50°,80°,120°).*

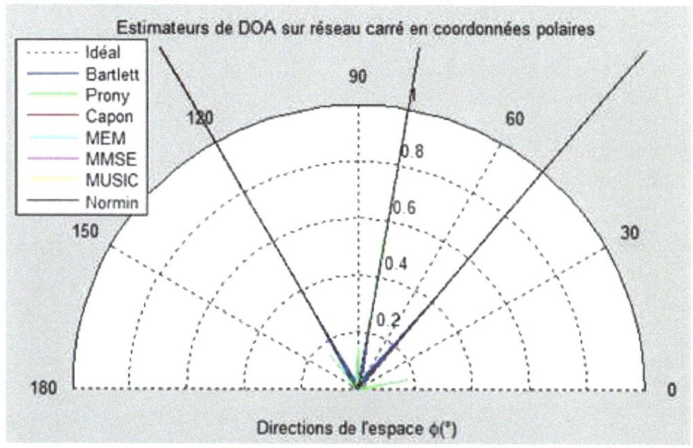

Figure 154: **Spectres d'estimateurs de DOA sur réseau carré de M = 9x9 éléments, 3 DDA à détecter (50°,80°,120°).**

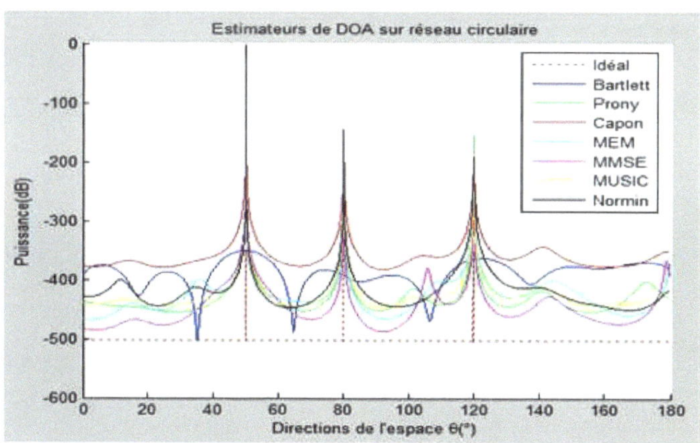

Figure 155: **Spectres d'estimateurs sur réseau carré de M = 9x9 éléments, 3 DDA statiques détecter (50°, 80°, 120°).**

I.14.4.2. Codes sources

Code source 41 : **Détection de trois DDA sur réseau linéaire**

```matlab
function DOAlineaire
%By Enzo R
clc
clear all
format long %The data show that as long shaping scientific
doa=[50 80 120]/180*pi; %Direction of arrival
N=100;%Snapshots
f = 1800000000 ; %frequency
c = 300000000;   %celerity
lambda = c/f; %Wavelength
```

```matlab
d = 0.5 * lambda; %Element spacing
k = 2*pi/lambda;

w=[pi/4 pi/3 pi/6]';%Frequency
M=8;%Number of array elements
L=length(doa); %The number of signal
snr=30;%SNA
A=zeros(M,L); %To creat a matrix with L row and M column

for iter=1:L
    A(:,iter)=transpose(exp(-1j*k*d*cos(doa(iter))*(0:M-1)));
%Assignment matrix
end
%A=A';
S=2*exp(1j*(w*(1:N))); %Simulate signal
X=A*S;
X = X + awgn(X,snr);%Insert Gaussian white noise

% matrice de covariance de X
Rxx = X*X'/N;

dtheta = 0.5;
theta_deg = (0:dtheta:180-dtheta);
theta = theta_deg*(pi/180);
theta_size = size(theta);

% BARTLETT %

P_Bar = zeros(1,theta_size(2));
for kk = 1:theta_size(2)
    a = transpose(exp(-j*k*d*(0:M-1)*cos(theta(kk))));
    P_Bar(kk) = abs(a'*Rxx*a)/M^2;
end
P_BardB = 10*log10(P_Bar/max(P_Bar));

% PRONY %

u = zeros(M,1);
u(round(L/2)) = 1;
P_Pro = zeros(1,theta_size(2));
for kk = 1:theta_size(2)
    a = transpose(exp(-j*k*d*(0:M-1)*cos(theta(kk))));
    P_Pro(kk) = (abs(u'*inv(Rxx)*u)) / ((abs(u'*inv(Rxx)*a))^2);
end
P_ProdB = 10*log10(P_Pro/max(P_Pro));

% MEM %

rXX = inv(Rxx);
```

```matlab
c = rXX(:, round(M/2));
P_MEM = zeros(1,theta_size(2));
%Spectre P
for kk = 1:theta_size(2)
    a = transpose(exp(-j*k*d*(0:M-1)*cos(theta(kk))));
    P_MEM(kk) = 1/(abs(a'*(c*c')*a));
end;
P_MEMdB = 10*log10(P_MEM/max(P_MEM));

% MMSE %

[Exx, Dxx] = eig(Rxx);
%tri par des valeurs propres dans l'ordre croissant
[Y, Index] = sort(diag(Dxx));
%vecteur propre associé à la plus petite valeur propre
e1 =Exx(:, Index(1));
P_MMSE = zeros(1,theta_size(2));
%Spectre P
for kk = 1:theta_size(2)
    a= transpose(exp(-j*k*d*(0:M-1)*cos(theta(kk))));
    P_MMSE(kk) = 1/(abs(a'*e1))^2;
end;
P_MMSEdB = 10*log10(P_MMSE/max(P_MMSE));

% MIN-NORM %

[Exx, Dxx] = eig(Rxx);
%tri par des valeurs propres dans l'ordre croissant
[Y, Index] = sort(diag(Dxx));
%matrice du sous espace bruit
Enn =Exx(:, Index(1:M-1));
IK = eye(M);
u1 = IK(:,1);

P_MIN = zeros(1,theta_size(2));
%Spectre P
for kk = 1:theta_size(2)
    a = transpose(exp(-j*k*d*(0:M-1)*cos(theta(kk))));
    P_MIN(kk) = 1/(abs(a'*(Enn*Enn')*u1))^2;
end;
P_MINdB = 10*log10(P_MIN/max(P_MIN));

%  MUSIC  %

% V = vecteurs propres, D = valeurs propres
[V,D] = eigs(Rxx, M, 'LM');
% spectre P

P_MUS = zeros(1,theta_size(2));
```

```matlab
for ii = 1:theta_size(2)
    A = transpose(exp(-j*k*d*(0:M-1)*cos(theta(ii))));
    P_MUS(ii)= 1/(abs((A'*V(:,1:M-L)*V(:,1:M-L)'*A)));
end;
P_MUSdB = 10*log10(P_MUS/max(P_MUS));
%  CAPON  %

P_CAP = zeros(1,theta_size(2));
for kk = 1:theta_size(2)
    a = transpose(exp(-j*k*d*(0:M-1)*cos(theta(kk))));
    P_CAP(kk) = 1/(a'*inv(Rxx)*a);
end
P_CAPdB = 10*log10(P_CAP/max(P_CAP));
plot(theta_deg,P_BardB,theta_deg,P_ProdB,theta_deg,P_MEMdB,theta_d
eg,P_MMSEdB,theta_deg,P_MINdB,theta_deg,P_MUSdB,theta_deg,P_CAPdB)
;
grid on;
grid minor;
%title('Estimateurs de DOA sur reseau lineaire');
ylabel('Puissance(dB)')
xlabel('Direction de l''espace (°)')
hleg = legend('BARTLETT','PRONY','MEM','MMSE','MIN-
NORM','MUSIC','CAPON');
set(hleg,'FontAngle','italic','TextColor',[.3 .2 .1]);
set(hleg,'Location','NorthEastOutside');
hold all
end
```

Code source 42 :   ***Détection de trois DDA sur réseau circulaire***

```matlab
function DOAcirculaire
clc
clear all
format long %The data show that as long shaping scientific
doa=[50 80 120]/180*pi; %Direction of arrival
N=100;%Snapshots
f = 1800000000 ; %frequency
c = 300000000;   %celerity
lambda = c/f; %Wavelength
a = 0.5 * lambda; %Radius
k = 2*pi/lambda;
w=[pi/4 pi/3 pi/6]';%Frequency
M=16;%Number of array elements

dphi_m = 2*pi/(M);
phi_m = (0:dphi_m:2*pi - dphi_m)';

L=length(doa); %The number of signal
```

```matlab
snr=30;%SNA
A=zeros(M,L); %To creat a matrix with L row and M column

for iter=1:L
    A(:,iter)=exp(-1j*k*a*(cos(phi_m)*cos(doa(iter))-
sin(phi_m)*sin(doa(iter)))); %Assignment matrix
end

S=2*exp(1j*(w*(1:N))); %Simulate signal
X=A*S;
X = X + awgn(X,snr);%Insert Gaussian white noise

% matrice de covariance de X
Rxx = X*X'/N;

dphi = 1;
phi_deg = (0:dphi:180-dphi);
phi = phi_deg*(pi/180);
phi_size = size(phi);

% BARTLETT %

P_Bar = zeros(1,phi_size(2));

%spectre P
    for kk = 1:phi_size(2)
        A2 = exp(-j*k*a*(cos(phi_m)*cos(phi(kk))-
sin(phi_m)*sin(phi(kk))));
        P_Bar(kk) = abs(A2'*Rxx*A2)/M^2;
    end
%algo Barlett : fin

P_BardB = 10*log10(P_Bar/max(P_Bar));

% Algorithme PRONY: dÃ©but
% matrice de covariance de X

    u = zeros(M,1); u(round(L/2))=1;
    P_Pro = zeros(1,phi_size(2));
    for kk = 1:phi_size(2)
        A2 = exp(-j*k*a*(cos(phi_m)*cos(phi(kk))-
sin(phi_m)*sin(phi(kk))));
        P_Pro(kk) = abs((u'*inv(Rxx)*u)/(abs(u'*inv(Rxx)*A2))^2);
    end
    P_ProdB = 10*log10(P_Pro/max(P_Pro));
% PRONY: fin

rXX = inv(Rxx);
c = rXX(:,round(M/2));
```

```matlab
P_MEM = zeros(1,phi_size(2));

%spectre P
for kk = 1:phi_size(2)
    A2 = exp(-j*k*a*(cos(phi_m)*cos(phi(kk))-
sin(phi_m)*sin(phi(kk))));
    P_MEM(kk) = 1/abs(A2'*(c*c')*A2);
end;
% MEM: fin
P_MEMdB = 10*log10(P_MEM/max(P_MEM));


% MMSE %

[Exx, Dxx] = eig(Rxx);
%tri par des valeurs propres dans l'ordre croissant
[Y, Index] = sort(diag(Dxx));
%vecteur propre associé à la plus petite valeur propre
e1 =Exx(:, Index(1));
P_MMSE = zeros(1,phi_size(2));
%Spectre P
for kk = 1:phi_size(2)
    A2 = exp(-j*k*a*(cos(phi_m)*cos(phi(kk))-
sin(phi_m)*sin(phi(kk))));
    P_MMSE(kk) = 1/(abs(A2'*e1))^2;
end;
P_MMSEdB = 10*log10(P_MMSE/max(P_MMSE));


% Algorithme MIN-NORM: début

[Exx,Dxx] = eig(Rxx);
[Y,Index] = sort(diag(Dxx)); % tri des valeurs propres dans
l'ordre croissant
Enn = Exx(:,Index(1:M-L)); % matrice du sous espace bruit
IK = eye(M);
u1 = IK(:,1);


P_MIN = zeros(1,phi_size(2));
% spectre P
    for kk = 1:phi_size(2)
        A2 = exp(-j*k*a*(cos(phi_m)*cos(phi(kk))-
sin(phi_m)*sin(phi(kk))));
        P_MIN(kk)=1/(abs(A2'*Enn*Enn'*u1))^2;
    end
% MIN-NORM: fin
P_MINdB = 10*log10(P_MIN/max(P_MIN));


%--------------------------------------------------------------
---------
%Spectre de puissance de MUSIC, cas linéaire
```

```matlab
%----------------------------------------------------------------
----------
% Algorithme MUSIC: début
% V = vecteurs propres, D = valeurs propres
[V,D] = eigs(Rxx, M, 'LM');

P_MUS = zeros(1,phi_size(2));
%spectre P
for kk = 1:phi_size(2)
    A2 = exp(-j*k*a*(cos(phi_m)*cos(phi(kk))-
sin(phi_m)*sin(phi(kk))));
    P_MUS(kk)= 1/(abs((A2'*V(:,1:M-L)*V(:,1:M-L)'*A2)));
end;
P_MUSdB = 10*log10(P_MUS/max(P_MUS));
% MUSIC: fin

%----------------------------------------------------------------
----------
%Spectre de puissance de capon, cas circulaire
%----------------------------------------------------------------
----------
%algo capon : debut

P_CAP = zeros(1,phi_size(2));

    for kk = 1:phi_size(2)
        A = exp(-j*k*a*(cos(phi_m)*cos(phi(kk))-
sin(phi_m)*sin(phi(kk))));
        P_CAP(kk) = 1/abs(A'*inv(Rxx)*A);
    end
%algo capon : fin

P_CAPdB = 10*log10(P_CAP/max(P_CAP));


plot(phi_deg,P_BardB,phi_deg,P_ProdB,phi_deg,P_MEMdB,phi_deg,P_MMS
EdB,phi_deg,P_MINdB,phi_deg,P_MUSdB,phi_deg,P_CAPdB);
grid on;
grid minor;
%title('Estimateurs de DOA sur reseau lineaire');
ylabel('Puissance(dB)')
xlabel('Direction de l''espace (°)')
hleg = legend('BARTLETT','PRONY','MEM','MMSE','MIN-
NORM','MUSIC','CAPON');
set(hleg,'FontAngle','italic','TextColor',[.3 .2 .1]);
set(hleg,'Location','NorthEastOutside');

hold all
end
```

I.14.4.3.   Temps écoulés

L'autre paramètre auquel nous nous sommes intéressés est le temps de calcul des algorithmes. Nous l'évaluons avec la fonction « Tic Toc » de MATLAB. Les résultats sont présentés sur les tableaux 3, 4 et 5.

Temps écoulés des différents algorithmes classiques d'estimation de DOA sur réseau linéaire en secondes

Estimateurs de DOA	Réseau linéaire			
	1Lobe	2Lobes	3Lobes	4Lobes
Bartlett	0.187	0.266	0.202	0.218
Prony	0.234	0.250	0.218	0.203
Capon	0.156	0.203	0.187	0.187
MEM	0.171	0.172	0.156	0.172
MMSE	0.188	0.172	0.171	0.172
MUSIC	0.359	0.218	0.234	0.250
MIN-NORM	0.156	0.172	0.203	0.156

Temps écoulés des algorithmes classiques d'estimation de DOA sur réseau planaire en secondes

Estimateurs de DOA	Réseau planaire			
	1Lobe	2Lobes	3Lobes	4Lobes
Bartlett	0.109	0.125	0.125	0.125
Prony	2.850	2.880	2.917	2.918
Capon	1.529	1.513	1.513	1.545
MEM	0.11	0.125	0.109	0.125
MMSE	0.125	0.125	0.109	0.172
MUSIC	0.781	0.343	0.265	0.250
MIN-NORM	0.125	0.156	0.156	0.156

Temps écoulés des algorithmes classiques d'estimation de DOA sur réseau circulaire en secondes

Estimateurs de DOA	Réseau circulaire			
	1Lobe	2Lobes	3Lobes	4Lobes
Bartlett	0.156	0.218	0.202	0.218
Prony	0.218	0.202	0.187	0.202
Capon	0.187	0.203	0.203	0.203
MEM	0.187	0.187	0.172	0.156
MMSE	0.234	0.171	0.188	0.187
MUSIC	0.156	0.172	0.156	0.172
MIN-NORM	0.219	0.234	0.172	0.203

I.15. Formation des faisceaux (beamforming) dans des directions privilégiés

Avant de les présenter, nous allons d'abord décrire la procédure de simulation de l'outil developpé pour montrer les différents résultats de l'implémentation des algorithmes classiques de formation des faisceaux.

I.15.1. Procédure de simulation

Les figures ci-après présentent l'utilisation de l'application réalisée.

En figure 156, nous avons la page de garde de l'outil « Antennes intelligentes : Optimisation du temps de beamforming par synthèse au moyen des algorithmes génétiques ».

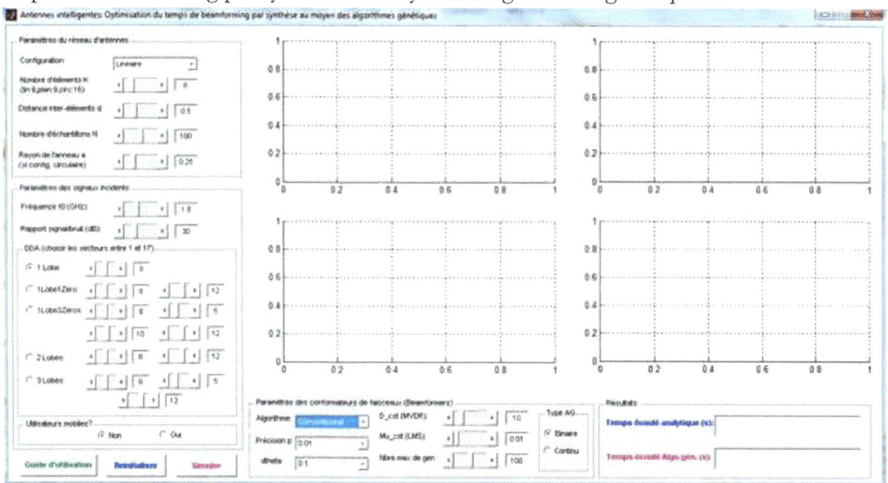

Figure 156: Page de garde de l'outil de formation des faisceaux par approche analytique.

Après avoir rempli les paramètres du réseau d'antennes comme illustré sur la figure 157.

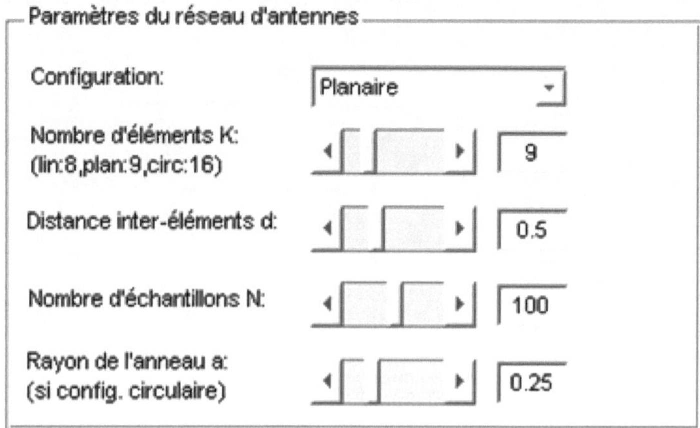

Figure 157: **Choix des paramètres du réseau d'antennes.**

On a dans les paramètres du réseau d'antennes :

Le nombre d'éléments K : par défaut lorsqu'on a choisi le réseau linéaire, la valeur de K a basculé automatiquement à 8, si on a choisi le réseau planaire, la valeur de K a basculé automatiquement à 9 (cela signifie qu'on a 9x9 = 81 éléments d'antennes) et si on a choisi le réseau circulaire, la valeur de K a basculé automatiquement à 16. Mais il est à noter que ces valeurs ne sont que celles par défaut pour lesquelles nous avons mené nos simulations. L'utilisateur peut à souhait les modifier et observer les changements sur les courbes du spectre de puissance et sur le nombre de raies détectables. Néanmoins, le nombre de sources doit être strictement inférieur au nombre d'éléments de l'antenne (L < K pour les réseaux linéaire et circulaire ou L < (K*K) pour le réseau planaire). En d'autres termes, un réseau de K éléments ne peut détecter convenablement qu'au plus (K-1) sources.

La distance inter-éléments en termes de lambda : d, qui est fixée par défaut à 0.5, mais que l'utilisateur peut également modifier à souhait et observer l'influence.

Le nombre d'échantillons N dont la valeur maximale par défaut a été fixé à 100.

Le rayon de l'anneau a (qui n'est pris en compte que pour le réseau circulaire) est fixé par défaut à 0.25.

On rentre les paramètres des signaux incidents (voir figure 158), à savoir :

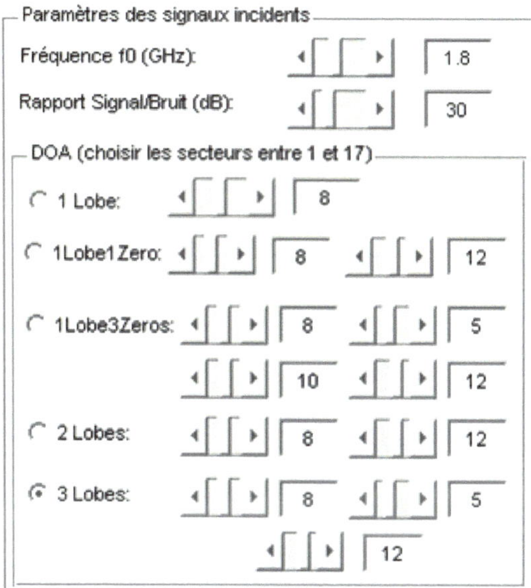

Figure 158: **Rentrer les paramètres des signaux incidents.**

La fréquence d'utilisation f0 dont la valeur par défaut est fixée à 1.8GHz mais dont la modification n'influe pas de façon notable les résultats. Ainsi on peut l'essayer à 2.4 GHz ou à 5 GHz.

Le rapport signal sur bruit dont la valeur par défaut est fixée à 30 dB, modifiable ;

Les directions d'arrivées (« DDA » en français et « DOA » en anglais) selon le nombre de lobes souhaités. Ainsi l'utilisateur coche l'une des cases entre 1lobe, 1lobe1zero, 1lobe3zeros, 2lobes, 3lobes. Le zéro représentant un interférent.

Par la suite, il lui est offert la possibilité de rentrer les directions d'arrivées en termes de secteurs entre 1 et 17 car l'espace a été divisé en 17 secteurs entre 5 et 175°. Il pourra ainsi à souhait indiquer où se trouvent la ou les sources qu'il souhaite détecter.

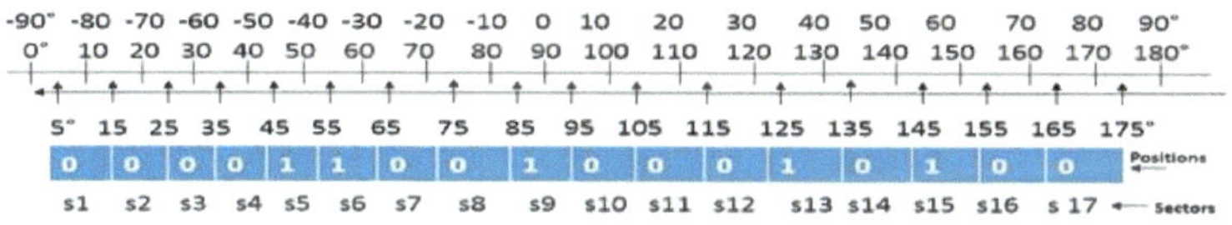

Figure 159: **Les différents secteurs.**

Par la suite, il répond à la question si la source est mobile ou statique en cochant. Pour l'instant, l'outil d'optimisation ne fonctionne que pour des sources statiques (figure 160).

Figure 160: **Choix du type d'utilisateurs.**

On choisit l'algorithme, comme celui de « Conventionnel » à la figure 161.

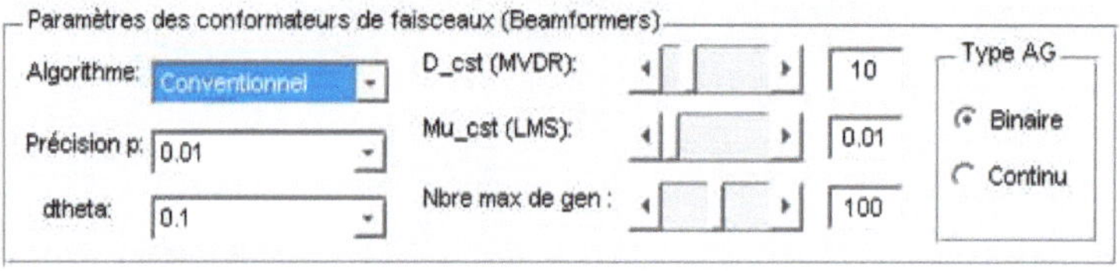

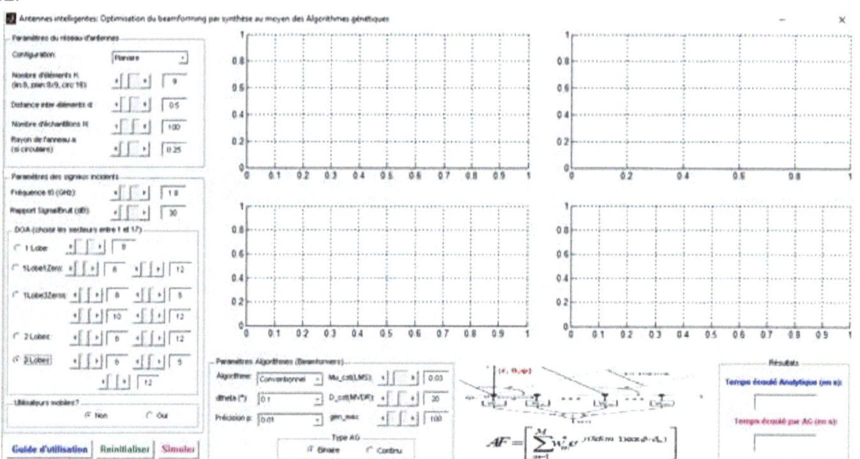

Figure 161: **Choix des paramètres des confarmateurs de faisceaux (Beamformers).**

Pour les méthodes analytiques de caractérisation, nous avons plusieurs algorithmes qui sont :

–   Conventionnel : (Sum & delay beamformer), il ne conforme le diagramme de rayonnement que dans une seule direction,

–   Nullsteering : il s'agit du beamformer à annulation de lobes. Son principe est de mettre les zeros dans les directions des interférents afin de les annuler. L'inconvénient est qu'il ne se préoccupe pas de la position des utilisateurs ; ses résultats laissent ainsi à désirer. Pour cette raison, nous avons jugé inutile de la synthétiser,

–   MVDR : « Minimum Variance Distorsionless Response » (CAPON), à ce niveau, on peut modifier la valeur de D_cst qui est fixée par défaut à 10 pour les réseaux linéaire et circulaire, et 20 pour le réseau planaire. Cette dernière valeur permet de stabiliser la courbe du MVDR, mais choisir une valeur supérieure à 30 est négatif car le MVDR tendrait alors à se comporter comme le conventionnel or le MVDR à l'opposé du conventionnel, dépend des données envoyées par les signaux incidents et est parfaitement adaptable,

–   LMS: Least mean square error. On pourra à souhait modifier la valeur de Mu_cst qui est un paramètre dont dépend la convergence de l'algorithme. sa valeur par défaut pour les réseaux linéaire et circulaire est 0.01. Pour le réseau planaire la valeur par défaut permettant d'obtenir des courbes stables est de 0.1.

NB : beaucoup d'autres méthodes de détection de DDA existent dans la littérature.

Au final, toutes les données sont définies et on obtient la feuille de représentation de la figure 162.

Figure 162: **Paramètres pour la formation de 3 faisceaux par « Conventionnel » sur réseau planaire.**

Enfin, il suffit de lancer la simulation en cliquant sur « simuler » comme illustré par le cercle rouge dans la figure 162 et on obtient le résultat final de la figure 163.

Par la suite, nous présenterons juste les résultats finaux.

I.15.2. Les conformateurs fixes

Ils sont indépendants des données des utilisateurs.

I.15.2.1. Le conformateur conventionnel

I.15.2.1.1. Résultats

La configuration de l'application est faite conformement aux recommandations de la section 3.4.1.

a.   Planaire

La figure 163 présente la formation de trois faisceaux (50°, 80° et 120°) par l'algorithme Conventionnel sur un réseau planaire à 9x9 éléments distants de 0.5 m.

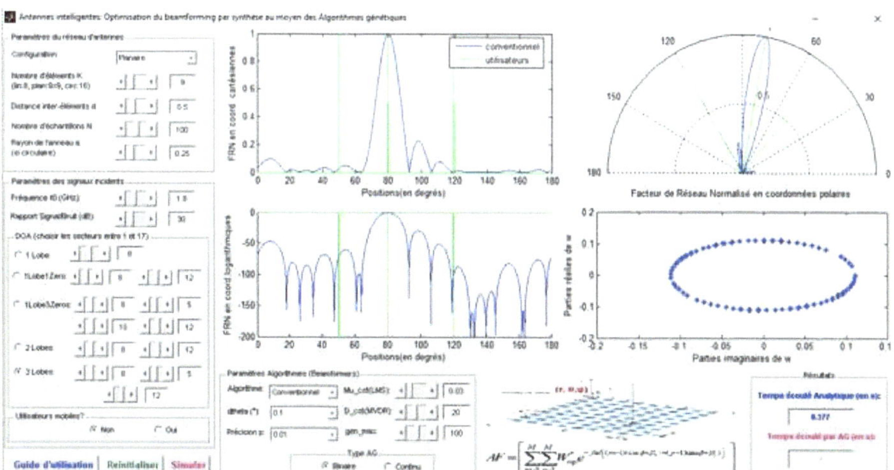

Figure 163:   Formation de 3 faisceaux par l'algorithme « Conventionnel » sur réseau planaire.

b.   Linéaire

La figure 164 présente la formation de trois faisceaux (50°, 80° et 120°) par l'algorithme Conventionnel sur un réseau linéaire à 8 éléments distants de 0.5 m.

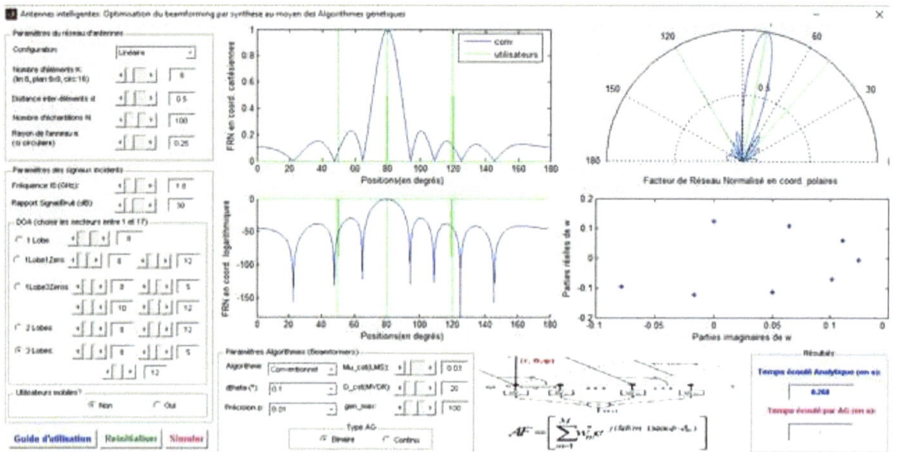

Figure 164: ***Formation de 3 faisceaux par l'algorithme « Conventionnel » sur réseau linéaire.***

c.   Circulaire

La figure 165 présente la formation de trois faisceaux (50°, 80° et 120°) par l'algorithme Conventionnel sur un réseau circulaire à 16 éléments distants de 0.5 m.

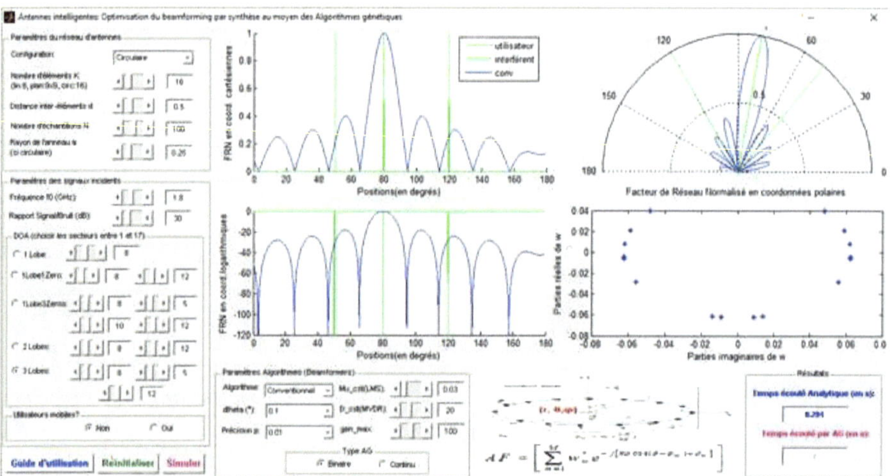

Figure 165: ***Formation de 3 faisceaux par l'algorithme « Conventionnel » sur réseau circulaire.***

I.15.2.1.2.   Codes sources

a.   Planaire

Code source 43 :   ***Beamforming par « Conventionnel » sur réseau planaire***

```matlab
% les parametres peuvent être :
user_1 = 6;
f0 = 1800000000;
M = 9;
d_lambda = 0.5;
dtheta = 1;
% fin

kd = 2*pi*d_lambda;
phi_all_deg = user_1*10;
theta_all_deg = 90; %les signaux sont supposés être dans le même
plan que le réseau d'antennes

% Phases en radians
phi_all = phi_all_deg*(pi/180);
theta_all = theta_all_deg*(pi/180);

%matrice permettant d'étirer le faisceau dans la direction de
l'utilisateur
[thet11,thet22] = meshgrid(0:M-1,0:M-1);
thet1 = reshape(thet11',1,M*M);
thet2 = reshape(thet22',1,M*M);

angle1 = cos(phi_all).*sin(theta_all);
angle2 = sin(phi_all).*sin(theta_all);


A = exp(-1i*kd*(thet1'*angle1 + thet2'*angle2));
 % matrice des poids
w = (1/M)*A;

%Facteur de réseau normalisé de la méthode analytique (Sum&delay)
[NAF] = naf_planaire(dtheta,kd,thet1,thet2, w);
```

b.   Linéaire

Code source 44 :   ***Beamforming par « Conventionnel » sur réseau linéaire***

```matlab
theta_deg = (0:dtheta:180-dtheta);
theta = theta_deg*(pi/180);
theta_size = size(theta);
%Direction d'arrivée(en degrés)
theta_all_deg = user_1*10;
```

```matlab
%Directions d'arrivée en radian
theta_all = theta_all_deg*(pi/180);
%vecteur poids du beamformer conventionnel, cas linéaire
w = (1/M)*exp(1i*kd*(m-1)*cos(theta_all));
%Facteur de réseau normalisé [NAF] = naf_lineaire(dtheta,kd,M,w);
```

c. Circulaire

Code source 45 : Beamforming par « Conventionnel » sur réseau circulaire

```matlab
%Les paramètres peuvent être :

user_1 = 4;
f0 = 1800000000;
M = 8;
a_lambda = 0.25;
ka = 2*pi*a_lambda;
dphi = 1;

% fin
n = (1:1:M)';

% Position de l'élément numéro m
phi_m = 2*pi*(n-1)/M;

%Directions d'arrivées en degrés
phi_all_deg = user_1*10;
 %Directions d'arrivées en radian
phi_all = phi_all_deg*(pi/180);
%vecteur pondération circulaire
w = (1/M)*exp(1i*2*pi*ka*(cos(phi_m)*cos(phi_all)-
sin(phi_m)*sin(phi_all)));
%Facteur de rÃ©seau normalisé de la méthode analytique (Sum&delay)
 [NAF] = naf_circulaire(dphi,ka, M, w);
```

I.15.2.2. Le conformateur à annulation de lobes (« Null-steering beamformer »)

I.15.2.2.1. *Résultats*

La configuration de l'application est faite conformement aux recommandations de la section 3.4.1.

a. Planaire

La figure 166 présente la formation d'un faisceau (80°) et d'un zéro (120°) par l'algorithme Null-steering sur un réseau planaire à 9x9 éléments distants de 0.5 m.

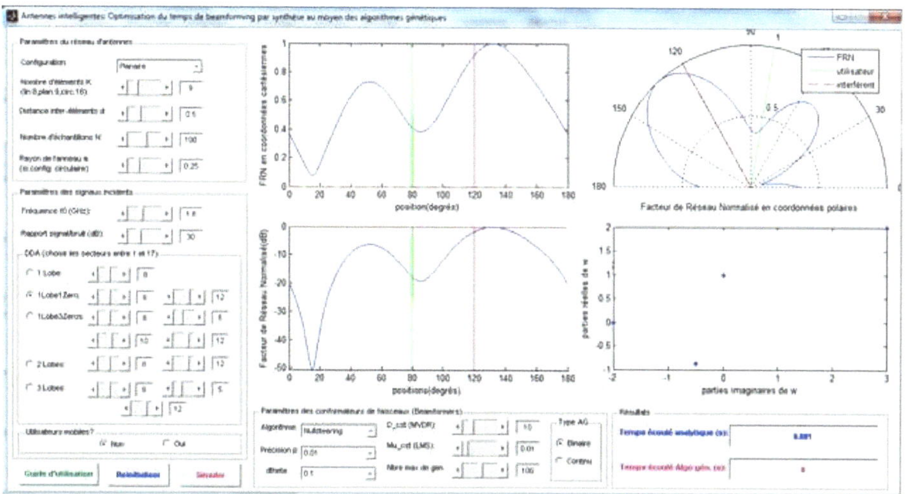

Figure 166: *Formation d'un faisceau et d'un zéro par l'algorithme « Null-steering » sur réseau planaire.*

b.   Linéaire

La figure 167 présente la formation d'un faisceau (80°) et d'un zéro (120°) par l'algorithme Null-steering sur un réseau linéaire à 8 éléments distants de 0.5 m.

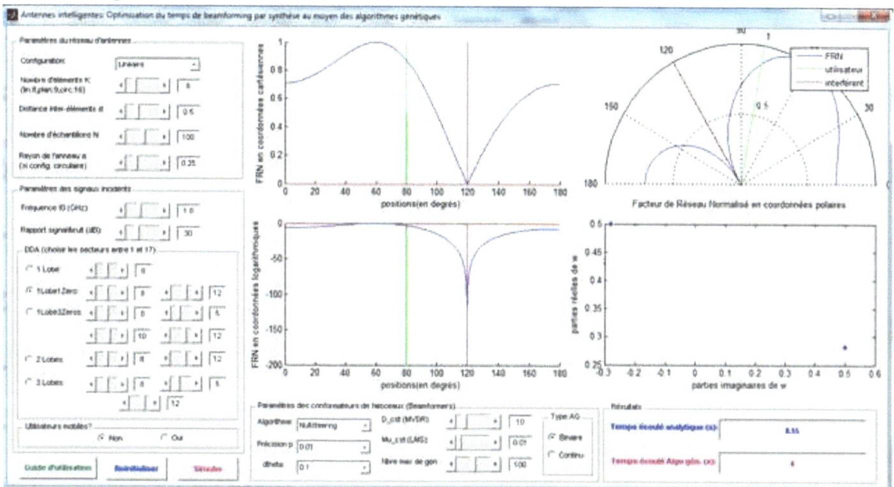

Figure 167: *Formation d'un faisceau et d'un zéro par l'algorithme « Null-steering » sur réseau linéaire.*

c.   Circulaire

La figure 168 présente la formation d'un faisceau (80°) et d'un zéro (120°) par l'algorithme Null-steering sur un réseau circulaire à 16 éléments distants de 0.5 m.

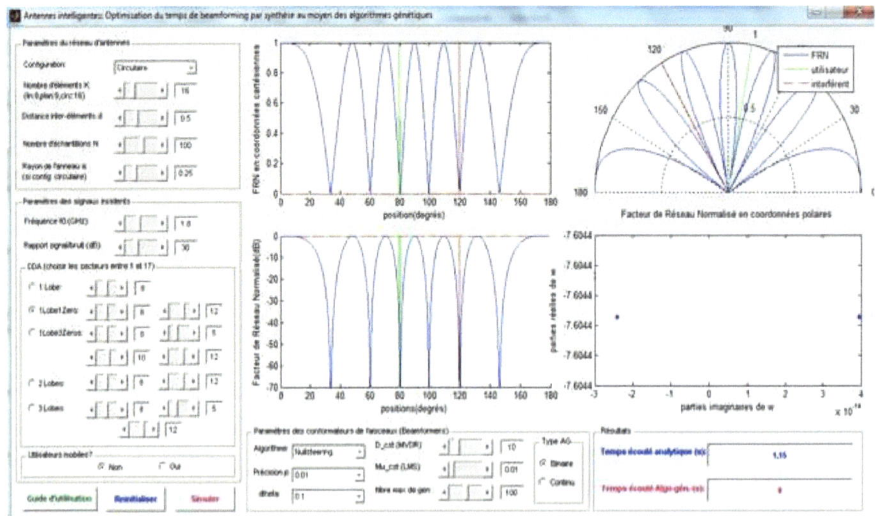

Figure 168:   Formation d'un faisceau et d'un zéro par l'algorithme « Null-steering »
sur réseau circulaire.

I.15.2.2.2.   Codes sources

a.   Planaire

Code source 46 :   *Beamforming par « Null-steering » sur réseau planaire*

```matlab
L = 3; %% nombre de signaux incidents
M = L; %nombre d'éléments du réseau d'antenne
%DOA des signaux incidents
phi_all_deg = [user_1*10 50 120]';
phi_all = phi_all_deg*(pi/180);
theta_all_deg = [90 90 90]';
theta_all = theta_all_deg*(pi/180);
%vecteur excitation
e_1 = [1 zeros(1,L-1)]';
% e_i(k) is '1' if user signal direction,
% e_i(k) is '0' if interferer
%matrice de déphasage permettant l'annulation
 [thet11,thet22] = meshgrid(0:M-1,0:M-1);
thet1 = reshape(thet11',1,M*M);
thet2 = reshape(thet22',1,M*M);
angle1 = cos(phi_all).*sin(theta_all);
angle2 = sin(phi_all).*sin(theta_all);
A0 = exp(-1i*k*d*(thet1'*angle1' + thet2'*angle2'));
%vecteur pondérations
% w = e_1'*inv(A) n'est plus utilisé car A n'est pas carré
% w = (e_1)'*A0'*inv(A0*A0') donne de mauvais résultats
w1 = (e_1)'*pinv(A0); %résultats acceptables. Voir help pinv
w = w1';
%génération du FRN de la méthode analytique
```

```matlab
[NAF] = naf_planaire(dphi,kd, M, w);
```

b.   Linéaire

Code source 47 :   ***Beamforming par « Null-steering » sur réseau linéaire***

```matlab
%Les paramètres peuvent être :

L = 3; %nombre de signaux incidents, cas particulier
M = L; % nombre d'ÉlÉments du rÉseau d'antennes
user_1 = 5;
f0 = 1800000000;
%sM = 8;
d_lambda = 0.5;
dtheta = 1;
%fin
kd = 2*pi*d_lambda;
%Direction d'arrivÉe(en degrÉs)
theta_all_deg = [user_1*10 100 120]';
%Directions d'arrivÉe en radian
theta_all = theta_all_deg*(pi/180);
e_1 = [1 zeros(1,L-1)]'; %vecteur d'excitation
% e_i(k) est â€™1â€™ si direction du signal utile,
% e_i(k) est â€™0â€™ si direction de l'interfÉrent
% matrice dÉphasage permettant d'annuler les zeros
m = (1:1:M)';
A = exp(j*kd*(m-1)*cos(theta_all'));
%vecteur poids du beamformer Ã  annulation de lobes, cas linÉaire
w = e_1'*inv(A);
w = w';
%Facteur de rÉseau normalisÉ
[NAF] = naf_lineaire(dtheta,kd,M,w);
```

c.   Circulaire

Code source 48 :   ***Beamforming par « Null-steering » sur réseau circulaire***

```matlab
% Les paramètres peuvent être

L = 3; %nombre de signaux incidents, cas particulier
M = L; % nombre d'ÉlÉments du rÉseau d'antennes
user_1 = 6;
f0 = 1800000000;
a_lambda = 0.25;
ka = 2*pi*a_lambda;
dphi = 1;
%fin

n =(1:1:M)';
phi_m = 2*pi*(n-1)/M;
```

```matlab
%DOA des signaux incidents
phi_all_deg = [user_1*10 100 120];

%DOA (en radians)
phi_all = phi_all_deg*(pi/180);
e_1 = [1 zeros(1,L-1)]'; %vecteur d'excitation

% matrice dÉphasage permettant d'annuler les directions des
interfÉrents
A = exp(1i*2*pi*ka*(cos(phi_m)*cos(phi_all)-
sin(phi_m)*sin(phi_all))); %circulaire
%vecteur poids
w = e_1'*inv(A);
w = w';
%gÉnÉration du FRN de la mÉthode analytique
 [NAF] = naf_circulaire(dphi,ka, M, w);
```

I.15.3. Les conformateurs adaptatifs

Ils dépendent des données de l'utilisateur et sont donc indiqués pour les antennes adaptatives.

I.15.3.1. Le conformateur optimal

I.15.3.1.1. Résultats MVDR

La configuration de l'application est faite conformement aux recommandations de la section 3.4.1.

a. Planaire

La figure 169 présente la formation d'un faisceau (80°) par l'algorithme MVDR sur un réseau planaire à 9x9 éléments distants de 0.5 m.

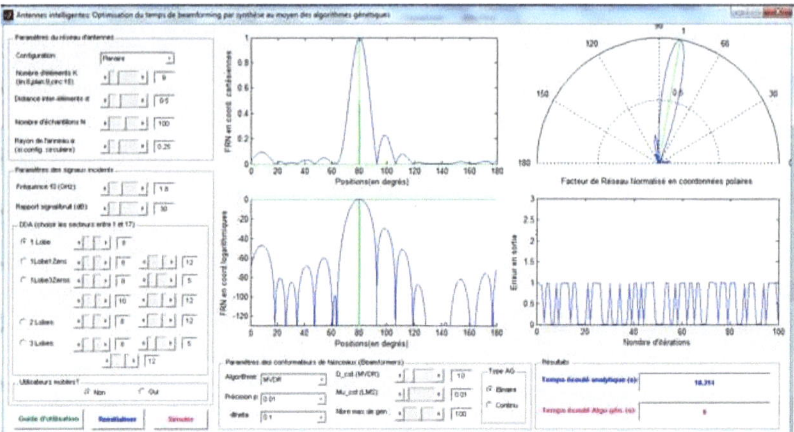

Figure 169: Formation d'un faisceau par l'algorithme « MVDR » sur réseau planaire.

b.   Linéaire

La figure 170 présente la formation d'un faisceau (80°) par l'algorithme MVDR sur un réseau linéaire à 8 éléments distants de 0.5 m.

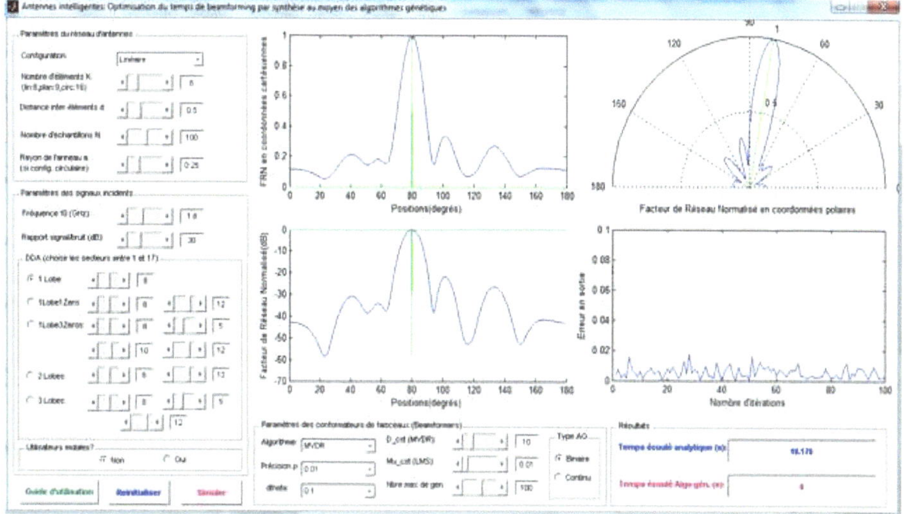

Figure 170:   *Formation d'un faisceau par l'algorithme « MVDR » sur réseau linéaire.*

c.   Circulaire

La figure 171 présente la formation d'un faisceau (80°) par l'algorithme MVDR sur un réseau circulaire à 16 éléments distants de 0.5 m.

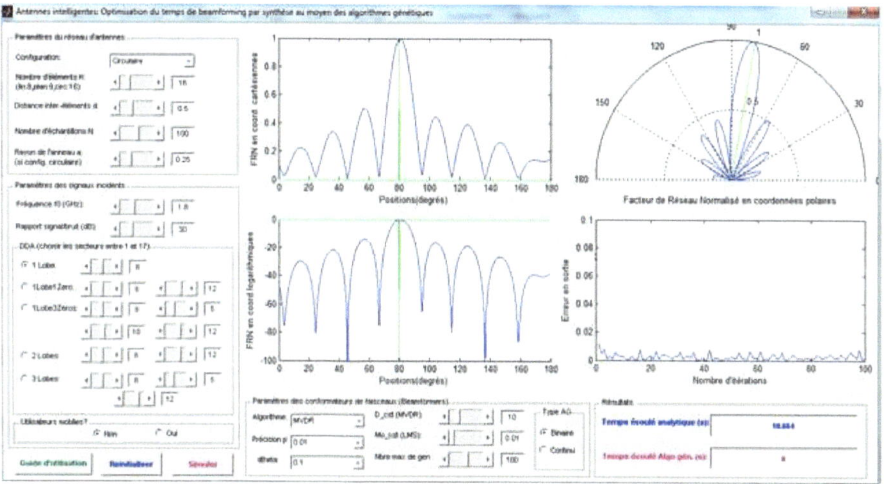

Figure 171:   *Formation d'un faisceau par l'algorithme « MVDR » sur réseau circulaire.*

I.15.3.1.2.   Codes sources

a.   Planaire

Code source 49 :   Beamforming par « MVDR » sur réseau planaire

```matlab
Data = round(rand(L,N)); % données envoyées par l'utilisateur
Data_Noise = sign(rand(L,N)-0.5); % bruit
Data_total = Data.*Data_Noise;
%Directions d'arrivées (DDA) en degrés
phi_all_deg = user_1*10*ones(1,N);
theta_all_deg = 90*ones(1,N);
%Directions d'arrivées en rad
phi_all = phi_all_deg*(pi/180);
theta_all = theta_all_deg*(pi/180);
%générateur du signal en sortie du réseau d'antennes:
X = X_gen_planaire(M, SNR, f0, Data, theta_all, phi_all, d_lambda, t);
% matrice de surcharge de X
% si pas besoin de matrice de surcharge, mettre D_cst à 0
sigma = sqrt((1/4)/10^(SNR/10));
D = D_cst*sigma*eye(M*M);
w = zeros(M*M)'; y = zeros(1,N); e = zeros(1,N);
% initialisation de Rxx
Rxx_n1 = 10*sigma*eye(M*M);
for i = 1:N
Rxx_n = (i*Rxx_n1 + [X(:,i) D]*[X(:,i) D]')/(i+1);
%matrice permettant d'étirer le faisceau dans la direction de
l'utilisateur
phi_0 = phi_all(1,i);
theta_0 = theta_all(1,i);
[thet11,thet22] = meshgrid(0:M-1,0:M-1);
thet1 = reshape(thet11',1,M*M);
thet2 = reshape(thet22',1,M*M);
angle1 = cos(phi_0).*sin(theta_0);
angle2 = sin(phi_0).*sin(theta_0);
s0 = exp(-1i*k*d*(thet1'*angle1 + thet2'*angle2));
%matrice des pondérations
w = ((Rxx_n)\s0)/(s0'*((Rxx_n)\s0));
y(i) = w'*X(:,i);%sorties du réseau d'antennes
%erreur entre sorties du réseau d'antennes et données de
l'utilisateur
e(i) = Data(1,i) - abs(y(i));
%"abs(y(i))" parceque les données sont modulées par celles du
bruit
%Facteur de Réseau Normalisé(FRN)de la méthode analytique(MVDR)
    [NAF] = naf_planaire(dphi,kd, M, w);
end
```

b.   Linéaire

Code source 50 :   Beamforming par « MVDR » sur réseau linéaire

```matlab
% Les paramètres peuvent être :
L = 1;
N = 200;
```

```matlab
user_1 = [10];
SNR = 30;
f0 = 1800000000;
M = 8;
D_cst = 0;
d_lambda = 0.5;
d_t = 1/(f0*N);
t = (0:d_t:1/f0 - d_t);
kd = 2*pi*d_lambda;
dtheta = 1;

%fin
% donnÉes envoyÉes par l'utilisateur
Data = round(rand(L,N));
% bruit
Data_Noise = sign(rand(L,N)-0.5);

Data_total = Data.*Data_Noise;
%Directions d'arrivÉes (en degrÉs)
theta_all_deg = user_1*10*ones(1,N);
%Directions d'arrivÉes (en radians)
theta_all = theta_all_deg*(pi/180);
%gÉnÉrateur du signal en sortie du rÉseau d'antennes
X = X_gen_lineaire_beam(M, SNR, f0, Data, theta_all, d_lambda,
t);% matrice de surcharge de X

% si pas besoin de matrice de surcharge, mettre D_cst Ã  0
sigma = sqrt((1/4)/10^(SNR/10));
D = D_cst*sigma*eye(M);
wmvdr = zeros(1,M)';
y = zeros(1,N);
e = zeros(1,N);

% calcul de Rxx

% initialisation de Rxx
Rxx_n = 10*sigma*eye(M);

for i = 1:N
    Rxx_n1 = Rxx_n;
    Rxx_n = (i*Rxx_n1 + [X(:,i) D]*[X(:,i) D]')/(i+1);

%vecteur permettant d'Étirer le faisceau dans la direction de
l'utilisateur
theta_0 = theta_all(1,i);
m = (1:1:M)';
s0 = exp(1i*kd*(m-1)*cos(theta_0));
%s0(:,2) = exp(1i*kd*(m-1)*cos(theta_1));
```

```matlab
%vecteur pondÉrations
wmvdr = ((Rxx_n)\s0)/(s0'*((Rxx_n)\s0));


%sorties du rÉseau d'antennes
 y(i) = wmvdr'*X(:,i);


 %erreur entre sorties du rÉseau d'antennes et donnÉes de
l'utilisateur
e(i) = Data(1,i) - abs(y(i));
%"abs(y(i))" parceque les donnÉes sont modulÉes par celles du
bruit
end
%Facteur de RÉseau NormalisÉ(FRN)de la mÉthode analytique(MVDR)
[NAFmvdr] = naf_lineaire(dtheta,kd, M, wmvdr);
```

c.   Circulaire

Code source 51 :   Beamforming par « MVDR » sur réseau circulaire

```matlab
% Les paramètres peuvent être :
L = 1;
N = 200;
user_1 = [8];
SNR = 30;
f0 = 1800000000;
M = 8;
D_cst = 0;
a_lambda = 0.25;
d_t = 1/(f0*N);
t = (0:d_t:1/f0 - d_t);
ka = 2*pi*a_lambda;


dphi = 1;

 %fin
% donnÉes envoyÉes par l'utilisateur
Data = round(rand(L,N));

% bruit
Data_Noise = sign(rand(L,N)-0.5);

Data_total = Data.*Data_Noise;

%Directions d'arrivÉes (DDA) en degrÉs
phi_all_deg = user_1*10*ones(1,N);

%Directions d'arrivÉes (DDA) en radians
phi_all = phi_all_deg*(pi/180);

%gÉnÉrateur du signal en sortie du rÉseau d'antennes:
X = X_gen_circulaire(M, SNR, f0, Data, phi_all, a_lambda, t); %
matrice de surcharge de X


% si pas besoin de matrice de surcharge, mettre D_cst Ã  0
sigma = sqrt((1/4)/10^(SNR/10));
D = D_cst*sigma*eye(M);
w = zeros(1,M)';
e = zeros(1,N);
y = zeros(1,N);


% initialisation de Rxx
```

```matlab
Rxx_n = 10*sigma*eye(M);

for i = 1:N
    Rxx_n1 = Rxx_n;
    Rxx_n = (i*Rxx_n1 + [X(:,i) D]*[X(:,i) D]')/(i+1);

    %vecteur permettant d'Étirer le faisceau dans la direction de
l'utilisateur
    phi_0 = phi_all(1,i);
    n = (1:1:M)';
    phi_m = 2*pi*(n-1)/M;
    s0 = exp(1i*2*pi*ka*(cos(phi_m)*cos(phi_0)-
sin(phi_m)*sin(phi_0)));

    %vecteur pondÉrations
    w = ((Rxx_n)\s0)/(s0'*((Rxx_n)\s0));

    %sorties du rÉseau d'antennes
    y(i) = w'*X(:,i);

    %erreur entre sorties du rÉseau d'antennes et donnÉes de
l'utilisateur
     e(i) = Data(1,i) - abs(y(i));
    %"abs(y(i))" parceque les donnÉes sont modulÉes par celles du
bruit
end

%Facteur de RÉseau NormalisÉ(FRN)de la mÉthode analytique(MVDR)
    [NAF] = naf_circulaire(dphi,ka, M, w);
```

I.15.3.2. Les conformateurs à séquence d'apprentissage

La séquence d'apprentissage est une partie d'information envoyée connue du récepteur lui permettant de déduire de l'état d'arrivée des bits la fonction de transfert du canal. On a ainsi un signal de référence avec lequel l'antenne confronte le signal en sortie du réseau. Les algorithmes les plus utilisés sont :

- LMS (Least Mean Square)
- RLS (Recursive Least Square)
- DMI (Direct Matrix Inversion, aussi appelé SMI : Sampled Matrix Inversion)
- CMA (Constant Modulus Amplitude)

I.15.3.2.1. Résultats du LMS

La configuration de l'application est faite conformement aux recommandations de la section 3.4.1.

a.   Planaire

La figure 172 présente la formation de deux faisceaux (80° et 120°) par l'algorithme LMS sur un réseau planaire à 9x9 éléments distants de 0.5 m.

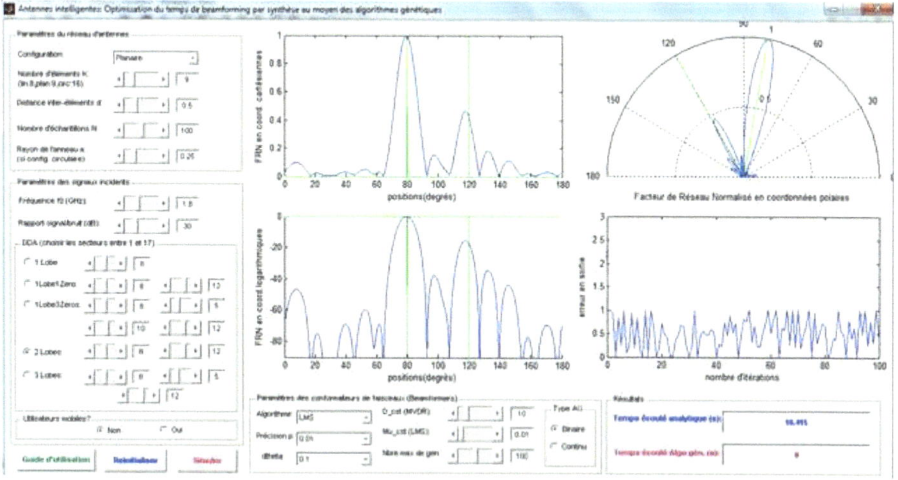

Figure 172: ***Formation deux faisceaux par l'algorithme « LMS » sur réseau planaire.***

b.   Linéaire

La figure 173 présente la formation de deux faisceaux (80° et 120°) par l'algorithme LMS sur un réseau linéaire à 8 éléments distants de 0.5 m.

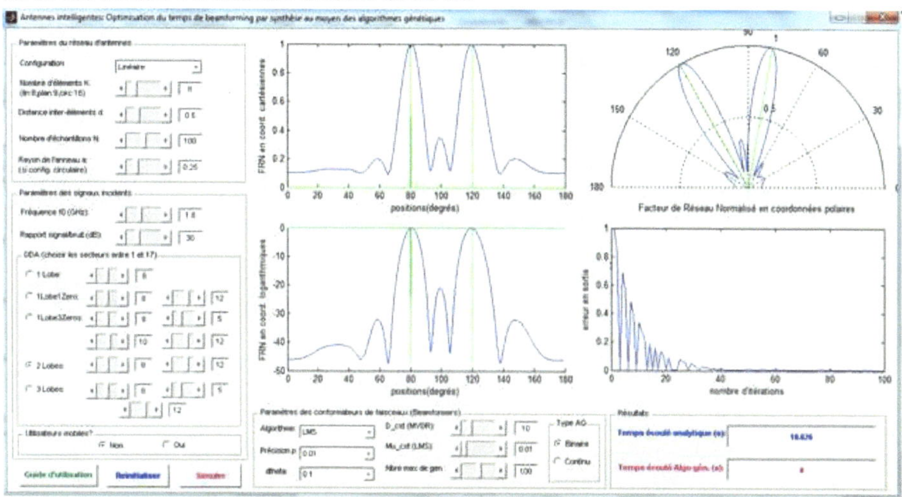

Figure 173: ***Formation deux faisceaux par l'algorithme « LMS » sur réseau linéaire.***

c.   Circulaire

La figure 174 présente la formation de deux faisceaux (80° et 120°) par l'algorithme LMS sur un réseau circulaire à 16 éléments distants de 0.5 m.

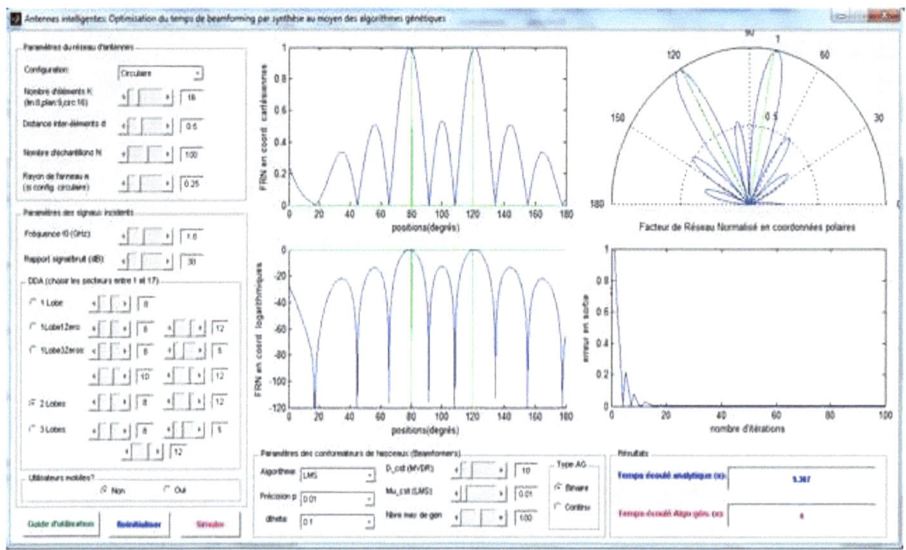

Figure 174:   *Formation deux faisceaux par l'algorithme « LMS » sur réseau circulaire.*

I.15.3.2.2. Codes sources LMS

a.   Planaire

Code source 52 :   *Beamforming par « LMS » sur réseau planaire*

```matlab
Data = round(rand(L,N)); % données envoyées par l'utilisateur
%Directions d'arrivées (DDA) en degrés

phi_all_deg = user_1*10*ones(1,N);
theta_all_deg = 90*ones(1,N);
%Directions d'arrivées en rad
phi_all = phi_all_deg*(pi/180);
theta_all = theta_all_deg*(pi/180);
%générateur du signal en sortie du réseau d'antennes:
X = X_gen_planaire_beam(M, SNR, f0, Data, theta_all, phi_all,
d_lambda, t);
% signal de référence pris comme égal au signal de l'utilisateur
dd = Data(1,:).*exp(1i*2*pi*f0*t);
%initialisations
w = zeros(1,M*M)'; y = zeros(1,N); e = zeros(1,N);
%calcul des sorties
for i = 1:N
y(i) = w'*X(:,i);%sorties du réseau d'antennes
e(i) = dd(i) - y(i);%erreur entre sorties et signal de référence
w = w + mu_cst*X(:,i)*e(i)';%matrice des pondérations
%Facteur de réseau normalisé(FRN) de la méthode analytique(LMS)
```

```matlab
[NAF] = naf_planaire(dphi,kd, M, w);
end
```

b.   Linéaire

Code source 53 :   ***Beamforming par « LMS » sur réseau linéaire***

```matlab
Data = round(rand(L,N)); % données envoyées par l'utilisateur
%Directions d'arrivées (DDA) en degrés
theta_all_deg = user_1*10*ones(1,N);
%Directions d'arrivées (en radians)
theta_all = theta_all_deg*(pi/180);
%générateur du signal en sortie du réseau d'antennes:
X = X_gen_lineaire_beam(M, SNR, f0, Data, theta_all, d_lambda, t);
% signal de référence pris comme égal au signal de l'utilisateur
dd = Data(1,:).*exp(1i*2*pi*f0*t);
%initialisations
w = zeros(1,M)'; y = zeros(1,N); e = zeros(1,N);
% calcul des sorties
for i = 1:N
y(i) = w'*X(:,i);%sorties du réseau d'antennes
e(i) = dd(i) - y(i);%erreur entre sorties et signal de référence
w = w + mu_cst*X(:,i)*e(i)';%vecteur pondérations
% Facteur de réseau normalisé(FRN) de la méthode analytique(LMS)
[NAF] = naf_lineaire(dtheta,kd, M, w);
```

c.   Circulaire

Code source 54 :   ***Beamforming par « LMS » sur réseau circulaire***

```matlab
Data = round(rand(L,N)); % données envoyées par l'utilisateur
%Directions d'arrivées (DDA) en degrés
phi_all_deg = user_1*10*ones(1,N);
% DDA (en rad)
phi_all = phi_all_deg*(pi/180);
%générateur du signal en sortie du réseau d'antennes:
X = X_gen_circulaire_beam(M, SNR, f0, Data, phi_all, lambda, t);
% signal de référence pris comme égal au signal de l'utilisateur
dd = Data(1,:).*exp(1i*2*pi*f0*t);
%initialisations:
w = zeros(1,M)'; e = zeros(1,N); y = zeros(1,N);
%calcul des sorties
for i = 1:N
y(i) = w'*X(:,i); %sorties du réseau d'antennes
e(i) = dd(i) - y(i); %erreur entre sorties et signal de référence
w = w + mu_cst*X(:,i)*e(i)'; %vecteur pondérations
% Facteur de réseau normalisé(FRN) de la méthode analytique(LMS)
[NAF] = naf_circulaire(dphi,ka, M, w);
```

I.15.3.2.3. Résultats du RLS

La configuration de l'application est faite conformement aux recommandations de la section 3.4.1.

a.   Planaire

La figure 175 présente la formation de deux faisceaux (80° et 120°) par l'algorithme RLS sur un réseau planaire à 9x9 éléments distants de 0.5 m.

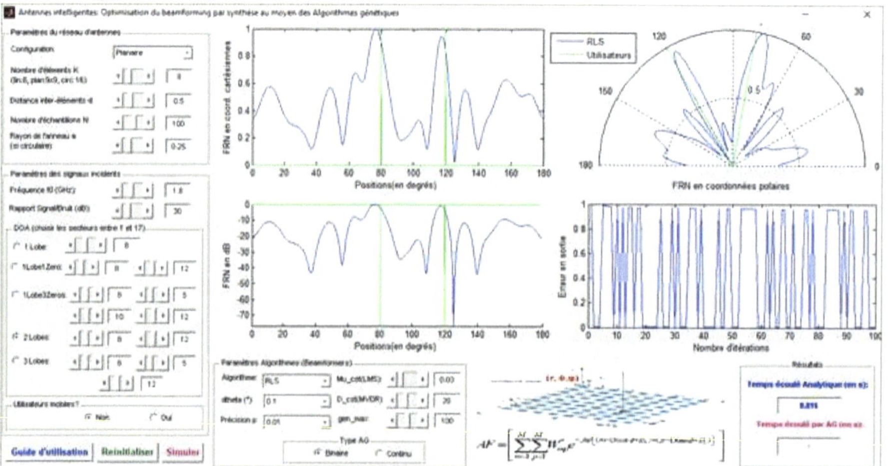

Figure 175:   ***Formation deux faisceaux par l'algorithme « RLS » sur réseau planaire.***

b.   Linéaire

La figure 176 présente la formation de deux faisceaux (80° et 120°) par l'algorithme RLS sur un réseau linéaire à 8 éléments distants de 0.5 m.

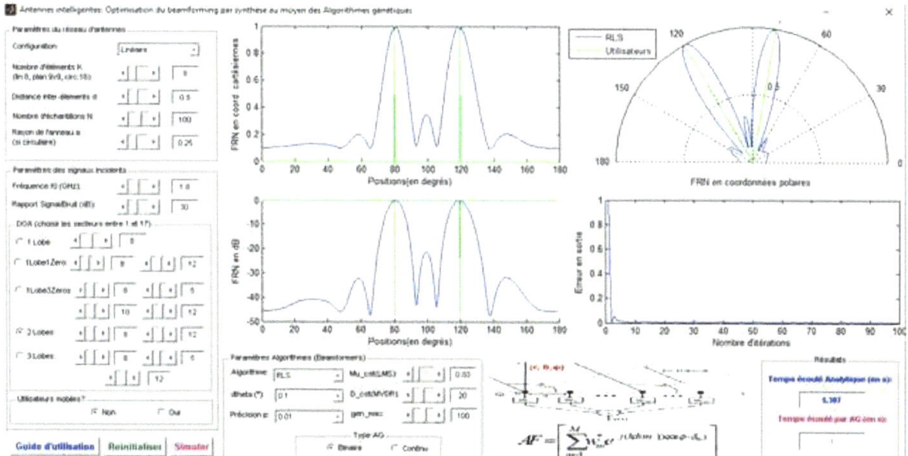

Figure 176: **Formation deux faisceaux par l'algorithme « RLS » sur réseau linéaire.**

c. Circulaire

La figure 177 présente la formation de deux faisceaux (80° et 120°) par l'algorithme RLS sur un réseau circulaire à 16 éléments distants de 0.5 m.

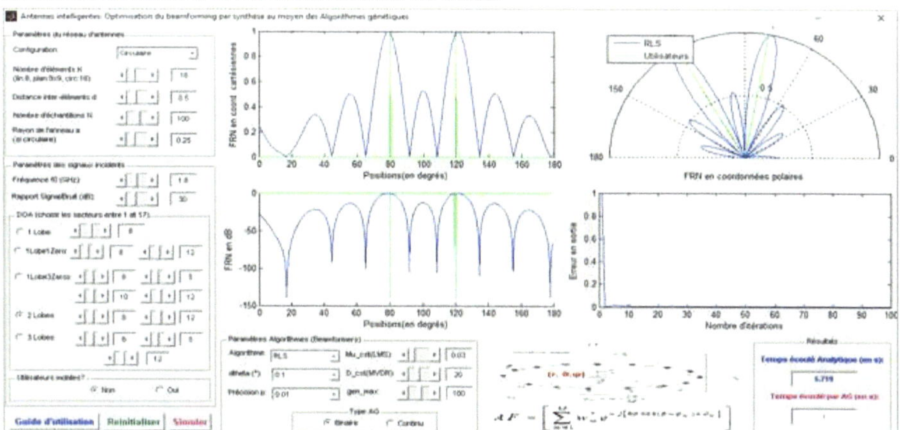

Figure 177: **Formation deux faisceaux par l'algorithme « RLS » sur réseau circulaire.**

I.15.3.2.4. *Codes sources RLS*

a. Planaire

Code source 55 : ***Beamforming par « RLS » sur réseau planaire***

```
Data_U = round(rand(1,N));
Data = [Data_U; Data_U];
phi_all_deg = [user_41*10*ones(1,N);user_42*10*ones(1,N)];
theta_all_deg = [90*ones(1,N);90*ones(1,N)];
```

```matlab
phi_all = phi_all_deg*(pi/180);
theta_all = theta_all_deg*(pi/180);
X = X_gen_planaire_beam(M, SNR, f0, Data, theta_all, phi_all,
d_lambda, t);
dd = Data(1,:).*exp(1i*2*pi*f0*t);
%initializations
w = zeros(1,M*M)'; y = zeros(1,N); e = zeros(1,N);
for i = 1:N
y(i) = w'*X(:,i);
e(i) = dd(i) - y(i);
%-------------------------------------------------
%RLS
delta_zero = 1-1/N;
Rxx_0_inv = (1/delta_zero)*eye(M*M);
Rxx_0 = inv(Rxx_0_inv);
Rxx_i = zeros(M*M);
for kk = 1:i
ki = i-kk;
Rxx_i = Rxx_i+power(delta_zero,ki)*X(:,kk)*(X(:,kk))';
end
Rxx_i = Rxx_i*10^2;
w = w + inv(Rxx_i)*X(:,i)*e(i)';%weights
%NAF RLS
[NAF] = naf_planaire(dphi, kd, M, w);
end
```

b.   Linéaire

Code source 56 :   ***Beamforming par « RLS » sur réseau linéaire***

```matlab
Data_U = round(rand(1,N));
Data = [Data_U; Data_U];
theta_all_deg = [user_41*10*ones(1,N);user_42*10*ones(1,N)];
theta_all = theta_all_deg*(pi/180);
X = X_gen_lineaire_beam(M, SNR, f0, Data, theta_all, d_lambda, t);
dd = Data(1,:).*exp(1i*2*pi*f0*t);
w = zeros(1,M)'; y = zeros(1,N); e = zeros(1,N);
for i = 1:N
y(i) = w'*X(:,i);
e(i) = dd(i) - y(i);
%RLS
delta_zero = 1-1/N;
Rxx_0_inv = (1/delta_zero)*eye(M);
Rxx_0 = inv(Rxx_0_inv);
Rxx_i = zeros(M);
for kk = 1:i
ki = i-kk;
Rxx_i = Rxx_i+power(delta_zero,ki)*X(:,kk)*(X(:,kk))';
end
Rxx_i = Rxx_0 + Rxx_i;
```

```matlab
w = w + inv(Rxx_i)*X(:,i)*e(i)';%weights
end
%NAF
[NAF1] = naf_lineaire(dtheta, kd, M, w);
```

c.   Circulaire

Code source 57 :   Beamforming par « RLS » sur réseau circulaire

```matlab
Data_U = round(rand(1,N));
Data = [Data_U; Data_U];
phi_all_deg = [user_41*10*ones(1,N); user_42*10*ones(1,N)];
phi_all = phi_all_deg*(pi/180);
X = X_gen_circulaire_beam(M, SNR, f0, Data, phi_all, lambda, t);
dd = Data(1,:).*exp(1i*2*pi*f0*t);
w = zeros(1,M)'; e = zeros(1,N); y = zeros(1,N);
for i = 1:N
y(i) = w'*X(:,i);
e(i) = dd(i) - y(i);
%-----------------------------------------------
%RLS
delta_zero = 1-1/N;
Rxx_0_inv = (1/delta_zero)*eye(M);
Rxx_0 = inv(Rxx_0_inv);
Rxx_i = zeros(M);
for kk = 1:i
ki = i-kk;
Rxx_i = Rxx_i+power(delta_zero,ki)*X(:,kk)*(X(:,kk))';
end
Rxx_i = Rxx_0 + Rxx_i;
w = w + inv(Rxx_i)*X(:,i)*e(i)';
[NAF] = naf_circulaire(dphi, ka, M, w);
```

I.15.3.2.5.   Résultats du DMI

La configuration de l'application est faite conformement aux recommandations de la section 3.4.1.

a.   Planaire

La figure 176 présente la formation d'un faisceau (80°) par l'algorithme DMI sur un réseau planaire à 9x9 éléments distants de 0.5 m.

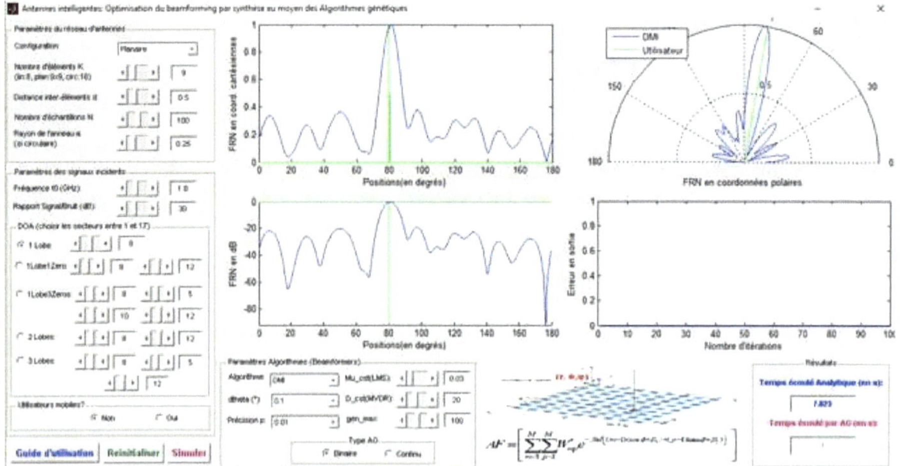

Figure 178:   ***Formation d'un faisceau par l'algorithme « DMI » sur réseau planaire.***

b.   Linéaire

La figure 179 présente la formation d'un faisceau (80°) par l'algorithme DMI sur un réseau linéaire à 8 éléments distants de 0.5 m.

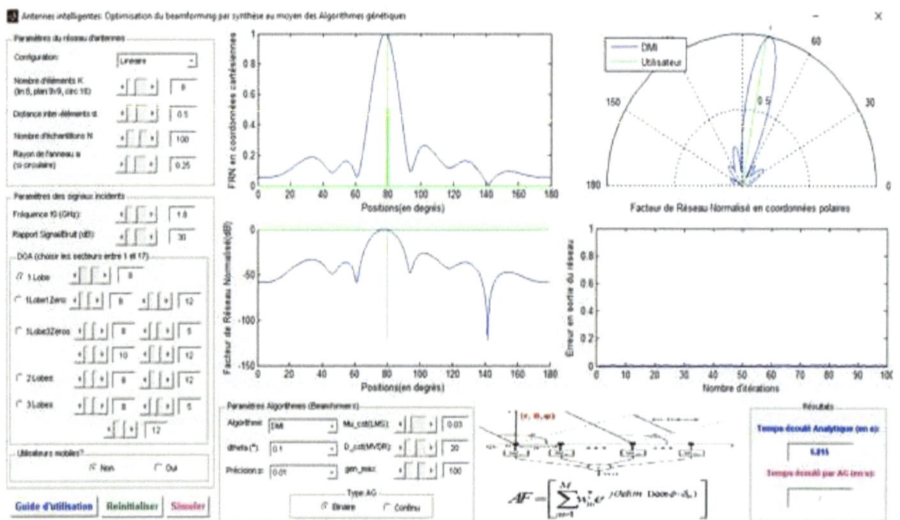

Figure 179:   ***Formation d'un faisceau par l'algorithme « DMI » sur réseau linéaire.***

c.   Circulaire

La figure 178 présente la formation d'un faisceau (80°) par l'algorithme DMI sur un réseau circulaire à 16 éléments distants de 0.5 m.

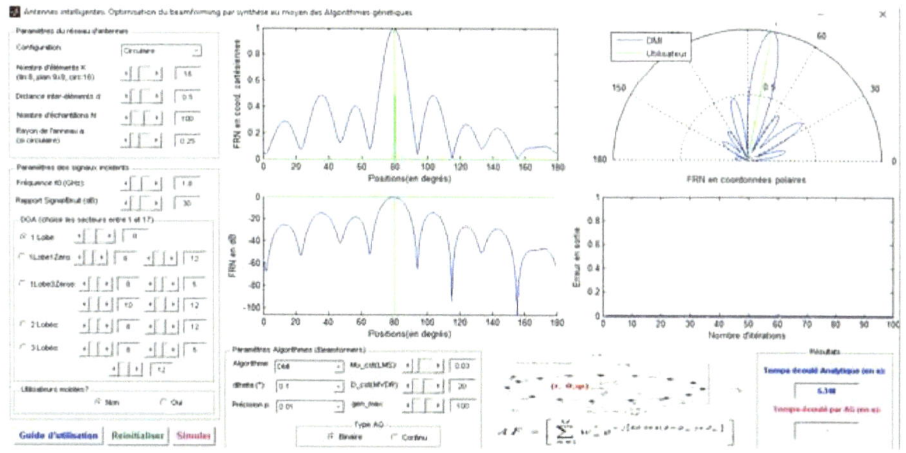

Figure 180: **Formation d'un faisceau par l'algorithme « DMI » sur réseau circulaire.**

I.15.3.2.6.   *Codes sources DMI*

a.   Planaire

Code source 58 :   **Beamforming par « DMI » sur réseau planaire**

```matlab
Data = round(rand(L,N));
%DOA in degrees
phi_all_deg = user_1*10*ones(1,N);
theta_all_deg = 90*ones(1,N);
%DOA in rad
phi_all = phi_all_deg*(pi/180);
theta_all = theta_all_deg*(pi/180);
%array output signal generation
X = X_gen_planaire(M, SNR, f0, Data, theta_all, phi_all, d_lambda,
t);
% reference signal
dd = Data(1,:).*exp(1i*2*pi*f0*t);
%matrix covariance of X
Rxx = X*X'/N;
%inter-correlation matrix between dd and X
 Rxd = dd*X'/N;
%optimal weights
w = inv(Rxx)*Rxd';
%initializations
y = zeros(1,N); e = zeros(1,N);
% output computation
for i = 1:N
y(i) = w'*X(:,i);
e(i) = dd(i) - y(i);
% NAF (DMI)
 [NAF] = naf_planaire(dphi, kd, M, w);
```

b.   Linéaire

Code source 59 : **Beamforming par « DMI » sur réseau linéaire**

```matlab
Data = round(rand(L,N)); % données envoyées par l'utilisateur
%Directions d'arrivées (DDA) en degrés
theta_all_deg = user_1*10*ones(1,N);
%Directions d'arrivées (en radians)
theta_all = theta_all_deg*(pi/180);
%générateur du signal en sortie du réseau d'antennes:
X = X_gen_lineaire(M, SNR, f0, Data, theta_all, d_lambda, t);
% signal de référence pris comme égal au signal de l'utilisateur
dd = Data(1,:).*exp(1i*2*pi*f0*t);
%matrice de covariance de X
Rxx = X*X'/N;
%matrice d'intercorrelation entre dd et X
Rdd = dd*X'/N;
%pondérations optimales
w = inv(Rxx)*Rdd';
%initialisations
y = zeros(1,N); e = zeros(1,N);
% calcul des sorties
for i = 1:N
y(i) = w'*X(:,i);%sorties du réseau d'antennes
e(i) = dd(i) - y(i);%erreur entre sorties et signal de référence
% Facteur de réseau normalisé(FRN) de la méthode analytique(DMI)
 [NAF] = naf_lineaire(dtheta,kd, M, w);
```

c.   Circulaire

Code source 60 : **Beamforming par « DMI » sur réseau circulaire**

```matlab
Data = round(rand(L,N));
phi_all_deg = user_1*10*ones(1,N);
phi_all = phi_all_deg*(pi/180);
X = X_gen_circulaire(M, SNR, f0, Data, phi_all, lambda, t);
dd = Data(1,:).*exp(1i*2*pi*f0*t);
Rxx = X*X'/N;
Rdd = dd*X'/N;
w = inv(Rxx)*Rdd';
y = zeros(1,N); e = zeros(1,N);
for i = 1:N
y(i) = w'*X(:,i);
e(i) = dd(i) - y(i);
 [NAF] = naf_circulaire(dphi, ka, M, w);
```

I.15.3.2.7. *Résultats du CMA*

La configuration de l'application est faite conformement aux recommandations de la section 3.4.1.

a. Planaire

La figure 181 présente la formation d'un faisceau (80°) par l'algorithme CMA sur un réseau planaire à 9x9 éléments distants de 0.5 m.

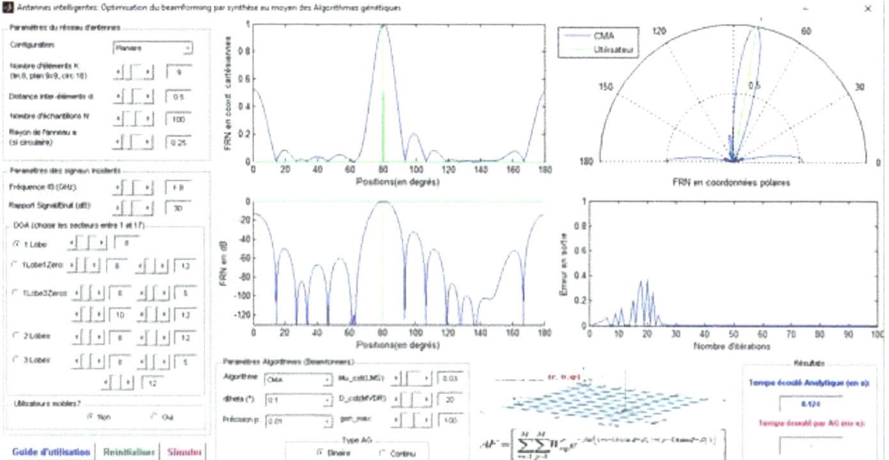

Figure 181: ***Formation d'un faisceau par l'algorithme « CMA » sur réseau planaire.***

b. Linéaire

La figure 182 présente la formation d'un faisceau (80°) par l'algorithme CMA sur un réseau linéaire à 8 éléments distants de 0.5 m.

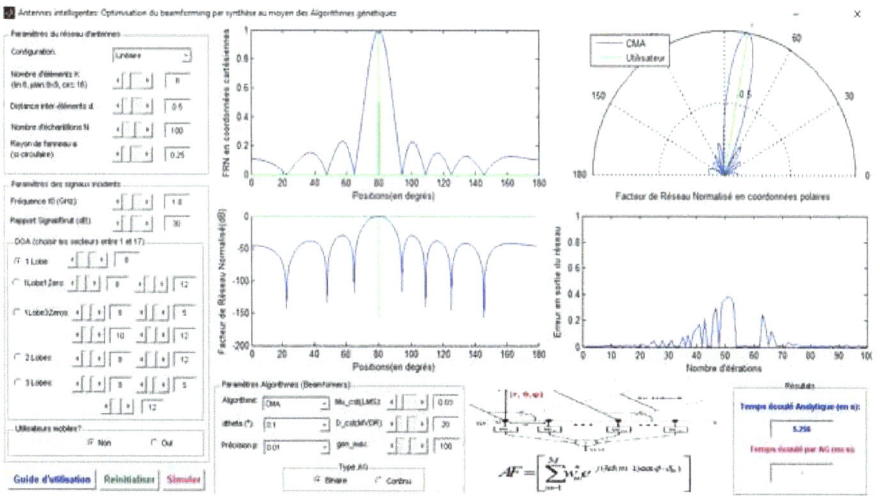

Figure 182: ***Formation d'un faisceau par l'algorithme « CMA » sur réseau linéaire.***

c. Circulaire

La figure 183 présente la formation d'un faisceau (80°) par l'algorithme CMA sur un réseau circulaire à 16 éléments distants de 0.5 m.

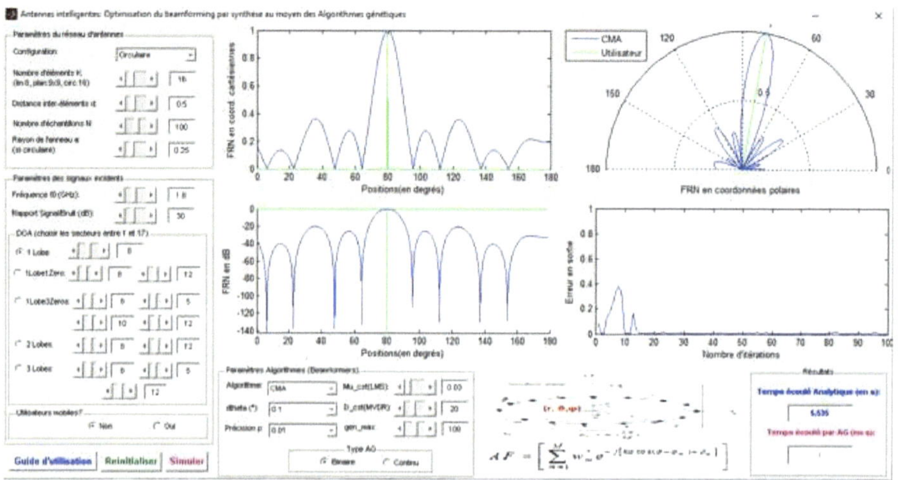

Figure 183: *Formation d'un faisceau par l'algorithme « CMA » sur réseau circulaire.*

I.15.3.2.8.   *Codes sources*

a.   Planaire

Code source 61 :   Beamforming par « CMA » sur réseau planaire

```matlab
Data = round(rand(L,N));
%DOA in degrees
phi_all_deg = user_1*10*ones(1,N);
theta_all_deg = 90*ones(1,N);
%DOA in rad
phi_all = phi_all_deg*(pi/180);
theta_all = theta_all_deg*(pi/180);
X = X_gen_planaire(M, SNR, f0, Data, theta_all, phi_all, d_lambda, t);
%initializations
y = zeros(1,N); e = zeros(1,N);
mu_cst = mu_cst/5; %for stabilization
w = mu_cst*ones(1,M*M)'; %w should not beinitialised to null matrix
% CMA
for i = 1:N
y(i) = w'*X(:,i); %array outputs
e(i) = y(i)*(1 - (abs(y(i)))^2); % errors
w = w + mu_cst*(1 - (abs(y(i)))^2)*(y(i))'*X(:,i); %weights
%NAF(CMA)
 [NAF] = naf_planaire(dphi, kd, M, w);
end
```

b.   Linéaire

Code source 62 :   ***Beamforming par « CMA » sur réseau linéaire***

```matlab
Data = round(rand(L,N)); % données envoyées par l'utilisateur
%Directions d'arrivées (DDA) en degrés
theta_all_deg = user_1*10*ones(1,N);
%Directions d'arrivées (en radians)
theta_all = theta_all_deg*(pi/180);
%générateur du signal en sortie du réseau d'antennes:
X = X_gen_lineaire(M, SNR, f0, Data, theta_all, d_lambda, t);
%initialisations
w = 0.001*ones(1,M)'; %NB w ne doit pas être initialisée à une
matrice nulle
y = zeros(1,N); e = zeros(1,N);
% CMA
 for i = 1:N
y(i) = w'*X(:,i);%sorties du réseau d'antennes
e(i) = y(i)*(1 - (abs(y(i)))^2); %erreur
w = w + mu_cst*(1 - (abs(y(i)))^2)*(y(i))'*X(:,i);
% Facteur de réseau normalisé(FRN) de la méthode analytique(CMA)
 [NAF] = naf_lineaire(dtheta,kd, M, w);
end
```

c.   Circulaire

Code source 63 :   ***Beamforming par « CMA » sur réseau circulaire***

```matlab
Data = round(rand(L,N));
phi_all_deg = user_1*10*ones(1,N);
phi_all = phi_all_deg*(pi/180);
X = X_gen_circulaire(M, SNR, f0, Data, phi_all, lambda, t);
w = mu_cst*ones(1,M)'; y = zeros(1,N); e = zeros(1,N);
% CMA
for i = 1:N
y(i) = w'*X(:,i);
e(i) = y(i)*(1 - (abs(y(i)))^2);
w = w + mu_cst*(1 - (abs(y(i)))^2)*(y(i))'*X(:,i);
[NAF] = naf_circulaire(dphi, ka, M, w);
End
```

I.15.4. Synthèse par méthodes analytiques de formation des faisceaux (beamforming) dans des directions privilégiés

La figure 184 compare pour validation les résultats en coordonnées cartésiennes de RLS sur réseau linéaire de M = 8 éléments, utilisateur à couvrir en 60° et interférent à 40° pour différentes valeurs de d, (a) dans Miss Nayan B. Shambharkar et al. (2014) [35], (b) avec notre outil.

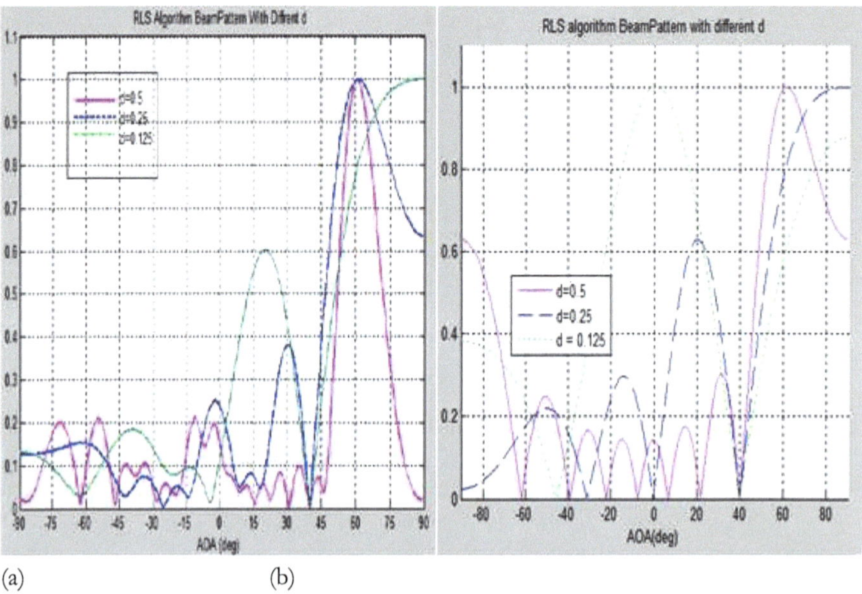

(a)   (b)

Figure 184:   RLS (a) obtenus dans Miss Nayan B. Shambharkar et al. (2014) et (b) obtenu avec notre outil.

Les figures 185 comparent des résultats en coordonnées cartésiennes de LMS sur réseau linéaire, utilisateur à couvrir en 30° et interférent à 60° pour différentes valeurs de N, (a) dans O. Borazjani, W. Daryasafar, and M. Tangaki (2015) [36], (b) avec notre outil.

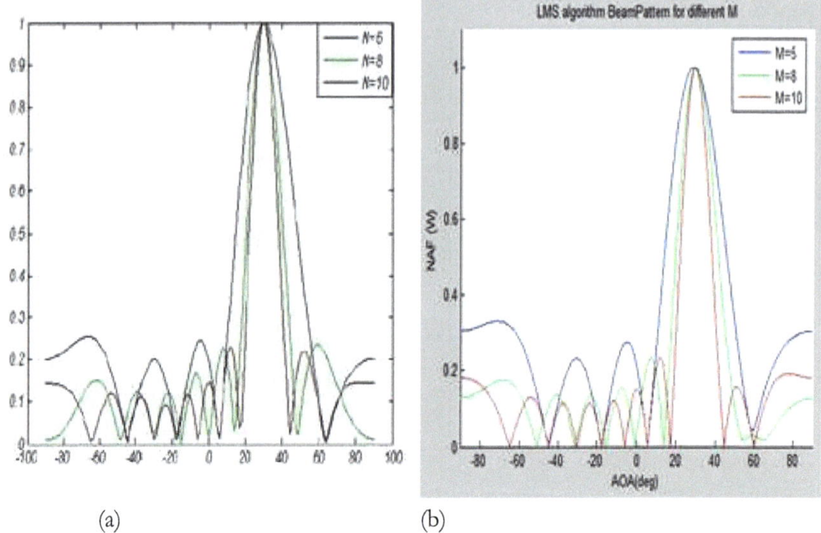

(a)   (b)

Figure 185:   Résultats de LMS à ceux de l'article de O. Borazjani, W. Daryasafar, and M. Tangaki publié en Juin 2015.

Les figures 186 comparent des résultats en coordonnées logarithmiques de CMA sur réseau linéaire, utilisateur à couvrir en 60°, (a) dans O. Borazjani, W. Daryasafar, and M. Tangaki (2015) [36], (b) avec notre outil.

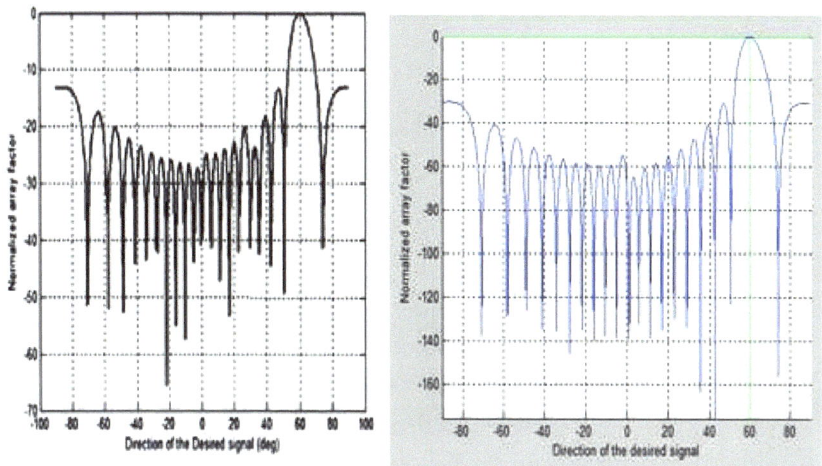

Figure 186:   ***Résultats de CMA à ceux de l'article de O. Borazjani, W. Daryasafar, and M. Tangaki publié en Juin 2015.***

La figure 187 compare les résultats en coordonnées cartésiennes de DMI sur réseau linéaire, un utilisateur à couvrir en 30° et un interférent à annuler en -60°, (a) dans Ch. Santhi rani, Dr. P.V. Subbaiah, Dr. K. Chennakesava reddy (2008) [33], (b) avec notre outil.

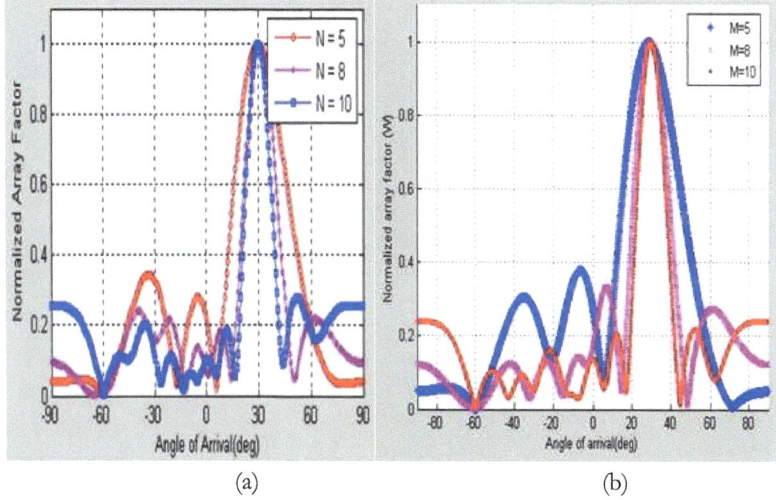

(a)   (b)

Figure 187:   ***Résultats de DMI à ceux de Ch. Santhi rani, Dr. P.V. Subbaiah, Dr. K. Chennakesava reddy (2008).***

Les figures 188 à 190 présentent divers conformateurs que nous avons implémentés sur réseaux linéaire, carré et circulaire.

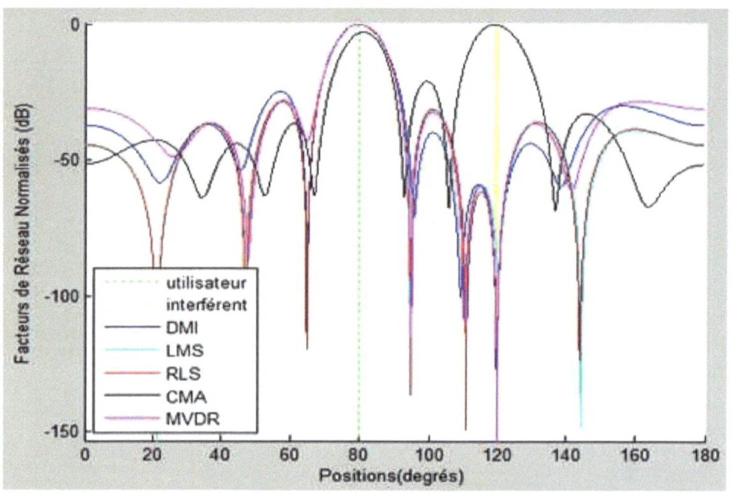

Figure 188: **Conformateurs adaptatifs sur réseau linéaire avec M = 8, un utilisateur et un interférent (80°, 120°).**

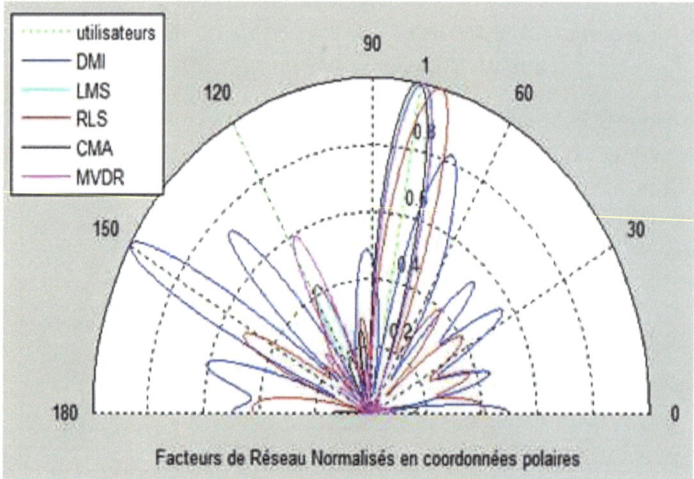

Figure 189: **Conformateurs adaptatifs sur réseau carré avec M = 9x9, deux lobes statiques à former (80°, 120°).**

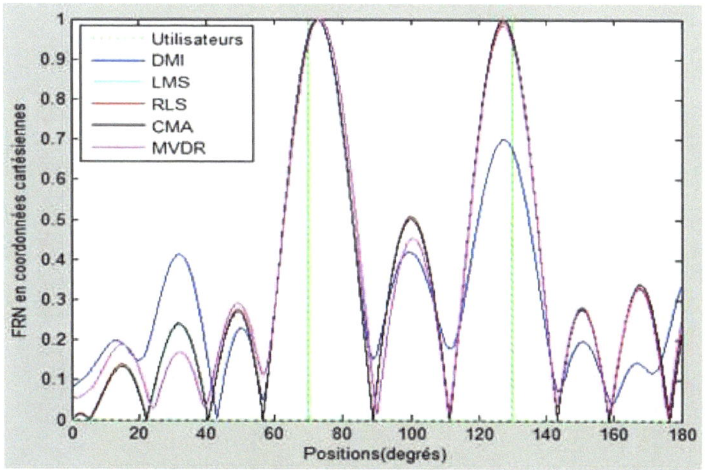

Figure 190: **Divers conformateurs adaptatifs sur réseau circulaire de M=16 éléments, 2lobes à former (80°, 120°).**

I.15.4.1. Courbes d'erreurs

Nous présentons sur les figures 191 à 193, les courbes d'erreur de divers conformateurs classiques sur réseaux linéaires, planaires et circulaires respectivement.

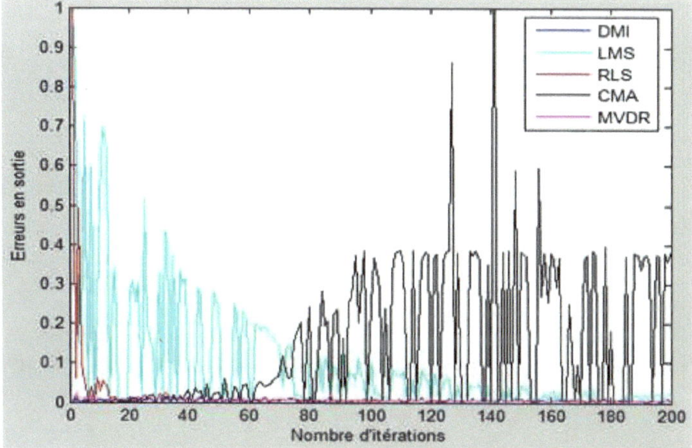

Figure 191: **Diverses courbes d'erreurs de conformateurs, adaptatifs sur réseau linéaire de la figure 24.**

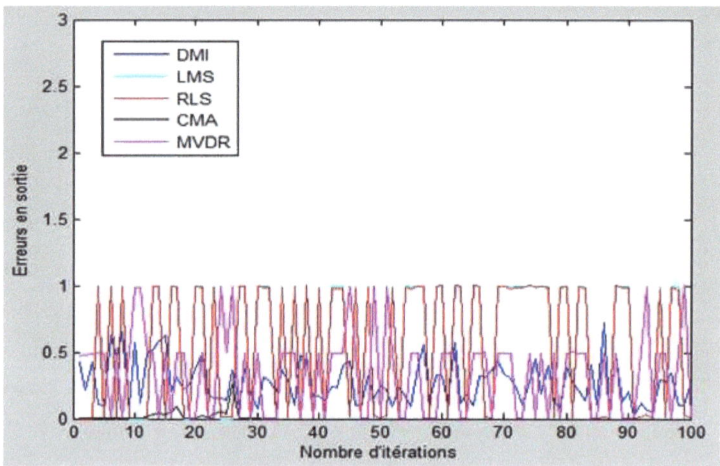

Figure 192: **Diverses courbes d'erreurs en sortie de conformateurs adaptatifs sur réseau carré de la figure 25**

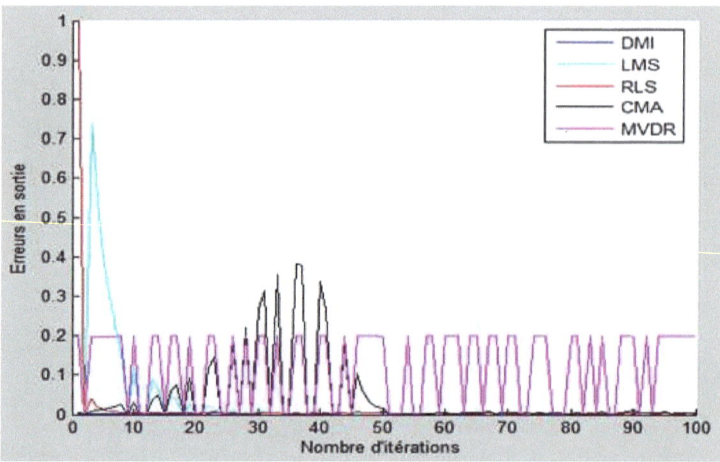

Figure 193: **Diverses courbes d'erreurs de conformateurs adaptatifs sur réseau circulaire de la figure 26.**

I.15.4.2. Temps écoulés

Les tableaux 6 à 8 résument les différents temps écoulés des conformateurs classiques. Les simulations ont été menées avec N = 100 pour 1 ou 2 lobes et N = 200 pour les cas avec interférents (1L1Z, 1L3Z). Les autres paramètres sont ceux par défaut sur l'outil.

Temps écoulés des algorithmes classiques de formation de faisceaux sur réseau linéaire en secondes

Conformateurs classiques	Réseau linéaire			
	1Lobe	1L1Z	1L3Z	2Lobes
Conventionnel	0.390	0.406	0.078	0.065

Null-steering	0.087	0.06	0.04	0.042
MVDR	6.895	13.450	13.494	6.90
DMI	7.773	7.716	7.686	4.832
LMS	7.340	13.510	13.385	6.833
RLS	7.821	7.876	7.976	4.915
CMA	8.062	13.292	7.657	4.895

Temps écoulés des algorithmes classiques de formation de faisceaux sur réseau planaire en secondes

Conformateurs classiques	Réseau planaire			
	1Lobe	1L1Z	1L3Z	2Lobes
Conventionnel	0.437	0.437	0.437	0.094
Null-steering	0.185	0.115	0.12	0.150
MVDR	11.138	26.523	26.814	12.183
DMI	9.436	16.415	16.384	9.16
LMS	11.357	22.808	22.214	11.170
RLS	10.242	20.237	20.345	10.33
CMA	9.334	55.722	65.778	26.944

Temps écoulés des algorithmes classiques de formation de faisceaux sur réseau circulaire en secondes

Conformateurs classiques	Réseau circulaire			
	1Lobe	1L1Z	1L3Z	2Lobes
Conventionnel	0.156	0.218	0.202	0.218
Null-steering	0.218	0.202	0.187	0.202
MVDR	0.187	0.203	0.203	0.203
DMI	5.432	8.817	8.692	5.354
LMS	7.488	15.147	15.054	7.378
RLS	5.541	8.988	8.942	5.417
MIN-NORM	5.416	8.755	8.848	5.416

I.16. Discussions

Nous observons une mauvaise annulation d'interférence par CMA sur réseau linéaire et une piètre résolution de DMI sur réseau planaire. Les algorithmes ayant retenus notre attention sont MUSIC et Capon pour l'estimation des DOA, LMS et MVDR pour la formation de faisceaux. Néanmoins tous ces algorithmes admettent des résultats acceptables en fonction des paramètres d'étude tels l'espacement d entre les éléments rayonnants, le nombre d'éléments rayonnants M, le nombre d'itérations N, le rapport signal sur bruit SNR, dans une très moindre mesure la fréquence f, le nombre de sources à détecter ou le nombre de lobes à former en présence ou pas d'interférents, la mobilité et surtout la configuration du réseau d'antennes. Nous résumons dans le tableau VII, une étude comparée des trois configurations de réseaux d'antennes planaires adaptatives.

Quant aux temps de calcul, ceux des estimateurs de DOA tournent autour de 0.2s ; ce qui est satisfaisant car pour des applications temps réel, la valeur maximale admissible est de 0.3s. Les temps écoulés des conformateurs par contre, sont de plusieurs secondes (5 à plus de 20s pour certains) et devront donc être améliorés.

Le tableau 9 fait une comparaison des trois configurations principales d'antennes adaptatives.

Comparaison des trois configurations principales d'antennes adaptatives

	Réseau linéaire	Réseau carré	Réseau circulaire
AVANTAGES	-Plus facile à miniaturiser. -Coût matériel moindre. -Détecte bien les DOA. -Meilleur en formation de lobes	-Lobes plus fins -Plus « robuste » car ne subit pas trop d'influence de la part des différents paramètres d'antennes. -Meilleur en détection des DOA.	-Indiqué pour la localisation aérienne -Couvre facilement 360° avec 01 seul réseau.
LIMITES	-Lobes moins fins que pour le réseau carré. -Subit un peu plus d'influence des paramètres d'antennes.	-Coût matériel élevé. - Implémentation numérique plus ardue. -Résultats de formation de lobes parfois laissant à désirer. -Peut nécessiter plusieurs pour couvrir 360°	-Coût matériel moyen -Lobes presque identiques à ceux du réseau linéaire

Les antennes adaptatives permettent une augmentation importante de qualité de service (notamment augmentation de portée, de capacité, de débit, etc.).

L'annulation de certaines directions permet d'éliminer des émissions parasites qui pourraient perturber les communications ou diminuer le débit de transmission. Ceci évite d'interagir avec d'autres systèmes ou d'endommager certains équipements, "préservant" ainsi non seulement la batterie mais aussi et surtout l'environnement.

Ces antennes présentent quelques inconvénients, tels leur structure lourde et le plus de matériel nécessité. D'autre part, les temps de calcul des algorithmes de « beamforming » dépassent parfois 20s, largement supérieurs à la limite tolérable de 0,3s.

D'où la recherche des techniques plus rapides de formation de lobes. Une attention particulière se porte aujourd'hui sur les approches heuristiques dont font partie les algorithmes génétiques et les réseaux de neurones.

I.17. *Généralités sur les approches heuristiques*

Les approches heuristiques se comptent par dizaine (figure 194). Nous avons choisi de travailler avec les algorithmes génétiques, les réseaux de neurones artificiels, les essaims de particules et les colonies de fourmis.

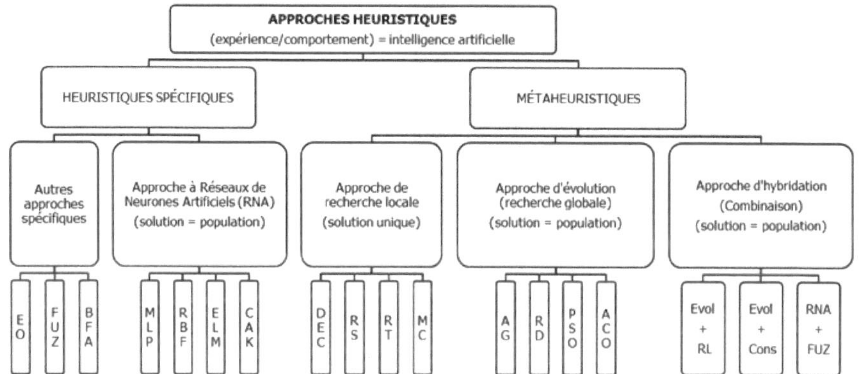

EO : Emperical optimization   CAK: Carte Auto-org. De Kohonen RD : Recherche Dispersée

FUZ : Fuzzy logic   DEC : méthode de la descente   PSO : Particule Swam Optimization

BFA : Bacterial Foraging Algorithm   RS : Recuit Simulé   ACO : Ant Colony Optimization

MLP : Multi-Layer Perceptron   RT : Recherche Tabous   Evol   : approche d'évolution

RBF : Radial Basis Function   MC : Min-Conflit   RL : approche de Recherche Locale

ELM : Réseau d'Elman   AG : Algorithme Génétique   Cons : approche de construction

Figure 194:   ***Approches heuristiques***

Nous allons mettre l'accent sur les approches suivantes :
- ➢ Approches spécifiques
- – Fuzzy logic
- ➢ Approches à Réseaux de Neurones Artificiels
- – Multi-Layer Perceptron
- – Radial Basis Function
- ➢ Approche d'évolution
- – Algorithme Génétique
- – Particule Swam Optimization
- ➢ Approches d'hybridation

Un algorithme génétique est une technique de programmation qui imite l'évolution biologique comme stratégie de résolution. Il est initialisé par un ensemble de solutions candidates probables ou choisies au hasard, puis cet ensemble est codé d'une certaine façon. Une métrique appelée fonction coût ou d'adaptation (fitness en anglais) permet de quantifier chaque candidat. Un critère de sélection est alors appliqué afin de retenir quelques-uns de ces candidats-parents qui seront utilisés pour produire d'autres candidats-fils par des opérations aléatoires de mutation et de croisement. Le critère d'arrêt permet soit de reprendre les opérations à partir du calcul de métrique, soit de retenir une solution finale proche de l'optimum global [37] [38]. En fonction du type de codage, on distingue deux types d'algorithmes génétiques :

➢ Les algorithmes génétiques binaires dont le codage est binaire,
➢ Les algorithmes génétiques réels ou continus dont le codage est réel.

La synthèse consiste pour la conformation de faisceaux, à minimiser une fonction coût (appelée fitness), qui est l'erreur quadratique moyenne entre les coefficients de pondération obtenus premièrement par méthode analytique (wan) et ceux en cours de calcul à chaque génération par l'algorithme génétique (wag) [1].

$$fitness(k) = \frac{1}{\alpha n_{bits}} \sum_{j=1}^{2n_{bits}} \left[w_{ag}(j) - w_{an}(j) \right]^2$$

(4.1)

où k est la kième ligne du vecteur poids W, nbits le nombre de bits sur lequel on a codé chaque coefficient de W préalablement converti en réel et α le nombre de colonnes de W.

Quant à l'estimation des directions d'arrivées, ces coefficients sont simplement remplacés par les spectres de puissance.

Le critère d'arrêt que nous avons choisi, est le nombre maximum de génération de l'algorithme génétique [38] que nous fixons à 100.

Le temps écoulé de synthèse est obtenu au moyen de la fonction « Tic Toc » de MATLAB.

I.18. Algorithmes

I.18.1. Les AG binaires

La structure que nous avons développée est la suivante (figure 195) :

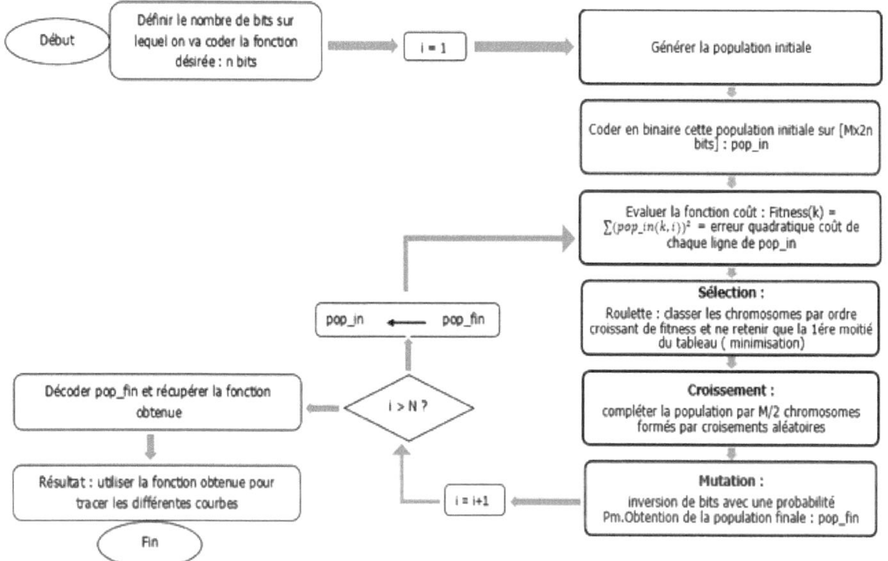

Figure 195: **Structure d'un AG binaire.**

Les différentes étapes de l'algorithme sont :

I.18.1.1. Codage du chromosome

Les directions d'arrivée qu'il faut trouver par les AG étant des réels, chaque individu de la population, représentant l'ensemble des directions d'arrivée, sera codé en valeur réelle.

Chaque chromosome (individu) sera donc un vecteur de nombres réels de taille égale au nombre de sources à localiser.

La valeur de chacun des éléments (gènes) du vecteur chromosome va appartenir à l'ensemble des valeurs possibles des directions d'arrivée (espace de recherche).

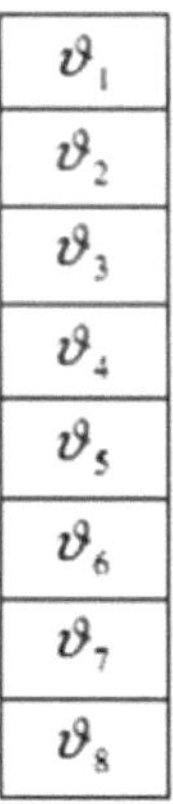

Figure 196: **Chromosome.**

4.2.1.1. Espace de recherche

L'espace de recherche des différents gènes correspond à l'ensemble des valeurs que peut prendre une direction d'arrivée. Pour un réseau linéaire, et compte tenu de la périodicité des directions, il s'agit d'un intervalle quelconque de longueur 180°.

Nous avons choisi l'intervalle [-90°, 90°].

Tout gène qui se retrouverait en dehors de cet intervalle après une opération de croisement sera tout simplement ramené sur la valeur correspondante par périodicité de 180°.

I.18.1.2.   Initialisation de la population

Pour essayer de réduire les temps de calcul, l'initialisation de la population va associer hasard et intelligence. Le premier individu sera généré à partir d'une méthode de base d'estimation de DoA (pré estimateur).

Ensuite interviendra le hasard pour compléter la population en générant aléatoirement d'autres individus dans le voisinage du premier.

À partir d'un idividu [1,   2, …,   L], produit par le pré-estimateur, nous allons générer aléatoirement d'autre individus [1+α1,   2+α2, …,   L+αL], où les αi sont des nombres aléatoires, jusqu'à atteindre la taille de population souhaitée.

I.18.1.3.   Evaluation

L'évaluation est basée sur la fitness de chaque individu. Compte tenu de la nature de la fonction coût qui est une fonction à minimiser, l'individu le plus apte sera celui dont la valeur de la fonction coût (f {[1 ,   2 , …,   L]} pour l'individu [1 ,   2 , …,   L]) est la plus faible.

I.18.1.4.   Formation du mating pool

La méthode choisie pour la sélection des candidats en vu de la création du mating pool est calquée sur la stratégie ESM (Emperor-Selective Scheme).

Le meilleur individu de la génération (qu'on va appeler empereur) est géniteur de tous les enfants issus d'un croisement.

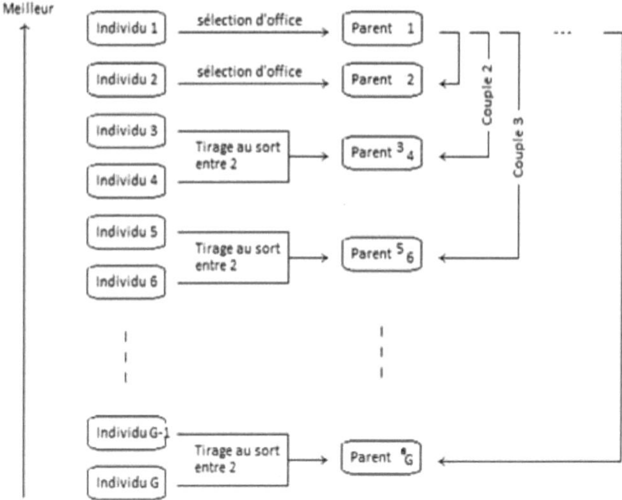

Figure 197:   Mating pool.

I.18.1.5. Croisement

La méthode de croisement adoptée est le croisement en un point.Le point de croisement est sélectionné aléatoirement.

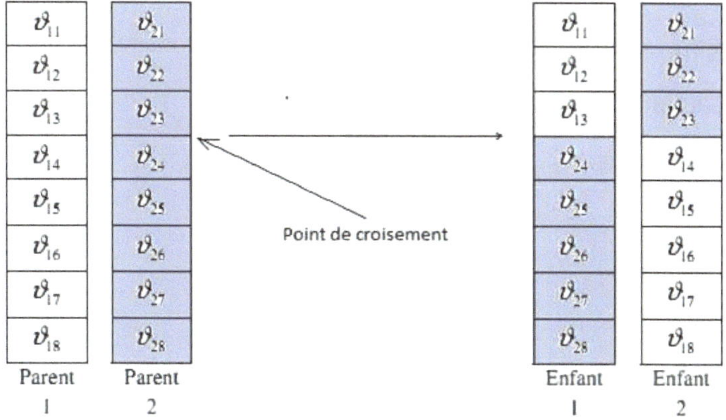

Figure 198: **Croisement.**

I.18.1.6. Mutation

La mutation intervient très peu pour réduire la nature aléatoire de la recherche. Le taux de mutation est fixé à 2%. Le gène mutant est également choisi de façon aléatoire.

Figure 199: **Mutation.**

I.18.1.7. Politique de survie

Seuls les meilleurs individus feront partie de la génération suivante, à raison de 25% pour les géniteurs et 75% pour les enfants.

I.18.1.8. Critère d'arrêt

Le processus d'estimation des DoA s'arrête si le nombre maximal de générations est atteint ou si le meilleur individu est resté le même pendant les dix dernières générations.

En résumé :

1)   **Codage chromosome : reel,**

2)   **Taille de la population : 50,**

3)   **Nombre max de génération: 50,**

4)   **Initialisation : mixte (Pré-estimation et hazard),**

5)   **Espace de recherche : [-90° 90°],**

6)   **Sélection: Emperor-Selective scheme (EMS),**

7)   **Reproduction : Croisement (2% mutation),**

8)   **Critère d'arrêt : Nbre max de génération ou meilleur individu stable sur les 10 dernières générations.**

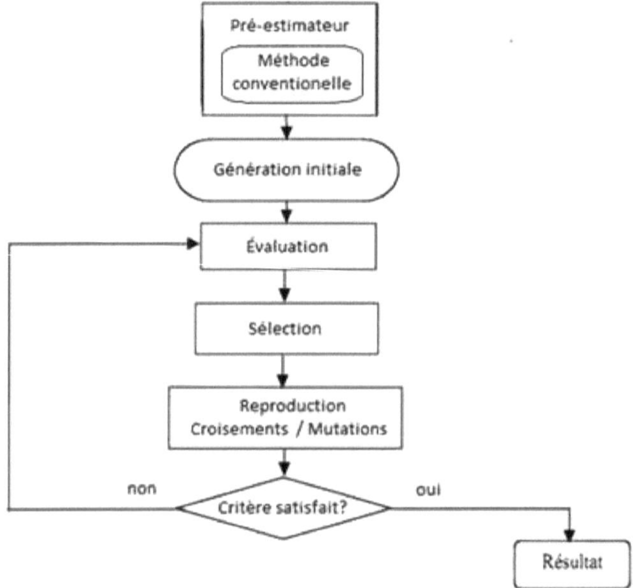

Figure 200:   ***Structure d'un AG.***

I.18.2. Les AG continus

La structure est la même à la seule différence que le codage n'est plus binaire mais réel. Autrement dit, les valeurs réelles des coefficients sont utilisés telles quelles dans l'algorithme. Ainsi, on n'aura non plus à décoder la population finale obtenue. L'organigramme de AG coninu est présenté à la figure 201 ci-dessous :

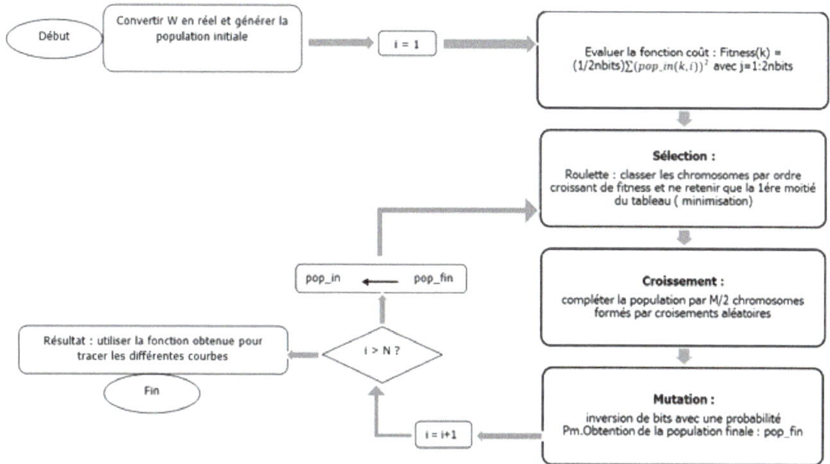

Figure 201:   ***Structure d'un AG continu.***

I.19.   *Optimisation du temps de l'estimation des DDA par synthèse au moyen des algorithmes génétiques*

I.19.1.   Procédure de simulation

En figure 202, nous avons la page de garde de l'outil « Antennes intelligentes : Optimisation de l'estimation des DDA par synthèse au moyen des algorithmes génétiques ».

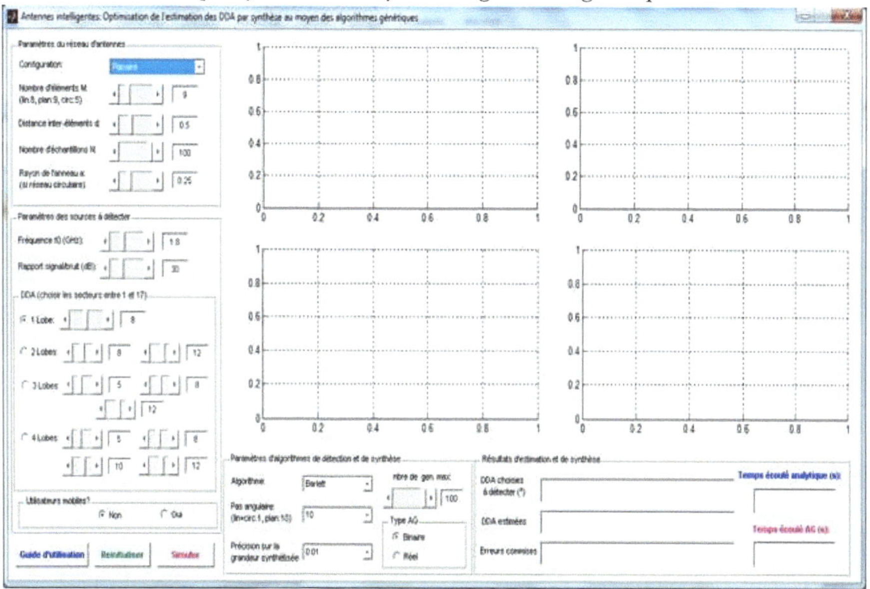

Figure 202:   ***Page de garde de l'outil de synthèse des DOA par AG.***

Après avoir rempli les paramètres du réseau d'antennes comme illustré sur la figure 203.

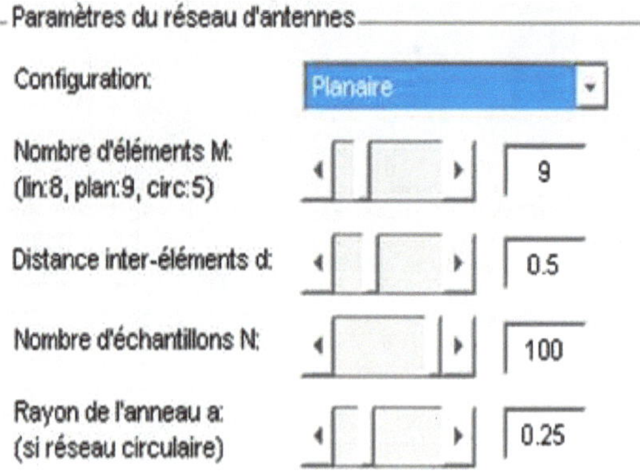

Figure 203: **Choix des paramètres du réseau d'antennes.**

On a dans les paramètres du réseau d'antennes :

Le nombre d'éléments M : par défaut lorsqu'on a choisi le réseau linéaire, la valeur de M a basculé automatiquement à 8, si on a choisi le réseau planaire, la valeur de M a basculé automatiquement à 9 (cela signifie qu'on a 9x9 = 81 éléments d'antennes) et si on a choisi le réseau circulaire, la valeur de M a basculé automatiquement à 5. Mais il est à noter que ces valeurs ne sont que celles par défaut pour lesquelles nous avons mené nos simulations. L'utilisateur peut à souhait les modifier et observer les changements sur les courbes du spectre de puissance et sur le nombre de raies détectables. Néanmoins, le nombre de sources doit être strictement inférieur au nombre d'éléments de l'antenne (L < M pour les réseaux linéaire et circulaire ou L < (M*M) pour le réseau planaire). En d'autres termes, un réseau de M éléments ne peut détecter convenablement qu'au plus (M-1) sources.

La distance inter-éléments en termes de lambda : d, qui est fixée par défaut à 0.5, mais que l'utilisateur peut également modifier à souhait et observer l'influence.

Le nombre d'échantillons N dont la valeur maximale par défaut a été fixé à 100.

Le rayon de l'anneau a (qui n'est pris en compte que pour le réseau circulaire) est fixé par défaut à 0.25.

On rentre les paramètres des sources à détecter (voir figure 204), à savoir :

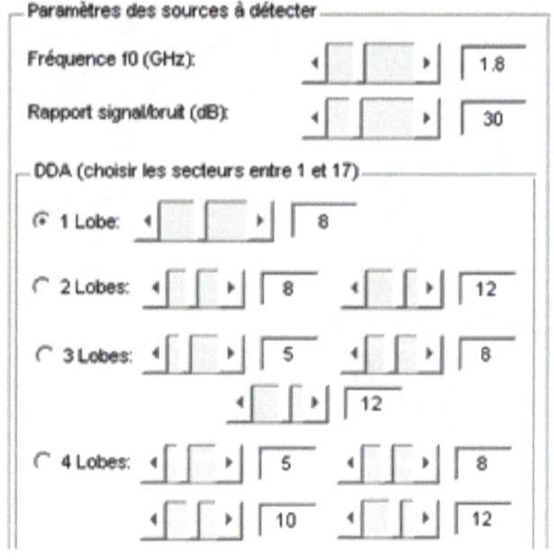

Figure 204: **Choix des paramètres des sources à détecter.**

La fréquence d'utilisation f0 dont la valeur par défaut est fixée à 1.8GHz mais dont la modification n'influe pas de façon notable les résultats. Ainsi on peut l'essayer à 2.4 GHz ou à 5 GHz.

Le rapport signal sur bruit dont la valeur par défaut est fixée à 30 dB, modifiable ;

Les directions d'arrivées (« DDA » en français et « DOA » en anglais) selon le nombre de lobes souhaités. Ainsi l'utilisateur coche l'une des cases entre 1lobe, 2lobes, 3lobes et 4lobes. Par la suite, il lui est offert la possibilité de rentrer les directions d'arrivées en termes de secteurs entre 1 et 17 car l'espace a été divisé en 17 secteurs entre 5 et 175°. Il pourra ainsi à souhait indiquer où se trouvent la ou les sources qu'il souhaite détecter.

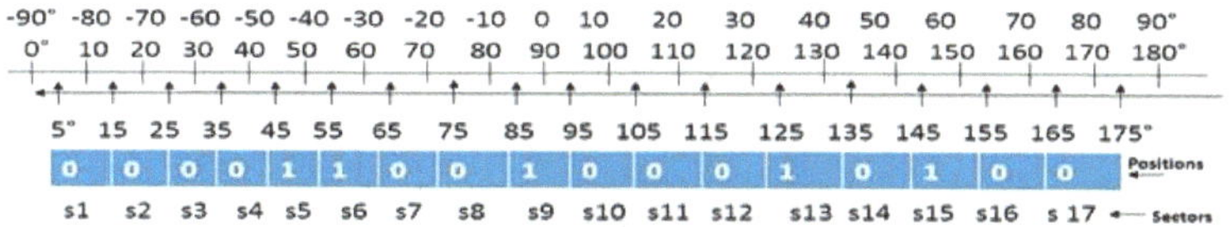

Figure 205:   ***Les différents secteurs.***

Par la suite, il répond à la question si la source est mobile ou statique en cochant. Pour l'instant, l'outil d'optimisation ne fonctionne que pour des sources statiques (figure 206).

Figure 206:   ***Choix du type d'utilisateurs.***

On choisit l'algorithme, comme celui de « AG_sur_Barlett » à la figure 207.

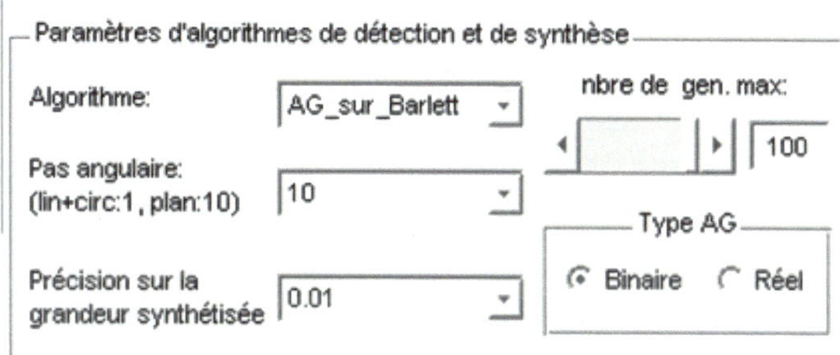

Figure 207:   ***Choix des paramètres d'algorithmes de synthèse.***

Les méthodes analytiques de caractérisation définies dans la section 3.1 servent de référence à obtenir par synthèse par les algorithmes génétiques.

Pour la synthèse au moyen des algorithmes génétiques : On applique les algorithmes génétiques sur chacune des méthodes analytiques développées précédemment : AG_sur_Barlett, AG_sur_Prony, AG_sur_Capon, AG_sur_MEM, AG_sur_Pisarenko, AG_sur_MUSIC, AG_sur_MinNorm. Pour toutes ces synthèses, l'utilisateur peut à souhait modifier :

La précision (p) sur les éléments de la matrice de puissance (P) qu'on génère comme population initiale au début de l'algorithme génétique ;

Le Nbre de gen_max, nombre maximum de génération permettant à l'algorithme de o converger. Cette valeur est fixée par observation de la fonction fitness ;

Le type de l'algorithme génétique qui est soit binaire, c'est-à-dire que le codage de la population initiale au début de l'algorithme est celle des nombres réels vers le binaire, ou réel (continu), c'est-à-dire que les nombres réels sont utilisés directement dans l'algorithme. L'AG continu pour notre cas, offre de piètres résultats. Il sera intégré dans une version ultérieure.

Le pas angulaire dtheta : l'espace variant de 0 à 180°, un pas de 0.1 offre les meilleurs résultats des méthodes analytiques sur réseaux linéaire et circulaire ; mais une synthèse par AG avec ce pas prend trop de temps (43 secondes en moyennes), ce qui nous est d'aucune utilité. Un compromis a été trouvé avec une valeur de 1, qui permet d'obtenir des résultats acceptables en des temps presque similaires entre méthodes analytiques et algorithmes génétiques. La valeur de 1 a donc été fixée comme valeur par défaut pour ces deux configurations de réseaux. Valeur d'ailleurs modifiable à souhait par l'utilisateur. Quant au réseau planaire, puisqu'on a MxM éléments, un pas de 10 est celui qui permettait d'obtenir les meilleurs résultats par les méthodes analytiques. Il fut conservé pour la synthèse et constitue la valeur par défaut, également modifiable à souhait par l'utilisateur afin d'observer l'influence.

Au final, toutes les données sont définies et on obtient la feuille de représentation de la figure 208.

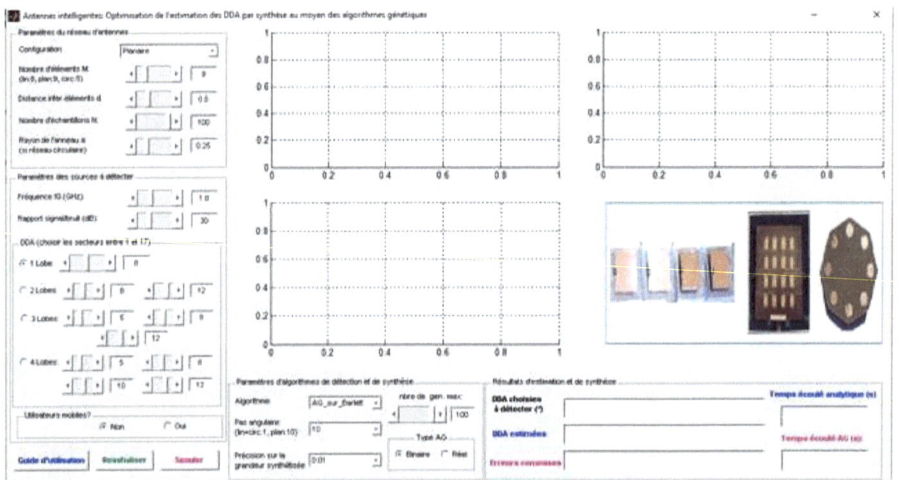

Figure 208: **Représentation des paramètres pour la détection de 3 DOA par « AG_sur_Barlett » sur réseau planaire.**

Enfin, il suffit de lancer la simulation en cliquant sur « simuler » comme illustré par le cercle rouge dans la figure 208 et on obtient le résultat final de la figure 209.

Par la suite, nous présenterons juste les résultats finaux.

I.19.2. Résultats

La configuration de l'application est faite conformément aux recommandations de la section 4.2.1.

I.19.2.1. Planaire

La figure 209 présente la synthèse d'une direction d'arrivée (80°) par l'algorithme AG_sur_Barlett sur un réseau planaire à 9x9 éléments distants de 0.5 m.

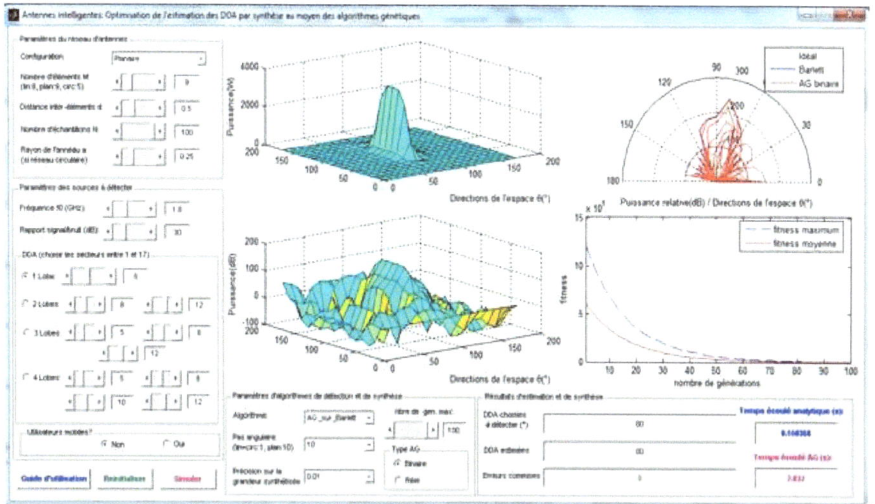

Figure 209: **Synthèse de 1 DOA par l'algorithme « AG_sur_Barlett » sur réseau planaire.**

I.19.2.2. Linéaire

La figure 210 présente la synthèse d'une direction d'arrivée (80°) par l'algorithme AG_sur_Barlett sur un réseau linéaire à 8 éléments distants de 0.5 m.

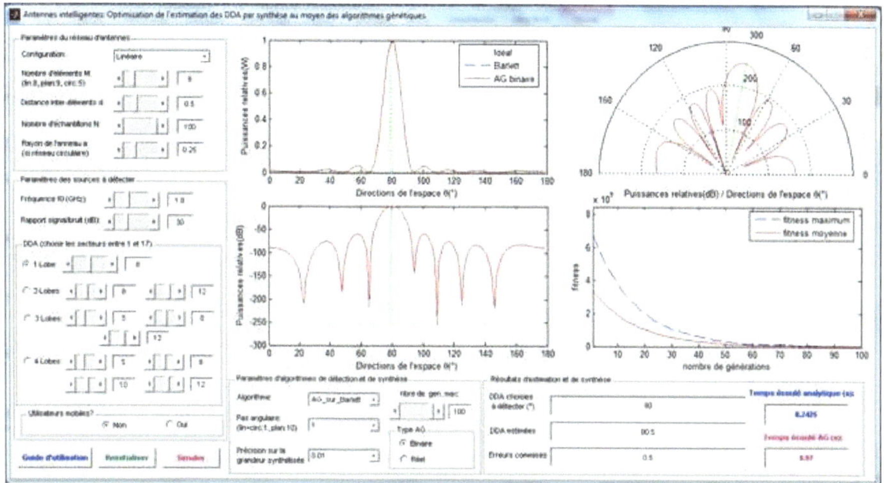

Figure 210: **Synthèse de 1 DOA par l'algorithme « AG_sur_Barlett » sur réseau linéaire.**

I.19.2.3. Circulaire

La figure 211 présente la synthèse d'une direction d'arrivée (80°) par l'algorithme AG_sur_Barlett sur un réseau circulaire à 5 éléments distants de 0.5 m.

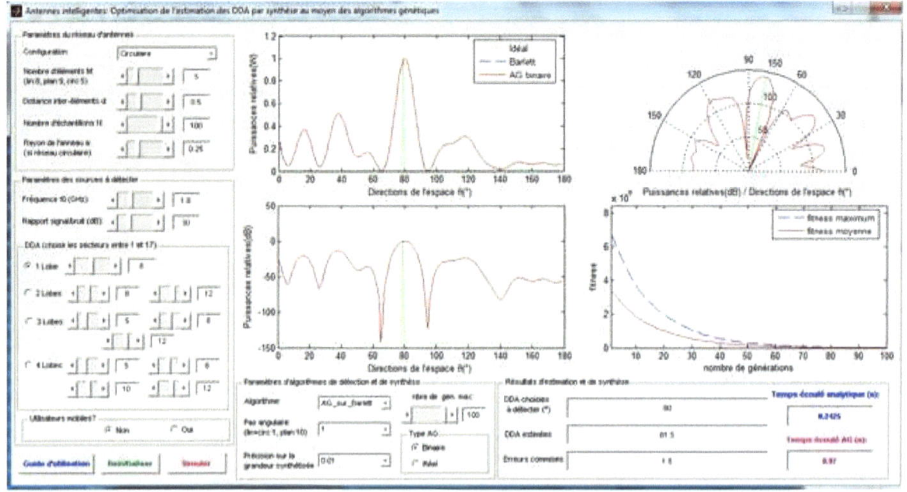

Figure 211:   ***Synthèse de 1 DOA par l'algorithme « AG_sur_Barlett » sur réseau circulaire.***

I.19.3.   Codes sources

I.19.3.1.   Les AG binaires

I.19.3.1.1.   Planaire

Code source 64 :   Synthèse des DDA par « AG binaire » sur réseau planaire

```matlab
function [P2, max_fitness, mean_fitness] = pagbin_planaire(p,P11,taille,iter_max)
%-----------------------------------------------------------------------------
%synthèse au moyen de l'algorithme genetique binaire
%-----------------------------------------------------------------------------
pmin=-1; %valeur minimale prise par les Pij
pmax=1;  %valeur maximale prise par les Pij
l = pmax-pmin; %largeur de l'intervalle [-1;1]
nbits = ceil(log(l/p)/log(2));
%nombre de bits sur lesquels seront codés les Pij
%conversion de P11 (qui est le résultat analytique) en réel
Pan = P11;
P11 = zeros(taille,2);
for i=1:taille
    P11(i,1) = real(Pan(i));
    P11(i,2) = imag(Pan(i));
end
P0 = rand(taille,2);
%initialisation aléatoire de la matrice de puissance
E = P11-P0; %critère de synthèse:erreur entre la valeur désirée P11 et P0 aléatoire

%CODAGE-----------------------------------
%etape 1: codage intermediaire vers des valeurs positives
gmax = (pow2(nbits))-1;
g = zeros(taille,2);
for i=1:taille
    g(i,1) = abs(((E(i,1)-pmin)/(pmax-pmin))*gmax);
```

```matlab
    g(i,2) = abs(((E(i,2)-
pmin)/(pmax-pmin))*gmax);
end
% étape 2: codage vers le
binaire
b1 = dec2bin(g(:,1), nbits);
b2 = dec2bin(g(:,2), nbits);
pop_in = [b1 b2];%POPULATION
INITIALE

%début évolution-------------
-----------------------------
------------

fit = zeros(1,taille); a =
zeros(1,taille);
max_fitness =
zeros(1,iter_max);
mean_fitness =
zeros(1,iter_max);
least_fitness =
zeros(1,iter_max);
kep = size(pop_in,2);
pop = zeros(taille,kep);
E_fin = zeros(taille,1);
pf = zeros(1,taille);
for i =1:iter_max
%évaluation de la fonction
coût------
som = 0;
for k = 1:taille
    for jj = 1:2*nbits
        som = som
+(pop_in(k,jj))^2;
    end
    fit(k) = som/(2*nbits);
%erreur quadratique moyenne
    a(k) = fit(k); %ceci pour
que je puisse récupérer les
chromosomes de fitness
minimales
    sort(fit);
    fitness = fit';%matrice
colonne
end
    max_fitness(i) =
max(fitness); %pour vérifier
que la fonction coût décroît
    mean_fitness(i) =
mean(fitness);
    least_fitness(i) =
fitness(1);

    fit_classe =
fitness(1:round(taille/2));
for k=1:taille
    for l =
1:round((taille)/2)
        comp = a(k)-
fit_classe(l);
            if comp ==0
                pop(l,:) =
pop_in(k,:); %récupération des
chromosomes de fitness
minimales
            end
%(première moitié du tableau)
    end
end

%croisement-------------------
-------
        k =
floor((2*nbits)*rand); %point
de croisement choisi au hasard
    for t =
1:2:(round(taille/2))-1
        l =
ceil((taille/2)*rand);%indice
du premier chromosome parent
choisi au hasard
        n =
ceil((taille/2)*rand); %indice
du deuxième chromosome parent
choisi au hasard
        q =
(ceil(taille/2))+t;
        pop(q,1:2*nbits) =
[pop(l,1:k)
pop(n,(k+1):2*nbits)]; % 1er
chromosome fils
        pop((q+1),1:2*nbits) =
[pop(n,1:k)
pop(l,(k+1):2*nbits)];  % 2è
chromosome fils
    end
 %mutation -------------------
-----------------------------
-------------
```

```matlab
%prob_mutation = 1/(2*nbits);
%nbre_mutation =
prob_mutation*taille*(2*nbits)
= taille;
  for k=1:taille
      j = ceil(2*nbits*rand);
    if pop(k,j)==1
    pop(k,j)= 0;   %mutation
d'un bit choisi au hazard, par
ligne
      else
      pop(k,j)=1;
      end
  end
pop_fin = pop;
pop_in =pop_fin;
end
%fin évolution----------------
-------

%DECODAGE
  som = 0;
  pom =0;
for k=1:taille
```

I.19.3.1.2.   Linéaire
Code source 65 :   Synthèse des DDA par « AG binaire » sur réseau linéaire

```matlab
function [P2, max_fitness,
mean_fitness] =
pagbin_lineaire(p,P11,taille,i
ter_max)
%-----------------------------
-
% synthèse au moyen de
l'algorithme génétique binaire
%-----------------------------
-----------------------------
------
pmin=-1; %valeur minimale
prise par les Pij
pmax=1;  %valeur maximale
prise par les Pij
l = pmax-pmin; %largeur de
l'intervalle des valeurs des
Pij
```

```matlab
    for i=nbits:1
      g(k,1) = som +
pop_fin(i)*pow2(i);
    end
        for j=2*nbits:nbits+1
      g(k,2) = pom +
pop_fin(j)*pow2(j-nbits);
        end
E_fin(k,1) = pmin + ((pmax -
pmin)*g(k,1))/gmax;
E_fin(k,2) = pmin + ((pmax -
pmin)*g(k,2))/gmax;
end
P = E_fin + P0;
%conversion de P en complexe--
-------
for i = 1:taille
    Pf(i) = P(i,1) +
1i*P(i,2);
end
P2 = Pf;


nbits = ceil(log(l/p)/log(2));
%nombre de bits sur lesquels
seront codés les Pij
%conversion de P11 (qui est le
résultat analytique) en réel
Pan = P11;
P11 = zeros(taille,2);
for i=1:taille
    P11(i,1) = real(Pan(i));
    P11(i,2) = imag(Pan(i));
end
P0 = rand(taille,2);
%initialisation aléatoire de
la matrice de puissance
E = P11-P0; %critère de
synthèse:erreur entre la
valeur désirée P11 et P0
aléatoire

%CODAGE-----------------------
--
%etape 1: codage intermediaire
vers g
gmax = (pow2(nbits))-1;
g = zeros(taille,2);
for i=1:taille
```

```matlab
    g(i,1) = abs(((E(i,1)-pmin)/(pmax-pmin))*gmax);
    g(i,2) = abs(((E(i,2)-pmin)/(pmax-pmin))*gmax);
end
% étape 2: codage vers le binaire
b1 = dec2bin(g(:,1), nbits);
b2 = dec2bin(g(:,2), nbits);
pop_in = [b1 b2];%POPULATION INITIALE

% début évolution---------------------------------------------------------------------------

fit = zeros(1,taille); a = zeros(1,taille);
max_fitness = zeros(1,iter_max);
mean_fitness = zeros(1,iter_max);
least_fitness = zeros(1,iter_max);
kep = size(pop_in,2);
pop = zeros(taille,kep);
E_fin = zeros(taille,1);
Pf = zeros(1,taille);
for i =1:iter_max
%évaluation de la fonction coût-------------------------------------------------
som = 0;
for k = 1:taille
    for jj = 1:2*nbits
        som = som +(pop_in(k,jj))^2;
    end
    fit(k) = som/(2*nbits); %erreur quadratique moyenne
    a(k) = fit(k); %ceci pour que je puisse récupérer les chromosomes de fitness minimales
    sort(fit);
    fitness = fit';%matrice colonne
end

    max_fitness(i) = max(fitness); %pour vérifier que la fonction coût décroît
    mean_fitness(i) = mean(fitness);
    least_fitness(i) = fitness(1);

    fit_classe = fitness(1:round(taille/2));
    for k=1:taille
        for l = 1:round(taille/2)
            comp = a(k)-fit_classe(l);
            if comp ==0
                pop(l,:) = pop_in(k,:); %récupération des chromosomes de fitness minimales
            end
        %(prémière moitié du tableau)
    end
end

%croisement-------------------------------------------------------------------------
        k = floor((2*nbits)*rand); %point de croisement choisi au hasard
    for t = 1:2:(round(taille/2))-1
        l = ceil((taille/2)*rand);%indice du premier chromosome parent choisi au hasard
        n = ceil((taille/2)*rand); %indice du deuxième chromosome parent choisi au hasard
        q = (ceil(taille/2))+t;
        pop(q,1:2*nbits) = [pop(l,1:k) pop(n,(k+1):2*nbits)]; % 1er chromosome fils
        pop((q+1),1:2*nbits) = [pop(n,1:k)
```

```matlab
pop(1,(k+1):2*nbits)];   % 2è        %prob_mutation = 1/(2*nbits);
chromosome fils                      nbre_mutation =
    end                              prob_mutation*taille*(2*nbits)
 %mutation ------------------        = taille;
------------------------------        for k=1:taille
--------------
     j = ceil(2*nbits*rand);
     if pop(k,j)==1
     pop(k,j)= 0;   %mutation d'un bit choisi au hazard par ligne
     else
     pop(k,j)=1;
     end
  end
pop_fin = pop;
pop_in =pop_fin;
end
%fin évolution-----------------------------------------------------
---------

%DECODAGE
 som = 0;
 pom =0;
for k=1:taille
   for i=nbits:1
    g(k,1) = som + pop_fin(i)*pow2(i);

end
        for j=2*nbits:nbits+1
     g(k,2) = pom + pop_fin(j)*pow2(j-nbits);
        end
E_fin(k,1) = pmin + ((pmax - pmin)*g(k,1))/gmax;
E_fin(k,2) = pmin + ((pmax - pmin)*g(k,2))/gmax;
end


P = E_fin + P0;
%conversion de w en complexe---------------------------------------
---------
for i = 1:taille
    Pf(i) = P(i,1) + 1i*P(i,2);
end
P2 = Pf;
```

Code source 66 :   **Synthèse des DDA par « AG binaire » sur réseau circulaire**

```matlab
function [P2, max_fitness,
mean_fitness] =
pagbin_circulaire(p,P11,taille
,iter_max)
%-----------------------------
-------
% synthèse au moyen de
l'algorithme génétique binaire
%-----------------------------
-------
pmin=-1; %valeur minimale
prise par les Pij
pmax=1;  %valeur maximale
prise par les Pij
l = pmax-pmin; %largeur de
l'intervalle des valeurs des
Pij
nbits = ceil(log(l/p)/log(2));
%nombre de bits sur lesquels
seront codés les Pij
%conversion de P11 (qui est le
résultat analytique) en réel
Pan = P11;
P11 = zeros(taille,2);
for i=1:taille
    P11(i,1) = real(Pan(i));
    P11(i,2) = imag(Pan(i));
end
P0 = rand(taille,2);
%initialisation aléatoire de
la matrice de puissance
E = P11-P0; %critère de
synthèse:erreur entre la
valeur désirée P11 et P0
aléatoire
%CODAGE-----------------------
-------
%etape 1: codage intermediaire
vers g
gmax = (pow2(nbits))-1;
g = zeros(taille,2);
for i=1:taille
    g(i,1) = abs(((E(i,1)-
pmin)/(pmax-pmin))*gmax);
    g(i,2) = abs(((E(i,2)-
pmin)/(pmax-pmin))*gmax);
end
% étape 2: codage vers le
binaire
b1 = dec2bin(g(:,1), nbits);
b2 = dec2bin(g(:,2), nbits);
pop_in = [b1 b2];%POPULATION
INITIALE

% début évolution-------------
-------
fit = zeros(1,taille); a =
zeros(1,taille);
max_fitness =
zeros(1,iter_max);
mean_fitness =
zeros(1,iter_max);
least_fitness =
zeros(1,iter_max);
kep = size(pop_in,2);
pop = zeros(taille,kep);
E_fin = zeros(taille,1);
Pf = zeros(1,taille);
for i =1:iter_max
%évaluation de la fonction
coût------
som = 0;
for k = 1:taille
    for jj = 1:2*nbits
        som = som
+(pop_in(k,jj))^2;
    end
    fit(k) = som/(2*nbits);
%erreur quadratique moyenne
    a(k) = fit(k); %ceci pour
que je puisse récupérer les
chromosomes de fitness
minimales
    sort(fit);
```

```matlab
    fitness = fit';%matrice colonne
end
    max_fitness(i) = max(fitness); %pour vérifier
    que la fonction coût décroît
    mean_fitness(i) = mean(fitness);
    least_fitness(i) = fitness(1);

    fit_classe = fitness(1:round(taille/2));
for k=1:taille
    for l = 1:round(taille/2)
        comp = a(k)-fit_classe(l);
            if comp ==0
                pop(l,:) = pop_in(k,:); %récupération des chromosomes de fitness minimales
            end
%(prémière moitié du tableau)
    end
end

%croisement---------------------------
if pop(k,j)==1
    pop(k,j)= 0;   %mutation d'un bit choisi au hazard par ligne
    else
    pop(k,j)=1;
    end
 end
pop_fin = pop;
pop_in =pop_fin;
end
%fin évolution---------------------------

%DECODAGE
 som = 0;
 pom =0;
for k=1:taille
   for i=nbits:1
     g(k,1) = som + pop_fin(i)*pow2(i);

    k = floor((2*nbits)*rand); %point de croisement choisi au hasard
    for t = 1:2:(round(taille/2))-1
        l = ceil((taille/2)*rand);%indice du premier chromosome parent choisi au hasard
        n = ceil((taille/2)*rand); %indice du deuxième chromosome parent choisi au hasard
        q = (ceil(taille/2))+t;
        pop(q,1:2*nbits) = [pop(l,1:k) pop(n,(k+1):2*nbits)]; % 1er chromosome fils
        pop((q+1),1:2*nbits) = [pop(n,1:k) pop(l,(k+1):2*nbits)];   % 2è chromosome fils
    end
 %mutation ---------------------------
for k=1:taille
    j = ceil(2*nbits*rand) ;

    end
        for j=2*nbits:nbits+1
     g(k,2) = pom + pop_fin(j)*pow2(j-nbits);
        end
E_fin(k,1) = pmin + ((pmax - pmin)*g(k,1))/gmax;
E_fin(k,2) = pmin + ((pmax - pmin)*g(k,2))/gmax;
end
P = E_fin + P0;
%conversion de w en complexe---------------------------
for i = 1:taille
    Pf(i) = P(i,1) + 1i*P(i,2);
end
P2 = Pf;
```

I.19.3.2.1.   *Planaire*

Code source 67 :   ***Synthèse des DDA par « AG continu » sur réseau planaire***

```matlab
function [P2, max_fitness, mean_fitness] =
pagcont_planaire(P11,taille,iter_max)
%synthèse au moyen de l'algorithme genetique continu
%-------------------------------------------------------------
---------
%conversion de P11 (qui est le résultat analytique) en réel
Pan = P11;
P11 = zeros(taille,2);
for i=1:taille
    P11(i,1) = real(Pan(i));
    P11(i,2) = imag(Pan(i));
end
P0 = rand(taille,2); %initialisation aléatoire de la matrice de
puissance
E = P11-P0; %critère de synthèse:erreur entre la valeur désirée
P11 et P0 aléatoire
pop_in = E; %POPULATION INITIALE


% début évolution-----------------------------------------------
---------
fit = zeros(1,taille); a = zeros(1,taille);
max_fitness = zeros(1,iter_max);
mean_fitness = zeros(1,iter_max);
least_fitness = zeros(1,iter_max);
kep = size(pop_in,2);
pop = zeros(taille,kep);
E_fin = zeros(taille,1);
Pf = zeros(1,taille);


    for i =1:iter_max
  %évaluation de la fonction coût--------
                som = 0;
                for k = 1:taille
                    for jj = 1:2
                        som = som +(pop_in(k,jj))^2;
                    end
                    fit(k) = som/(2); %erreur quadratique moyenne
                    a(k) = fit(k); %ceci pour que je puisse
récupérer les chromosomes de fitness minimales
                    sort(fit);
                    fitness = fit';%matrice colonne
                end
```

```matlab
                max_fitness(i) = max(fitness); %pour vérifier
que la fonction coût décroît
                mean_fitness(i) = mean(fitness);
                least_fitness(i) = fitness(1);

                fit_classe = fitness(1:round(taille/2));
            for k=1:taille
            for l = 1:round(taille/2)
                comp = a(k)-fit_classe(l);
                    if comp ==0
                        pop(l,:) = pop_in(k,:);
%récupération des chromosomes de fitness minimales
                    end
%(prémière moitié du tableau)
                end
            end
                %croisement---------------------------------------
-----------

                l = 1;
                n = 2;
                for t = 1:2:(round(taille/2))-2
            q = (ceil(taille/2))+t;
            pop(q,1) = pop(n,2);
            pop(q,2) = pop(n,1);                %croisement
                pop((q+1),1) = pop(l,2);
                pop((q+1),2) = pop(l,1);
                l = l+2;
                n = n+2;
                end
%mutation --------------
                val = randn(taille,1);
                val = val./abs(val);
                val = val.*rand;
             pop = [val pop(:,2)];
            pop_fin = pop;
            pop_in =pop_fin;
    end
        %fin évolution-----------------
        P = P11 - pop_fin; %cette relation est vraie à chaque
itération de la boucle principale
        %conversion de P en complexe----------------------------
----------------

        for i = 1:taille
            Pf(i) = P(i,1) + 1i*P(i,2);
        end
        P2 = Pf;
```

I.19.3.2.2. **Linéaire**

Code source 68 : ***Synthèse des DDA par « AG continu » sur réseau linéaire***

```matlab
function [P2, max_fitness, mean_fitness] = pagcont_lineaire(P11,taille,iter_max)
%----------------------------------------------------------------------
% synthèse au moyen de l'algorithme génétique continu
%----------------------------------------------------------------------
%conversion de P11 (qui est le résultat analytique) en réel
Pan = P11;
P11 = zeros(taille,2);
for i=1:taille
    P11(i,1) = real(Pan(i));
    P11(i,2) = imag(Pan(i));
end
P0 = rand(taille,2); %initialisation aléatoire de la matrice de puissance
E = P11-P0; %critère de synthèse:erreur entre la valeur désirée P11 et P0 aléatoire
pop_in = E; %POPULATION INITIALE

% début évolution----------------------------------------------------------
fit = zeros(1,taille); a = zeros(1,taille);
max_fitness = zeros(1,iter_max);
mean_fitness = zeros(1,iter_max);
least_fitness = zeros(1,iter_max);
kep = size(pop_in,2);
pop = zeros(taille,kep);
E_fin = zeros(taille,1);
Pf = zeros(1,taille);

for i =1:iter_max
            %évaluation de la fonction coût----------------------------
            som = 0;
            for k = 1:taille
                for jj = 1:2
                    som = som +(pop_in(k,jj))^2;
                end
                fit(k) = som/2; %erreur quadratique moyenne
                a(k) = fit(k); %ceci pour que je puisse récupérer
les chromosomes de fitness minimales
                sort(fit);
                fitness = fit';%matrice colonne
            end
            max_fitness(i) = max(fitness); %pour vérifier que
la fonction coût décroît
            mean_fitness(i) = mean(fitness);
            least_fitness(i) = fitness(1);
```

```matlab
            fit_classe = fitness(1:round(taille/2));
      for k=1:taille
          for l = 1:round(taille/2)
              comp = a(k)-fit_classe(l);
                  if comp ==0
                      pop(l,:) = pop_in(k,:); %récupération
des chromosomes de fitness minimales
                  end                               %(prémière
moitié du tableau)
          end
      end
        %croisement-----------------
            l = 1;
            n = 2;
          for t = 1:2:(round(taille/2))-2
              q = (ceil(taille/2))+t;
              pop(q,1) = pop(n,2);
              pop(q,2) = pop(n,1);                  %croisement
              pop((q+1),1) = pop(l,2);
              pop((q+1),2) = pop(l,1);
              l = l+2;
              n = n+2;
          end
        %mutation -------------------

%prob_mutation = 1/2; nbre_mutation = prob_mutation*taille*2 =
taille;
        %donc: remplacer toute la 1ère colonne par des
valeurs aléatoires entre -1 et 1
          val = randn(taille,1);
          val = val./abs(val);
          val = val.*rand;
          pop = [val pop(:,2)];
      pop_fin = pop;
      pop_in =pop_fin;
end
      %fin évolution------------------
      %P = P0 + pop_fin;
      P = P11 - pop_fin; %cette relation est vraie à chaque
itération de la boucle principale
      %conversion de P en complexe
      for i = 1:taille
          Pf(i) = P(i,1) + 1i*P(i,2);
      end
      P2 = Pf
```

I.19.3.2.3.   Circulaire

Code source 69 :   Synthèse des DDA par « AG continu » sur réseau circulaire

```matlab
function [P2, max_fitness, mean_fitness] = pagcont_circulaire(P11,taille,iter_max)
% synthèse au moyen de l'algorithme génétique continu
%conversion de P11 (qui est le résultat analytique) en réel
Pan = P11;
P11 = zeros(taille,2);
for i=1:taille
    P11(i,1) = real(Pan(i));
    P11(i,2) = imag(Pan(i));
end
P0 = rand(taille,2); %initialisation aléatoire de la matrice de puissance
E = P11-P0; %critère de synthèse:erreur entre la valeur désirée P11 et P0 aléatoire
pop_in = E; %POPULATION INITIALE
% début évolution-------------------
fit = zeros(1,taille); a = zeros(1,taille);
max_fitness = zeros(1,iter_max);
mean_fitness = zeros(1,iter_max);
least_fitness = zeros(1,iter_max);
kep = size(pop_in,2);
pop = zeros(taille,kep);
E_fin = zeros(taille,1);
Pf = zeros(1,taille);
for i =1:iter_max
    %évaluation de la fonction coût---
            som = 0;
            for k = 1:taille
                for jj = 1:2
                    som = som +(pop_in(k,jj))^2;
                end
                fit(k) = som/2; %erreur quadratique moyenne
                a(k) = fit(k); %ceci pour que je puisse récupérer
les chromosomes de fitness minimales
                sort(fit);
                fitness = fit';%matrice colonne
            end
                max_fitness(i) = max(fitness); %pour vérifier que
la fonction coût décroît
                mean_fitness(i) = mean(fitness);
                least_fitness(i) = fitness(1);

                fit_classe = fitness(1:round(taille/2));
            for k=1:taille
                for l = 1:round(taille/2)
                    comp = a(k)-fit_classe(l);
                        if comp ==0
                            pop(l,:) = pop_in(k,:); %récupération
des chromosomes de fitness minimales
```

```matlab
                    end                             %(prémière
moitié du tableau)
                end
            end
             %croisement------------
                l = 1;
                n = 2;
                for t = 1:2:(round(taille/2))-2
                    q = (ceil(taille/2))+t;
                    pop(q,1) = pop(n,2);
                    pop(q,2) = pop(n,1);                %croisement
                    pop((q+1),1) = pop(l,2);
                    pop((q+1),2) = pop(l,1);
                    l = l+2;
                    n = n+2;
                end
%mutation ---------------
                %prob_mutation = 1/2; nbre_mutation =
prob_mutation*taille*2 = taille;
                %donc: remplacer toute la 1ère colonne par des
valeurs aléatoires entre -1 et 1
                val = randn(taille,1);
                val = val./abs(val);
                val = val.*rand;
                pop = [val pop(:,2)];
            pop_fin = pop;
            pop_in =pop_fin;
end
        %fin évolution---------------
        %P = P0 + pop_fin;
        P = P11 - pop_fin; %cette relation est vraie à chaque
itération de la boucle principale
        %conversion de P en complexe-
        for i = 1:taille
            Pf(i) = P(i,1) + 1i*P(i,2);
        end
        P2 = Pf;
```

I.19.4.   Synthèse au moyen des algorithmes génétiques

On applique les algorithmes génétiques sur chacune des méthodes analytiques développées précédemment : AG_sur_Barlett, AG_sur_Prony, AG_sur_Capon, AG_sur_MEM, AG_sur_Pisarenko, AG_sur_MUSIC, AG_sur_MinNorm et la dernière baptisée « ALL ».

« ALL » permet de tracer toutes les synthèses précédentes sur un même graphique selon le système de coordonnées ; ceci est indispensable pour une étude comparée.

I.19.4.1. Résultats

I.19.4.1.1.   *Comparaison de synthèses (binaire et continu) sur Barlett avec réseau linéaire*

La figure 212 présente les synthèses (binaire et continu) de trois directions d'arrivées (50°, 80° et 120°) par l'algorithme « AG_sur_Barlett » sur un réseau linéaire à 8 éléments distants de 0.5 m.

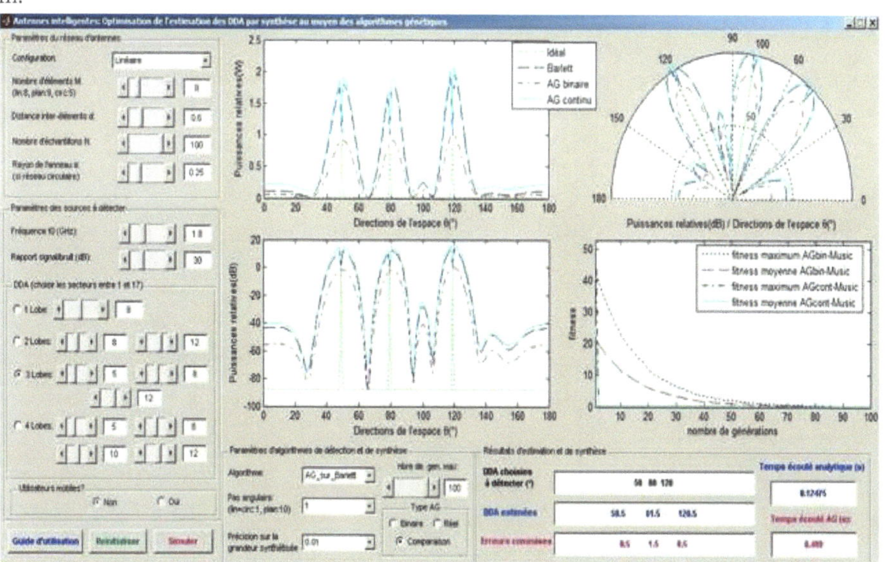

Figure 212:   Synthèses (binaire et continu) de 1 DOA par l'algorithme
« AG_sur_Barlett » sur réseau planaire.

I.19.4.1.2.   *Comparaison de synthèses (binaire et continu) sur Music avec réseau linéaire*

La figure 213 présente les synthèses (binaire et continu) de trois directions d'arrivées (50°, 80° et 120°) par l'algorithme « AG_sur_MUSIC » sur un réseau linéaire à 8 éléments distants de 0.5 m.

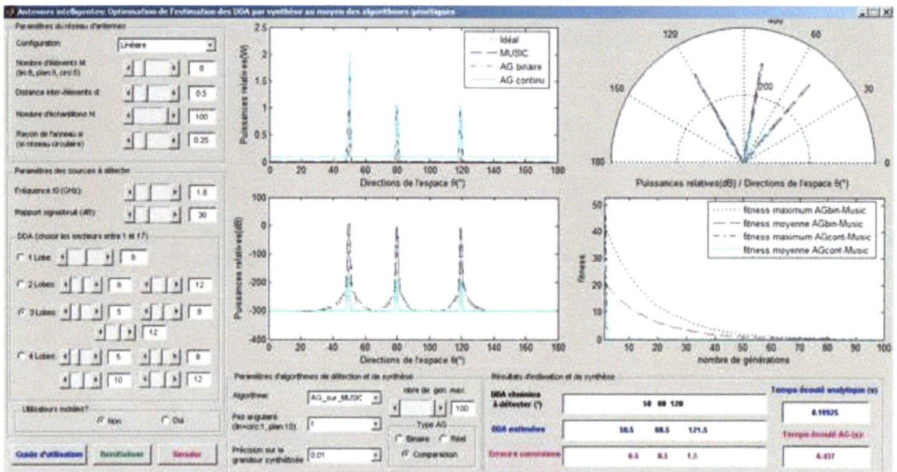

Figure 213:   Synthèses (binaire et continu) de 1 DOA par l'algorithme « AG_sur_MUSIC » sur réseau planaire.

I.19.4.1.3.   Comparaison de synthèse (continu) avec un réseau linéaire de 8 éléments

La figure 214 présente la synthèse (continu) de quatre directions d'arrivées (50°, 80°, 100° et 120°) par tous les algorithmes sur un réseau linéaire à 8 éléments distants de 0.5 m.

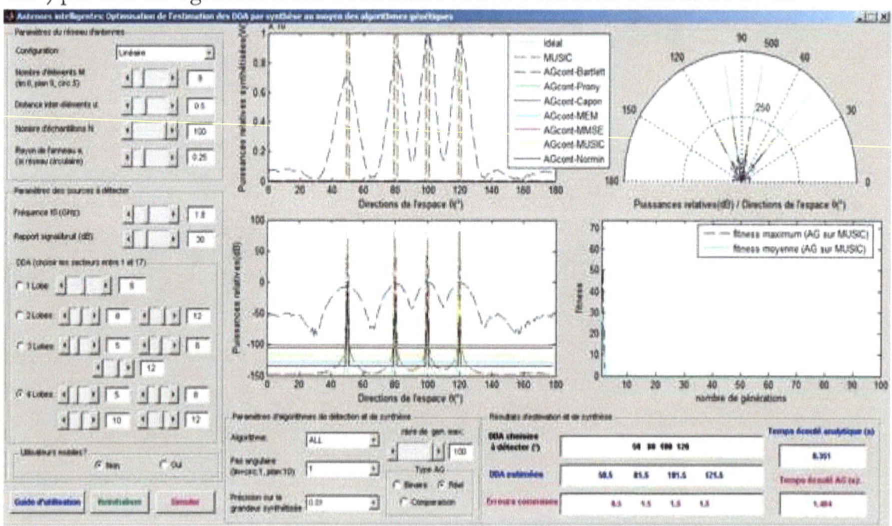

Figure 214:   Synthèse(continu) de 4 DOA par tous les algorithmes « AG » sur réseau planaire.

I.19.4.1.4.   Comparaison de synthèses (continu et linéaire) avec un réseau linéaire de 8 éléments

La figure 215 présente les synthèses (binaire et continu) de quatre directions d'arrivées (50°, 80°, 100° et 120°) par tous lesalgorithmes sur un réseau linéaire à 8 éléments distants de 0.5 m.

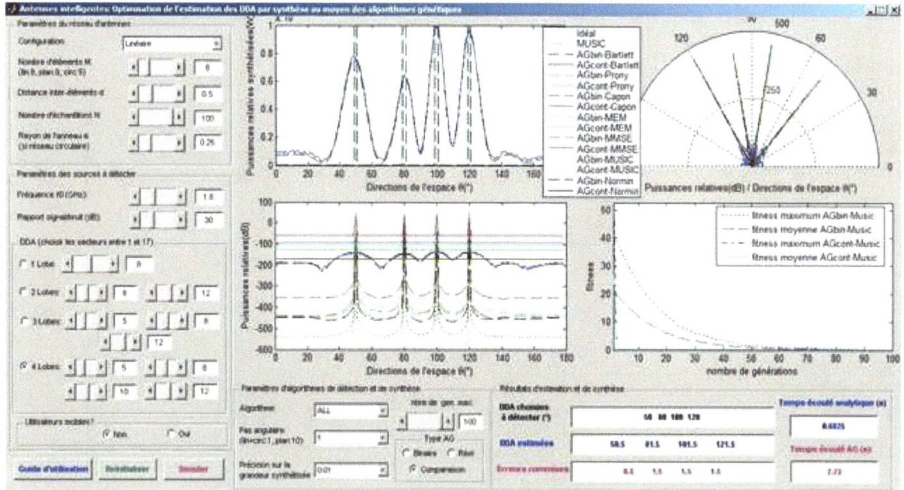

Figure 215: **Synthèses (binéaire et continu) de 4 DOA par tous les algorithmes « AG » sur réseau linéaire.**

I.19.4.1.5. Comparaison de synthèse (binaire) avec un réseau circulaire de 5 éléments

La figure 216 présente la synthèse (binaire) de trois directions d'arrivées (50°, 80° et 120°) par tous les algorithmes sur un réseau circulaire à 5 éléments distants de 0.5 m.

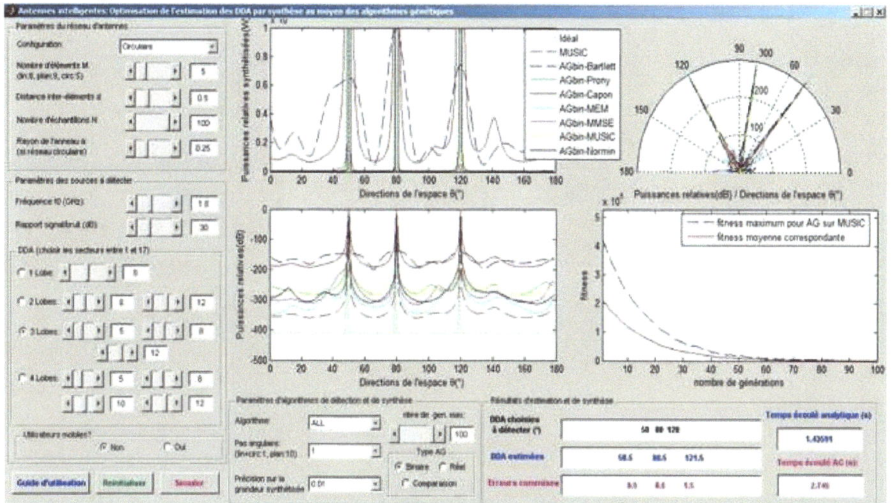

Figure 216: **Synthèse(binaire) de 3 DOA par tous les algorithmes « AG » sur réseau circulaire.**

I.19.4.1.6. Comparaison de synthèse (binaire) sur Music avec réseau planaire 9x9 éléments

La figure 217 présente la synthèse (binaire) de trois directions d'arrivées (50°, 80° et 120°) par l' l'algorithme « AG_sur_MUSIC » sur un réseau planaire à 9x9 éléments distants de 0.5 m.

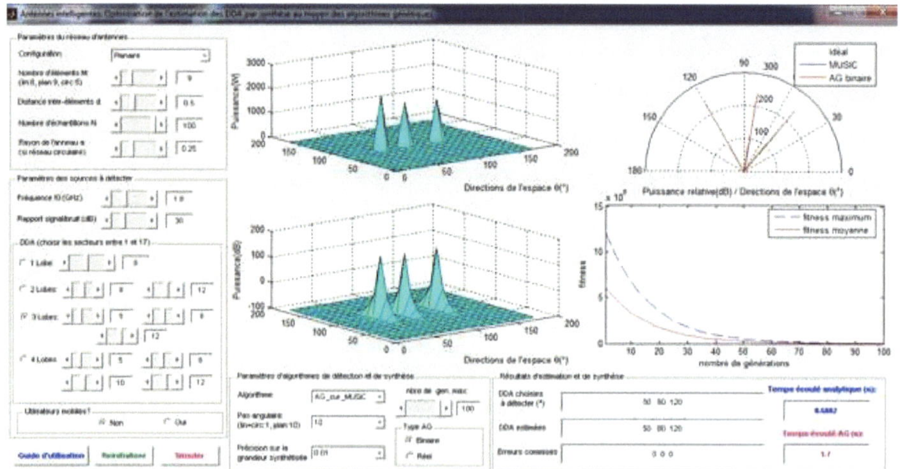

Figure 217: **Synthèse(binaire) de 3 DOA par l' algorithme « AG_sur_MUSIC » sur réseau planaire.**

I.19.4.1.7. Comparaison de synthèses (continu, linéaire) avec un réseau planaire de 9x9 éléments

La figure 218 présente les synthèses (binaire et continu) de quatre directions d'arrivées (50°, 80°, 100° et 120°) par tous les algorithmes AG sur un réseau planaire à 9x9 éléments distants de 0.5 m.

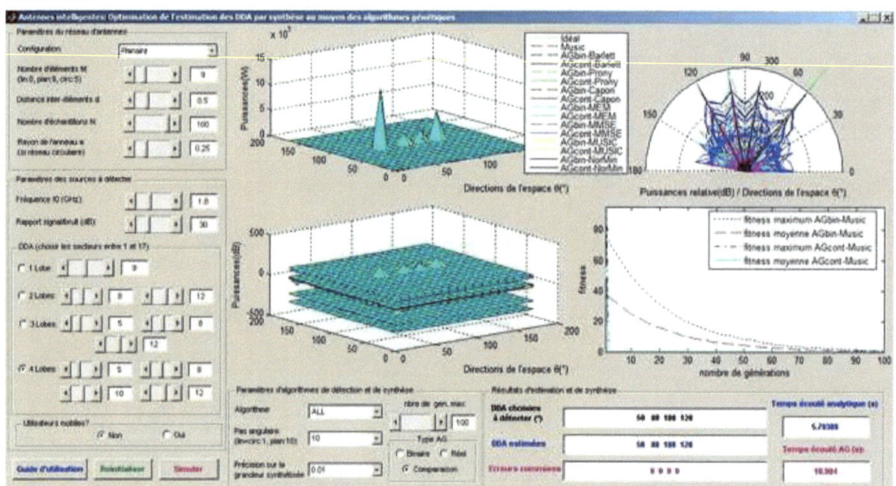

Figure 218: **Synthèses(binaire et continu) de 4 DOA par tous les algorithmes « AG» sur réseau planaire.**

I.19.4.1.8. *Comparaison de synthèses (continu, linéaire) avec un réseau circulaire de 5 éléments*

La figure 219 présente les synthèses (binaire et continu) de quatre directions d'arrivées (50°, 80°, 100° et 120°) par tous les algorithmes AG sur un réseau circulaire à 5 éléments distants de 0.5 m.

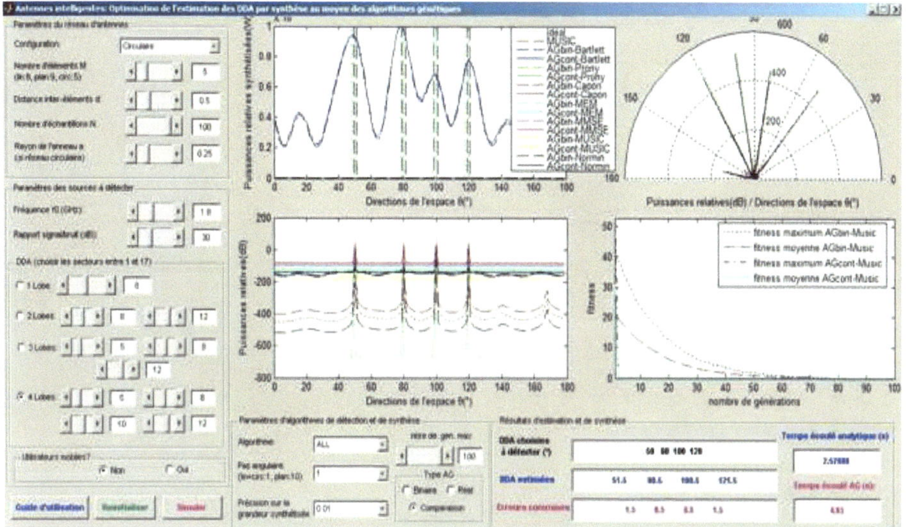

Figure 219: **Synthèses(binaire et continu) de 4 DOA par tous les algorithmes « AG» sur réseau circulaire.**

I.19.4.2. Tableaux comparatifs

Le tableau 10 résume les temps écoulés d'estimation de directions d'arrivées (DOA : Directions Of Arrivals) par méthodes analytiques et l'AG binaire.

Comparaison des temps écoulés d'estimation de DOA par méthodes analytiques et les AG

Estimateurs de DOA	Réseau linéaire				Réseau carré				Réseau circulaire			
	1 Lobe	2 Lobes	3 Lobes	4 Lobes	1 Lobe	2 Lobes	3 Lobes	4 Lobes	1 Lobe	2 Lobes	3 Lobes	4 Lobes
Bartlett	0.187	0.266	0.202	0.218	0.109	0.125	0.125	0.125	0.156	0.218	0.202	0.218
AG_Bartlet	**0.780**	**0.796**	**0.78**	**0.795**	**1.716**	**1.747**	**1.701**	**1.701**	**0.78**	**0.795**	**0.795**	**0.811**
Prony	0.234	0.250	0.218	0.203	2.850	2.880	2.917	2.918	0.218	0.202	0.187	0.202
AG_Prony	**0.764**	**0.749**	**0.764**	**0.749**	**1.701**	**1.700**	**1.701**	**1.7**	**0.764**	**0.764**	**0.764**	**0.748**
Capon	0.156	0.203	0.187	0.187	1.529	1.513	1.513	1.545	0.187	0.203	0.203	0.203
AG_Capon	**0.765**	**0.765**	**0.764**	**0.764**	**1.7**	**1.716**	**1.7**	**1.716**	**0.749**	**0.764**	**0.78**	**0.764**
MEM	0.171	0.172	0.156	0.172	0.11	0.125	0.109	0.125	0.187	0.187	0.172	0.156
AG_MEM	**0.764**	**0.78**	**0.765**	**0.764**	**1.701**	**1.716**	**1.7**	**1.716**	**0.765**	**0.78**	**0.78**	**0.795**
MMSE	0.188	0.172	0.171	0.172	0.125	0.125	0.109	0.140	0.234	0.171	0.188	0.187
AG_MMSE	**0.764**	**0.78**	**0.766**	**0.764**	**1.701**	**1.7**	**1.701**	**1.716**	**0.78**	**0.796**	**0.765**	**0.78**
MUSIC	0.359	0.218	0.234	0.250	0.781	0.343	0.265	0.250	0.156	0.172	0.156	0.172
AG_MUSIC	**0.795**	**0.796**	**0.765**	**0.764**	**1.731**	**1.7**	**1.716**	**1.716**	**0.827**	**0.78**	**0.796**	**0.764**
MIN-NORM	0.156	0.172	0.203	0.156	0.125	0.156	0.156	0.156	0.219	0.234	0.172	0.203
AG_MinNor	**0.764**	**0.78**	**0.764**	**0.795**	**1.716**	**1.7**	**1.701**	**1.701**	**0.78**	**0.796**	**0.78**	**0.78**

Ainsi, le temps écoulé avec les AG est à peu près égal à 4 fois le temps analytique mais reste néanmoins autour de 1seconde.

En termes d'écarts entre valeurs synthétisées et celles de départ :	En termes de temps écoulés pour tous les algorithmes on a :
L'algorithme MUSIC permet d'obtenir les meilleurs résultats, respectivement sur réseau planaire, puis linéaire et enfin circulaire	tanalytique $\approx$ 0.25tAG (réseaux linéaire et circulaires) tanalytique $\approx$ 0.07 tAG (réseau planaire)

I.20. *Optimisation du temps de beamforming par synthèse au moyen des algorithmes génétiques*

I.20.1. Procédure de simulation

Les figures ci-après présentent l'utilisation de l'application réalisée.

En figure 220, nous avons la page de garde de l'outil « Antennes intelligentes : Optimisation du temps de beamforming par synthèse au moyen des algorithmes génétiques ».

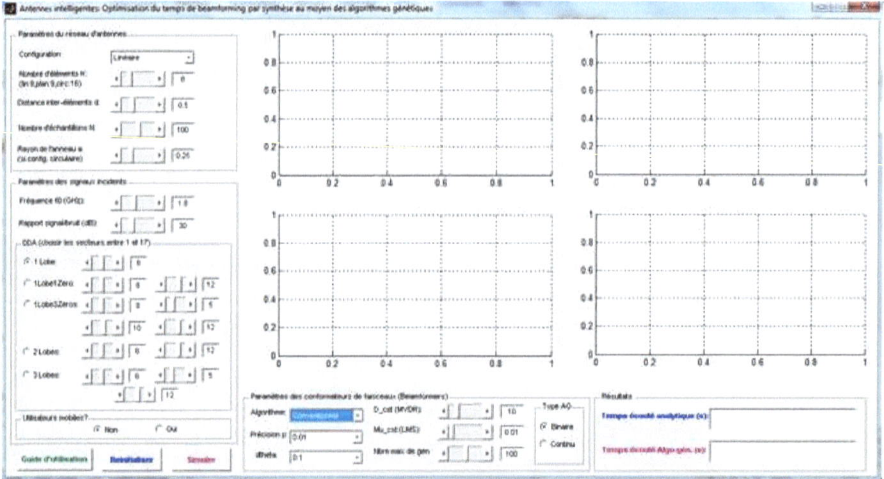

Figure 220: *Page de garde de l'outil de synthèse du beamforming par AG.*

Après avoir rempli les paramètres du réseau d'antennes comme illustré sur la figure 221.

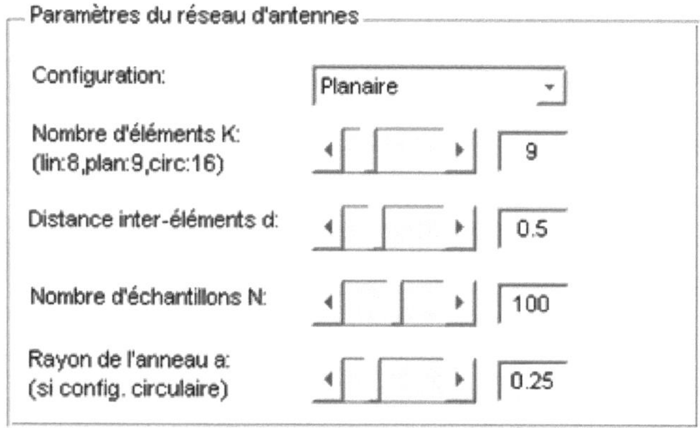

Figure 221: ***Choix des paramètres du réseau d'antennes.***

On a dans les paramètres du réseau d'antennes :

Le nombre d'éléments K : par défaut lorsqu'on a choisi le réseau linéaire, la valeur de K a basculé automatiquement à 8, si on a choisi le réseau planaire, la valeur de K a basculé automatiquement à 9 (cela signifie qu'on a 9x9 = 81 éléments d'antennes) et si on a choisi le réseau circulaire, la valeur de K a basculé automatiquement à 16. Mais il est à noter que ces valeurs ne sont que celles par défaut pour lesquelles nous avons mené nos simulations. L'utilisateur peut à souhait les modifier et observer les changements sur les courbes du spectre de puissance et sur le nombre de raies détectables. Néanmoins, le nombre de sources doit être strictement inférieur au nombre d'éléments de l'antenne (L < K pour les réseaux linéaire et circulaire ou L < (K*K) pour le réseau planaire). En d'autres termes, un réseau de K éléments ne peut détecter convenablement qu'au plus (K-1) sources.

La distance inter-éléments en termes de lambda : d, qui est fixée par défaut à 0.5, mais que l'utilisateur peut également modifier à souhait et observer l'influence.

Le nombre d'échantillons N dont la valeur maximale par défaut a été fixé à 100.

Le rayon de l'anneau a (qui n'est pris en compte que pour le réseau circulaire) est fixé par défaut à 0.25.

On rentre les paramètres des signaux incidents (voir figure 222), à savoir :

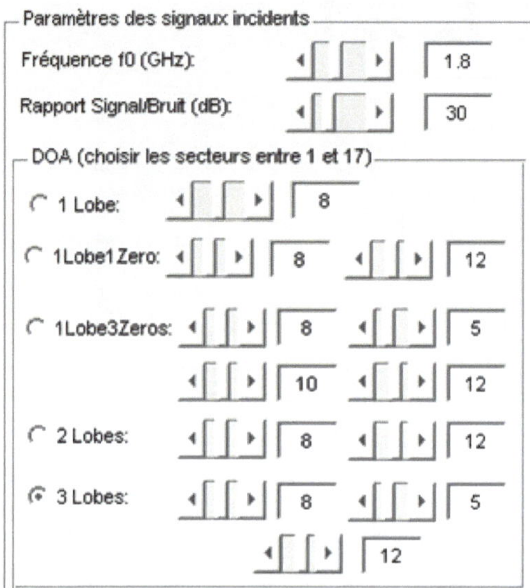

Figure 222: **Rentrer les paramètres des signaux incidents.**

La fréquence d'utilisation f0 dont la valeur par défaut est fixée à 1.8GHz mais dont la modification n'influe pas de façon notable les résultats. Ainsi on peut l'essayer à 2.4 GHz ou à 5 GHz.

Le rapport signal sur bruit dont la valeur par défaut est fixée à 30 dB, modifiable ;

Les directions d'arrivées (« DDA » en français et « DOA » en anglais) selon le nombre de lobes souhaités. Ainsi l'utilisateur coche l'une des cases entre 1lobe, 1lobe1zero, 1lobe3zeros, 2lobes, 3lobes. Le zéro représentant un interférent.

Par la suite, il lui est offert la possibilité de rentrer les directions d'arrivées en termes de secteurs entre 1 et 17 car l'espace a été divisé en 17 secteurs entre 5 et 175°. Il pourra ainsi à souhait indiquer où se trouvent la ou les sources qu'il souhaite détecter.

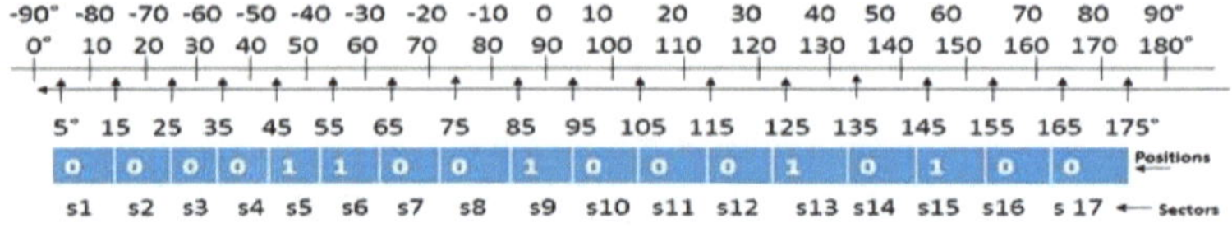

Figure 223: **Les différents secteurs.**

Par la suite, il répond à la question si la source est mobile ou statique en cochant. Pour l'instant, l'outil d'optimisation ne fonctionne que pour des sources statiques (figure 224).

Figure 224: **Choix du type d'utilisateurs.**

On choisit l'algorithme, comme celui de « AG_sur_Conv » à la figure 225.

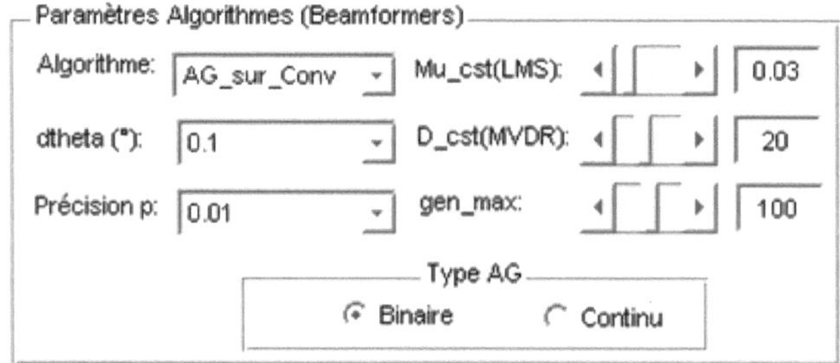

Figure 225: **Choix des paramètres des confarmateurs de faisceaux (Beamformers).**

Les méthodes analytiques de caractérisation définies dans la section 3.2 servent de référence à obtenir par synthèse par les algorithmes génétiques.

Pour la synthèse au moyen des algorithmes génétiques : On applique les algorithmes génétiques sur chacune des méthodes analytiques développées précédemment :

AG_sur_Conv : il s'agit ici de la synthèse du « beamformer » conventionnel (c'est-à-dire l'obtention du vecteur poids W de la méthode analytique conventionnelle, en un temps record) au moyen des AG.

AG_sur_Nulls : il s'agit ici de la synthèse du «Nullsteering beamformer » au moyen des AG.

AG_sur_MVDR : il s'agit ici de la synthèse du « MVDR beamformer » au moyen des AG.
AG_sur_LMS : il s'agit ici de la synthèse du « LMS beamformer » au moyen des AG.

AG_sur_RLS : il s'agit ici de la synthèse du « RLS beamformer » au moyen des AG.

AG_sur_DMI : il s'agit ici de la synthèse du « DMI beamformer» au moyen des AG.

AG_sur_CMA : il s'agit ici de la synthèse du « CMA beamformer » au moyen des AG.

Pour toutes ces synthèses, l'utilisateur peut à souhait modifier :

La précision (p) sur les éléments du vecteur poids aléatoire(W) qu'on génère comme population initiale au début de l'algorithme génétique (0.01 ; 0.001 ; 0.0001) ;

Nbre de gen_max qui est le nombre maximum de génération permettant à l'algorithme de converger. Cette valeur est fixée par observation de la fonction fitness ;

Le type de l'algorithme génétique qui est soit **binaire** (c'est-à-dire que le codage de la population initiale au début de l'algorithme est celle des nombres réels vers le binaire) ou **continu** (c'est-à-dire que les nombres réels sont utilisés directement dans l'algorithme). Ce dernier ne convergeait pas toujours. C'est pourquoi l'outil ne fonctionne pour l'instant que pour le cas binaire.

Au final, toutes les données sont définies et on obtient la feuille de représentation de la figure 226.

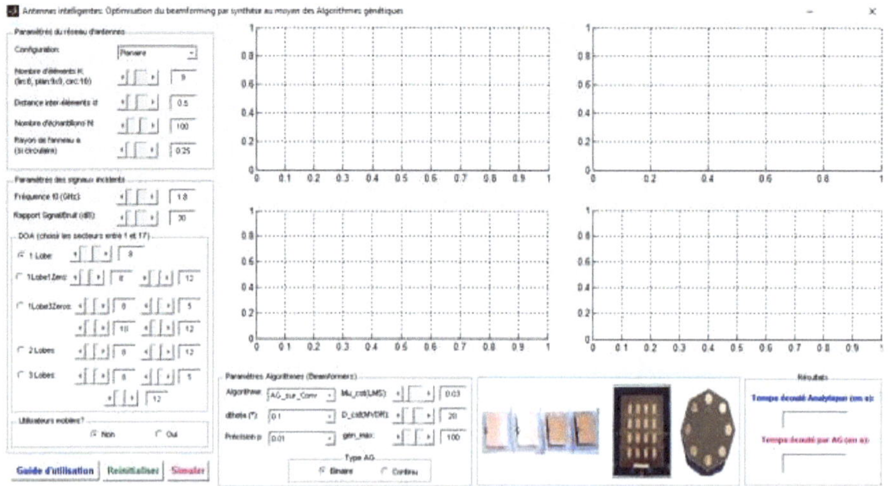

Figure 226: **Paramètres pour la formation de 1 faisceau par « AG_sur_conv » sur réseau planaire.**

Enfin, il suffit de lancer la simulation en cliquant sur « simuler » comme illustré par le cercle rouge dans la figure 226 et on obtient le résultat final de la figure 227.

I.20.2. Résultats

La configuration de l'application est faite conformement aux recommandations de la section 4.3.1.

I.20.2.1. Planaire

La figure 227 présente la formation d'un faisceau (80°) par l'algorithme AG_sur_Conv sur un réseau planaire à 9x9 éléments distants de 0.5 m.

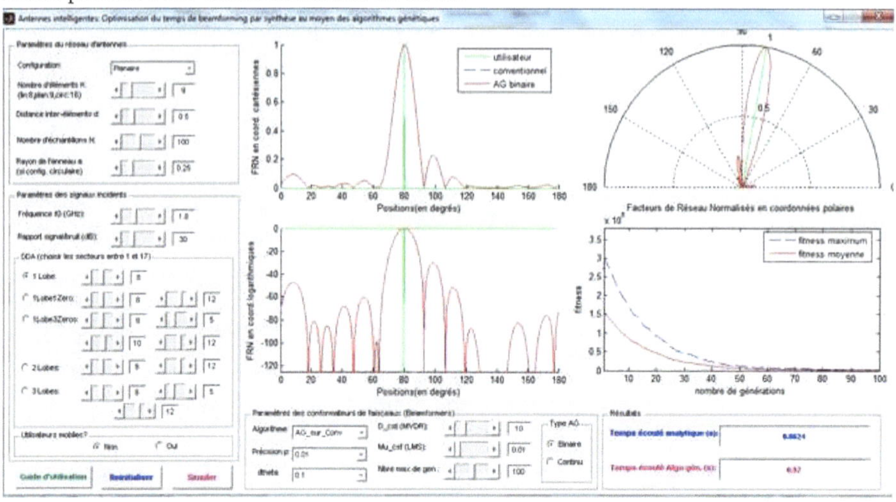

Figure 227: **Formation d'un faisceau par l'algorithme « AG_sur_Conv » sur réseau planaire.**

I.20.2.2. Linéaire

La figure 228 présente la formation d'un faisceau (80°) par l'algorithme AG_sur_MVDR sur un réseau linéaire à 8 éléments distants de 0.5 m.

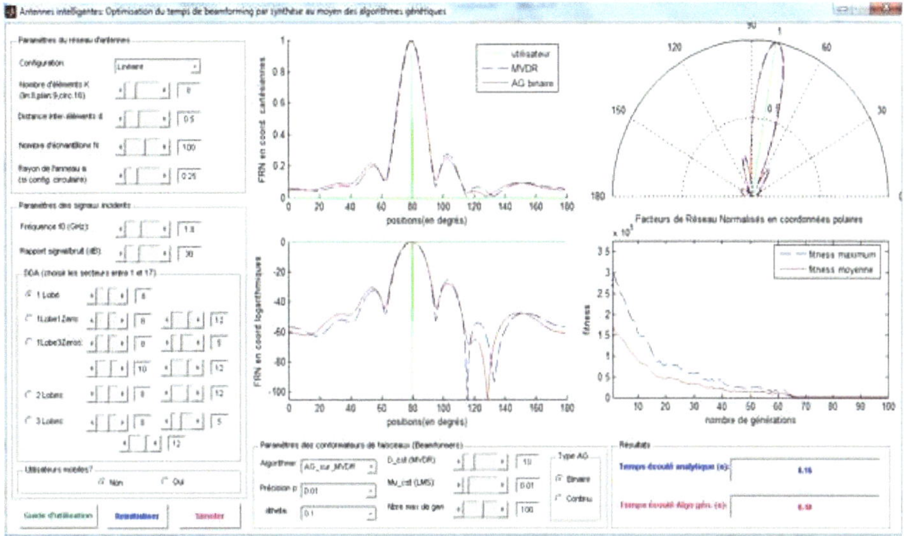

Figure 228: *Formation d'un faisceau par l'algorithme « AG_sur_MVDR » sur réseau linéaire.*

I.20.2.3. Circulaire

La figure 229 présente la formation d'un faisceau (80°) par l'algorithme AG_sur_MVDR sur un réseau linéaire à 16 éléments distants de 0.5 m.

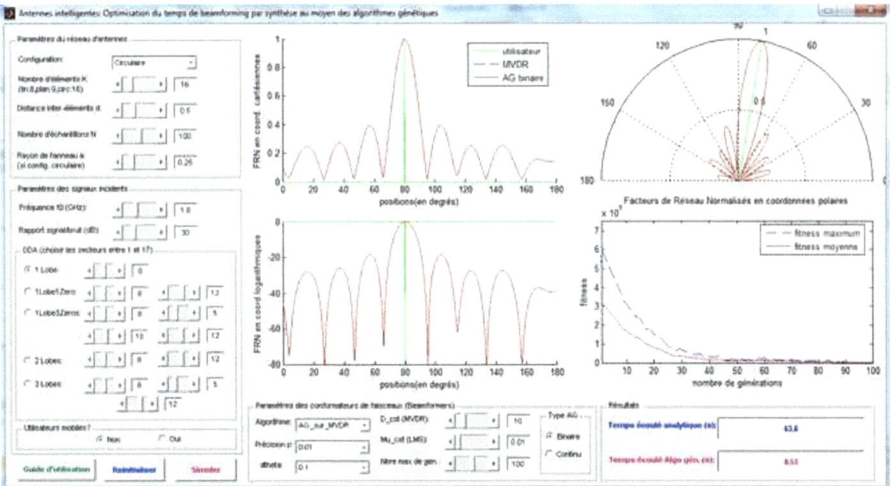

Figure 229: *Formation d'un faisceau par l'algorithme « AG_sur_MVDR » sur réseau circulaire.*

I.20.3.   Codes sources

I.20.3.1.   Algorithme génétique binaire

I.20.3.1.1.   Planaire

Code source 70 :   Synthèse des Beamforming par « AG binaire » sur réseau planaire

```matlab
function [wag, max_fitness, mean_fitness] =
wagbin_planaire(w,M,p,iter_max)
%------------------------------------------------------------
---------
%synthèse au moyen de l'algorithme genetique binaire
%------------------------------------------------------------
---------
wmin=-1; %valeur minimale prise par les wij
wmax=1;  %valeur maximale prise par les wij
l = wmax-wmin; %largeur de l'intervalle [-1;1]
nbits = ceil(log(l/p)/log(2)); %nombre de bits sur lesquels seront
codés les wij
%conversion de w analytique en réel
wan = w;
w = zeros(M*M,2);
for i=1:M*M
    w(i,1) = real(wan(i));
    w(i,2) = imag(wan(i));
end
w0 = randn(M*M,2);%initialisation aléatoire de la matrice de
pondération
w1 = abs(w0);
w2 = w0./w1;
w3 = w2.*rand(M*M,2);%matrice de pondération aléatoire normalisée
entre -1 et 1
E = w-w3;%critère de synthèse: erreur entre la fonction désirée
wan et w aléatoire


%CODAGE-------------------------------------------------------
---------
%etape 1: codage intermediaire vers des valeurs positives
gmax = (pow2(nbits))-1;
g = zeros(M*M,2);
for i=1:M*M
    g(i,1) = abs(((E(i,1)-wmin)/(wmax-wmin))*gmax);
    g(i,2) = abs(((E(i,2)-wmin)/(wmax-wmin))*gmax);
end
% étape 2: codage vers le binaire
b1 = dec2bin(g(:,1), nbits);
b2 = dec2bin(g(:,2), nbits);
pop_in = [b1 b2];%POPULATION INITIALE
```

```matlab
%début évolution----------------------------------------------------
---------
fit = zeros(1,M*M); a = zeros(1,M*M);
max_fitness = zeros(1,iter_max);
mean_fitness = zeros(1,iter_max);
least_fitness = zeros(1,iter_max);
kep = size(pop_in,2);
pop = zeros(M*M,kep);
E_fin = zeros(M*M,1);
wf = zeros(1,M*M);
for i =1:iter_max
    %évaluation de la fonction coût----------------------------------
    ------------
    som = 0;
    for k = 1:M*M
        for jj = 1:2*nbits
            som = som +(pop_in(k,jj))^2; %erreur quadratique coût
        end
        fit(k) = som/(2*nbits); %erreur quadratique moyenne
        a(k) = fit(k); %ceci pour que je puisse récupérer les
chromosomes de fitness minimales
    end
    sort(fit);
    fitness = fit';%matrice colonne
    max_fitness(i) = max(fitness); %pour vérifier que la fonction
coût décroît
    mean_fitness(i) = mean(fitness);
    least_fitness(i) = fitness(1);

    fit_classe = fitness(1:round((M*M)/2));
    for k=1:M*M
        for l = 1:round((M*M)/2)
            comp = a(k)-fit_classe(l);
                if comp ==0
                    pop(l,:) = pop_in(k,:); %récupération des
chromosomes de fitness minimales
                end                                  %(prémière moitié
du tableau)
        end
    end
%croisement----------------------------------------------------------
---------
            k = floor((2*nbits)*rand); %point de croisement choisi
au hasard
        for t = 1:2:(round((M*M)/2))-1
             l = ceil(((M*M)/2)*rand);%indice du premier
chromosome parent choisi au hasard
            n = ceil(((M*M)/2)*rand); %indice du deuxième
chromosome parent choisi au hasard
```

```matlab
            q = (ceil((M*M)/2))+t;
            pop(q,1:2*nbits) = [pop(l,1:k) pop(n,(k+1):2*nbits)];
% 1er chromosome fils
            pop((q+1),1:2*nbits) = [pop(n,1:k)
pop(l,(k+1):2*nbits)];   % 2è chromosome fils
        end
     %mutation ------------------------------------------------------
------------

     %prob_mutation = 1/(2*nbits);
     %nbre_mutation = prob_mutation*M*M*(2*nbits) = M*M;
     for k=1:M*M
         j = ceil(2*nbits*rand);
        if pop(k,j)==1
            pop(k,j)= 0;   %mutation d'un bit choisi au hazard, par
ligne
        else
            pop(k,j)=1;
        end
     end
    pop_fin = pop;
    pop_in =pop_fin;
end
%fin évolution--------------------------------------------------------
---------

%DECODAGE
 som = 0;
 pom =0;
for k=1:M*M
   for i=nbits:1
    g(k,1) = som + pop_fin(i)*pow2(i);
   end
   for j=2*nbits:nbits+1
     g(k,2) = pom + pop_fin(j)*pow2(j-nbits);
   end
E_fin(k,1) = wmin + ((wmax - wmin)*g(k,1))/gmax;
E_fin(k,2) = wmin + ((wmax - wmin)*g(k,2))/gmax;
end
w = w3 + E_fin;
%conversion de w en complexe------------------------------------------
---------

for i = 1:M*M
    wf(i) = w(i,1) + 1i*w(i,2);
end
wag = wf.';
```

Code source 71 :   **Synthèse des Beamforming par « AG binaire » sur réseau linéaire**

```matlab
function [wag, max_fitness, mean_fitness] =
wagbin_lineaire(w,M,p,iter_max)
%----------------------------------
%synthèse au moyen de l'algorithme génétique binaire
%----------------------------------
        wmin=-1; %valeur minimale prise par les wij
        wmax=1;  %valeur maximale prise par les wij
        l = wmax-wmin; %largeur de l'intervalle [-1;1]
        nbits = ceil(log(l/p)/log(2)); %nombre de bits sur
lesquels seront codés les wij
        %conversion de w analytique en réel
        wan = w;
        w = zeros(M,2);
        for i=1:M
            w(i,1) = real(wan(i));
            w(i,2) = imag(wan(i));
        end
        w0 = randn(M,2);%initialisation aléatoire de la matrice de
pondération
        w1 = abs(w0);
        w2 = w0./w1;
        w3 = w2.*rand(M,2);%matrice de pondération aléatoire
normalisée entre -1 et 1
        E = w-w3;%critère de synthèse: erreur entre la fonction
désirée wan et w3 aléatoire
        %CODAGE--------------------
        %etape 1: codage intermediaire vers g
        gmax = (pow2(nbits))-1;
        g = zeros(M,2);
        for i=1:M
            g(i,1) = abs(((E(i,1)-wmin)/(wmax-wmin))*gmax);
            g(i,2) = abs(((E(i,2)-wmin)/(wmax-wmin))*gmax);
        end
        % étape 2: codage vers le binaire
        b1 = dec2bin(g(:,1), nbits);
        b2 = dec2bin(g(:,2), nbits);
        pop_in = [b1 b2];%POPULATION INITIALE
        % début évolution-----------
        fit = zeros(1,M); a = zeros(1,M);
        max_fitness = zeros(1,iter_max);

        mean_fitness = zeros(1,iter_max);
        least_fitness = zeros(1,iter_max);
        kep = size(pop_in,2);
        pop = zeros(M,kep);
        E_fin = zeros(M,1);
```

```matlab
    wf = zeros(1,M);
    for i =1:iter_max
        %évaluation de la fonction coût----------------------

        som = 0;
        for k = 1:M
            for jj = 1:2*nbits
                som = som +(pop_in(k,jj))^2; %erreur
quadratique coût
            end
            fit(k) = som/(2*nbits); %erreur quadratique
moyenne
            a(k) = fit(k); %ceci pour que je puisse récupérer
les chromosomes de fitness minimales
        end
        sort(fit);
        fitness = fit';%matrice colonne

        max_fitness(i) = max(fitness); %pour vérifier que la
fonction coût décroît
        mean_fitness(i) = mean(fitness);
        least_fitness(i) = fitness(1);

        fit_classe = fitness(1:round(M/2));
        for k=1:M
            for l = 1:round(M/2)
                comp = a(k)-fit_classe(l);
                    if comp ==0
                        pop(l,:) = pop_in(k,:); %récupération
des chromosomes de fitness minimales
                    end                                 %(prémière
moitié du tableau)
            end
        end
        %croisement-----------------
            k = floor((2*nbits)*rand); %point de croisement
choisi au hasard
        for t = 1:2:(round(M/2))-1
             l = ceil((M/2)*rand);%indice du premier
chromosome parent choisi au hasard
            n = ceil((M/2)*rand); %indice du deuxième
chromosome parent choisi au hasard

  q = (ceil(M/2))+t;
                pop(q,1:2*nbits) = [pop(l,1:k)
pop(n,(k+1):2*nbits)]; % 1er chromosome fils
  pop((q+1),1:2*nbits) = [pop(n,1:k) pop(l,(k+1):2*nbits)];  % 2è
chromosome fils
        end
```

```matlab
%mutation ------------------
        for k=1:M
            j = ceil(2*nbits*rand);
          if pop(k,j)==1
          pop(k,j)= 0;   %mutation d'un bit choisi au hazard par ligne
            else
          pop(k,j)=1;
            end
         end
        pop_fin = pop;
        pop_in =pop_fin;
        end
        %fin évolution--------------
        %DECODAGE
         som = 0;
         pom =0;
        for k=1:M
           for i=nbits:1
             g(k,1) = som + pop_fin(i)*pow2(i);
           end
              for j=2*nbits:nbits+1
             g(k,2) = pom + pop_fin(j)*pow2(j-nbits);
                end
        E_fin(k,1) = wmin + ((wmax - wmin)*g(k,1))/gmax;
        E_fin(k,2) = wmin + ((wmax - wmin)*g(k,2))/gmax;
        end
        %---------------------------
        w = w3 + E_fin; %constat s'expliquant par le fait que E_fin ne tend pas vers zero
        %conversion de w en complexe
        wf = zeros(1,M);
        for i = 1:M
        wf(i) = w(i,1) + 1i*w(i,2);
        end
    wag = wf.';
```

I.20.3.1.3.   *Linéaire*

Code source 72 :   ***Synthèse des Beamforming par « AG binaire » sur réseau circulaire***

```matlab
function [wag, max_fitness,
mean_fitness] =
wagbin_circulaire(w,M,p,iter_m
ax)
%-----------------------------
-------
% synthèse au moyen de
l'algorithme génétique
%-----------------------------
-------
wmin=-1; %valeur minimale
prise par les wij
```

```matlab
wmax=1;   %valeur maximale
prise par les wij
l = wmax-wmin; %largeur de
l'intervalle [-1;1]
nbits = ceil(log(l/p)/log(2));
%nombre de bits sur lesquels
seront codés les wij
%conversion de w analytique en
réel
wan = w;
w = zeros(M,2);
for i=1:M
    w(i,1) = real(wan(i));
    w(i,2) = imag(wan(i));
end
w0 =
randn(M,2);%initialisation
aléatoire de la matrice de
pondération
w1 = abs(w0);
w2 = w0./w1;
w3 = w2.*rand(M,2);%matrice de
pondération aléatoire
normalisée entre -1 et 1
E = w-w3;%critère de synthèse:
erreur entre la fonction
désirée wan et w aléatoire

%CODAGE-----------------------
-------
%etape 1: codage intermediaire
vers g
gmax = (pow2(nbits))-1;
g = zeros(M,2);
for i=1:M
    g(i,1) = abs(((E(i,1)-
wmin)/(wmax-wmin))*gmax);
    g(i,2) = abs(((E(i,2)-
wmin)/(wmax-wmin))*gmax);
end
% étape 2: codage vers le
binaire
b1 = dec2bin(g(:,1), nbits);
b2 = dec2bin(g(:,2), nbits);
pop_in = [b1 b2];%POPULATION
INITIALE

% début évolution------------
-------

fit = zeros(1,M); a =
zeros(1,M);
max_fitness =
zeros(1,iter_max);
mean_fitness =
zeros(1,iter_max);
least_fitness =
zeros(1,iter_max);
kep = size(pop_in,2);
pop = zeros(M,kep);
E_fin = zeros(M,1);
wf = zeros(1,M);
for i =1:iter_max
    %évaluation de la fonction
coût--
    som = 0;
    for k = 1:M
        for jj = 1:2*nbits
            som = som
+(pop_in(k,jj))^2; %erreur
quadratique coût
        end
        fit(k) =
som/(2*nbits); %erreur
quadratique moyenne
        a(k) = fit(k); %ceci
pour que je puisse récupérer
les chromosomes de fitness
minimales
    end
    sort(fit);
    fitness = fit';%matrice
colonne
    max_fitness(i) =
max(fitness); %pour vérifier
que la fonction coût décroît
    mean_fitness(i) =
mean(fitness);
    least_fitness(i) =
fitness(1);

    fit_classe =
fitness(1:round(M/2));
    for k=1:M
        for l = 1:round(M/2)
            comp = a(k)-
fit_classe(l);
                if comp ==0
```

```matlab
            pop(l,:) = pop_in(k,:); %récupération des chromosomes de fitness minimales
        end
    %(prémière moitié du tableau)
        end
end

%croisement---------------------------
        k = floor((2*nbits)*rand); %point de croisement choisi au hasard
    for t = 1:2:(round(M/2))-1
        l = ceil((M/2)*rand);%indice du
        %prob_mutation = 1/(2*nbits); nbre_mutation = prob_mutation*M*(2*nbits) = M;
        for k=1:M
            j = ceil(2*nbits*rand);
            if pop(k,j)==1
            pop(k,j)= 0; %mutation d'un bit choisi au hazard par ligne
            else
            pop(k,j)=1;
            end
        end
    pop_fin = pop;
    pop_in =pop_fin;
end
%fin évolution---------------------------------------------

%DECODAGE
  som = 0;
  pom =0;
for k=1:M
```

I.20.3.2. Algorithme génétique continu

I.20.3.2.1. Planaire

Code source 73 :   *Synthèse des Beamforming par « AG continu » sur réseau planaire*

```matlab
premier chromosome parent choisi au hasard
        n = ceil((M/2)*rand); %indice du deuxième chromosome parent choisi au hasard
        q = (ceil(M/2))+t;
        pop(q,1:2*nbits) = [pop(l,1:k) pop(n,(k+1):2*nbits)]; % 1er chromosome fils
        pop((q+1),1:2*nbits) = [pop(n,1:k) pop(l,(k+1):2*nbits)];  % 2è chromosome fils
    end
        %mutation ---------------------------
    for i=nbits:1
      g(k,1) = som + pop_fin(i)*pow2(i);
    end
        for j=2*nbits:nbits+1
      g(k,2) = pom + pop_fin(j)*pow2(j-nbits);
        end
E_fin(k,1) = wmin + ((wmax - wmin)*g(k,1))/gmax;
E_fin(k,2) = wmin + ((wmax - wmin)*g(k,2))/gmax;
end
%---------------------------------------------------------------------

w = w3 + E_fin;
%conversion de w en complexe
for i = 1:M
    wf(i) = w(i,1) + 1i*w(i,2);
end
wag = wf.';
```

```matlab
function [wag, max_fitness, mean_fitness] =
wagcont_planaire(w,M,p,iter_max)
%----------------------------------
%synthèse au moyen de l'algorithme genetique continu
%----------------------------------
%conversion de w analytique en réel
        wan = w;
        w = zeros(M*M,2);
        for i=1:M*M
            w(i,1) = real(wan(i));
            w(i,2) = imag(wan(i));
        end
        w0 = randn(M*M,2);%initialisation aléatoire de la matrice
de pondération
        w1 = abs(w0);
        w2 = w0./w1;
        w3 = w2.*rand(M*M,2);%matrice de pondération aléatoire
normalisée entre -1 et 1
        E = w-w3;%critère de synthèse: erreur entre la fonction
désirée wan et w aléatoire
        pop_in = E;%POPULATION INITIALE

        % début évolution-----------
        fit = zeros(1,M*M); a = zeros(1,M*M);
        max_fitness = zeros(1,iter_max);
        mean_fitness = zeros(1,iter_max);
        least_fitness = zeros(1,iter_max);
        kep = size(pop_in,2);
        pop = zeros(M*M,kep);
        wag = zeros(1,M*M);
        for i =1:iter_max
            %évaluation de la fonction coût----------------------
-

            som = 0;
            for k = 1:M*M
                for jj = 1:2
                    som = som +(pop_in(k,jj))^2;
                end
                fit(k) = som/2; %erreur quadratique moyenne
                a(k) = fit(k); %ceci pour que je puisse récupérer
les chromosomes de fitness minimales
                sort(fit);
                fitness = fit';%matrice colonne
end

max_fitness(i) = max(fitness); %pour vérifier que la fonction coût
décroît
        mean_fitness(i) = mean(fitness);
      least_fitness(i) = fitness(1);
```

```matlab
                fit_classe = fitness(1:round(M*M/2));
        for k=1:M*M
            for l = 1:round(M*M/2)
                comp = a(k)-fit_classe(l);
                    if comp ==0
                        pop(l,:) = pop_in(k,:); %récupération
des chromosomes de fitness minimales
                    end                                    %(prémière
moitié du tableau)
            end
        end
        %croisement-------------
            l = 1;
            n = 2;
            for t = 1:2:(round(M*M/2))-1
            q = (ceil(M*M/2))+t;
            pop(q,1) = pop(n,2);
            pop(q,2) = pop(n,1);                    %croisement
            pop((q+1),1) = pop(l,2);
            pop((q+1),2) = pop(l,1);
            l = l+2;
            n = n+2;
            end
        %mutation ---------------
            %prob_mutation = 1/2; nbre_mutation =
prob_mutation*M*M*2 = M*M;%donc: remplacer toute la 1ère colonne
par des valeurs aléatoires entre -1 et 1
            val = randn(M*M,1);
            val = val./abs(val);
            val = val.*rand;
            pop = [val pop(:,2)];
        pop_fin = pop;
        pop_in =pop_fin;
     end
     %fin évolution-------------
     w3fin = w - pop_fin; %cette relation est vraie à chaque
itération de la boucle principale
     %conversion de w3fin en complexe
     wf = zeros(1,M*M);

for i = 1:M*M
        wf(i) = w3fin(i,1) + 1i*w3fin(i,2);
     end
  wag = wf.
```

I.20.3.2.2. Linéaire

Code source 74 :   ***Synthèse des Beamforming par « AG continu » sur réseau linéaire***

```matlab
function[wag,max_fitness,mean_fitness]=
wagcont_lineaire(w,M,p,iter_max)%synthèse au moyen de l'algorithme
génétique continu
 %conversion de w analytique en réel
        wan = w;
        w = zeros(M,2);
        for i=1:M
            w(i,1) = real(wan(i));
            w(i,2) = imag(wan(i));
        end
        w0 = randn(M,2);%initialisation aléatoire de la matrice de
pondération
        w1 = abs(w0);
        w2 = w0./w1;
        w3 = w2.*rand(M,2);%matrice de pondération aléatoire
normalisée entre -1 et 1
        E = w-w3;%critère de synthèse: erreur entre la fonction
désirée wan et w aléatoire
        pop_in = E;%POPULATION INITIALE
        % début évolution-----------
        fit = zeros(1,M); a = zeros(1,M);
        max_fitness = zeros(1,iter_max);
        mean_fitness = zeros(1,iter_max);
        least_fitness = zeros(1,iter_max);
        kep = size(pop_in,2);
        pop = zeros(M,kep);
        wag = zeros(1,M);
        for i =1:iter_max
    %évaluation de la fonction coût--
            som = 0;
            for k = 1:M
                for jj = 1:2
                    som = som +(pop_in(k,jj))^2;
                end

fit(k) = som/2; %erreur quadratique moyenne
                a(k) = fit(k); %ceci pour que je puisse récupérer
les chromosomes de fitness minimales
                sort(fit);
                fitness = fit';%matrice colonne
            end
                max_fitness(i) = max(fitness); %pour vérifier que
la fonction coût décroît
    mean_fitness(i) = mean(fitness);
                least_fitness(i) = fitness(1);
                fit_classe = fitness(1:round(M/2));
            for k=1:M
                for l = 1:round(M/2)
                    comp = a(k)-fit_classe(l);
```

```matlab
                    if comp ==0
                        pop(l,:) = pop_in(k,:); %récupération
des chromosomes de fitness minimales
                    end                                  %(prémière
moitié du tableau)
                end
            end
            %croisement-------------
        l = 1;               n = 2;
            for t = 1:2:(round(M/2))-2
                q = (ceil(M/2))+t;
                 pop(q,1) = pop(n,2);
                 pop(q,2) = pop(n,1);                %croisement
                 pop((q+1),1) = pop(l,2);
                 pop((q+1),2) = pop(l,1);
                 l = l+2;
                 n = n+2;
            end
        %mutation --------------
         val = randn(size(pop,1),1);
         val = val./abs(val);
         val = val.*rand;
         pop2 = [val pop(:,2)];
        pop_fin = pop2;
        pop_in =pop_fin;
     end
    %fin évolution--------------       w3fin = w - pop_fin;
%cette relation est vraie à chaque itération de la boucle
principale
        %conversion de w3fin en complexe
    wf = zeros(1,M);
    for i = 1:M
        wf(i) = w3fin(i,1) + 1i*w3fin(i,2);
    end
  wag = wf.';
```

```matlab
function [wag, max_fitness, mean_fitness] =
wagcont_circulaire(w,M,p,iter_max)
% synthèse au moyen de l'algorithme génétique continu
%conversion de w analytique en réel
        wan = w;
        w = zeros(M,2);
        for i=1:M
            w(i,1) = real(wan(i));
            w(i,2) = imag(wan(i));
        end
        w0 = randn(M,2);%initialisation aléatoire de la matrice de
pondération
        w1 = abs(w0);
        w2 = w0./w1;
        w3 = w2.*rand(M,2);%matrice de pondération aléatoire
normalisée entre -1 et 1
        E = w-w3;%critère de synthèse: erreur entre la fonction
désirée wan et w aléatoire
        pop_in = E;%POPULATION INITIALE
        % début évolution-----------
        fit = zeros(1,M); a = zeros(1,M);
        max_fitness = zeros(1,iter_max);
        mean_fitness = zeros(1,iter_max);
        least_fitness = zeros(1,iter_max);
        kep = size(pop_in,2);
        pop = zeros(M,kep);
        wag = zeros(1,M);
        for i =1:iter_max
            %évaluation de la fonction coût---------------------
-
            som = 0;
            for k = 1:M
                for jj = 1:2
                    som = som +(pop_in(k,jj))^2;
                end
                fit(k) = som/2; %erreur quadratique moyenne
                a(k) = fit(k); %ceci pour que je puisse récupérer
les chromosomes de fitness minimales
                sort(fit);
                fitness = fit';%matrice colonne
            end
            max_fitness(i) = max(fitness); %pour vérifier que
la fonction coût décroît
            mean_fitness(i) = mean(fitness);
            least_fitness(i) = fitness(1);
            fit_classe = fitness(1:round(M/2));
```

```matlab
        for k=1:M
            for l = 1:round(M/2)
                comp = a(k)-fit_classe(l);
                    if comp ==0
                        pop(l,:) = pop_in(k,:); %récupération
des chromosomes de fitness minimales
                    end                                 %(prémière
moitié du tableau)
                end
            end
            %croisement-------------
                l = 1;
                n = 2;
            for t = 1:2:(round(M/2))-2
            q = (ceil(M/2))+t;
                pop(q,1) = pop(n,2);
                pop(q,2) = pop(n,1);                    %croisement
                pop((q+1),1) = pop(l,2);
                pop((q+1),2) = pop(l,1);
                l = l+2;
                n = n+2;
            end
            %mutation --------------
             val = randn(M,1);
             val = val./abs(val);
             val = val.*rand;
             pop = [val pop(:,2)];
            pop_fin = pop;
            pop_in =pop_fin;
         end
        %fin évolution--------------
        w3fin = w - pop_fin; %cette relation est vraie à chaque
itération de la boucle principale
    %conversion de w3fin en complexe
        wf = zeros(1,M);
        for i = 1:M
            wf(i) = w3fin(i,1) + 1i*w3fin(i,2);
        end
    wag = wf.';
```

I.20.4. Synthèse au moyen des algorithmes génétiques

3.4.4.1. Comparaison de synthèse LMS (Least Mean Square) (Beamforming) par AG binaire sur l'algorithme LMS avec un réseau circulaire de 16 éléments

La figure 230 présente la synthèse (binaire) de la formation d'un faisceau (80°) et trois zeros (50°, 100° et 120°) par l'algorithme « AG_sur_LMS » sur un réseau circulaire à 16 éléments distants de 0.5 m.

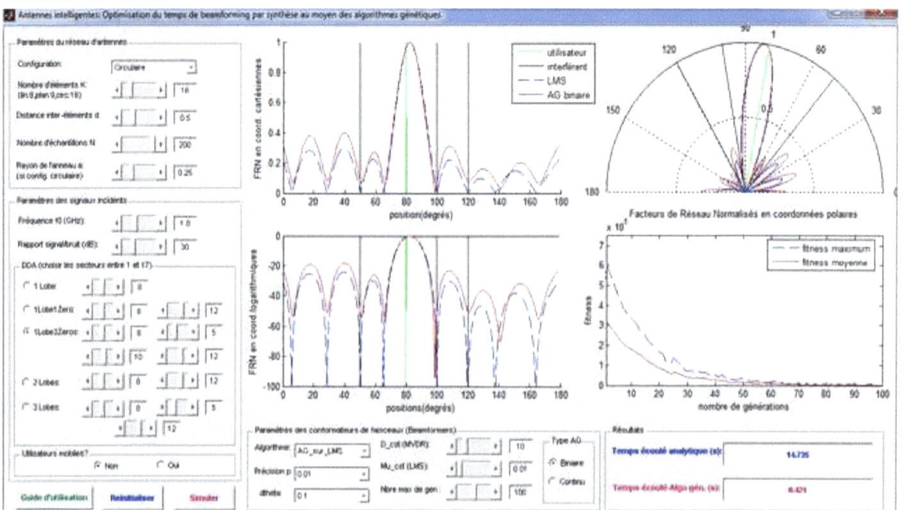

Figure 230:   ***Synthèse beamforming par l'algorithme « AG_sur_LMS » sur réseau circulaire.***

I.20.4.1. Comparaison de synthèse entre AG continu et AG binaire sur MVDR avec un réseau linéaire 8 éléments

La figure 231 présente la synthèse (binaire et continu) de la formation de deux faisceaux (80° et 120°) par l'algorithme « AG_sur_MVDR » sur un réseau linéaire à 8 éléments distants de 0.5 m.

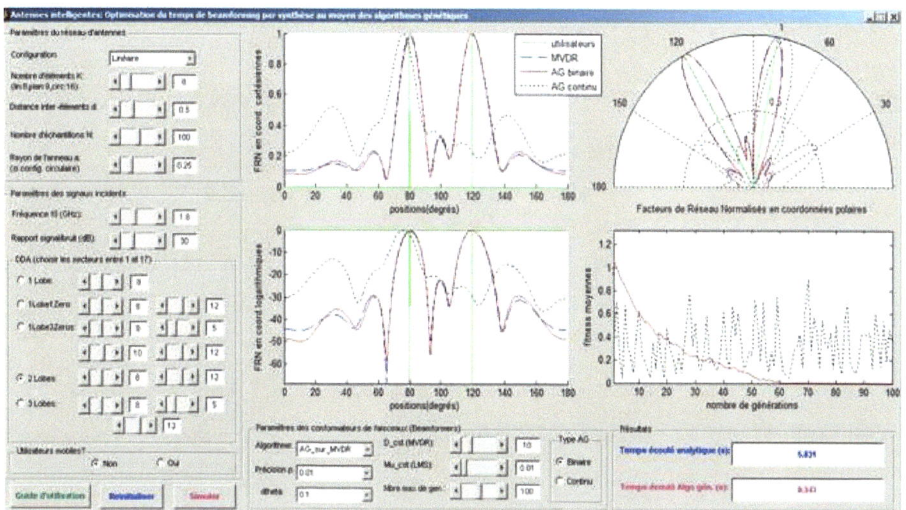

Figure 231: **Synthèse beamforming par l'algorithme « AG_sur_MVDR » sur réseau linéaire.**

Quant aux temps écoulés, les tableaux 11 et 12 récapitulent les temps écoulés par les méthodes analytiques et l'AG binaire.

Comparaison des temps écoulés de beamforming par méthodes analytiques et les AG

Conformateurs classiques	Réseau linéaire				Réseau carré				Réseau circulaire			
	1Lobe	1L1Z	1L3Z	2Lobes	1Lobe	1L1Z	1L3Z	2Lobes	1Lobe	1L1Z	1L3Z	2Lobes
Conventionnel	0.390	0.406	0.078	0.065	0.437	0.437	0.437	0.094	0.156	0.218	0.202	0.218
AG_Conv	**0.522**	**0.421**	**0.421**	**0.406**	**0.65**	**0.608**	**0.624**	**0.25**	**0.063**	**0.063**	**0.063**	**0.406**
Null-steering	0.087	0.06	0.04	0.042	0.185	0.115	0.12	0.150	0.218	0.202	0.187	0.202
AG_Null-steer	**/**	**/**	**/**	**/**	**/**	**/**	**/**	**/**	**/**	**/**	**/**	**/**
MVDR	6.895	13.450	13.494	6.90	11.138	26.523	26.814	12.183	0.187	0.203	0.203	0.203
AG_MVDR	**0.502**	**0.447**	**0.406**	**0.406**	**0.608**	**0.608**	**0.608**	**0.265**	**0.063**	**0.063**	**0.063**	**0.063**
DMI	7.773	7.716	7.686	4.832	9.436	16.415	16.384	9.16	5.432	8.817	8.692	5.354
AG_DMI	**0.407**	**0.502**	**0.5**	**0.406**	**0.701**	**0.679**	**0.701**	**0.285**	**0.060**	**0.063**	**0.063**	**0.063**
LMS	7.340	13.51	13.38	6.833	11.35	22.80	22.21	11.17	7.488	15.14	15.05	7.378
AG_LMS	**0.432**	**0.452**	**0.437**	**0.39**	**0.608**	**0.608**	**0.608**	**0.25**	**0.063**	**0.063**	**0.063**	**0.063**
RLS	7.821	7.876	7.976	4.915	10.24	20.23	20.34	10.33	5.541	8.988	8.942	5.417
AG_RLS	**0.45**	**0.402**	**0.402**	**0.443**	**0.612**	**0.702**	**0.656**	**0.245**	**0.062**	**0.063**	**0.063**	**0.433**
CMA	8.062	13.292	7.657	4.895	9.334	55.722	65.778	26.944	5.416	8.755	8.848	5.416
AG_CMA	**0.38**	**0.39**	**0.401**	**0.39**	**0.601**	**0.601**	**0.612**	**0.3**	**0.063**	**0.063**	**0.063**	**0.406**

Nombre de lobes souhaités	Méthodes analytiques	LINEAIRE			PLANAIRE			CIRCULAIRE		
		Temps écoulés Analytique	Temps écoulés AG	Performance	Temps écoulés Analytique	Temps écoulés AG	Performance	Temps écoulés Analytique	Temps écoulés AG	Performance
1 lobe	Conv.	0.312	**0.406**	≈	0.109	**0.250**	≈	0.187	**0.062**	≈
	MVDR	6.193	**0.406**	17 fois plus petit	11.091	**0.265**	42 fois plus petit	6.802	**0.062**	12 fois plus petit
	LMS	6.989	**0.406**		10.671	**0.265**		7.519	**0.062**	
1 lobe 1zero	MVDR	5.897	**0.047**	125 fois plus petit	11.185	**0.265**		6.864	**0.063**	
					11.341	**0.265**		7.582	**0.063**	
	LMS	5.944	**0.047**							
1 lobe 3zeros	MVDR	5.928	**0.047**		11.326	**0.265**		6.927	**0.062**	
	LMS	5.897	**0.047**		10.343	**0.249**		7.519	**0.063**	
2lobes	MVDR	6.147	**0.046**	132 fois plus petit	11.061	**0.250**		6.802	**0.062**	
	LMS	6.131	**0.046**		10.577	**0.265**		7.379	**0.062**	
3 lobes	MVDR	6.193	**0.047**		11.154	**0.265**		6.740	**0.062**	
	LMS	6.147	**0.047**		10.483	**0.250**		7.317	**0.062**	

Chapitre V. Optimisation par synthèse au moyen des RESEAUX DE NEURONES

L'industrie des communications cellulaires mobiles a récemment été l'une des industries les plus florissantes de tous les temps, avec le nombre d'utilisateurs grandissant rapidement et de façon indéniable. Il existe aujourd'hui des zones en Afrique où il manque de l'eau potable alors que tout le monde dispose d'un téléphone portable. Les opérateurs à la rescousse, ont vite fait de proposer l'Internet via les terminaux mobiles. Cette augmentation prévisible du nombre d'utilisateurs d'une part et de celle des débits de transmission d'autre part, imposent aux futurs réseaux de communications mobiles la nécessaire mise en œuvre de techniques de plus en plus évoluées. A cet effet, une attention particulière est portée aujourd'hui sur les antennes intelligentes.

Habituellement, la répartition spatiale de l'énergie rayonnée par l'antenne d'une station de base est préfixée à la fabrication et ne peut être modifiée en cours d'utilisation ; ceci entraîne de nombreux inconvénients tels :

➤ la limitation du nombre d'utilisateurs,

➤ la qualité relative des communications,

➤ la restriction de la portée de la station.

Une station de base équipée d'une antenne dont on peut adapter la répartition de l'énergie rayonnée en fonction des besoins de l'environnement peut palier la plupart de ces limitations. Cette antenne est communément appelée antenne intelligente ou en anglais « smart antenna ». Elle devrait pouvoir apporter une solution au problème de saturation dû au nombre trop élevé d'utilisateurs par rapport au nombre de fréquences disponibles et permettre grâce à des techniques sophistiquées de traitement de signal, des transmissions à très hauts débits.

Les méthodes analytiques de formation de faisceaux telles que « la méthode conventionnelle », celle à annulation de lobes, MVDR (Minimum Variance Distorsionless Response), LMS (Least Mean Square), RLS (Recursive Least Square), SMI (Sampled Matrix Inversion) et CMA (Constant Modulus Amplitude), dites aussi formelles car reposant sur des processus déjà établis et reconnus [39], sont souvent employées en premier pour simuler sur ordinateur le modèle mathématique développé. Elles permettent d'obtenir une solution dite « optimum global », au prix d'un temps de calcul élevé (plusieurs secondes) ; ceci est énorme pour des applications nécessitant une réactivité en temps réel comme c'est généralement le cas dans les réseaux radio-mobiles.

Une technique d'optimisation très prisée actuellement par les chercheurs, consiste à utiliser les approches heuristiques de l'intelligence artificielle, pour obtenir une solution rapprochée en un temps le plus court possible. Nous pouvons citer entre autres, la logique floue qui permet de quantifier des contraintes les plus abstraites, le recuit simulé qui s'inspire du principe de la métallurgie des métaux, les algorithmes de colonies ou à essaim de particules qui recherchent à reproduire une certaine intelligence observée dans le comportement de groupes d'animaux (fourmis, thermites, oiseaux, etc.), les algorithmes génétiques qui s'inspirent du principe d'évolution des espèces [40], et les réseaux de neurones dont le principe consiste à apprendre (mémoriser) la solution désirée en fonction de ses paramètres et à la restituer plus tard en un laps de temps, une fois ces paramètres reconnus.

I.21. *Les réseaux de neurones artificiels (RNA)*

La capacité d'apprentissage du cerveau humain résulte essentiellement des fonctionnements collectifs et simultanés de neurones biologiques qui le composent, organisés en réseaux fortement interconnectés [41]. C'est ce que tentent de reproduire les réseaux de neurones artificiels.

Un ordinateur conventionnel n'égalera jamais un cerveau humain en ce sens qu'il possède une seule unité de traitement par laquelle transitent toutes les données. Un réseau de neurones par contre, à l'image du cerveau humain, comporte un très grand nombre d'unités de traitement simples qui traitent chacune une petite partie de données de manière parallèle. Ceci permet d'accomplir des tâches difficiles telles que la reconnaissance de formes (manuscrits, visage), la classification (partir de données quantitatives vers des informations qualitatives), la recherche opérationnelle (résoudre des problèmes dont on ne connaît pas la solution), ou l'intelligence artificielle (la notion de mémoire associative permet d'extrapoler et de restituer une donnée à partir d'informations incomplètes et/ou bruitées; notre cas).

I.21.1. Le neurone formel ou neurone artificiel

Est ainsi dénommé, le modèle mathématique du neurone biologique. Le 1er modèle fut développé par Mc. Culloch et Pitts en 1940 [41]. Il est considéré comme un automate relié à des automates voisins par des connexions représentées par des poids réels. Il reçoit à son entrée des signaux délivrés par les neurones auxquels il est connecté, et fournit en sortie un signal qui est la somme pondérée de ses signaux d'entrée par les poids de leurs différentes connexions.

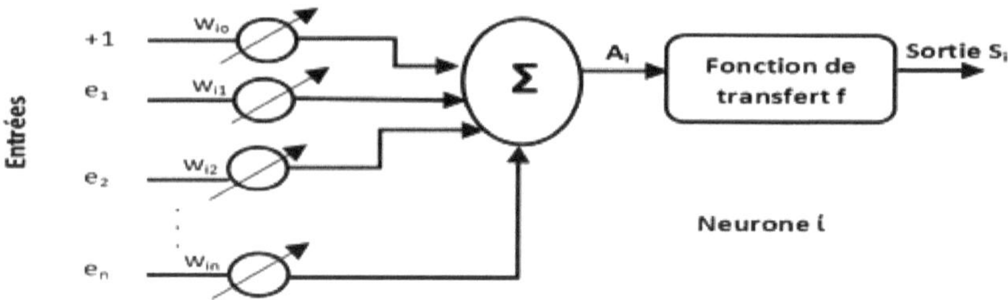

Figure 232:   Schéma fonctionnel du neurone formel.

310

ei est le signal à l'entrée de la connexion (ou synapse) i ; wij est le poids de la connexion dirigée du neurone j vers le neurone i ; Ai est la somme pondérée du neurone i, donnée par :

$$A_i = \sum_{j=1}^{n} w_{ij} e_j + \theta_i = \sum_{j=0}^{n} w_{ij} e_j$$

(5.1)

wi0 = θi est le seuil propre du neurone i, c'est un nombre réel qui représente la limite à partir de laquelle le neurone i s'activera. Ce seuil peut jouer le rôle de poids de la connexion qui existe entre l'entrée e0 fixée à +1 et le neurone i ; n est le nombre de neurones de la couche amont ; la sortie du neurone i est donnée par Si = f(Ai) où f est la fonction de transfert. Elle limite en général l'amplitude de la sortie du neurone entre -1 et 1. Elle existe sous différentes formes : binaire, signe, identité, saturé, sigmoïde, tangente hyperbolique, etc. [41][42].

I.21.2. Le **réseau de neurone artificiel (RNA)**

Un RNA est un ensemble de neurones formels associés en couches et fonctionnant en parallèle. Ils ont la capacité de stocker de la connaissance empirique et de la rendre disponible à l'usage. Les habiletés de traitement du réseau sont stockées dans des poids synaptiques, obtenus par des processus d'adaptation ou d'apprentissage. En ce sens, les RNA ressemblent au cerveau car, non seulement la connaissance est acquise à travers un apprentissage, mais de plus, cette connaissance est stockée soit dans les connexions entre entités, soit dans les poids synaptiques. La structure des connexions détermine alors la topologie du réseau. La figure 233 présente une classification des différents types de RNA regroupés en quatre principales catégories [41][42].

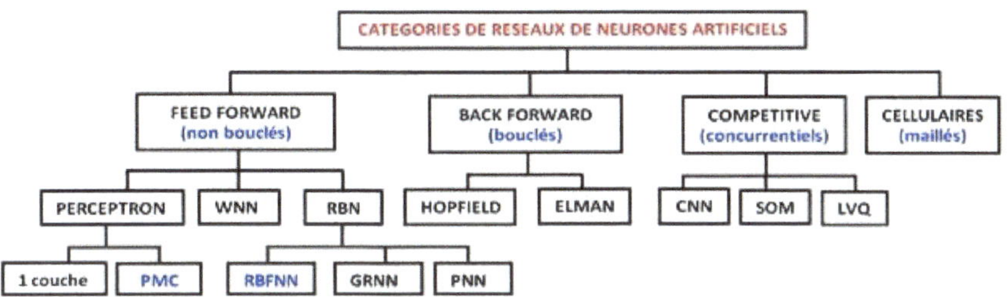

Figure 233:   ***Différentes catégories de RNA.***

Dans les réseaux de type Feed Forward, l'information se propage de couche en couche sans que le retour en arrière soit possible. Nous nous intéressons dans cet article à deux RNA de type Feed Forward : MLP et RBFNN.

I.21.3. Réseaux de neurones artificiels de type Feed Forward

I.21.3.1. Le Perceptron Multicouche (PMC ou MLP)

Le PMC est l'extension du perceptron monocouche à une ou plusieurs couches cachées (figure 234). Le perceptron monocouche, inventée en 1957 par Franck Rosenblatt [42][43], puis redéveloppé par Bernard Widrow et Ted Ho dans les années 1960 sous une version nommée ADALINE [44], ne contient qu'un unique neurone et ne peut ainsi résoudre que des problèmes de classification linéaire. Ceci constitue sa principale limite. Le PMC par contre, permet de résoudre des problèmes non linéairement séparables et des problèmes logiques plus compliqués, notamment le fameux problème du XOR ; c'est pourquoi il est dit « Approximateur universel » [46].

La figure 234 représente l'architecture du Perceptron Multi-Couche(PMUC) [45].

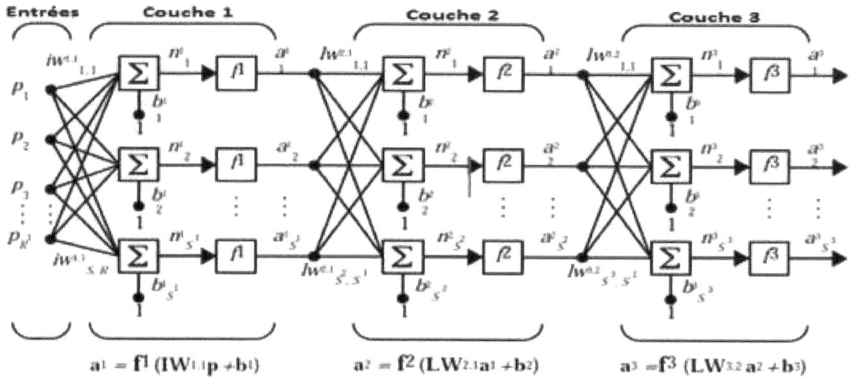

Figure 234:   ***Architecture du Perceptron Multicouche.***

I.21.3.2.   Le réseau neuronal à fonction de base radiale (RBFNN)

Alternative au PMC, elle est constituée de trois couches. La fonction d'activation souvent utilisée dans sa couche cachée est la fonction Gaussienne. Son architecture est largement détaillée dans [45]. RBFNN admet deux variantes que sont : GRNN (General Regression Neural Network) et PNN (Probabilistic Neural Network), qui utilisent respectivement les fonctions nprod et compet au lieu de la gaussienne au niveau de la couche cachée.

La figure 235 représente l'architecture du réseau de neurones artificiel à fonction de base radiale [45].

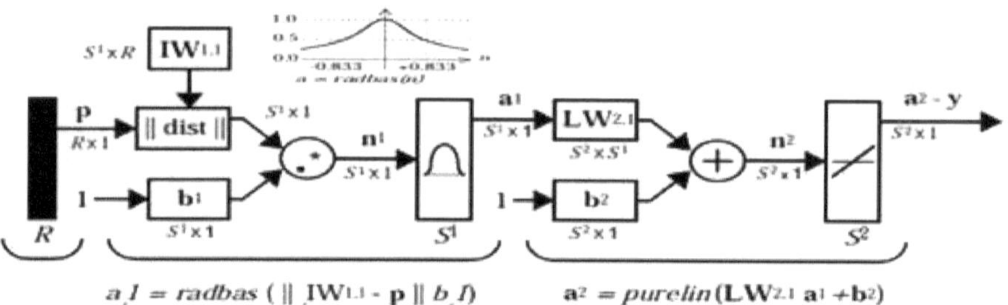

Figure 235:   ***Architecture du RBFNN.***

I.21.4.   Les algorithmes d'apprentissage

Parmi les propriétés les plus intéressantes d'un réseau neuronal, la capacité à apprendre de son environnement et d'améliorer sa performance par un phénomène appelé phénomène d'apprentissage est l'un des plus importants. Cette amélioration prend place avec le temps lorsque les paramètres du réseau subissent des modifications suivant des règles appelées règles d'apprentissage, jusqu'à ce que la sortie désirée soit à peu près obtenue. Mais afin de pouvoir générer l'apprentissage du réseau, il est nécessaire de créer une base de données dans un domaine bien défini appelée base d'apprentissage et qui contiendra toutes les informations à mémoriser. On distingue en général deux modes d'apprentissage : l'apprentissage non supervisé et l'apprentissage supervisé.

I.21.4.1. L'apprentissage non supervisé

Dans ce type d'apprentissage, on n'a pas besoin d'une base des sorties désirées, le réseau évolue tout seul jusqu'à obtenir la sortie souhaitée. La base d'apprentissage peut s'écrire :

$$\theta_N = \left\{ X_i \in \ell^{\,p} \,/\, i = 1, 2, \ldots, N \right\}$$

(5.2)

Xi est l'ième exemple d'entrée du réseau et N, le nombre total d'exemples dans la base d'apprentissage.

I.21.4.2. L'apprentissage supervisé

Le réseau s'adapte par comparaison entre le résultat qu'il a calculé en fonction des entrées fournies, et la réponse attendue en sortie, le résultat de cette comparaison c'est-à-dire de cette différence est le signal d'erreur. Ainsi les paramètres du réseau vont se modifier d'une manière itérative en fonction du signal d'erreur déjà calculé jusqu'à ce que les sorties désirées soient à peu près obtenues. Ceci constitue notre critère de synthèse. La base d'apprentissage θN est donnée par :

$$\theta_N = \left\{ (X_i, Y_i) \in \ell^{\,p} \times \ell^{\,q} \,/\, i = 1, 2, \ldots, N \right\}$$

(5.3)

Xi est l'ième exemple d'entrée du réseau et Yi la sortie désirée correspondante. N est le nombre total d'exemple dans la base d'apprentissage. Ce mode est celui que nous utilisons.

I.21.5. Quelques règles d'apprentissage

Nous nous intéressons uniquement aux réseaux de type Feed Forward en mode supervisé. Les principales règes d'apprentissage des réseaux de type Feed Forward sont représentées dans la figure 236 ci-dessous [46] :

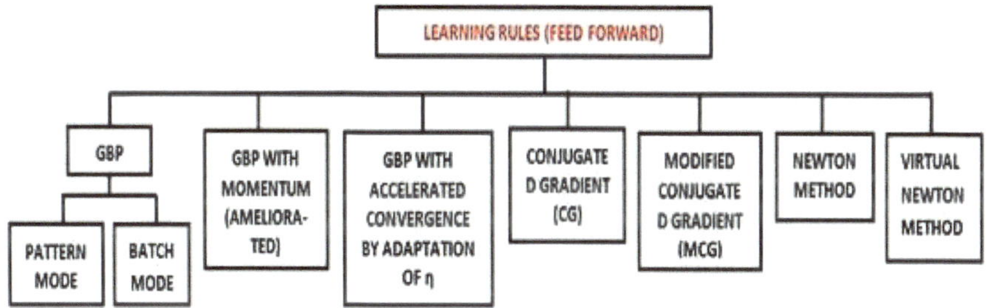

Figure 236: ***Principales règles d'apprentissage des RNA de type Feed Forward.***

Nous utilisons l'algorithme de rétro-propagation du gradient (GBP: Gradient Back-propagation).

I.21.5.1. GBP non amélioré

Il est défini suivant deux modes : gradient stochastique et gradient total.

➢ Le mode gradient stochastique (Pattern mode)

Dans ce mode, les paramètres du réseau sont modifiés après la présentation de chaque exemple (Xi,Yi) de la base d'apprentissage. La convergence de cet algorithme d'habitude difficile, devient beaucoup plus rapide lorsqu'il y a des redondances dans la base d'apprentissage, car les paramètres du réseau sont mis à jour bien plus souvent. La règle d'apprentissage s'écrit :

$$w_{ij}(k+1) = w_{ij}(k) - \eta \frac{\partial E_k}{\partial w_{ij}}$$

(5.4)

où k joue ici le rôle d'une itération (une itération est l'unité d'apprentissage où un seul exemple de la base d'apprentissage est présenté au réseau neuronal). Ce mode est celui que nous utiliserons.

➢ Le mode gradient total (Batch mode)

Dans ce mode, les paramètres du réseau sont modifiés après la présentation de tous les exemples (Xi,Yi) de la base d'apprentissage ; ce qui constitue une époque. Les gradients d'erreur obtenus après la présentation de chaque exemple, sont mémorisés progressivement et leur somme totale sera utilisée pour modifier les paramètres du réseau et passer à une nouvelle époque. Cet algorithme a de fortes chances de converger vers un minimum local mais sa vitesse de convergence est lente ; d'où l'inconvénient de la méthode par réseaux de neurones : le temps de la phase d'apprentissage. La règle d'apprentissage s'écrit :

$$w_{ij}(k+1) = w_{ij}(k) - \eta \sum_{\ell=1}^{N} (\frac{\partial E_k}{\partial w_{ij}})_\ell$$

(5.5)

où k joue le rôle d'une époque et N le nombre total d'exemples dans la base d'apprentissage. La figure 237 présente l'organigramme de la version non améliorée de GBP pour un RNA comprenant p neurones sur sa couche d'entrée, r couches cachées et q neurones sur sa couche de sortie.

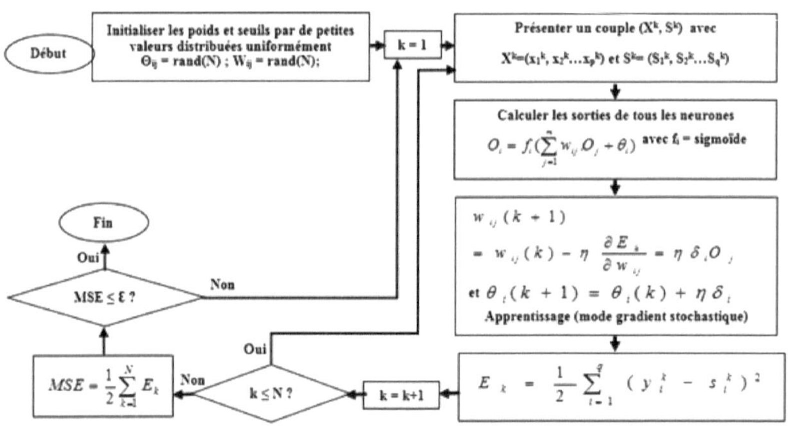

Figure 237: ***Organigramme de GBP non amélioré.***

I.21.5.2. GBP amélioré (avec momentum)

Dans GBP, le coefficient d'apprentissage η détermine la vitesse de convergence de l'algorithme: Si η est trop petit, le réseau apprend très lentement, et si η trop grand, on a un apprentissage très rapide mais au prix de la création d'oscillations dans l'erreur totale moyenne, ce qui empêche l'algorithme de converger vers le minimum désiré et le réseau devient instable. Dans la plupart des cas, si la fonction d'erreur possède plusieurs minima locaux, le réseau subira un blocage dans l'un d'eux ou dans une région où la surface d'erreur est aplatie. A cause de cela, les chercheurs ont introduit un terme appelé momentum et noté α dans la règle d'apprentissage de GBP :

$$\Delta w_{ij}(k) = w_{ij}(k+1) - w_{ij}(k) = \eta \delta_i o_j + \alpha \left[w_{ij}(k) - w_{ij}(k-1) \right]$$ (5.6)

$$0.5 \leq \alpha \leq 1 \ et \ 0 \leq \eta \leq 0.5$$ (5.7)

Cette version est celle que nous utiliserons.

I.21.6. Procédure de développement

Développer un RNA passe par quatre phases successives essentielles : la collecte et analyse des données, l'élaboration de la structure du RNA, l'apprentissage, le test et validation.

I.21.6.1. Phase de Collecte et d'analyse des données

Pour notre part, elle a consisté à calculer par méthode analytique, la matrice pondération W devant permettre le beamforming en fonction des différentes directions d'arrivée des signaux. C'est la valeur à synthétiser.

I.21.6.2.   Phase d'élaboration de la structure du RNA

Elle a consisté à choisir le type de RNA et à le paramétrer ; notamment le coefficient d'apprentissage   , le momentum α (valeur typique α=0.9), le seuil de tolérance ε, le nombre de couches cachées, le nombre de neurones de ces couches cachées, le nombre de neurones en entrée/sortie et la fonction de transfert.

I.21.7.   Phase d'apprentissage

Elle comprend deux articulations essentielles : le prétraitement, qui est une sorte de préparation des données avant leur présentation au RNA, et l'apprentissage proprement dit.

I.21.7.1.   Le prétraitement

Nous le menons en 3 étapes :

➢ La sectorisation : nous divisons l'espace en 17 secteurs, répétés chaque 10° entre 5 et 175° ou entre -85 et 85°. Ainsi, le vecteur d'entrée au réseau de neurones est mis sous forme de codes de 17 valeurs (une valeur de 1 représentant un utilisateur). Cette étape a l'avantage de diminuer considérablement la discontinuité dans l'espace et d'augmenter la rapidité de Convergence.

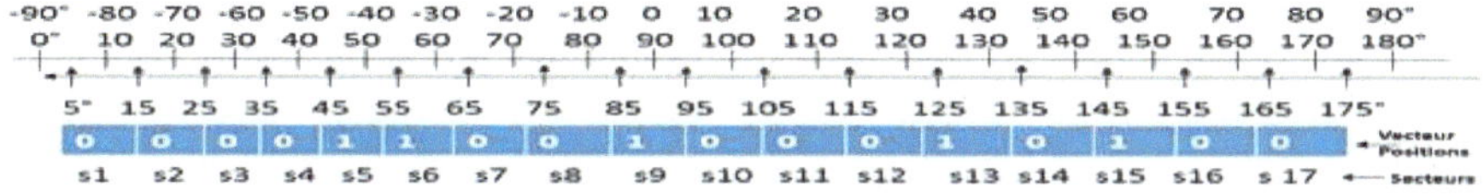

Figure 238:   ***Principe utilisé pour la sectorisation.***

➢ La conversion des valeurs d'entrées du RNA en réelles : Comme l'apprentissage est supervisé, la base doit contenir à la fois l'entrée du réseau et la sortie souhaitée. Pour le MLP, les couples (Xi,Yi) à présenter sont (theta_all, W) où theta_all est le vecteur position, qui est réel, et W les pondérations complexes. On convertit donc uniquement W en réel et on obtient Wopt. Pour le RBFNN, les couples (Xi,Yi) sont (Rxx, W) qui sont tous deux complexes [45]. En les convertissant en réels, on obtient (Z, Wopt).

➢ La normalisation : elle permet d'éliminer les discontinuités des sorties désirées en ramenant les valeurs d'entrées du RNA entre -1 et 1. Pour MLP, nous utilisons les fonctions 'cosinus' et 'sinus' de la manière suivante : theta_all = cos(theta_all); Wopt = sin(Wopt). Pour RBFNN, nous divisons Z par son module avant la conversion en réels. On obtient ainsi, une convergence plus rapide.

4.1.1.1. L'apprentissage proprement dit

Les possibilités offertes par le logiciel MATLAB sur les méthodes d'apprentissage sont assez étendues. Pour MLP, celle retenue est l'apprentissage par l'algorithme de rétro-propagation de l'erreur (GDX, traingdx) qui utilise l'algorithme de back-propagation à coefficient d'apprentissage variable. Elle utilise une technique reposant sur une minimisation d'un critère d'erreur de type moindre carré en utilisant le terme momentum et la technique d'adaptation du coefficient d'apprentissage afin d'améliorer la vitesse de convergence (figure 239).

	Acronym	Algorithme
1	LM	Trainlm - Levenberg-Marquardt
2	BFG	trainbfg - BFGS Quasi-Newton
3	RP	trainrp - Resilient Backpropagation
4	BR	Trainbr - Bayesian regularization
5	SCG	trainscg - Scaled Conjugate Gradient
6	CGB	traincgb - Conjugate Gradient with Powell/Beale Restarts
7	CGF	traincgf - Fletcher-Powell Conjugate Gradient
8	CGP	traincgp - Polak-Ribiére Conjugate Gradient
9	OSS	trainoss - One-Step Secant
10	GDX	*traingdx - Variable Learning Rate Backpropagation*
11	GD	Traingd - Basic gradient descent
12	GDM	Traingdm - Gradient descent with momentum

```
%-----------------------------------------------------------
%étape 2: création du PMC et phase d'apprentissage
  S1 = 1;
  S2 = 10;
  [S3,Q] = size(Wopt); %nombre d'éléments de la couche de sortie = N
net = newff(minmax(theta_all),[S1 S2 S3],{'purelin' 'purelin' 'purelin'},'traingdx');
      net = init(net);
      net.trainParam.epochs = 6000; %nombre maximum d'itérations
      net.trainParam.goal = 0.0001; %critère d'arrêt(ou de performance)
      % cette valeur est la valeur seuil de l'Erreur Quadratique Moyenne)
      net.trainParam.lr = 0.03; %taux d'apprentissage
      net.trainParam.mc = 0.9; %constante d'élan(momentum constant, en anglais)
[net,tr] = train(net,theta_all,Wopt); %apprentissage
%-----------------------------------------------------------
```

(a)   (b)

Figure 239: ***Choix de « traingdx » et exemple d'implémentation du MLP.***

Pour RBFNN, nous utilisons le code MATLAB : net = newrb(Z,wopt,0.001); où 0.001 est un coefficient de dispersion nommé «spread » et dont la valeur est choisie par essais afin d'obtenir la meilleure approximation [42].

L'efficacité d'apprentissage dépendra alors des paramètres du RNA (figure 239.b). A noter que l'augmentation des échantillons d'apprentissage n'est pas toujours néfaste puisqu'il permet une meilleure connaissance du problème, mais la phase d'apprentissage est plus coûteuse en temps de calcul. L'évolution de l'erreur quadratique moyenne (MSE) illustrera donc la convergence du RNA.

I.21.8.   La phase de performance, dite aussi de test et validation

En mettant en entrées des valeurs de theta_all ou de Z aléatoires, le RNA « devine » les sorties correspondantes. En remettant les valeurs d'entrées ayant servi lors de la méthode analytique, le RNA livre des sorties que nous pouvons donc comparer à celles préalablement calculées.

Pour le cas du MLP [46], nous utilisons le code MATLAB : Wmlp = sim(net, theta_all).

Pour le cas du RBFNN [45], nous utilisons : Wrbf = sim(net, Z).

Nous effectuons alors un post-traitement qui consiste à reconvertir les pondérations ainsi obtenues, en valeurs complexes. Nous pouvons alors, pour fin de comparaison, tracer sur une même figure, les courbes du Facteur de Réseau Normalisé (FRN ou NAF en anglais pour Normalized Array Factor) obtenus par méthode analytique et par RNA. En parallèle, nous retiendrons séparément, les temps écoulés d'apprentissage et de performance au moyen de la fonction « tic toc » de MATLAB.

I.22. Algorithmes

I.22.1. Réseaux de neurones à fonction de base radiale

Elle est au moyen des réseaux de neurones à fonction de base radiale ; notamment RBFNN et GRNN.

La figure 240 présente l'architecture d'un neurone à fonction de base radiale ayant **R** entrées.

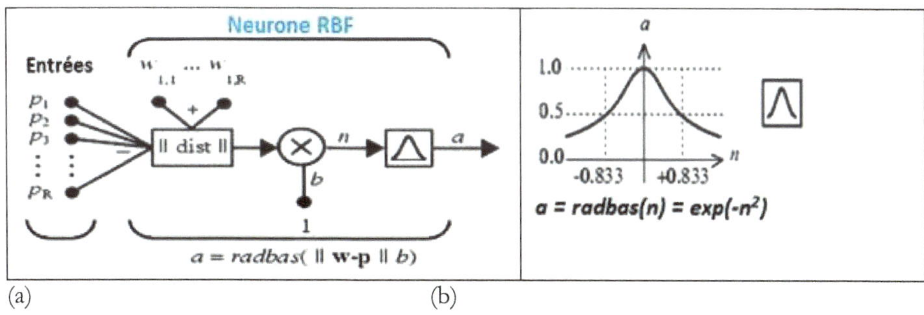

Figure 240: ***Architecture d'un neurone à fonction de base radiale et sa fonction de transfert.***

Ce qu'il faut remarquer et qui distingue ce type de neurone des autres (par exemple le Perceptron, figure 240.a est que son entrée est constituée d'un vecteur distance entre sa matrice poids **W** et le vecteur d'entrée **P**, multiplié par le biais **b**. Sur la figure 240.b, on peut voir comment la fonction de transfert est appliquée pour livrer une sortie :

$$a = radbas \ (||W\text{-}P||b). \tag{5.8}$$

Cette fonction de transfert, appelée ***radbas***, est représentée sur la Figure 4.b. On voit bien sur cette figure que la fonction de base radiale admet un maximum de 1 lorsque son entrée est 0. Comme la distance entre **W** et **P** diminue au fur et à mesure des itérations, la sortie augmente jusqu'à atteindre 1. Ainsi donc, le neurone à fonction de base radiale se comporte comme un détecteur qui produit 1 lorsque son vecteur poids **W** est identique au vecteur d'entrée **P**. Le biais **b** permet alors d'ajuster la sensibilité du neurone.

L'architecture des réseaux de neurones à fonction de base radiale est constituée de 2 couches:

-        une couche d'entrée, dite aussi cachée, à base radiale de S^1 neurones,

-        une couche de sortie linéaire, linéaire spéciale ou compétitive à S^2 neurones.

La nature de cette deuxième couche détermine l'architecture et le type de réseau (tableau 13).

Différentes catégories de réseau de neurones à fonction de base

Nature de la 2ème couche	Catégories
Linéaire	Réseau de neurones à fonction de base radiale standard (Radial Basis Function Neural Network : **RBFNN**)
Linéaire spéciale	réseau de neurones à régression généralisée (Generalized Regression Neural Network : **GRNN**)
Compétitive	réseau de neurones probabiliste (Probabilistic Neural Network : **PNN**)

La figure 241(a, b, c, d) compare les architectures des principaux réseaux de neurones à fonction de base radiale.

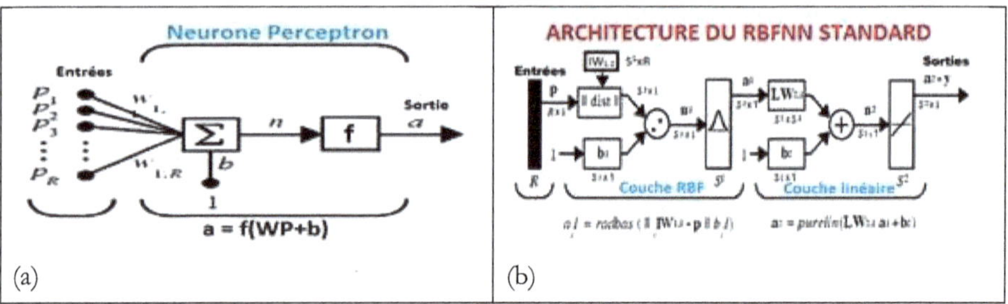

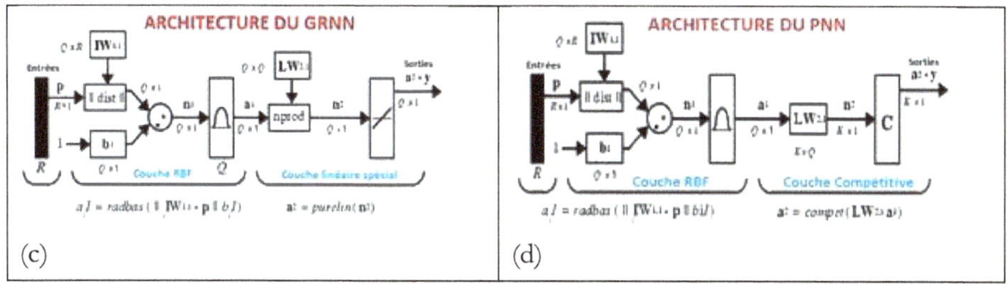

Figure 241: **Architectures du perceptron et des principaux réseaux de neurones à fonction de base radiale.**

I.22.1.1.   Cas du RBFNN

\-   Sous MATLAB, Il y a deux fonctions permettant de créer un RBFNN et de l'entraîner automatiquement :

➢   **newrbe** : son principe est de créer une couche d'entrée avec dès le départ, un nombre fixé de neurones automatiquement égal au nombre de colonnes de la matrice de poids W, et une couche de sortie avec un nombre de neurones automatiquement égal au nombre de lignes de W. Le seul critère d'arrêt, la valeur de l'erreur quadratique moyenne (**MSE**), est alors automatiquement fixé à **0.0** ; tout ceci rend l'apprentissage plus rapide qu'avec la seconde méthode. Nous l'avons donc choisi par défaut sur l'outil. Néanmoins, le fait qu'un nombre de neurones soit déjà fixé dès le départ avant l'apprentissage peut constituer un inconvénient. Son code MATLAB est :

net = newrbe (P, T, SPREAD); où :

•   *net* : est le réseau RBF à créer ;

•   *P* : le vecteur d'entrée (pour notre cas, valeur normée de la matrice d'autocorrélation *Rxx_n*) ;

•   *T* : la valeur à apprendre (appelée « target », pour notre cas c'est $W_{analytique}$) ;

•   **SPREAD** : le coefficient d'étalement dont le rapport avec **b** caractérise la sensibilité du neurone. Par défaut sa valeur est fixée à 1.0.

➢   **newrb** : à l'opposé de newrbe, elle crée une couche RBF au départ ne comprenant aucun neurone. C'est au fur et mesure des itérations que des neurones sont ajoutés successivement jusqu'à ce que l'un des deux critères d'arrêt soit vérifié. Il s'agit soit du nombre maximum de neurones à ajouter, qui d'ailleurs est égale au nombre de ligne de W, soit la valeur de l'erreur quadratique moyenne (**MSE**) qui cette fois peut être définie sur l'outil par l'expérimentateur. Ce fait permet qu'elle soit considérée comme plus efficiente car un nombre peu élevé de neurones peut permettre d'obtenir la convergence, mais le prix à payer est sa lenteur. Son code MATAB est :

net = newrb (P, T, GOAL, SPREAD, MN, DF); où:

•   *Goal : est la valeur de l'erreur quadratique moyenne (MSE) à fixer par l'Expérimentateur;*

•   *MN : le nombre maximum de neurones à ajouter, automatiquement égal au nombre de colonnes de W ;*

•   *DF : le nombre de neurones à ajouter avant chaque affichage de la courbe d'apprentissage. Par défaut MATLAB le fixe à 25 mais nous l'avons modifié et fixé à 1.*

\-   Après cette phase d'apprentissage, on peut lancer celle de performance afin de calculer les sorties de notre réseau de neurone par le code : $W_{rbfn} = sim(net, P)$.

I.22.1.2. Cas du GRNN

La fonction MATLAB permettant de le créer et de lancer l'apprentissage est **newgrnn**. Le code à taper est :

net = newgrnn (P, T, SPREAD);

Elle permet d'obtenir un apprentissage similaire à celui de **newrbe**. C'est donc une très bonne alternative à cette dernière. La spécificité de **GRNN** et **RBFNN** est qu'ils sont destinés à des problèmes d'approximation. Il s'agit après avoir « appris », tel le cerveau humain, des sorties (Target T) correspondantes à des entrées **P**, de deviner/approximer lors de la phase de performance, des sorties qui correspondraient à des entrées aléatoires ; c'est notre cas.

I.22.1.3. Cas du PNN

Sa création et son apprentissage sont obtenues par la fonction ***newpnn***. On utilise le code MATLAB : *net = newpnn (P, T, SPREAD);*
PNN est un réseau de neurones à fonction de base radiale destiné à la classification. Ne faisant pas l'objet de notre étude, nous ne l'avons pas intégré dans l'outil.

I.22.2. Conclusion

Les réseaux de neurones à fonction de base radiale peuvent, selon le cas, être plus rapides que les autres réseaux de type feedforward tel que le **P**erceptron **MU**lti-**C**ouches et offrir de meilleurs résultats lorsque l'espace d'apprentissage est très grand. Par contre ils nécessitent plus de neurones.

NB : On peut obtenir de plus amples informations sur les réseaux de neurones à fonction de base radiale en tapant sur MATLAB en ligne de commandes : ***help radbasis***

I.23. Résultats et discussions

Nos simulations ont étés menées sur un ordinateur HP 650 de 300 Go de disque dur, 2GB de RAM, 1.8GHz de processeur et hébergeant Windows 7 Professionnel 32 bits. Plusieurs cas ont été développés.

I.23.1. Validation

I.23.1.1. Cas du MLP

La figure 242 compare les courbes d'évolution de la phase d'apprentissage du MLP obtenues par Pr. Najib Fadlallah (figure 242.a) dans [15], et nous (figure 242.b) obtenues avec les mêmes paramètres de simulation sur un réseau linéaire. La fonction de transfert est la fonction sigmoïde et on synthétise un lobe de rayonnement. Pour notre part, la méthode analytique utilisée est LMS (Least Mean Square).

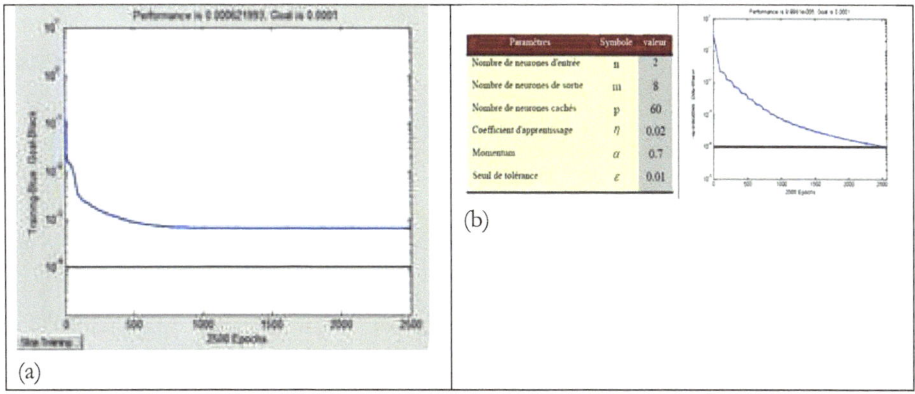

Figure 242:   *Validation de la phase d'apprentissage du MLP.*

La figure 243 compare les spectres de synthèse au moyen de MLP dans la situation d'un lobe (-20°) et un interférent (30°), obtenus (a) dans [15] et (b) par nous sur LMS avec un réseau circulaire de 16 éléments.

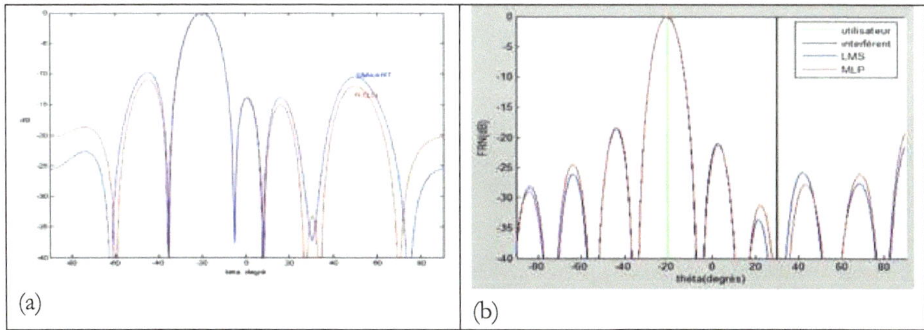

Figure 243:   *Validation de résultats du MLP sur réseau linéaire 8 éléments.*

I.23.1.2.   Cas du RBFN

La figure 244 compare un exemple de synthèse de 2 lobes que nous avons obtenu par RBFNN au moyen d'un réseau circulaire de 16 éléments (a, b) à celui obtenus dans [47] (c).

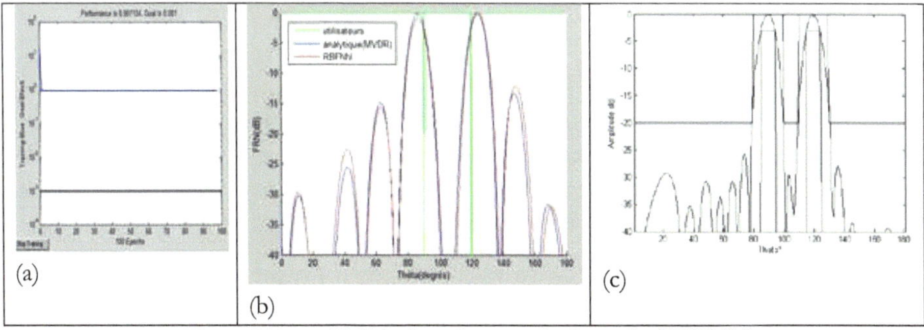

Figure 244:   *Validation de nos résultats du RBFNN.*

321

I.23.2.   Analyse de performance

La figure 245 compare les résultats de synthèse de MVDR au moyen de MLP et RBFN obtenus respectivement sur réseau linéaire (a) et planaire (b), dans la situation où on veut couvrir 1lobe et discriminer 3 interférents.

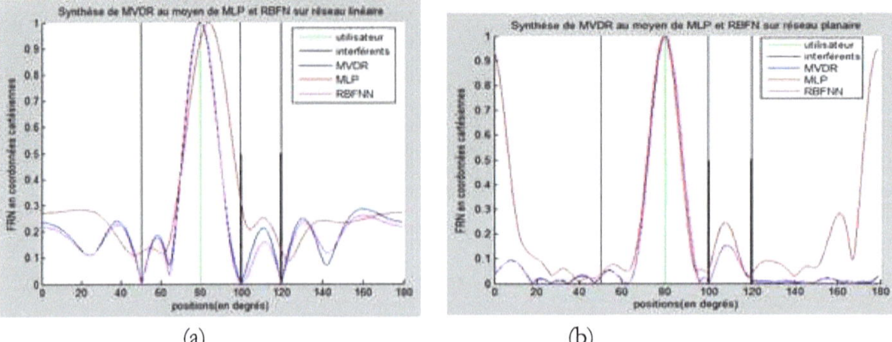

(a)   (b)

Figure 245:   Comparaison de synthèse de spectre entre MLP et RBFNN.

Ainsi donc, RBFNN offre une meilleure approximation du facteur de réseau que MLP. D'autre part, nous comparons MLP et RBFNN dans le Tableau 14, du point de vue de facilité de développement.

Comparaison entre MLP et RBFNN du point de vue de facilité de développement

MLP	RBFNN
Structure compliquée: plusieurs couches cachées et nombre élevé de neurones.	Structure simple: une seule couche cachée et la sortie n'est qu'une simple combinaison linéaire des entrées.
Apprentissage compliqué : - Optimisation de plusieurs couches à la fois ; - Risque élevé de tomber dans un minimum local ; - Critère d'erreur définissable ; - convergence lente.	Apprentissage simple : - Possibilité de Clustering; - Forte chance minimum global ; - Critère d'erreur quadratique moyenne; - Convergence plus rapide.
Représentation distribuée: pour une entrée donnée, généralement plusieurs unités cachées seront activées	Représentation localisée: pour une entrée donnée, seulement un nombre limité d'unités cachées sont activées.

I.23.3. Temps écoulés

L'autre paramètre de synthèse auquel on s'est intéressé est le temps de calcul. La figure 246 présente un tableau de comparaisons de divers temps écoulés par méthodes analytiques, les algorithmes génétiques (AG) et les réseaux de neurones pour différentes situations de synthèse et pour diverses configurations de réseau d'antennes.

Nombre de lobes	Méthode analytique	LINEAIRE				PLANAIRE				CIRCULAIRE			
		Temps écoulé (analy)	AG	MLP	RBF	Temps écoulé (analy)	AG	MLP	RBF	Temps écoulé (analy)	AG	MLP	RBF
1 lobe N = 100	Conv	0.160	0.571	21.09 0.978	/	0.236	0.711	43.355 0.666	/	0.161	0.674	18.452 0.193	/
	MVDR	2.624	0.649	46.882 0.381	44.941 0.194	3.912	0.759	53.792 0.206	0.366 0.622	2.931	0.700	13.056 0.201	0.364 0.638
	LMS	2.676	0.657	44.941 0.194	/	3.736	0.745	2.920 0.207	/	2.772	0.670	7.865 0.652	/
1 lobe1zero N = 200	MVDR	5.170	0.284	52.484 0.199	44.941 0.194	7.785	0.399	78.860 0.219	0.403 0.250	5.598	0.303	6.677 0.202	0.375 0.316
	LMS	5.211	0.286	52.633 0.220	/	7.812	0.364	23.895 0.212	/	5.591	0.313	56.703 0.215	/
1 lobe3zeros N = 200	MVDR	5.167	0.348	52.193 0.208	44.941 0.194	7.869	0.367	46.641 0.216	0.412 0.251	6.134	0.321	13.378 0.201	0.441 0.238
	LMS	5.166	0.278	52.590 0.208	/	7.491	0.373	44.206 0.209	/	5.570	0.299	53.306 0.211	/
2lobes N = 100	MVDR	2.574	0.287	48.592 0.196	44.941 0.194	4.011	0.351	63.215 0.212	0.367 0.263	2.846	0.312	50.546 0.199	0.356 0.238
	LMS	2.762	0.279	48.858 0.198	/	3.963	0.369	63.026 0.206	/	2.800	0.383	60.545 0.211	/
3 lobes N = 100	MVDR	2.651	0.225	48.990 0.194	44.941 0.194	4.452	0.281	38.610 0.207	0.366 0.247	2.994	0.278	50.480 0.202	0.374 0.241
	LMS	2.712	0.273	48.773 0.208	/	3.918	0.281	7.385 0.208	/	2.788	0.336	44.413 0.193	/

Figure 246: **Comparaison des temps écoulés par méthodes analytiques, les AG et les RNA.**

Les RNA offrent en phase de performance, des temps écoulés vingt à vingt-cinq fois meilleurs que les méthodes analytiques et tournent autour de 1 seconde. L'objectif a donc été atteint. Aussi, les réseaux de neurones ne constituent plus seulement une méthode d'optimisation mais de plus en plus une méthode de modélisation à part entière, présentant également un inconvénient : la phase d'apprentissage qui est relativement coûteuse en temps.

Le MLP donne d'assez bons résultats notamment en termes de capacité à apprendre n'importe quel type de réseaux (approximateur universel) mais le RBFNN en donne de meilleurs en termes d'approximation du facteur de réseau des antennes intelligentes; ceci peut être justifié par le fait que l'expression de la gaussienne radiale est semblable à celle du facteur de réseau. Il a ainsi retenu notre attention pour une éventuelle implémentation sur FPGA dans l'optique d'une intégration complète sur une BTS de test, une tablette numérique ou un smart phone.

I.24. Optimisation de l' estimation des directions d'arriéés des antennes intelligentes par synthèse au moyen des reseaux de neurones artificiels

I.24.1. Optimisation de l'estimation des directions d'arrivées des antennes intelligentes par synthèse au moyen du Perceptron Multi-Couches(PMUC)

I.24.1.1. Procédure de simulation

Les figures ci-après présentent l'utilisation de l'application réalisée.

En figure 247, nous avons la page de garde de l'outil « Antennes intelligentes : Optimisation de l'estimation des DOA par synthèse au moyen du Perceptron Multi-Couche (PMUC) ».

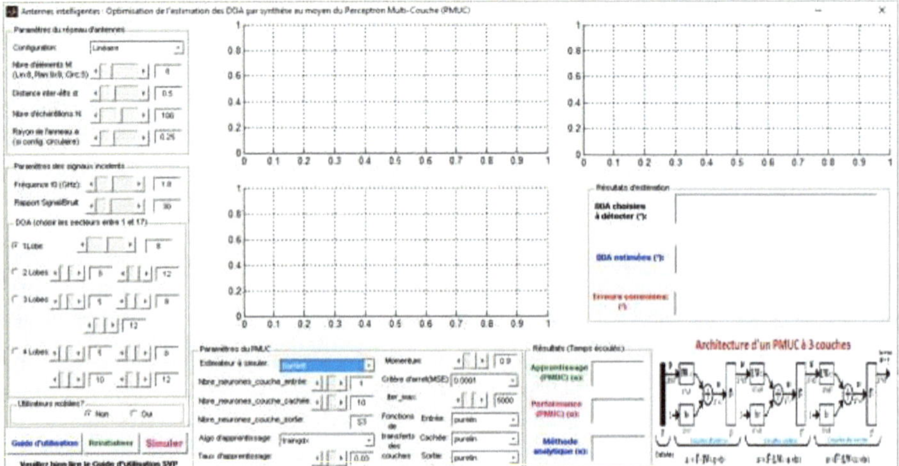

Figure 247: *Page de garde de l'outil de synthèse des DOA par PMUC.*

Après avoir rempli les paramètres du réseau d'antennes comme illustré sur la figure 248.

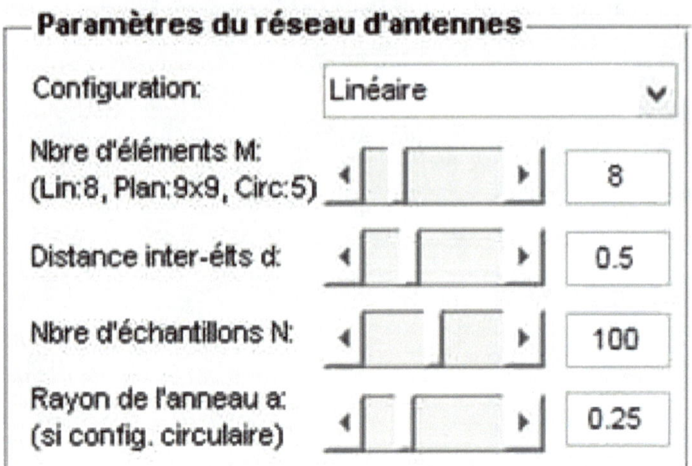

Figure 248: *Choix des paramètres du réseau d'antennes.*

On a dans les paramètres du réseau d'antennes :

Le nombre d'éléments M : par défaut lorsqu'on a choisi le réseau linéaire, la valeur de M a basculé automatiquement à 8, si on a choisi le réseau planaire, la valeur de M a basculé automatiquement à 9 (cela signifie qu'on a 9x9 = 81 éléments d'antennes) et si on a choisi le réseau circulaire, la valeur de M a basculé automatiquement à 5. Mais il est à noter que ces valeurs ne sont que celles par défaut pour lesquelles nous avons mené nos simulations. L'utilisateur peut à souhait les modifier et observer les changements sur les courbes du spectre de puissance et sur le nombre de raies détectables. Néanmoins, le nombre de sources doit être strictement inférieur au nombre d'éléments de l'antenne (L < M pour les réseaux linéaire et circulaire ou L < (M*M) pour le réseau planaire). En d'autres termes, un réseau de K éléments ne peut détecter convenablement qu'au plus (K-1) sources.

La distance inter-éléments en termes de lambda : d, qui est fixée par défaut à 0.5, mais que l'utilisateur peut également modifier à souhait et observer l'influence.

Le nombre d'échantillons N dont la valeur maximale par défaut a été fixé à 100.

Le rayon de l'anneau a (qui n'est pris en compte que pour le réseau circulaire) est fixé par défaut à 0.25.

On rentre les paramètres des sources à détecter, à savoir (figure 249):

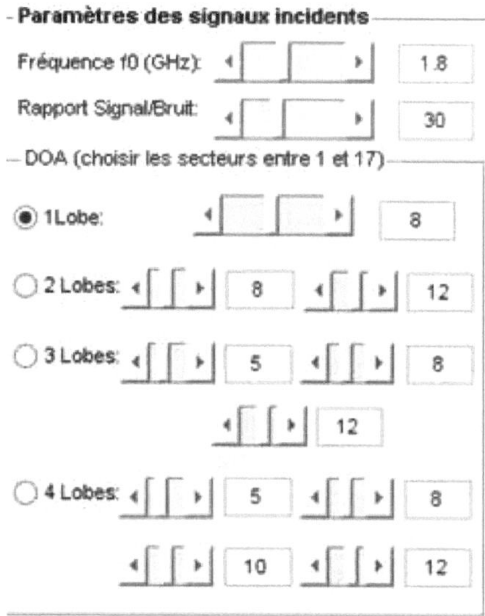

Figure 249: **Rentrer les paramètres des sources à détecter.**

La fréquence d'utilisation f0 dont la valeur par défaut est fixée à 1.8GHz mais dont la modification n'influe pas de façon notable les résultats. Ainsi on peut l'essayer à 2.4 GHz ou à 5 GHz.

Le rapport signal sur bruit dont la valeur par défaut est fixée à 30 dB, modifiable ;

Les directions d'arrivées (« DDA » en français et « DOA » en anglais) selon le nombre de lobes souhaités. Ainsi l'utilisateur coche l'une des cases entre 1lobe, 2lobes, 3lobes et 4lobes. Par la suite, il lui est offert la possibilité de rentrer les directions d'arrivées en termes de secteurs entre 1 et 17 car l'espace a été divisé en 17 secteurs entre 5 et 175°. Il pourra ainsi à souhait indiquer où se trouvent la ou les sources qu'il souhaite détecter (figure 250).

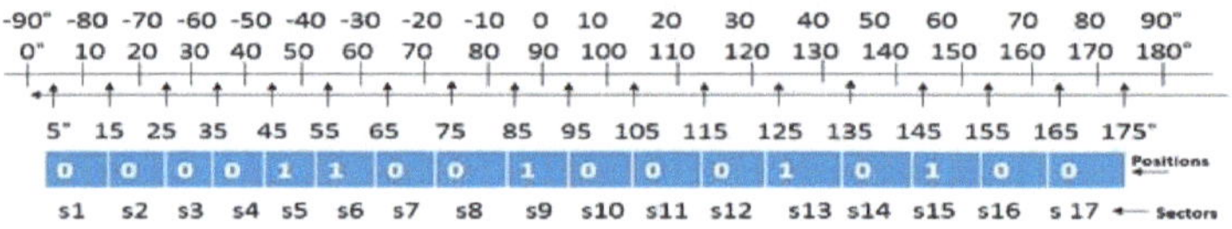

Figure 250: **Les différents secteurs.**

Par la suite, il répond à la question si la source est mobile ou statique en cochant. Pour l'instant, l'outil d'optimisation ne fonctionne que pour des sources statiques (figure 251).

Figure 251: **Choix du type d'utilisateurs.**

On choisit l'algorithme, comme celui de « MLP_sur_Barlett » à la figure 252.

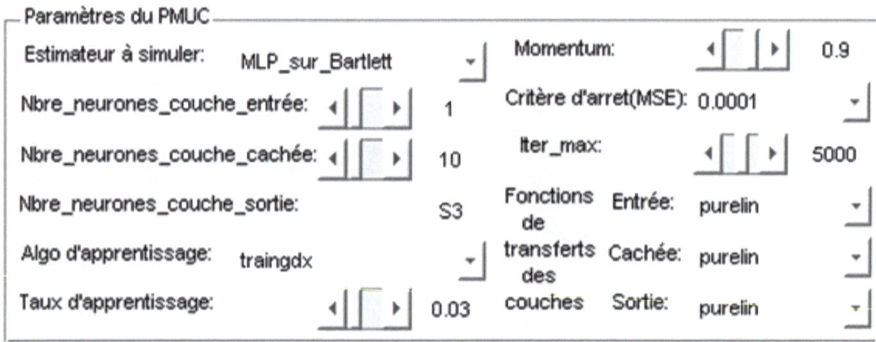

Figure 252: **Choix des paramètres du Perceptron Multi-Couche.**

Les méthodes analytiques de caractérisation définies dans la section 3.1 servent de référence à obtenir par synthèse au moyen de Perceptron Multi-Couches.

On applique la synthèse sur chacune des méthodes analytiques développées précédemment : MLP_sur_Barlett, MLP_sur_Prony, MLP_sur_Capon, MLP_sur_MEM, MLP_sur_MMSE, MLP_sur_MUSIC, MLP_sur_MinNorm.

Pour toutes ces synthèses, l'utilisateur peut à souhait modifier :

- **L'algorithme** à simuler comme on a vu précédemment,

- **Le nbre de neurones de la couche d'entrée** du Réseau de Neurone Artificiel (RNA), MLP pour le cas, par défaut fixé à 1,

- **Le nbre de neurones de la couche cachée**, par défaut 10.

Remarque : Comme il a été démontré théoriquement qu'un réseau neuronal multicouche avec une seule couche cachée est capable d'identifier arbitrairement toute fonction non linéaire complexe et ses dérivées, notre réseau contient donc une seule couche cachée.

- **Le nbre de neurones de la couche de sortie**, qui est automatiquement affiché égal au nombre de ligne du vecteur/matrice P,

- **Le taux d'apprentissage**, qui détermine la vitesse de convergence de l'algorithme d'apprentissage,

- **L'algorithme d'apprentissage**, on a 11 choix possibles (traingdx, traingdm, traingd, trainlm, trainbfg, trainrp, trainbr, trainscg, traincgb, traincgf, traincgp),

- **Le momentum**, ou constante d'élan, qui est une valeur introduite pour empêcher l'algorithme d'apprentissage de rester bloqué dans un minimum local, il augmente également sa vitesse de convergence,

- **MSE** : **M**ean **S**quare **E**rror, ou Erreur Quadratique Moyenne (EQM), qui est un seuil de tolérance constituant l'un des 2 critères de stoppage de la phase d'apprentissage,

- **Iter_max** : qui est le nombre total d'exemples de la base d'apprentissage, sa valeur par défaut est fixée à 5000 mais modifiable jusqu'à 10000.

Les fonctions de transfert des trois couches de notre RNA.

Pour chaque couche on a le choix entre 7 valeurs : ***purelin***, ***tansig***, ***logsig***, ***hardlim***, ***hardlims***, ***satlin*** ou ***satlins***. Une combinaison avec ***purelin*** sur les trois couches nous a donné des résultats acceptables. Nous l'avons retenu par défaut. Toutefois l'expérimentateur peut les modifier à souhait et observer l'influence sur les synthèses obtenues.

Au final, toutes les données sont définies et on obtient la feuille de représentation de la figure 253.

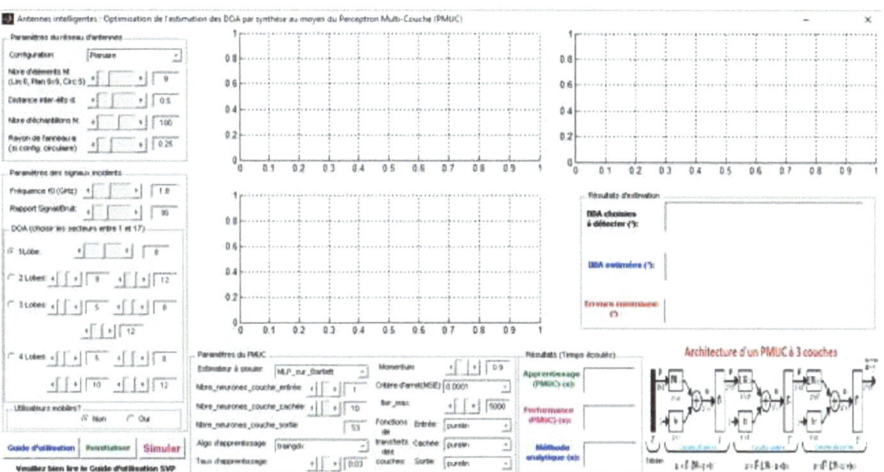

Figure 253: ***Représentation paramètres pour détection de 1 DOA par « MLP_sur_Barlett » sur réseau planaire.***

Dans la figure 254, nous avons aussi 04 zones qui affichent respectivement :

Zone 1 : Les courbes des spectres de puissance en coordonnées cartésiennes (théorique recherchée en vert, par méthode analytique en bleu et le spectre synthétisé en rouge) ;

Zone 2 : Les mêmes courbes en coordonnées polaires ;

Zone 3 : Les mêmes courbes en coordonnées logarithmiques ;

Zone 4 : Les résultats d'estimation de DOA et de temps écoulés accompagné de l'architecture du PMUC.

Enfin, il suffit de lancer la simulation en cliquant sur « simuler » comme illustré par le cercle rouge dans la figure 253 et on obtient d'abord une petite interface (figure 254) qui présente l'évolution de l'Erreur Quadratique Moyenne en fonction du nombre évoluant, d'exemples déjà présentés au PMUC, pendant la phase d'apprentissage et enfin le résultat final de la figure 255.

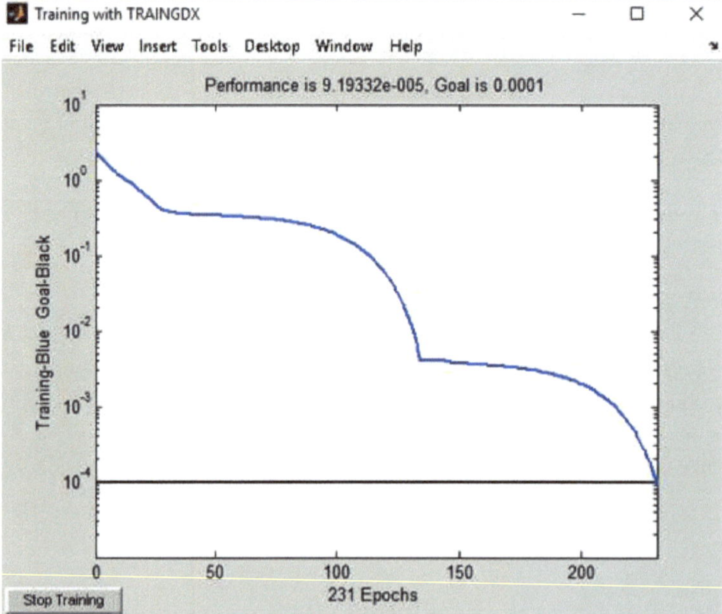

Figure 254: **Courbe d'apprentissage « traingdx » obtenue par « MLP_sur_Barlett » sur réseau planaire.**

Par la suite, nous présenterons juste les résultats finaux.

I.24.1.2.   Résultats

La configuration de l'application est faite conformement aux recommandations de la section 5.4.1.1.

I.24.1.2.1. Planaire

La figure 255 présente la synthèse d'une direction d'arrivée (80°) par l'algorithme MLP_sur_Barlett sur un réseau planaire à 9x9 éléments distants de 0.5 m.

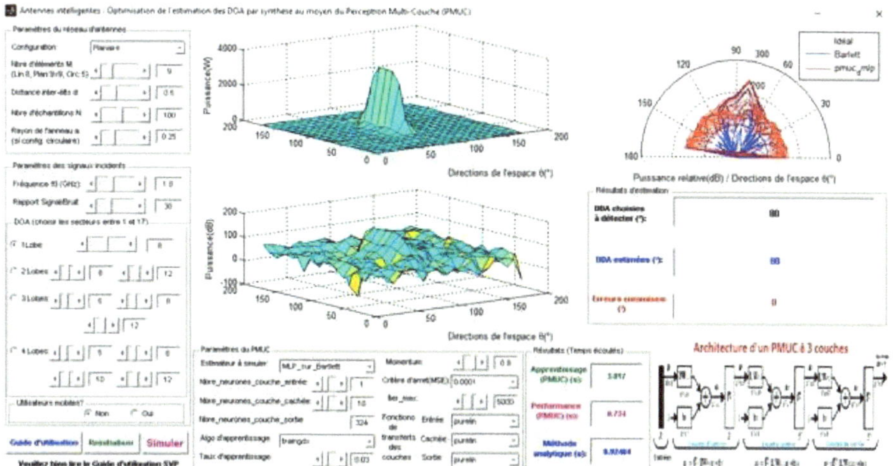

Figure 255:   Synthèse de 1 DOA par MLP_sur_Bartlett avec un réseau planaire.

I.24.1.2.2.   Linéaire

La figure 256 présente la synthèse de deux directions d'arrivées (80° et 120°) par l'algorithme MLP_sur_Barlett sur un réseau linéaire à 8 éléments distants de 0.5 m.

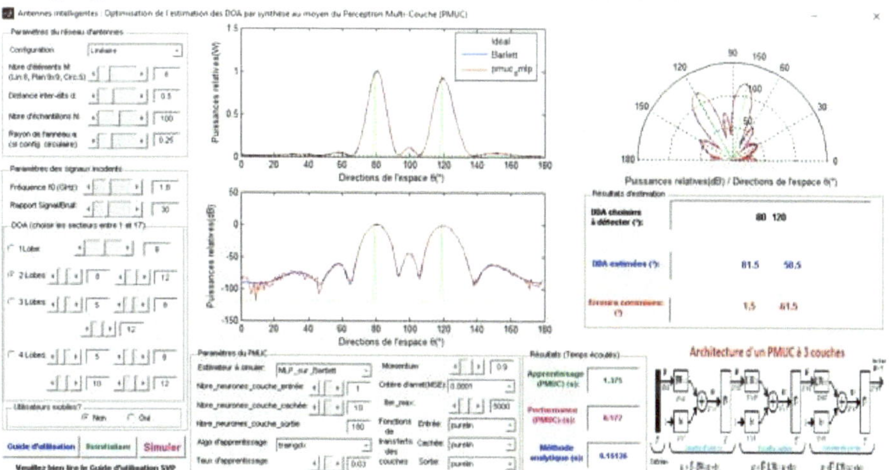

Figure 256:   Synthèse de 2 DOA par MLP_sur_Bartlett avec un réseau linéaire.

I.24.1.2.3.   Circulaire

La figure 257 présente la synthèse de trois directions d'arrivées (80°, 100° et 120°) par l'algorithme MLP_sur_Capon sur un réseau circulaire à 5 éléments distants de 0.5 m.

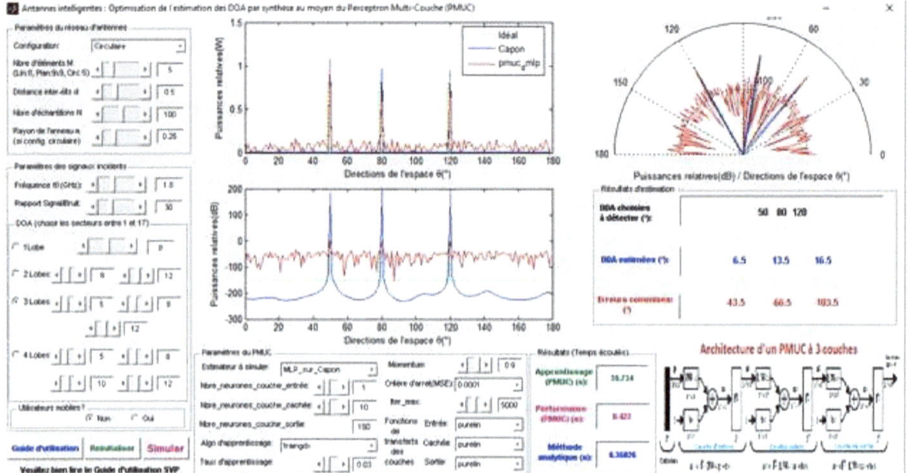

Figure 257: **Synthèse de 3 DOA par MLP_sur_Capon avec un réseau circulaire.**

I.24.1.3.   Simulation en variant l'algorithme d'apprentissage

I.24.1.3.1.   *Variation de l'algorithme d'apprentissage sur un reseau lineaire par PMUC_sur_Capon*

a.   Synthèse de 2 DOA par PMUC_sur_Capon avec un réseau linéaire par l'algorithme traindm

La figure 258 présente la synthèse de deux directions d'arrivées (80° et 120°) par l'algorithme MLP_sur_Capon sur un réseau linéaire à 8 éléments distants de 0.5 m grâce à l'apprentissage traindm.

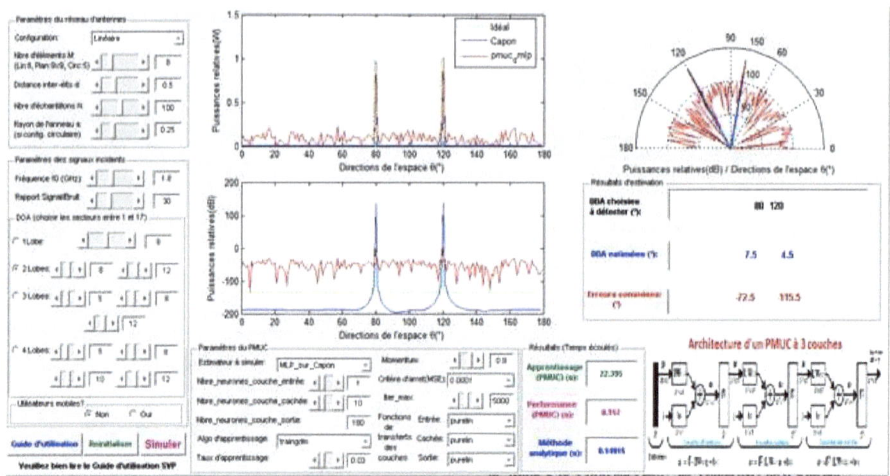

Figure 258: **Synthèse de 2 DOA par PMUC_sur_Capon avec un réseau linéaire par l'algorithme traindm.**

Les DDA sont éffectivement détectées dans les directions choisies et le temps d'apprentissage est de près de 22.4 secondes tandis que le temps de performance qui est le temps écoulé est d'environ 0.16s.

b.   Synthèse de 2 DOA par PMUC_sur_Capon avec un réseau par l'algorithme traindx

La figure 259 présente la synthèse de deux directions d'arrivées (80° et 120°) par l'algorithme MLP_sur_Capon sur un réseau linéaire à 8 éléments distants de 0.5 m grâce à l'apprentissage traindx.

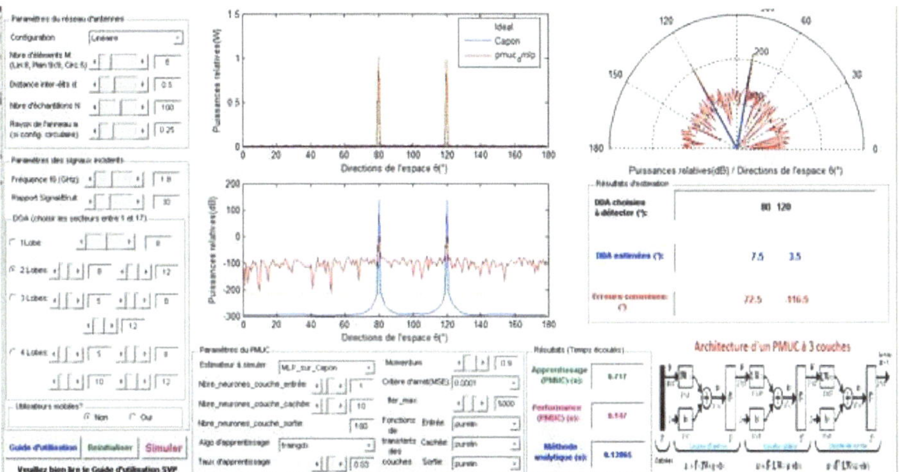

Figure 259:   ***Résultats de synthèse de 2 DOA par PMUC_sur_Capon avec un réseau linéaire par l'algorithme traindx.***

Les DDA sont éffectivement détectées dans les directions choisies et le temps d'apprentissage est de près de 0.72 secondes tandis que le temps de performance qui est le temps écoulé est d'environ 0,15s.

c.   Synthèse de 2 DOA par PMUC_sur_Capon avec un réseau par l'algorithme traingd

La figure 260 présente la synthèse de deux directions d'arrivées (80° et 120°) par l'algorithme MLP_sur_Capon sur un réseau linéaire à 8 éléments distants de 0.5 m grâce à l'apprentissage traingd.

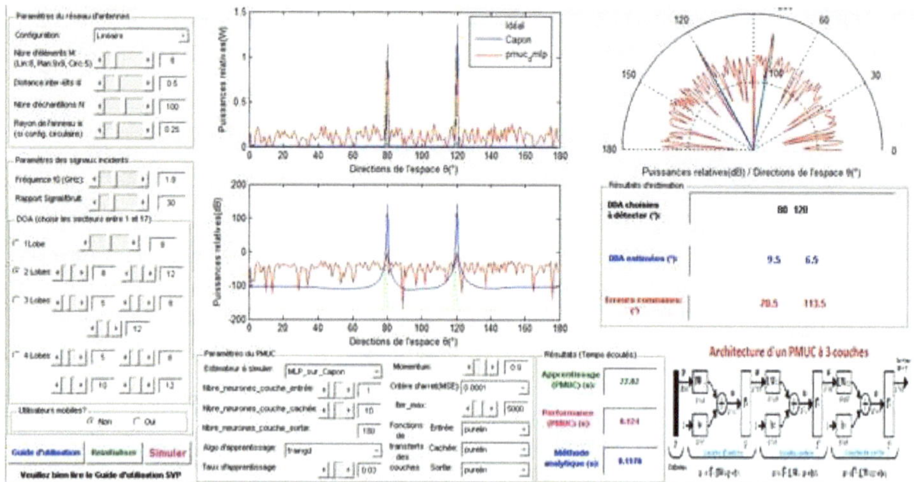

Figure 260: **Synthèse de 2 DOA par PMUC_sur_Capon avec un réseau linéaire par l'algorithme traingd.**

Les DDA sont éffectivement détectées bien que l'erreur commise dans les directions choisies soit assez importante et le temps d'apprentissage est de près de 22.82 secondes tandis que le temps de performance qui est le temps écoulé est d'environ 0,13s.

d.   Synthèse de 2 DOA par PMUC_sur_Capon avec un réseau par l'algorithme trainlm

La figure 261 présente la synthèse de deux directions d'arrivées (80° et 120°) par l'algorithme MLP_sur_Capon sur un réseau linéaire à 8 éléments distants de 0.5 m grâce à l'apprentissage trainlm.

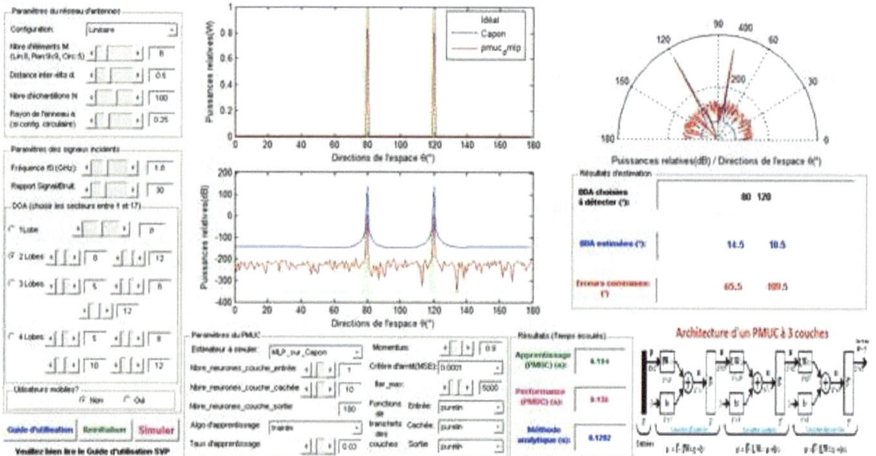

Figure 261: **Synthèse de 2 DOA par PMUC_sur_Capon avec un réseau linéaire par l'algorithme trainlm.**

Les DDA sont éffectivement détectées bien que l'erreur commise dans les directions choisies soit assez importante et le temps d'apprentissage est de près de 8.20 secondes tandis que le temps de performance qui est le temps écoulé est d'environ 0,14s.

e.   Synthèse de 2 DOA par PMUC_sur_Capon avec un réseau par l'algorithme trainbfg

La figure 262 présente la synthèse de deux directions d'arrivées (80° et 120°) par l'algorithme MLP_sur_Capon sur un réseau linéaire à 8 éléments distants de 0.5 m grâce à l'apprentissage trainbfg.

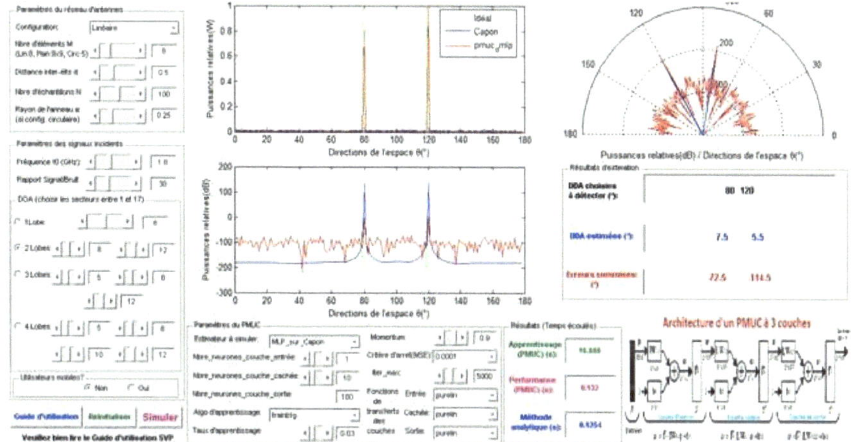

Figure 262:   Synthèse de 2 DOA par PMUC_sur_Capon avec un réseau linéaire par l'algorithme trainbfg.

Les DDA sont effectivement détectées bien que l'erreur commise dans les directions choisies soit assez importante et le temps d'apprentissage est important près de 16.89 secondes tandis que le temps de performance qui est le temps écoulé est d'environ 0,14s.

f.   Synthèse de 2 DOA par PMUC_sur_Capon avec un réseau par l'algorithme trainrp

La figure 263 présente la synthèse de deux directions d'arrivées (80° et 120°) par l'algorithme MLP_sur_Capon sur un réseau linéaire à 8 éléments distants de 0.5 m grâce à l'apprentissage trainrp.

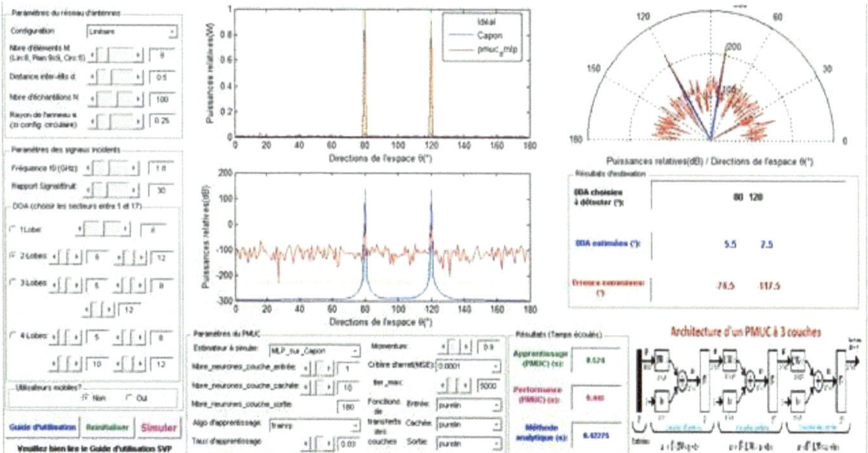

Figure 263:   Synthèse de 2 DOA par PMUC_sur_Capon avec un réseau linéaire par l'algorithme trainrp.

Les DDA sont éffectivement détectées bien que l'erreur commise dans les directions choisies soit assez importante et le temps d'apprentissage est faible par rapport à l'algorithme trainbfg près de 0.53 secondes tandis que le temps de performance qui est le temps écoulé est d'environ 0,45s.

g.   Synthèse de 2 DOA par PMUC_sur_Capon avec un réseau par l'algorithme trainbr

La figure 264 présente la synthèse de deux directions d'arrivées (80° et 120°) par l'algorithme MLP_sur_Capon sur un réseau linéaire à 8 éléments distants de 0.5 m grâce à l'apprentissage trainbr.

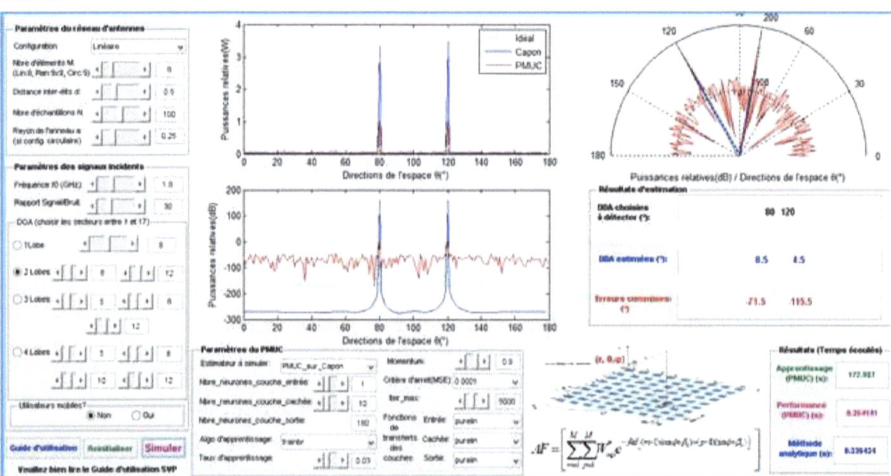

Figure 264: ***Synthèse de 2 DOA par PMUC_sur_Capon avec un réseau linéaire par l'algorithme trainbr.***

Les DDA sont éffectivement détectées bien que l'erreur commise dans les directions choisies soit assez importante et le temps d'apprentissage est relativement tres élevé par rapport à l'algorithme trainrp près de 173 secondes tandis que le temps de performance qui est le temps écoulé est d'environ 0,33s.

h.   Synthèse de 2 DOA par PMUC_sur_Capon avec un réseau par l'algorithme trainscg

La figure 265 présente la synthèse de deux directions d'arrivées (80° et 120°) par l'algorithme MLP_sur_Capon sur un réseau linéaire à 8 éléments distants de 0.5 m grâce à l'apprentissage trainscg.

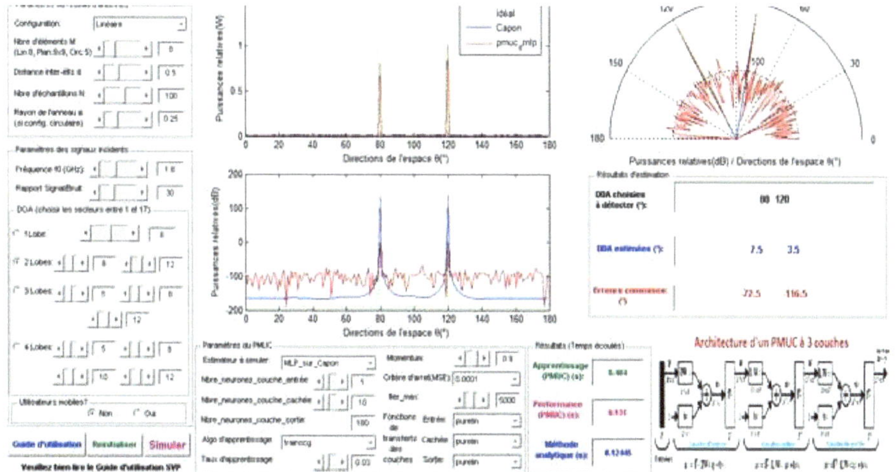

Figure 265: *Synthèse de 2 DOA par PMUC_sur_Capon avec un réseau linéaire par l'algorithme trainscg.*

Les DDA sont effectivement détectées bien que l'erreur commise dans les directions choisies soit assez importante et le temps d'apprentissage est relativement très faible par rapport à l'algorithme trainrp près de 0,41 seconde tandis que le temps de performance qui est le temps écoulé est d'environ 0,14s.

i.   Synthèse de 2 DOA par PMUC_sur_Capon avec un réseau par l'algorithme traincgb

La figure 266 présente la synthèse de deux directions d'arrivées (80° et 120°) par l'algorithme MLP_sur_Capon sur un réseau linéaire à 8 éléments distants de 0.5 m grâce à l'apprentissage traincfg.

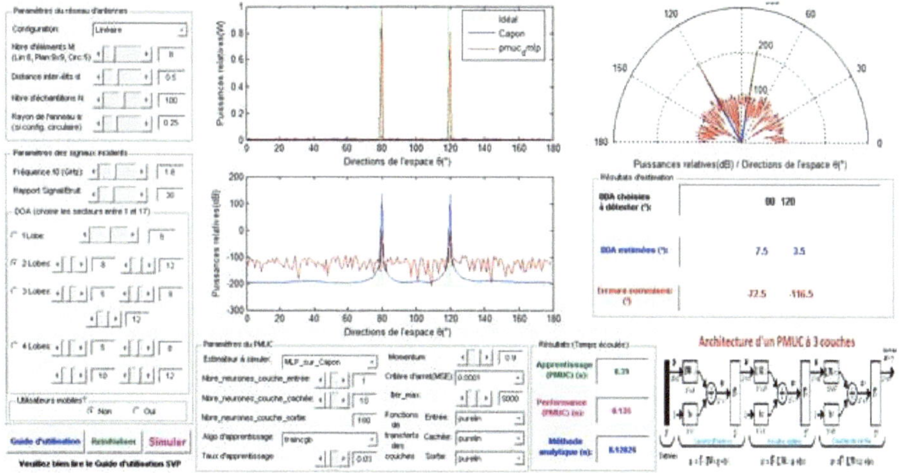

Figure 266: *Synthèse de 2 DOA par PMUC_sur_Capon avec un réseau linéaire par l'algorithme traincgb.*

Les DDA sont effectivement détectées bien que l'erreur commise dans les directions choisies soit assez importante et le temps d'apprentissage est relativement très faible par rapport à l'algorithme trainrp près de 0,39 seconde tandis que le temps de performance qui est le temps écoulé est d'environ 0,14s.

j.　　　Synthèse de 2 DOA par PMUC_sur_Capon avec un réseau par l'algorithme traincgf

La figure 267 présente la synthèse de deux directions d'arrivées (80° et 120°) par l'algorithme MLP_sur_Capon sur un réseau linéaire à 8 éléments distants de 0.5 m grâce à l'apprentissage traincgf.

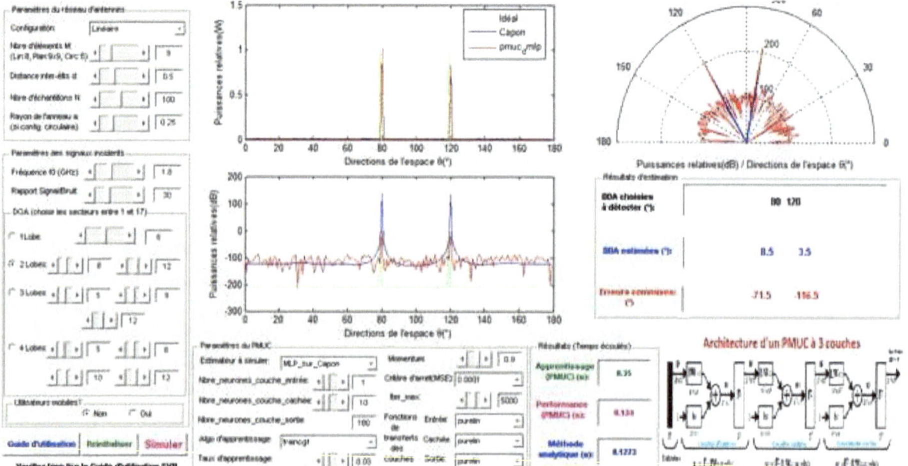

Figure 267:　　　**Synthèse de 2 DOA par PMUC_sur_Capon avec un réseau linéaire par l'algorithme traincgf.**

Les DDA sont effectivement détectées bien que l'erreur commise dans les directions choisies soit assez importante et le temps d'apprentissage est relativement le même avec l'algorithme traincgf près de 0,35seconde tandis que le temps de performance qui est le temps écoulé est d'environ 0,14s.

k.　　　Synthèse de 2 DOA par PMUC_sur_Capon avec un réseau par l'algorithme traincgp

La figure 268 présente la synthèse de deux directions d'arrivées (80° et 120°) par l'algorithme MLP_sur_Capon sur un réseau linéaire à 8 éléments distants de 0.5 m grâce à l'apprentissage traincgp.

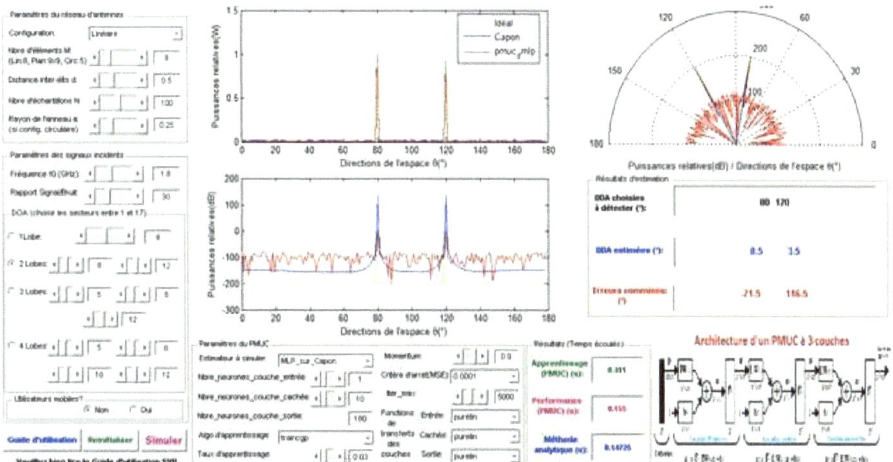

Figure 268: *Synthèse de 2 DOA par PMUC_sur_Capon avec un réseau linéaire par l'algorithme traincgp.*

Les DDA sont éffectivement détectes bien que l'erreur commise dans les directions choisies soit assez importante et le temps d'apprentissage est relativement le même avec l'algorithme traincgp près de 0,42seconde tandis que le temps de performance qui est le temps écoulé est d'environ 0,15s.

NB : Résultats obtenus sur Laptop ASUS de Ram 8GB, Processeur 2.4GHz, win1 64 bits.

Conclusion: Des 11 algorithmes d'apprentissage simulés ci-dessus les algorithms traind, trainbr, trainbfg et traindm nous donne un temps d'apprentissage assez élevé (plus de 16s) tandis que les algorithmes traincgp, traincgf nous donne le temps d'apprentissage le plus petit (0,35s).

I.24.1.3.2. Variation de l'algorithme d'apprentissage sur un reseau Planaire par PMUC_sur_Prony

a.   Synthèse de 4 DOA par PMUC_sur_prony avec un réseau planaire par l'algorithme traingdx

La figure 269 présente la synthèse de quatre directions d'arrivées (50°, 80°, 100° et 120°) par l'algorithme MLP_sur_Prony sur un réseau planaire à 9x9 éléments distants de 0.5 m grâce à l'apprentissage traingdx.

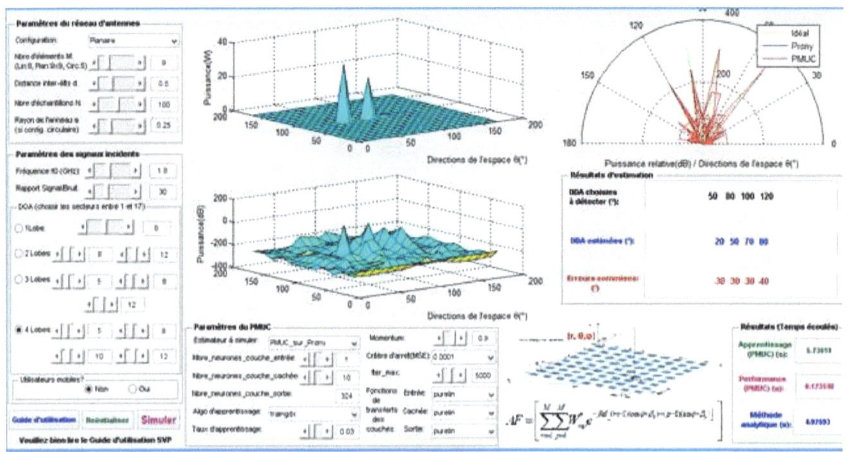

Figure 269: **Synthèse de 4 DOA par PMUC_sur_Prony avec un réseau planaire par l'algorithme traingdx.**

Les DDA sont éffectivement détectées bien que l'erreur commise dans les directions choisies soit assez importante et le temps d'apprentissage est de près de 6 secondes tandis que le temps de performance qui est le temps écoulé est d'environ 0,12s.

b.   Synthèse de 4 DOA par PMUC_sur_prony avec un réseau planaire par l'algorithme traingdm

La figure 270 présente la synthèse de quatre directions d'arrivées (50°, 80°, 100° et 120°) par l'algorithme MLP_sur_Prony sur un réseau planaire à 9x9 éléments distants de 0.5 m grâce à l'apprentissage traingdm.

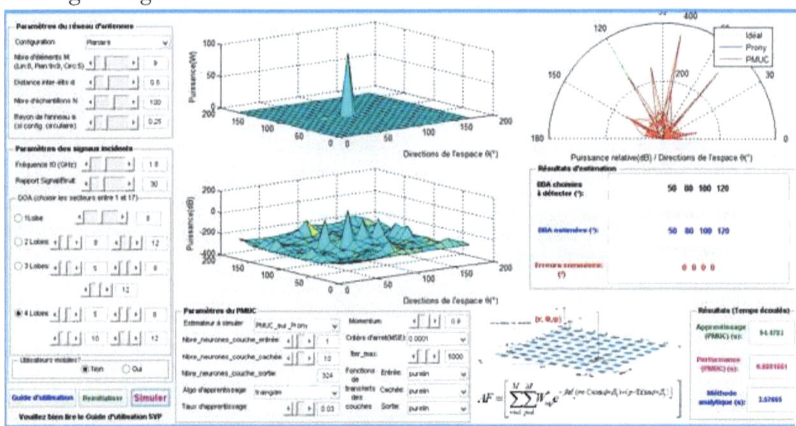

Figure 270: **Synthèse de 4 DOA par PMUC_sur_Prony avec un réseau planaire par l'algorithme traingdm.**

Les DDA sont éffectivement détectées dans les directions choisies et le temps d'apprentissage est de près de 94 secondes tandis que le temps de performance qui est le temps écoulé est d'environ 0,08s.

c.   Synthèse de 4 DOA par PMUC_sur_prony avec un réseau planaire par l'algorithme traingd

La figure 271 présente la synthèse de quatre directions d'arrivées (50°, 80°, 100° et 120°) par l'algorithme MLP_sur_Prony sur un réseau planaire à 9x9 éléments distants de 0.5 m grâce à l'apprentissage traingd.

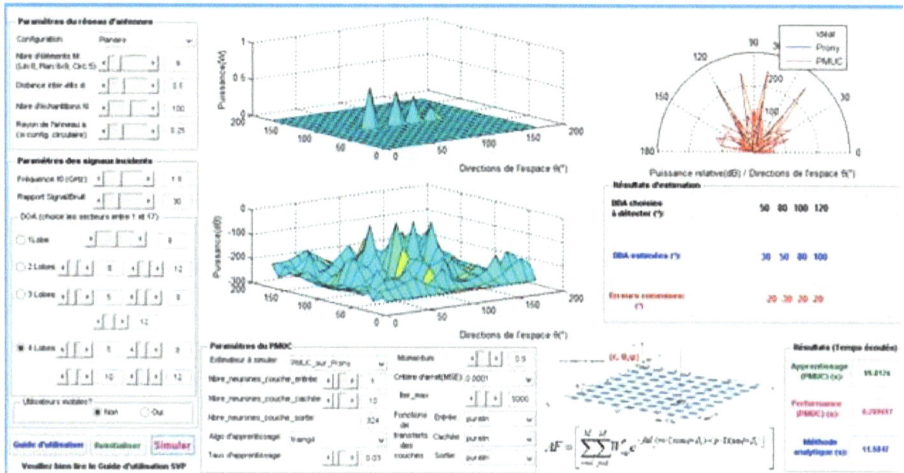

*Figure 271:   **Synthèse de 4 DOA par PMUC_sur_Prony avec un réseau planaire par l'algorithme traingd.***

Les DDA sont effectivement détectées bien que l'erreur commise dans les directions choisies soit assez importante et le temps d'apprentissage est de près de 100 secondes tandis que le temps de performance qui est le temps écoulé est d'environ 0,28s.

d.   Synthèse de 4 DOA par PMUC_sur_prony avec un réseau planaire par l'algorithme trainlm

La figure 272 présente la synthèse de quatre directions d'arrivées (50°, 80°, 100° et 120°) par l'algorithme MLP_sur_Prony sur un réseau planaire à 9x9 éléments distants de 0.5 m grâce à l'apprentissage trainlm.

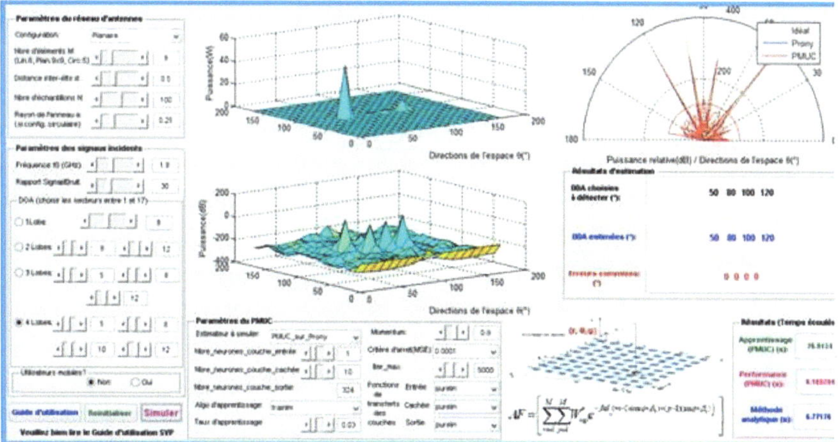

Figure 272: ***Synthèse de 4 DOA par PMUC_sur_Prony avec un réseau planaire par l'algorithme trainlm.***

Les DDA sont effectivement détectées dans les directions choisies, le temps d'apprentissage est de près de 27 secondes tandis que le temps de performance qui est le temps écoulé est d'environ 0,16s.

e.   Synthèse de 4 DOA par PMUC_sur_prony avec un réseau planaire par l'algorithme trainbfg

La figure 273 présente la synthèse de quatre directions d'arrivées (50°, 80°, 100° et 120°) par l'algorithme MLP_sur_Prony sur un réseau planaire à 9x9 éléments distants de 0.5 m grâce à l'apprentissage trainbfg.

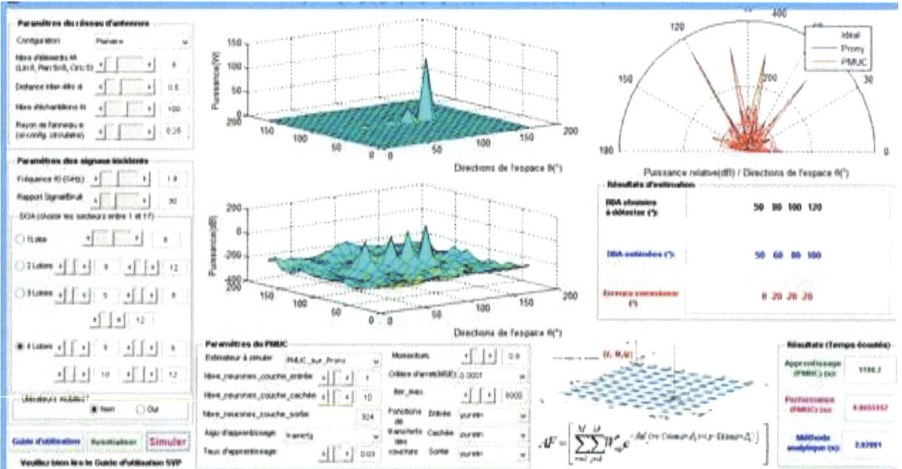

Figure 273: ***Synthèse de 4 DOA par PMUC_sur_Prony avec un réseau planaire par l'algorithme trainbfg.***

Les DDA sont effectivement détectées bien que l'erreur commise dans les directions choisies soit assez importante, le temps d'apprentissage est de près de 1100 secondes tandis que le temps de performance qui est le temps écoulé est d'environ 0,1s.

f.   Synthèse de 4 DOA par PMUC_sur_prony avec un réseau planaire par l'algorithme trainrp

La figure 274 présente la synthèse de quatre directions d'arrivées (50°, 80°, 100° et 120°) par l'algorithme MLP_sur_Prony sur un réseau planaire à 9x9 éléments distants de 0.5 m grâce à l'apprentissage trainrp.

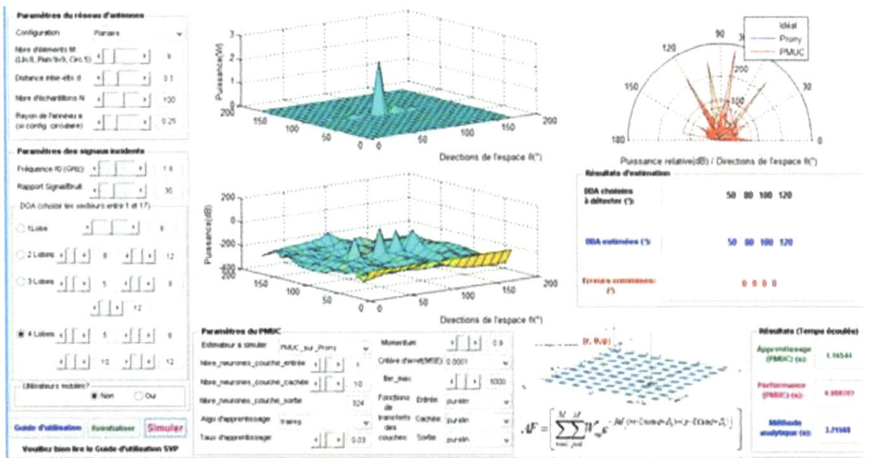

Figure 274:   *Synthèse de 4 DOA par PMUC_sur_Prony avec un réseau par l'algorithme trainrp.*

Les DDA sont éffectivement détectées bien que l'erreur commise dans les directions choisies soit assez importante, le temps d'apprentissage est de pres de 1,17 seconde tandis que le temps de performance qui est le temps ecoule est d'environ 0,08s.

g.   Synthèse de 4 DOA par PMUC_sur_prony avec un réseau planaire par l'algorithme trainbr

La figure 275 présente la synthèse de quatre directions d'arrivées (50°, 80°, 100° et 120°) par l'algorithme MLP_sur_Prony sur un réseau planaire à 9x9 éléments distants de 0.5 m grâce à l'apprentissage trainbr.

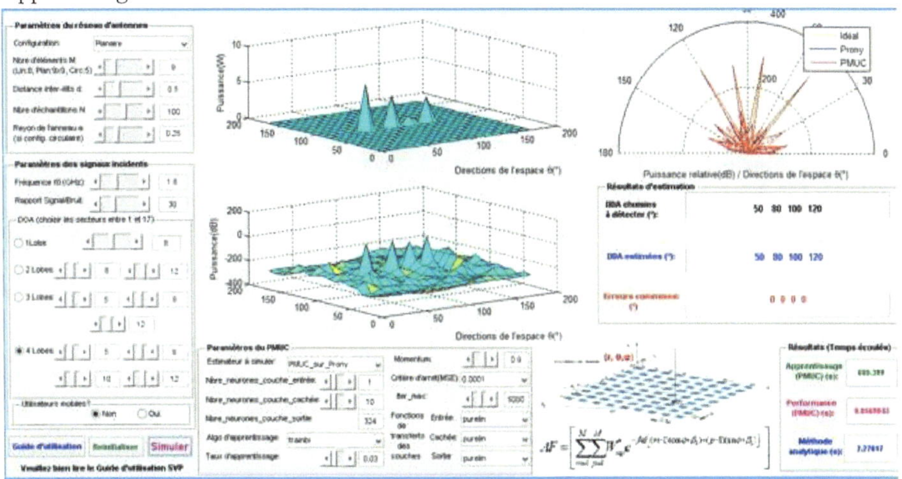

Figure 275:   *Synthèse de 4 DOA par PMUC_sur_Prony avec un réseau par l'algorithme trainbr.*

Les DDA sont éffectivement détectées bien que l'erreur commise dans les directions choisies soit assez importante, le temps d'apprentissage est de près de 670 secondes tandis que le temps de performance qui est le temps écoulé est d'environ 0,056s.

h.   Synthèse de 4 DOA par PMUC_sur_prony avec un réseau planaire par l'algorithme trainscg

La figure 276 présente la synthèse de quatre directions d'arrivées (50°, 80°, 100° et 120°) par l'algorithme MLP_sur_Prony sur un réseau planaire à 9x9 éléments distants de 0.5 m grâce à l'apprentissage trainscg.

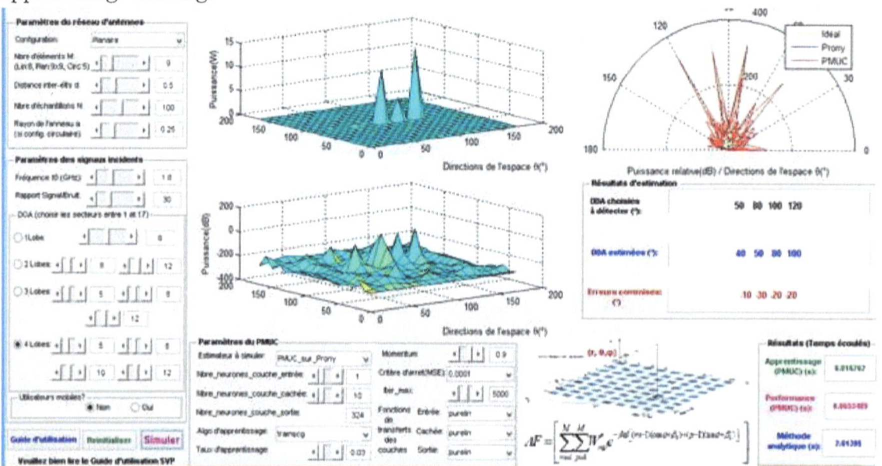

Figure 276:   ***Synthèse de 4 DOA par PMUC_sur_Prony avec un réseau planaire par l'algorithme trainscg.***

Les DDA sont éffectivement détectées bien que l'erreur commise dans les directions choisies soit assez importante, le temps d'apprentissage est de près de 0,081 seconde tandis que le temps de performance qui est le temps écoulé est d'environ 0,06s.

i.   Synthèse de 4 DOA par PMUC_sur_prony avec un réseau planaire par l'algorithme traincgb

La figure 277 présente la synthèse de quatre directions d'arrivées (50°, 80°, 100° et 120°) par l'algorithme MLP_sur_Prony sur un réseau planaire à 9x9 éléments distants de 0.5 m grâce à l'apprentissage traincgb.

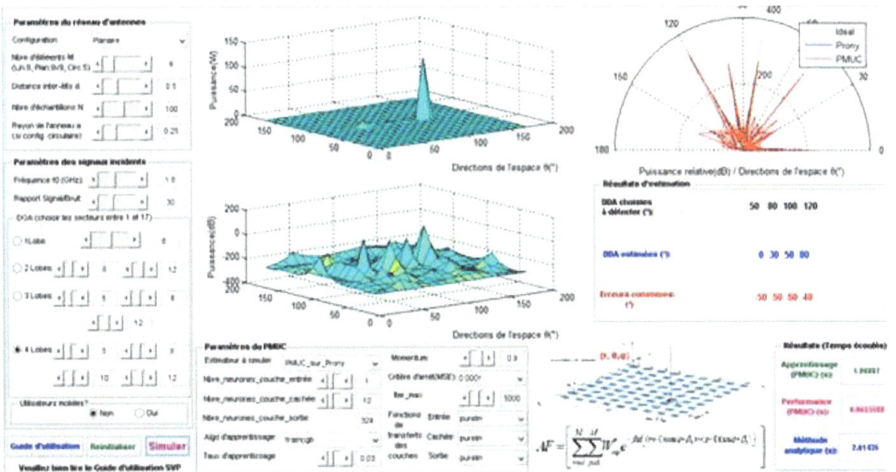

Figure 277: **Synthèse de 4 DOA par PMUC_sur_Prony avec un réseau planaire par l'algorithme traincgb.**

Les DDA sont éffectivement detectes bien que l'erreur commise dans les directions choisies soit assez importante, le temps d'apprentissage est de près de 1,081 seconde tandis que le temps de performance qui est le temps écoulé est d'environ 0,06s.

j.   Synthèse de 4 DOA par PMUC_sur_prony avec un réseau planaire par l'algorithme traincgf

La figure 278 présente la synthèse de quatre directions d'arrivées (50°, 80°, 100° et 120°) par l'algorithme MLP_sur_Prony sur un réseau planaire à 9x9 éléments distants de 0.5 m grâce à l'apprentissage traincgf.

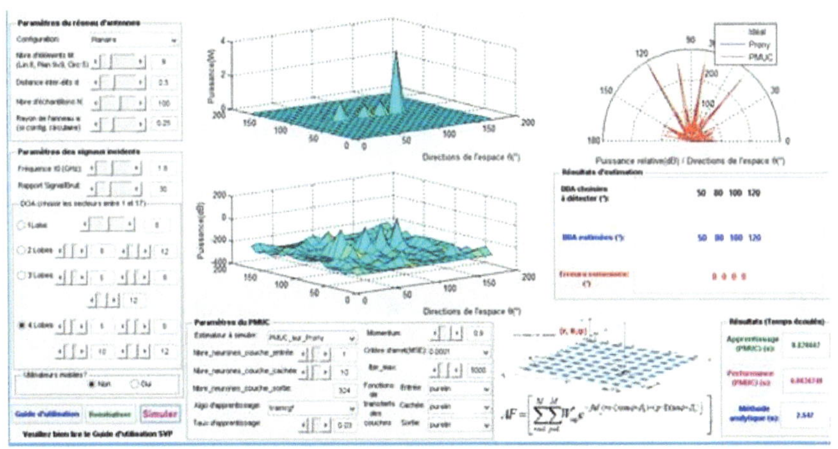

Figure 278: **Synthèse de 4 DOA par PMUC_sur_Prony avec un réseau planaire par l'algorithme traincgf.**

Les DDA sont éffectivement detectes bien que l'erreur commise dans les directions choisies soit assez importante, le temps d'apprentissage est de près de 0,82 seconde tandis que le temps de performance qui est le temps écoulé est d'environ 0,06s.

k.   Synthèse de 4 DOA par PMUC_sur_prony avec un réseau planaire par l'algorithme traincgp

La figure 279 présente la synthèse de quatre directions d'arrivées (50°, 80°, 100° et 120°) par l'algorithme MLP_sur_Prony sur un réseau planaire à 9x9 éléments distants de 0.5 m grâce à l'apprentissage traincgp.

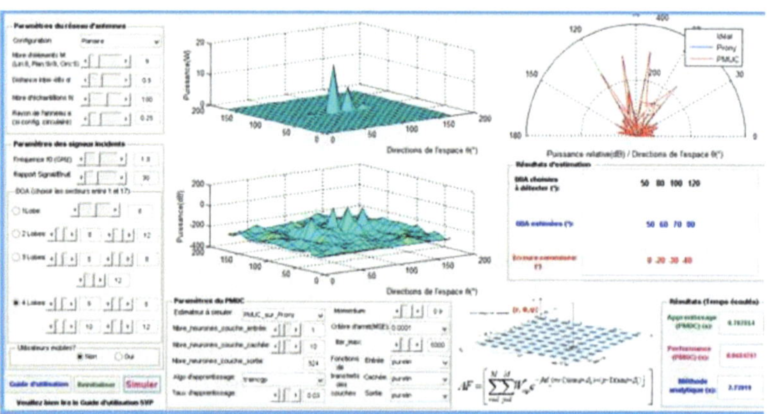

Figure 279:   ***Synthèse de 4 DOA par PMUC_sur_Prony avec un réseau planaire par l'algorithme traincgp.***

Les DDA sont éffectivement détectées bien que l'erreur commise dans les directions choisies soit assez importante, le temps d'apprentissage est de près de 0,70 seconde tandis que le temps de performance qui est le temps écoulé est d'environ 0,068s.

Conclusion: Des 11 algorithmes d'apprentissage simules ci dessus les algorithms trainbfg, nous donne un temps d'apprentissage assez élevé (plus de 1100s). Tandis que les algorithmes traincgp nous donne le temps d'apprentissage le plus petit (0,7s).

NB : Résultats obtenus sur Laptop DELL E5500 de Ram 2GB, Processeur 1.8GHz, win8 32 bits.

I.24.1.4.   Codes sources

I.24.1.4.1.   *Apprentissage*
Code source 76 :   ***Synthèse des DDA par « PMUC (apprentissage) »***

```matlab
function[net,P1max,phi_all,S3]=
pmuc(selection,P1,phi_deg,S1,S2,entree,cachee,sortie,algotrain,ite
r_max,mse,taux,momentum)
switch get(selection,'Tag')
    case 'radiobutton1' %1 Lobe
        %étape 1:Prétraitements: normalisation des entrées
```

```matlab
        P11 = P1.'; %transposé sans conjugué complexe pour
apprentissage
        P1min = min(abs(P11)); P1max = max(abs(P11));
        P11= P11./P1max; %afin de ramener les valeurs entre [-1 1]
        phi_all = phi_deg*(pi/180); phi_all = cos(phi_all);
        %étape 2: création du PMUC et phase d'apprentissage
        [S3,Q] = size(P11); %nombre d'éléments de la couche de
sortie
        net = newff(minmax(phi_all),[S1 S2 S3],{entree cachee
sortie},algotrain);
            net = init(net);
            net.trainParam.epochs = iter_max; %nombre maximum
d'itérations
            net.trainParam.goal = mse; %critère d'arrêt
            net.trainParam.lr = taux; %taux d'apprentissage
            net.trainParam.mc = momentum; %constante d'élan
        [net,tr] = train(net,phi_all,P11);%apprentissage
    case 'radiobutton2' %2 Lobes
        phi_deg = phi_deg.';
        %étape 1:Prétraitements: normalisation des entrées
        P11 = P1.'; %transposé sans conjugué complexe pour
apprentissage
        P1min = min(abs(P11)); P1max = max(abs(P11));
        P11= P11./P1max; %afin de ramener les valeurs entre [-1 1]
        phi_all = phi_deg*(pi/180); phi_all = cos(phi_all);
        %étape 2: création du PMUC et phase d'apprentissage
        [S3,Q] = size(P11); %nombre d'éléments de la couche de
sortie
net = newff(minmax(phi_all),[S1 S2 S3],{entree cachee
sortie},algotrain);
            net = init(net);
    net.trainParam.epochs = iter_max; %nombre maximum d'itérations
            net.trainParam.goal = mse; %critère d'arrêt
            net.trainParam.lr = taux; %taux d'apprentissage
            net.trainParam.mc = momentum; %constante d'élan
        [net,tr] = train(net,phi_all,P11);%apprentissage
    case 'radiobutton3' %3 Lobes
        phi_deg = phi_deg.';
        %étape 1:Prétraitements: normalisation des entrées
        P11 = P1.'; %transposé sans conjugué complexe pour
apprentissage
        P1min = min(abs(P11)); P1max = max(abs(P11));
        P11= P11./P1max; %afin de ramener les valeurs entre [-1 1]
        phi_all = phi_deg*(pi/180); phi_all = cos(phi_all);
        %étape 2: création du PMUC et phase d'apprentissage
        [S3,Q] = size(P11); %nombre d'éléments de la couche de
sortie
        net = newff(minmax(phi_all),[S1 S2 S3],{entree cachee
sortie},algotrain);
```

```matlab
        net = init(net);
    net.trainParam.epochs = iter_max; %nombre maximum d'itérations
        net.trainParam.goal = mse; %critère d'arrêt
        net.trainParam.lr = taux; %taux d'apprentissage
        net.trainParam.mc = momentum; %constante d'élan
      [net,tr] = train(net,phi_all,P11);%apprentissage
    case 'radiobutton4' %4 Lobes
        phi_deg = phi_deg.';
        %étape 1:Prétraitements: normalisation des entrées
        P11 = P1.'; %transposé sans conjugué complexe pour
apprentissage
        P1min = min(abs(P11)); P1max = max(abs(P11));
        P11= P11./P1max; %afin de ramener les valeurs entre [-1 1]
        phi_all = phi_deg*(pi/180); phi_all = cos(phi_all);
        %étape 2: création du PMUC et phase d'apprentissage
        [S3,Q] = size(P11); %nombre d'éléments de la couche de
sortie
        net = newff(minmax(phi_all),[S1 S2 S3],{entree cachee
sortie},algotrain);
        net = init(net);
    net.trainParam.epochs = iter_max; %nombre maximum d'itérations
        net.trainParam.goal = mse; %critère d'arrêt
        net.trainParam.lr = taux; %taux d'apprentissage
 net.trainParam.mc = momentum; %constante d'élan
        [net,tr] = train(net,phi_all,P11);%apprentissage
end
```

I.24.1.4.2.   *Performance*

Code source 77 :   ***Synthèse des DDA par « PMUC (performance) »***

```matlab
function[P]= performance(net,phi_all,P1max)
%theta_all = randn(M,2);% entrées aléatoires
P = sim(net,phi_all); %de réels
%dénormalisation de P de [-1 1] vers la plage initiale
P= P.*P1max; P = P.';
%_______________________________________________________
```

I.24.2. Optimisation de l'estimation des directions d'arrivées des antennes intelligentes par synthèse au moyen de reseaux de neurones à fonction de base radiale (RBFNN/GRNN)

I.24.2.1. Procédure de simulation

Les figures ci-après présentent l'utilisation de l'application réalisée.

En figure 280, nous avons la page de garde de l'outil « Antennes intelligentes : Optimisation de l'estimation des DOA par synthèse au moyen de réseaux de neurones à fonction radiale (RBFNN/GRNN) ».

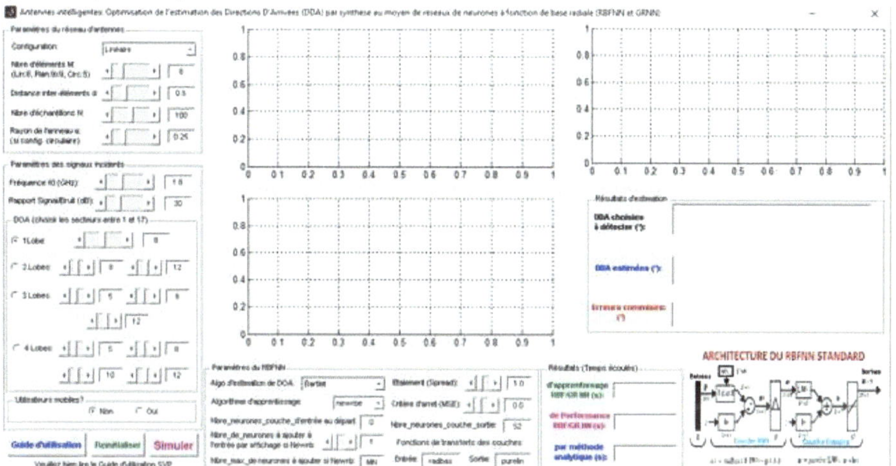

Figure 280:   ***Page de garde de l'outil de synthèse des DOA par RBFNN/GRNN.***

Après avoir rempli les paramètres du réseau d'antennes comme illustré sur la figure 281.

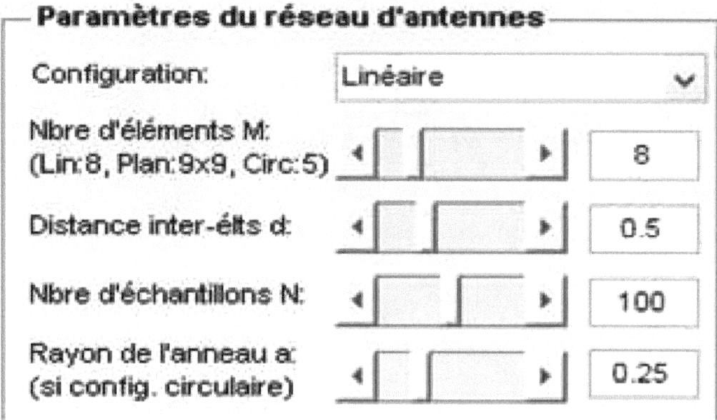

Figure 281: ***Choix des paramètres du réseau d'antennes.***

On a dans les paramètres du réseau d'antennes :

Le nombre d'éléments M : par défaut lorsqu'on a choisi le réseau linéaire, la valeur de M a basculé automatiquement à 8, si on a choisi le réseau planaire, la valeur de M a basculé automatiquement à 9 (cela signifie qu'on a 9x9 = 81 éléments d'antennes) et si on a choisi le réseau circulaire, la valeur de M a basculé automatiquement à 5. Mais il est à noter que ces valeurs ne sont que celles par défaut pour lesquelles nous avons mené nos simulations. L'utilisateur peut à souhait les modifier et observer les changements sur les courbes du spectre de puissance et sur le nombre de raies détectables. Néanmoins, le nombre de sources doit être strictement inférieur au nombre d'éléments de l'antenne (L < M pour les réseaux linéaire et circulaire ou L < (M*M) pour le réseau planaire). En d'autres termes, un réseau de K éléments ne peut détecter convenablement qu'au plus (K-1) sources.

La distance inter-éléments en termes de lambda : d, qui est fixée par défaut à 0.5, mais que l'utilisateur peut également modifier à souhait et observer l'influence.

Le nombre d'échantillons N dont la valeur maximale par défaut a été fixé à 100.

Le rayon de l'anneau a (qui n'est pris en compte que pour le réseau circulaire) est fixé par défaut à 0.25.

On rentre les paramètres des sources à détecter, à savoir (figure 282):

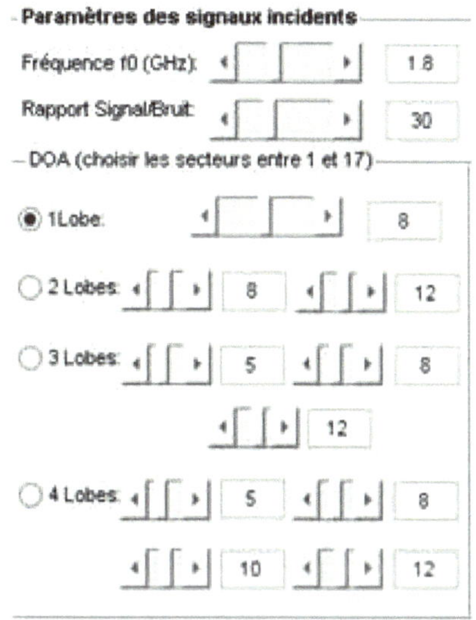

Figure 282: **Rentrer les paramètres des sources à détecter.**

La fréquence d'utilisation f0 dont la valeur par défaut est fixée à 1.8GHz mais dont la modification n'influe pas de façon notable les résultats. Ainsi on peut l'essayer à 2.4 GHz ou à 5 GHz.

Le rapport signal sur bruit dont la valeur par défaut est fixée à 30 dB, modifiable ;

Les directions d'arrivées (« DDA » en français et « DOA » en anglais) selon le nombre de lobes souhaités. Ainsi l'utilisateur coche l'une des cases entre 1lobe, 2lobes, 3lobes et 4lobes. Par la suite, il lui est offert la possibilité de rentrer les directions d'arrivées en termes de secteurs entre 1 et 17 car l'espace a été divisé en 17 secteurs entre 5 et 175°. Il pourra ainsi à souhait indiquer où se trouvent la ou les sources qu'il souhaite détecter (figure 281).

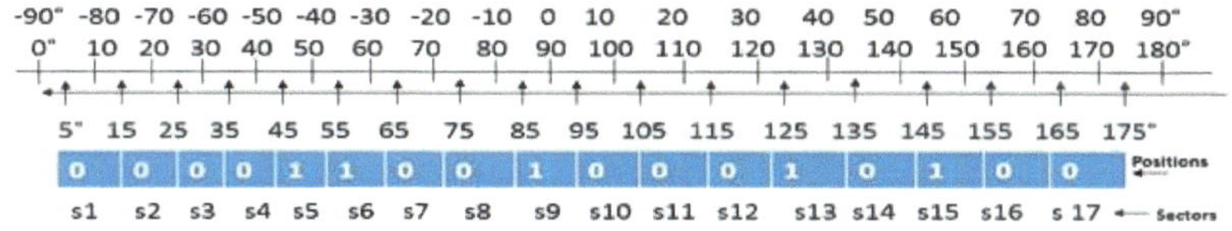

Figure 283: **Les différents secteurs.**

Par la suite, il répond à la question si la source est mobile ou statique en cochant. Pour l'instant, l'outil d'optimisation ne fonctionne que pour des sources statiques (figure 284).

Figure 284: **Choix du type d'utilisateurs.**

On choisit l'algorithme, comme celui de « RBFN_sur_Barlett » à la figure 285.

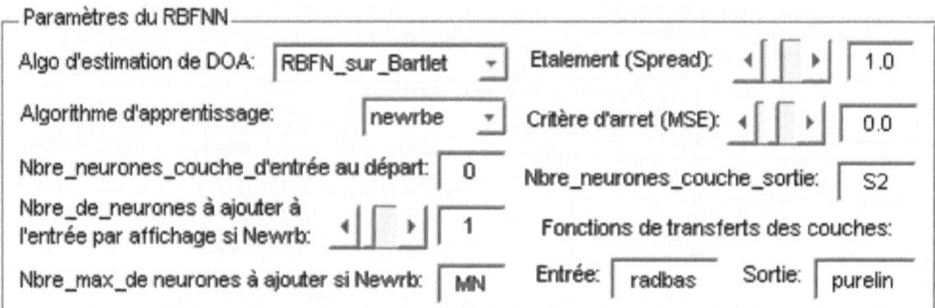

Figure 285: ***Choix des paramètres du RBFNN.***

Les méthodes analytiques de caractérisation définies dans la section 3.1 servent de référence à obtenir par synthèse par les réseaux de neurones à fonction radiale.

On applique la synthèse sur chacune des méthodes analytiques développées précédemment : RBFNN_sur_Barlett, RBFNN_sur_Prony, RBFNN_sur_Capon, RBFNN_sur_MEM, RBFNN_sur_MMSE, RBFNN_sur_MUSIC, RBFNN_sur_MinNorm. Il est à noter que pour GRNN il s'agit juste de choisir comme algorithme d'apprentissage, newgrnn sur l'outil.

Pour toutes ces synthèses, l'utilisateur peut à souhait modifier :

• **L'algorithme d'apprentissage :** par défaut newrbe mais on a le choix entre 3 possibilités : newrbe, newrb ou newgrnn.

• **Le nbre de neurones de la couche d'entrée au départ :** zéro pour newrb et N pour newrbe et newgrnn ; en fait, c'est le nombre de colonnes du vecteur puissance P implémenté ;

• **Le nbre de neurones à ajouter à la couche d'entrée par intervalle d'affichage de la courbe d'apprentissage :** si newrb.

• **Le nbre maximum de neurones à ajouter :** Il constitue le 2è critère d'arrêt pour newrb.

• **Le coefficient d'étalement (Spread) :** par défaut 1.0 mais variable jusqu'à 5 ;

• **Le critère d'arrêt (MSE :** **M**ean **S**quare **E**rror, **ou en Français, E**rreur **Q**uadratique **M**oyenne **(EQM)),** c'est le critère d'arrêt de la phase d'apprentissage. Par défaut, MATLAB le fixe à 0.0 pour newrbe mais modifiable pour newrb jusqu'à 0.5.

• **Le nbre de neurones de la couche de sortie,** qui correspond au nombre de lignes du vecteur/matrice puissance P implémenté.

• **Les fonctions de transfert des deux couches de notre réseau de neurones :** pour la couche d'entrée, d'office radbas mais pour la couche de sortie elle peut être soit linéaire (purelin), on obtient alors un RBFNN standard, soit linéaire spéciale, on obtient GRNN, soit compétitive (compet), on obtient alors PNN. PNN étant dédié à la classification, n'est pas utilisé dans cet outil qui sert à l'approximation.

Toutefois l'expérimentateur peut les modifier à souhait et observer l'influence sur les synthèses obtenues.

Au final, toutes les données sont définies et on obtient la feuille de représentation de la figure 286.

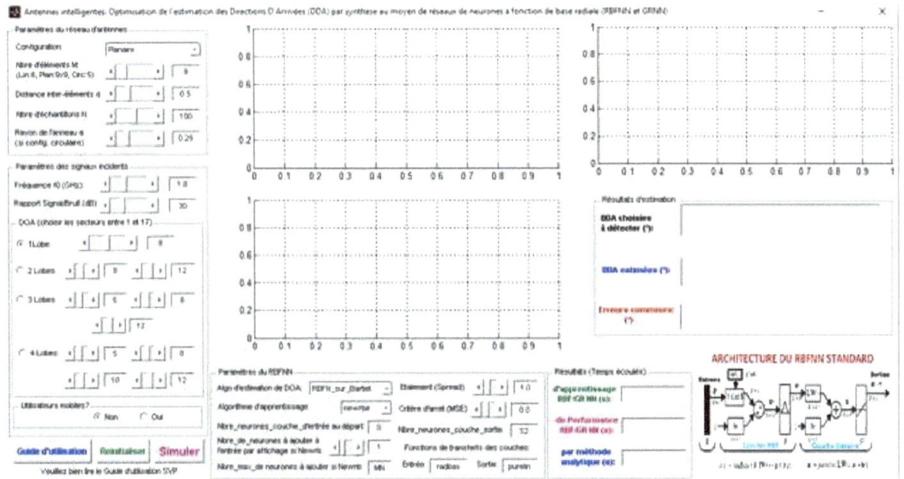

Figure 286: ***Paramètres pour la détection de 1 DOA par « RBFNN_sur_Barlett » sur réseau planaire.***

Dans la figure 284, nous avons aussi 04 zones qui affichent respectivement :

Zone 1 : Les courbes des spectres de puissance calculés par méthode analytique (en bleu) et par synthèse, (en rouge) respectivement en coordonnées cartésiennes

Zone 2 : Les mêmes courbes en coordonnées polaires ;

Zone 3 : Les mêmes courbes en coordonnées logarithmiques ;

Zone 4 : Les résultats d'estimation par l'algorithme de synthèse et les erreurs commises correspondantes en dessous des DOA à détecter.

Enfin, il suffit de lancer la simulation en cliquant sur « simuler » comme illustré par le cercle rouge dans la figure 286 et on obtient le résultat final de la figure 287.

Par la suite, nous présenterons juste les résultats finaux.

I.24.2.2.   Résultats

La configuration de l'application est faite conformement aux recommandations de la section 5.4.2.1.

I.24.2.2.1.   Planaire

La figure 287 présente la synthèse d'une direction d'arrivée (80°) par l'algorithme RBFNN_sur_Barlett sur un réseau planaire à 9x9 éléments distants de 0.5 m.

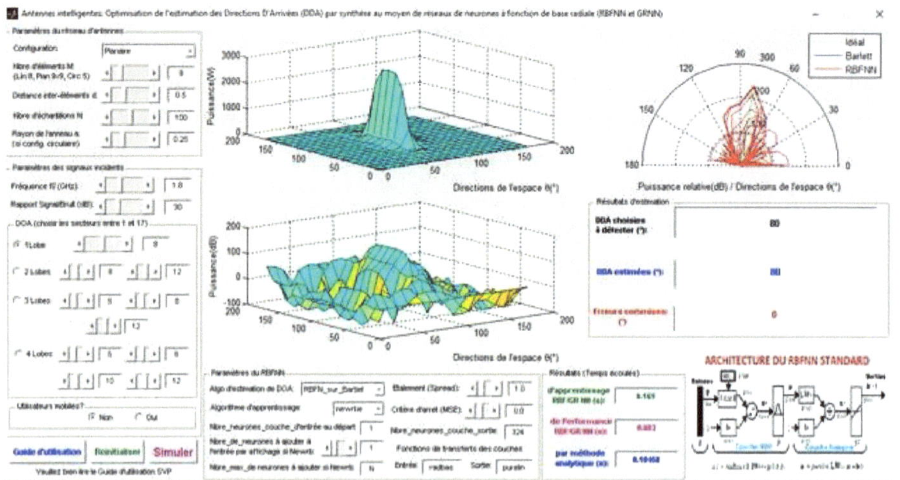

Figure 287:   **Synthèse de 1 DOA par RBFNN_sur_Bartlett avec un réseau planaire.**

I.24.2.2.2.   Linéaire

La figure 288 présente la synthèse d'une direction d'arrivée (80°) par l'algorithme RBFNN_sur_Barlett sur un réseau linéaire à 8 éléments distants de 0.5 m.

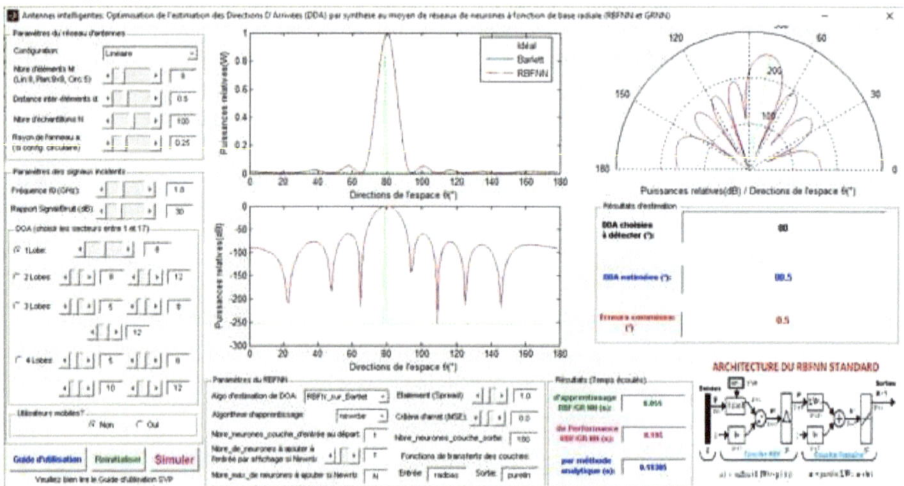

Figure 288:   **Synthèse de 1 DOA par RBFNN_sur_Bartlett avec un réseau linéaire.**

I.24.2.2.3.   Circulaire

La figure 289 présente la synthèse d'une direction d'arrivée (80°) par l'algorithme RBFNN_sur_Barlett sur un réseau circulaire à 5 éléments distants de 0.5 m.

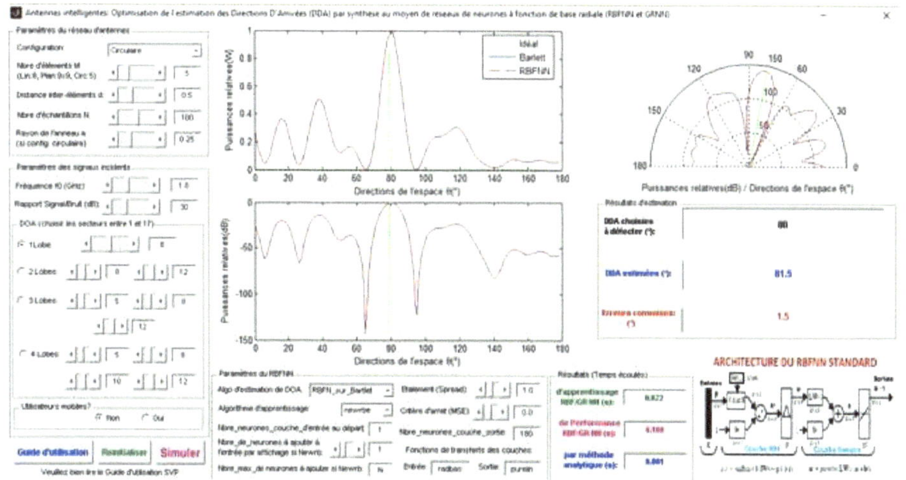

Figure 289:   ***Synthèse de 1 DOA par RBFNN_sur_Bartlett avec un réseau circulaire.***

I.24.2.3.   Simulation en variant l'algorithme d'apprentissage

I.24.2.3.1.   *Variation de l'algorithme d'apprentissage sur un reseau lineaire par RBFNN_sur_MEM*

a.   Synthèse de 2 DOA par RBFNN_sur_MEM avec un réseau linéaire par l'algorithme newrbe

La figure 290 présente la synthèse de deux directions d'arrivées (80° et 120°) par l'algorithme RBFNN_sur_MEM sur un réseau linéaire à 8 éléments distants de 0.5 m grâce à l'apprentissage newrbe.

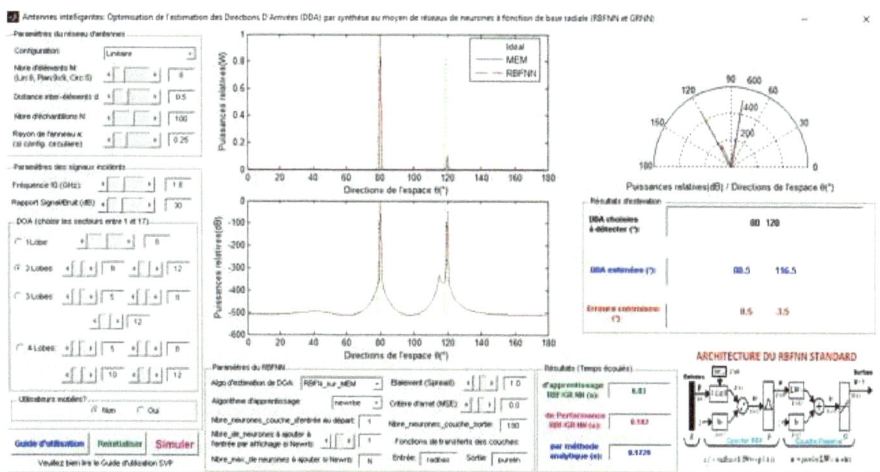

Figure 290:   ***Synthèse de 2 DOA par RBFNN_sur_MEM avec un réseau linéaire par l'algorithme newrbe.***

Les DDA sont effectivement détectes et le temps d'apprentissage est de 0,03seconde tandis que le temps de performance qui est le temps écoulé est d'environ 0,18s.

b.   Synthèse de 2 DOA par RBFNN_sur_MEM avec un réseau linéaire par l'algorithme newrb

La figure 291 présente la synthèse de deux directions d'arrivées (80° et 120°) par l'algorithme RBFNN_sur_MEM sur un réseau linéaire à 8 éléments distants de 0.5 m grâce à l'apprentissage newrb.

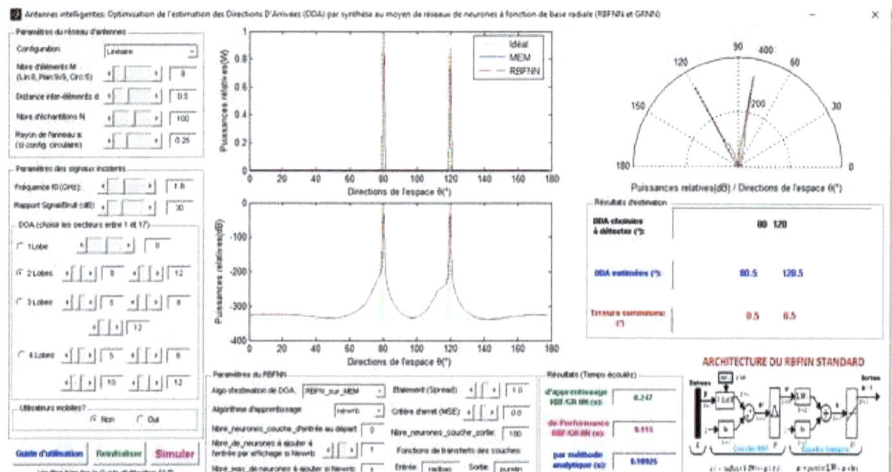

Figure 291:   Synthèse de 2 DOA par RBFNN_sur_MEM avec un réseau linéaire par l'algorithme newrb.

Les DDA sont effectivement détectes et le temps d'apprentissage est de 0,25seconde tandis que le temps de performance qui est le temps écoulé est d'environ 0,12s.

c.   Synthèse de 2 DOA par RBFNN_sur_MEM avec un réseau linéaire par l'algorithme newgrnn

La figure 292 présente la synthèse de deux directions d'arrivées (80° et 120°) par l'algorithme RBFNN_sur_MEM sur un réseau linéaire à 8 éléments distants de 0.5 m grâce à l'apprentissage newgrnn.

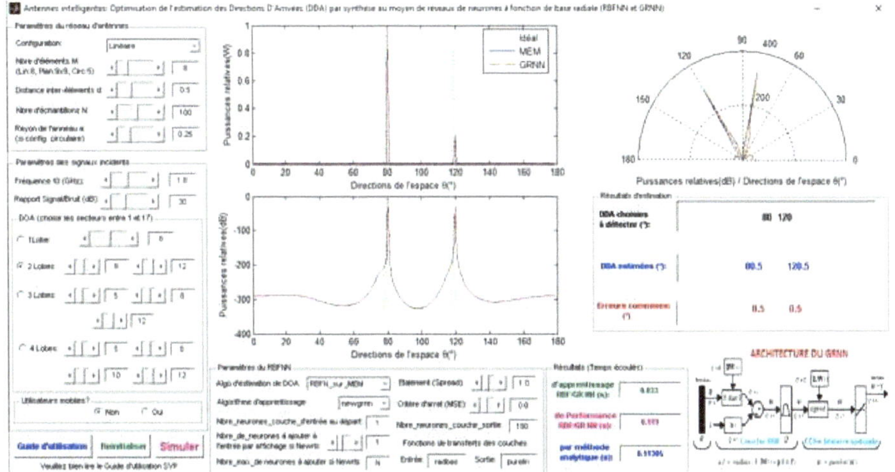

Figure 292:   *Synthèse de 2 DOA par GRNN_sur_MEM avec un réseau linéaire par l'algorithme newgrnn.*

Les DDA sont éffectivement détectes et le temps d'apprentissage est de 0,03seconde tandis que le temps de performance qui est le temps écoulé est d'environ 0,12s.

I.24.2.3.2.   *Variation de l'algorithme d'apprentissage sur un reseau circulaire par RBFNN_sur_MUSIC*

a.   Synthèse de 3 DOA par RBFNN_sur_MUSIC avec un réseau circulaire par l'algorithme newrbe

La figure 293 présente la synthèse de trois directions d'arrivées (50°, 80° et 120°) par l'algorithme RBFNN_sur_MUSIC sur un réseau circulaire à 5 éléments distants de 0.5 m grâce à l'apprentissage newrbe.

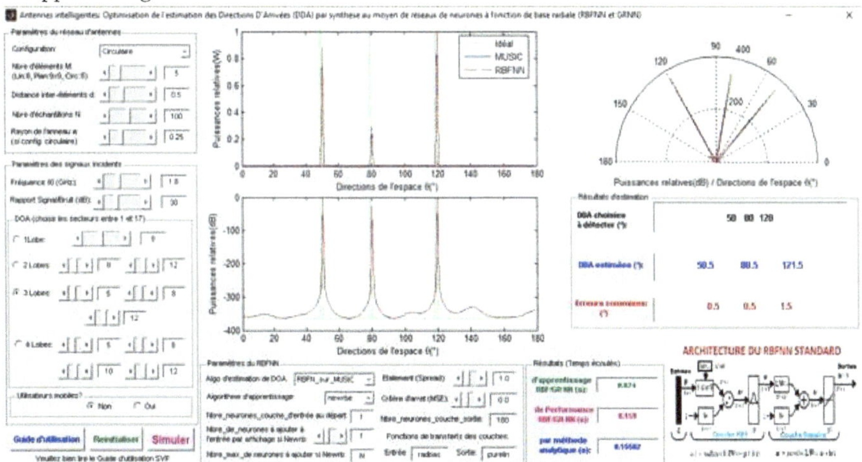

Figure 293:   *Synthèse de 3 DOA par RBFNN_sur_MUSIC avec un réseau circulaire par l'algorithme newrbe.*

Les DDA sont éffectivement détectes et le temps d'apprentissage est de 0,03seconde tandis que le temps de performance qui est le temps écoulé est d'environ 0,16s.

b.   Synthèse de 3 DOA par RBFNN_sur_MUSIC avec un réseau circulaire par l'algorithme newrb

La figure 294 présente la synthèse de trois directions d'arrivées (50°, 80° et 120°) par l'algorithme RBFNN_sur_MUSIC sur un réseau circulaire à 5 éléments distants de 0.5 m grâce à l'apprentissage newrb.

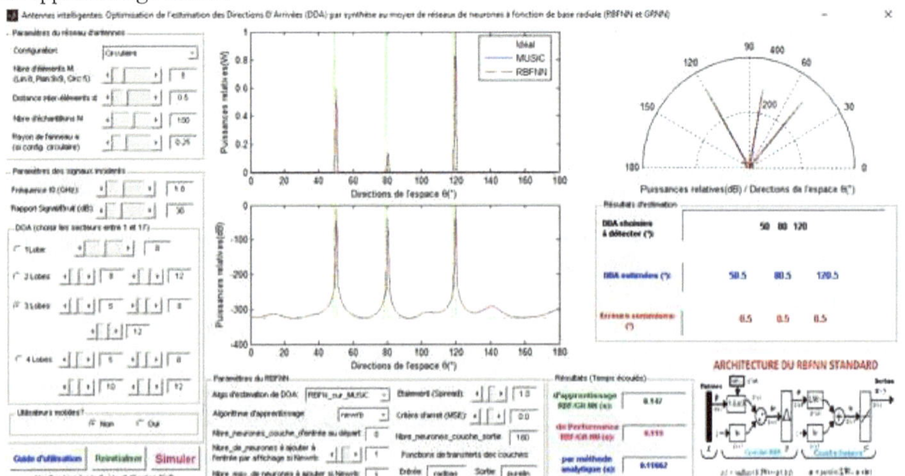

Figure 294:   Synthèse de 3 DOA par RBFNN_sur_MUSIC avec un réseau circulaire par l'algorithme newrb.

Les DDA sont éffectivement détectes et le temps d'apprentissage est de 0,15seconde tandis que le temps de performance qui est le temps écoulé est d'environ 0,12s.

c.   Synthèse de 3 DOA par RBFNN_sur_MUSIC avec un réseau circulaire par l'algorithme newgrnn

La figure 295 présente la synthèse de trois directions d'arrivées (50°, 80° et 120°) par l'algorithme RBFNN_sur_MUSIC sur un réseau circulaire à 5 éléments distants de 0.5 m grâce à l'apprentissage newgrnn.

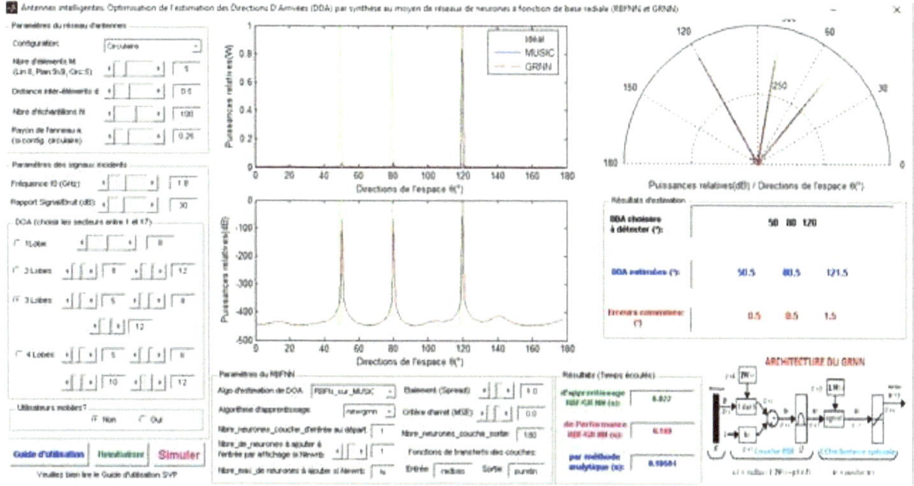

Figure 295:   ***Synthèse de 3 DOA par GRNN_sur_MUSIC avec un réseau circulaire par l'algorithme newgrnn.***

Les DDA sont éffectivement détectes et le temps d'apprentissage est de 0,03seconde tandis que le temps de performance qui est le temps écoulé est d'environ 0,11s.

NB : Résultats obtenus sur Laptop ASUS de Ram 8GB, Processeur 2.4GHz, win1 64 bits.

Conclusion: Des 3 algorithmes d'apprentissage simulés ci-dessus l'algorithme newgrnn donne le temps d'apprentissage le plus petit (0,03s).

I.24.2.4. Codes sources

I.24.2.4.1. Apprentissage

a.   Planaire

Code source 78 :   ***Synthèse des DDA par «RBFNN/GRNN (apprentissage)» sur réseau planaire***

```matlab
function[S1,S2,MN,Z,net]=
apprentissage_planaire(Rxx,M,P11,apprentissage,goal,spread,DF)
%début synthèse par réseaux de neurones (RBFNN/GRNN) PLANAIRE
%Etape 1: prétraitements
%Prétraitement1: normalisation de Rxx(1,:)
b1 = Rxx(1,:);
b = b1.';
norm_b = norm(b);
z1 = b/norm_b;
%Prétraitement2: conversion de Rxx en réels:z
Z = zeros(2*M*M,1);
    for l = 1:size(z1,1)
        k=2*l-1;
        Z(k)= real(z1(l));
```

```matlab
        Z(k+1) = imag(z1(l));
    end


[S2,MN] = size(P11); %S2 = nbre neurones couche de sortie
S1=MN; %S1 = nbre neurones couche d'entrée
%Etape 2: création du RBFNN et phase d'apprentissage
switch apprentissage;
    case 1 %newrbe
        net = newrbe(Z,P11,spread); %Plus rapide
    case 2 %newrb
        net = newrb(Z,P11,goal,spread,MN,DF); %Plus lent
    otherwise %newgrnn
        net = newgrnn(Z,P11,spread); %Rapide comme newrbe
end
```

b.   Linéaire

Code source 79 :   ***Synthèse des DDA par «RBFNN/GRNN (apprentissage) » sur réseau linéaire***

```matlab
function[S1,S2,MN,Z,net]=
apprentissage_lineaire(Rxx,M,P11,apprentissage,goal,spread,DF)
%début synthèse par Réseaux de Neurones (RBFNN/GRNN)
%Etape 1: prétraitements
%Prétraitement1: normalisation de Rxx(1,:)
b1 = Rxx(1,:);
b = b1.';
norm_b = norm(b);
z1 = b/norm_b;
%Prétraitement2: conversion de Rxx en réels:Z
    Z = zeros(2*M,1);
        for l = 1:size(z1,1)
            k=2*l-1;
            Z(k)= real(z1(l));
            Z(k+1) = imag(z1(l));
        end
[S2,MN] = size(P11); %S2 = nbre neurones couche de sortie
S1=MN; %S1 = nbre neurones couche d'entrée
%Etape 2: création du RBFNN et phase d'apprentissage
switch apprentissage;
    case 1 %newrbe
        net = newrbe(Z,P11,spread); %Plus rapide
    case 2 %newrb
        net = newrb(Z,P11,goal,spread,MN,DF); %Plus lent
    otherwise %newgrnn
        net = newgrnn(Z,P11,spread); %Rapide comme newrbe
end
```

c.   Circulaire

Code source 80 : **Synthèse des DDA par «RBFNN/GRNN (apprentissage) » sur réseau** *circulaire*

```matlab
function [S1,S2,MN,Z,net] =
apprentissage_circulaire(Rxx,M,P11,apprentissage,goal,spread,DF)
%début synthèse par Réseaux de Neurones (RBFNN/GRNN)
%Etape 1: prétraitements
    %Prétraitement1: normalisation de Rxx(1,:)
    b1 = Rxx(1,:);
    b = b1.';
    norm_b = norm(b);
    z1 = b/norm_b;
    %Prétraitement2: conversion de Rxx en réels:Z
    Z = zeros(2*M,1);
        for l = 1:size(z1,1)
            k=2*l-1;
            Z(k)= real(z1(l));
            Z(k+1) = imag(z1(l));
        end
[S2,MN] = size(P11); %S2 = nbre neurones couche de sortie
S1=MN; %S1 = nbre neurones couche d'entrée
%Etape 2: création du RBFNN et phase d'apprentissage
switch apprentissage;
    case 1 %newrbe
        net = newrbe(Z,P11,spread); %Plus rapide
    case 2 %newrb
        net = newrb(Z,P11,goal,spread,MN,DF); %Plus lent
    otherwise %newgrnn
        net = newgrnn(Z,P11,spread); %Rapide comme newrbe
end
```

I.24.2.4.2. Performance

Code source 81 : **Synthèse des DDA par « RBFNN/GRNN (performance) »**

```matlab
                %Z=randn(2*M,1);%choix d'une entrée aléatoire et
le RNA calcule les
                %sorties
                P = sim(net,Z);%de réels
                %dénormalisation de P de [-1 1] vers la plage
initiale
                P= P.*P1max; P = P.';
```

%____

I.25.   Optimisation de la formation des faisceaux des antennes intelligentes par synthese au moyen des reseaux de neurones artificiels

I.25.1. Optimisation du temps de «beamforming»des antennes intelligentes par synthese au moyen du Perceptron MUlti-Couche (PMUC)

I.25.1.1.   Procédure de simulation

Les figures ci-après présentent l'utilisation de l'application réalisée.

En figure 296, nous avons la page de garde de l'outil « Antennes intelligentes : Optimisation du beamforming par synthèse au moyen du Perceptron Multi-Couche (PMUC) ».

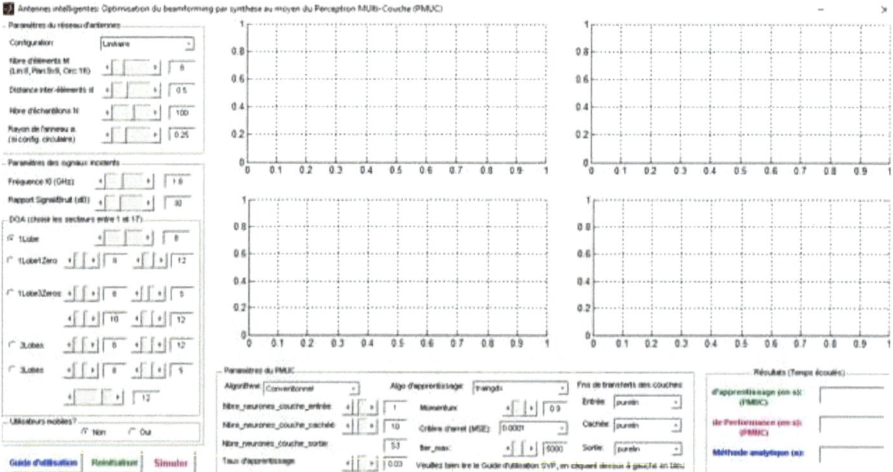

Figure 296:   Page de garde de l'outil de synthèse du beamforming par PMUC.

Après avoir rempli les paramètres du réseau d'antennes comme illustré sur la figure 297.

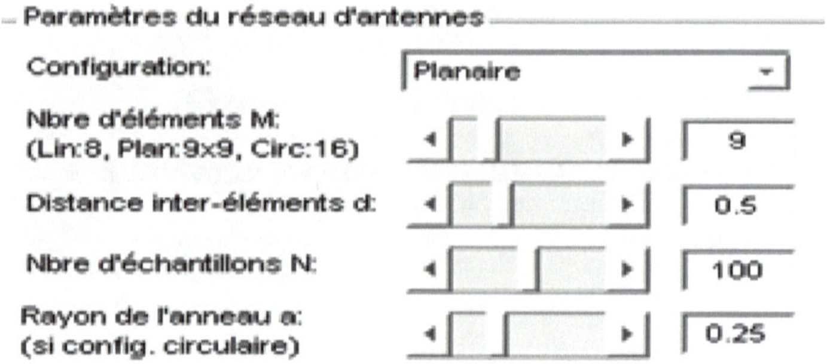

Figure 297:   Choix des paramètres du réseau d'antennes.

On a dans les paramètres du réseau d'antennes :

Le nombre d'éléments M : par défaut lorsqu'on a choisi le réseau linéaire, la valeur de M a basculé automatiquement à 8, si on a choisi le réseau planaire, la valeur de M a basculé automatiquement à 9 (cela signifie qu'on a 9x9 = 81 éléments d'antennes) et si on a choisi le réseau circulaire, la valeur de M a basculé automatiquement à 16. Mais il est à noter que ces valeurs ne sont que celles par défaut pour lesquelles nous avons mené nos simulations. L'utilisateur peut à souhait les modifier et observer les changements sur les courbes du spectre de puissance et sur le nombre de raies détectables. Néanmoins, le nombre de sources doit être strictement inférieur au nombre d'éléments de l'antenne (L < M pour les réseaux linéaire et circulaire ou L < (M*M) pour le réseau planaire). En d'autres termes, un réseau de M éléments ne peut détecter convenablement qu'au plus (M-1) sources.

La distance inter-éléments en termes de lambda : d, qui est fixée par défaut à 0.5, mais que l'utilisateur peut également modifier à souhait et observer l'influence.

Le nombre d'échantillons N dont la valeur maximale par défaut a été fixé à 100.

Le rayon de l'anneau a (qui n'est pris en compte que pour le réseau circulaire) est fixé par défaut à 0.25.

On rentre les paramètres des sources à détecter, à savoir (figure 298):

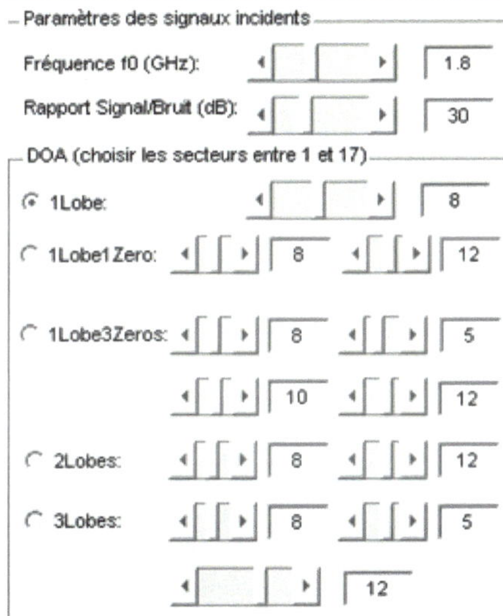

Figure 298: ***Rentrer les paramètres des sources à détecter.***

La fréquence d'utilisation f0 dont la valeur par défaut est fixée à 1.8GHz mais dont la modification n'influe pas de façon notable les résultats. Ainsi on peut l'essayer à 2.4 GHz ou à 5 GHz.

Le rapport signal sur bruit dont la valeur par défaut est fixée à 30 dB, modifiable ;

Les directions d'arrivées (« DDA » en français et « DOA » en anglais) selon le nombre de lobes souhaités. Ainsi l'utilisateur coche l'une des cases entre 1lobe, 2lobes, 3lobes et 4lobes. Par la suite, il lui est offert la possibilité de rentrer les directions d'arrivées en termes de secteurs entre 1 et 17 car l'espace a été divisé en 17 secteurs entre 5 et 175°. Il pourra ainsi à souhait indiquer où se trouvent la ou les sources qu'il souhaite détecter (figure 299).

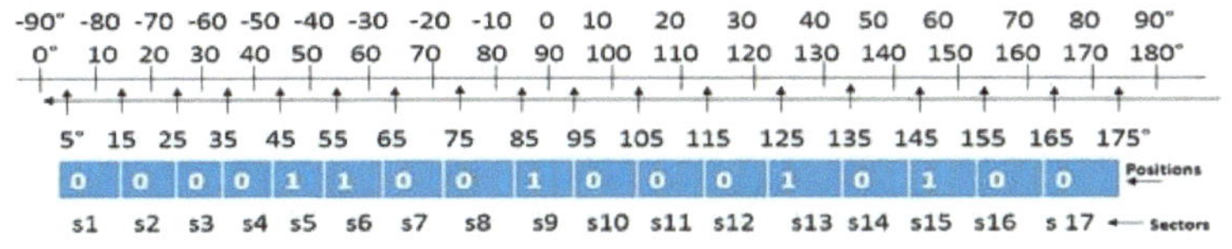

Figure 299: ***Les différents secteurs.***

Par la suite, il répond à la question si la source est mobile ou statique en cochant. Pour l'instant, l'outil d'optimisation ne fonctionne que pour des sources statiques (figure 300).

Figure 300: ***Choix du type d'utilisateurs.***

On choisit l'algorithme, comme celui de « MLP_sur_MVDR » à la figure 301.

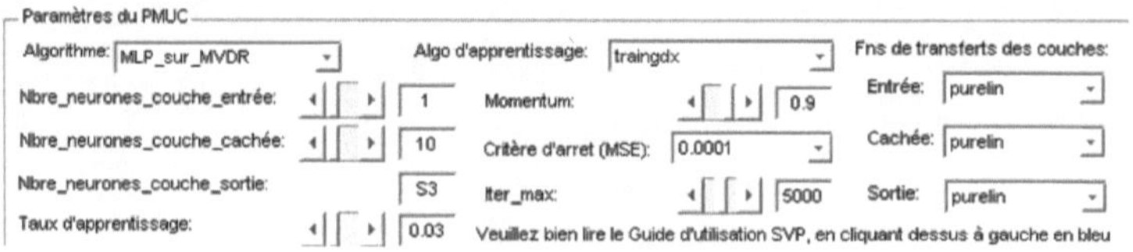

Figure 301: ***Choix des paramètres du PMUC/MLP.***

Les méthodes analytiques de caractérisation définies dans la section 3.2 servent de référence à obtenir par synthèse au moyen du Perceptron Multi-Couche.

On applique la synthèse sur chacune des méthodes analytiques développées précédemment :

MLP_sur_Conv : il s'agit ici de la synthèse du « beamformer » conventionnel (c'est-à-dire l'obtention du vecteur poids W de la méthode analytique conventionnelle, en un temps record) ;

MLP_sur_Nullsteering : la synthèse du « beamformer » à annulation de lobes ;

MLP_sur_MVDR : il s'agit de la synthèse du « MVDR beamformer » ;

MLP_sur_LMS : il s'agit ici de la synthèse du « LMS beamformer » ;

MLP_sur_RLS : il s'agit ici de la synthèse du « RLS beamformer » ;

MLP_sur_DMI : il s'agit ici de la synthèse du « DMI beamformer » ;

MLP_sur_CMA : il s'agit ici de la synthèse du « CMA beamformer ».

Pour toutes ces synthèses, l'utilisateur peut à souhait modifier :

- **L'algorithme** à simuler comme on a vu précédemment,

- **Le nbre de neurones de la couche d'entrée** du Réseau de Neurone Artificiel (RNA), MLP pour le cas, par défaut fixé à 1,

- **Le nbre de neurones de la couche cachée**, par défaut 10.

Remarque : Comme il a été démontré théoriquement qu'un réseau neuronal multicouche avec une seule couche cachée est capable d'identifier arbitrairement toute fonction non linéaire complexe et ses dérivées, notre réseau contient donc une seule couche cachée.

- **Le nbre de neurones de la couche de sortie**, qui est automatiquement affiché égal au nombre de ligne du vecteur/matrice P,

- **Le taux d'apprentissage**, qui détermine la vitesse de convergence de l'algorithme d'apprentissage,

- **L'algorithme d'apprentissage**, on a 11 choix possibles (traingdx, traingdm, traingd, trainlm, trainbfg, trainrp, trainbr, trainscg, traincgb, traincgf, traincgp),

- **Le momentum**, ou constante d'élan, qui est une valeur introduite pour empêcher l'algorithme d'apprentissage de rester bloqué dans un minimum local, il augmente également sa vitesse de convergence,

- **MSE** : **M**ean **S**quare **E**rror, ou Erreur Quadratique Moyenne (EQM), qui est un seuil de tolérance constituant l'un des 2 critères de stoppage de la phase d'apprentissage,

- **Iter_max** : qui est le nombre total d'exemples de la base d'apprentissage, sa valeur par défaut est fixée à 5000 mais modifiable jusqu'à 10000.

Les fonctions de transfert des trois couches de notre RNA.

Pour chaque couche on a le choix entre 7 valeurs : ***purelin, tansig, logsig, hardlim, hardlims, satlin*** ou ***satlins***. Une combinaison avec ***purelin*** sur les trois couches nous a donné des résultats acceptables. Nous l'avons retenu par défaut. Toutefois l'expérimentateur peut les modifier à souhait et observer l'influence sur les synthèses obtenues.

Au final, toutes les données sont définies et on obtient la feuille de représentation de la figure 302.

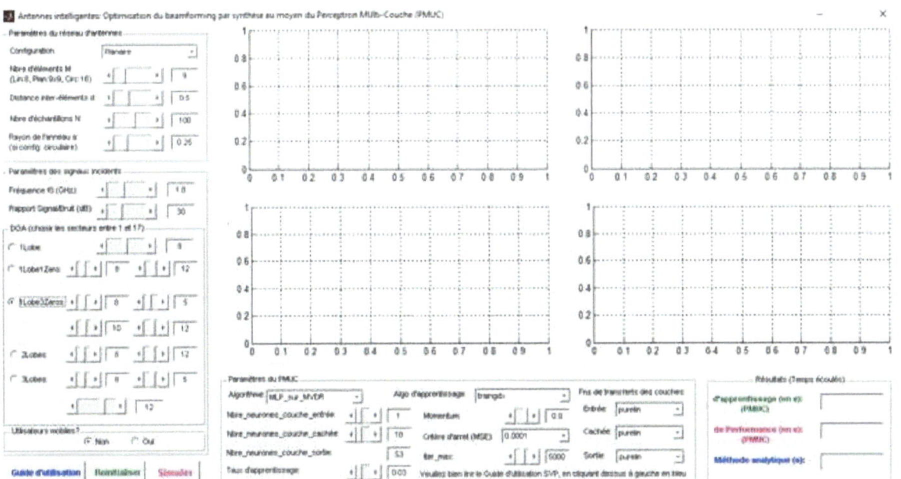

Figure 302:   ***Paramètres pour la formation de 1 faisceau et 3 zeros par « MLP_sur_MVDR » sur réseau planaire.***

Dans la figure 302, nous avons aussi 04 zones qui affichent respectivement :

Zone 1 : Les courbes des deux FRN en coordonnées cartésiennes (analytique en traits interrompus bleus, par synthèse en traits rouge) ;

Zone 2 : Les courbes de ces FRN en coordonnées polaires ;

Zone 3 : Les courbes de ces FRN en coordonnées logarithmiques ;

Zone 4 : Les mêmes courbes d'erreurs obtenues par méthodes analytiques.

Enfin, il suffit de lancer la simulation en cliquant sur « simuler » comme illustré par le cercle rouge dans la figure 302 et on obtient d'abord une petite interface (figure 303) qui présente l'évolution de l'Erreur Quadratique Moyenne en fonction du nombre évoluant, d'exemples déjà présentés au PMUC, pendant la phase d'apprentissage et enfin le résultat final de la figure 303.

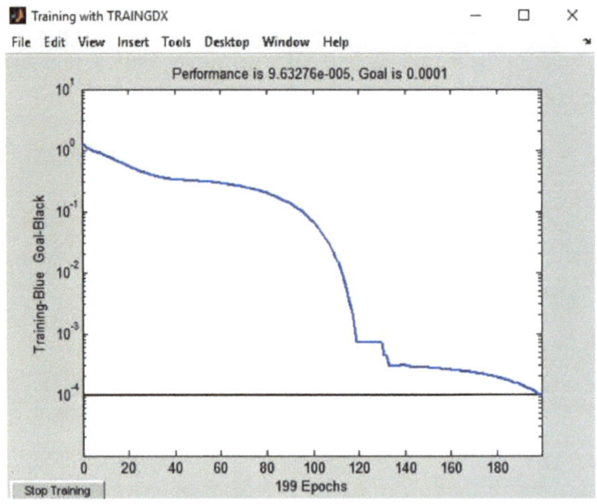

Figure 303: *Courbe d'apprentissage « traingdx » obtenue par « MLP_sur_MVDR »*
sur réseau planaire.

I.25.1.2. Résultats

La configuration de l'application est faite conformement aux recommandations de la section 5.5.1.1.

I.25.1.2.1. Planaire

La figure 304 présente la formation d'un faisceau (80°) et 3 zeros (50°, 100° et 120°) par l'algorithme MLP_sur_MVDR sur un réseau planaire à 9x9 éléments distants de 0.5 m.

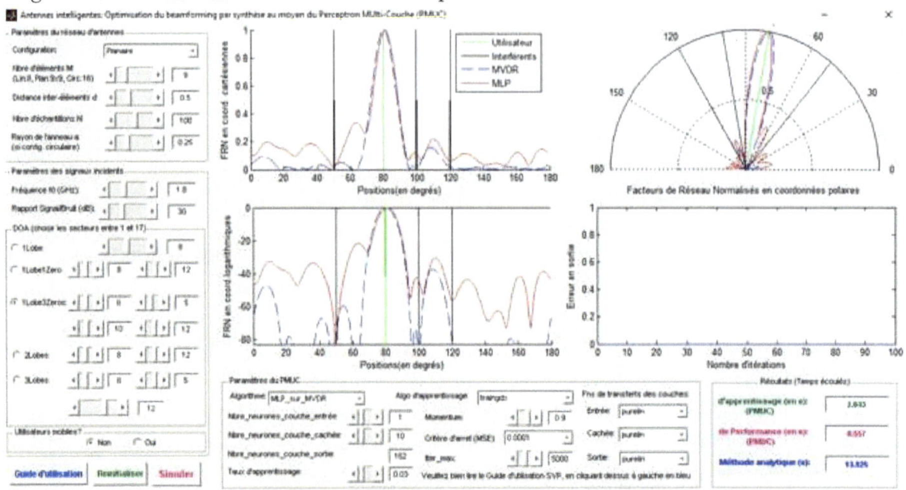

Figure 304: *Formation d'un faisceau et 3 zeros par l'algorithme*
« MLP_sur_MVDR » sur réseau planaire.

I.25.1.2.2. Linéaire

La figure 305 présente la formation d'un faisceau (80°) et 3 zeros (50°, 100° et 120°) par l'algorithme MLP_sur_MVDR sur un réseau linéaire à 8 éléments distants de 0.5 m.

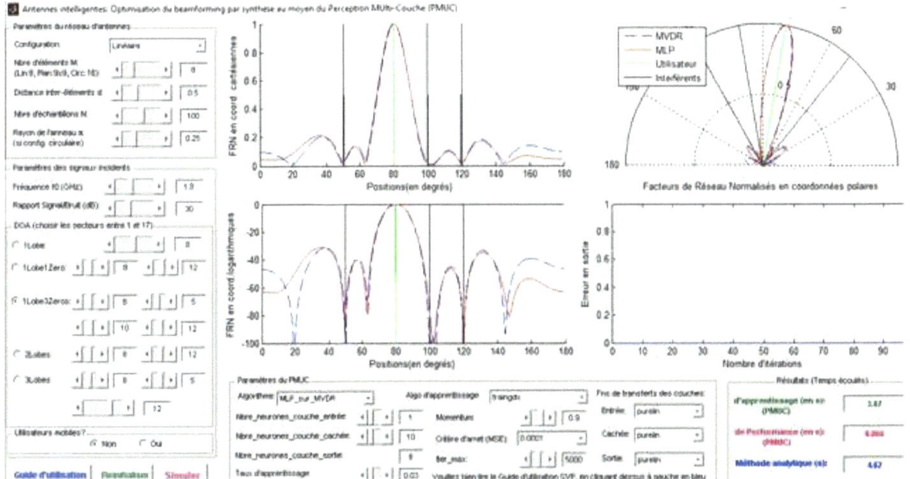

Figure 305: Formation d'un faisceau et 3 zeros par l'algorithme « MLP_sur_MVDR » sur réseau linéaire.

I.25.1.3. Circulaire

La figure 306 présente la formation d'un faisceau (80°) et 3 zeros (50°, 100° et 120°) par l'algorithme MLP_sur_MVDR sur un réseau circulaire à 16 éléments distants de 0.5 m.

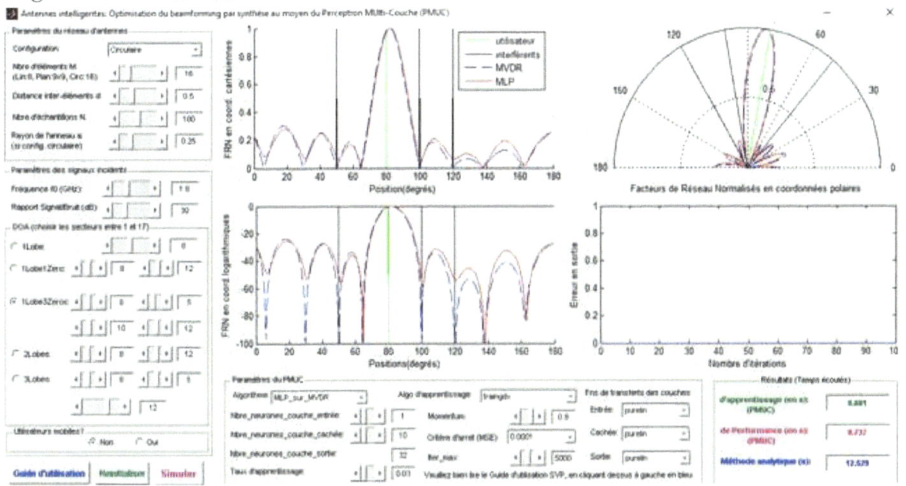

Figure 306: Formation d'un faisceau et 3 zeros par l'algorithme « MLP_sur_MVDR » sur réseau circulaire.

I.25.1.4. Codes sources

I.25.1.4.1. Planaire

Code source 82 : Beamforming par « PMUC » sur réseau planaire

```
%Directions d'arrivées (en dégrés)
phi_all_deg = user_1*10;
theta_all_deg = 90;
```

```matlab
%Directions d'arrivées (en radians)
phi_all = phi_all_deg*(pi/180);
theta_all = theta_all_deg*(pi/180);
%matrice permettant d'étirer le faisceau dans la direction de
l'utilisateur
[thet11,thet22] = meshgrid(0:M-1,0:M-1);
thet1 = reshape(thet11',1,M*M);
thet2 = reshape(thet22',1,M*M);
angle1 = cos(phi_all).*sin(theta_all);
angle2 = sin(phi_all).*sin(theta_all);
a = exp(-1i*k*d*(thet1'*angle1 + thet2'*angle2));
% matrice des poids
w = (1/M)*a;
%Facteur de réseau normalisé de la méthode analytique (Sum &
delay)
[NAF1] = naf_planaire(dphi,kd, M, w);
tic
%début synthèse par réseaux de neurones
%étape 1:Prétraitements
%Prétraitement1: conversion des pondérations w en réels: wopt
wopt = zeros(2*M*M,1);
for l = 1:size(w,1)
k=2*l-1;
wopt(k)= real(w(l));
wopt(k+1) = imag(w(l));
end
%Prétraitement2: normalisation des entrées
phi_all = cos(phi_all);
wopt = sin(wopt);
%étape 2: création du PMC et apprentissage
%S1 = 1;
%S2 = 10;
[S3,Q] = size(wopt);%nombre de neurones de la couche de sortie =
2xMxM
net = newff(minmax(phi_all),[S1 S2 S3],{entree cachee
sortie},algotrain);
net = init(net);
net.trainParam.epochs = iter_max;%nombre maximum d'itérations
net.trainParam.goal = mse; %critère d'arrêt(ou de performance)
net.trainParam.lr = taux; %taux d'apprentissage
net.trainParam.mc = momentum;%constante d'élan
[net,tr] = train(net,phi_all,wopt);%apprentissage
tempsAP=toc;
tic
%étape 3: Phase de performance
%phi_all = randn(M,2);% entrées aléatoires
wmlp = sim(net,phi_all);% les valeurs de wmlp sont des réels
%étape 4: Post-traitement: conversion de wmlp en complexe
```

```matlab
wmlp = reshape(wmlp,2*M*M,1); w = zeros(1,M*M)'; g = size(wmlp,
1);
for v = 1:(g/2)
k = 2*v-1;
w(v) = wmlp(k) + 1i*wmlp(k+1);
end
%génération du FRN (NAF) correspondant au vecteur w calculé par le
PMC
[NAF2] = naf_planaire(dphi, kd, M, w);
```

I.25.1.4.2. Linéaire

Code source 83 :   Beamforming par « PMUC » sur réseau linéaire

```matlab
%Directions d'arrivée (DDA) en degrés
theta_all_deg = user_1*10;
%Directions d'arrivée en radian
theta_all = theta_all_deg*(pi/180);
% vecteur pondérations du cas linéaire
w = (1/M)*exp(1i*k*d*(m-1)*cos(theta_all));
%Facteur de réseau normalisé de la méthode analytique (Sum &
delay)
[NAF1] = naf_lineaire(dtheta,kd, M, w);
tic
%début synthèse par réseaux de neurones
%étape 1:Prétraitements
%Prétraitement 1: conversion des pondérations w en réels:wopt
wopt = zeros(M,2);
for i=1:size(w,1)
wopt(i,1) = real(w(i));
wopt(i,2) = imag(w(i));
end
%Prétraitement 2: normalisation des entrées
theta_all = cos(theta_all);
theta_all = [theta_all,0];
wopt = sin(wopt);
%étape 2: création du PMC et phase d'apprentissage
%S1 = 2;
%S2 = 60;
[S3,Q] = size(wopt); %nombre d'éléments de la couche de sortie = M
net = newff(minmax(theta_all),[S1 S2 S3],{entree cachee
sortie},algotrain);
net = init(net);
net.trainParam.epochs = iter_max; %nombre maximum d'itérations
net.trainParam.goal = mse; %critère d'arrêt
net.trainParam.lr = taux; %taux d'apprentissage
net.trainParam.mc = momentum; %constante d'élan
[net,tr] = train(net,theta_all,wopt);%apprentissage
tempsAP = toc;
```

```matlab
tic
%étape 3: Phase de performance
%phi_all = randn(M,2);% entrées aléatoires
wmlp = sim(net,theta_all); %de réels
%étape4:Post-traitement: conversion de wmlp en complexe afin de
tracer le
%nouveau FRN
w = zeros(1,M)';
for i = 1:size(wmlp,1)
w(i) = wmlp(i,1) + 1i*wmlp(i,2);
end
%FRN (NAF) correspondant au vecteur w calculé par le PMC
[NAF2] = naf_lineaire(dtheta, kd, M, w)
```

I.25.1.4.3. *Circulaire*

Code source 84 :   Beamforming par « PMUC » sur réseau circulaire

```matlab
%Directions d'arrivées (en dégrés)
phi_all_deg = user_1*10;
%Directions d'arrivées (en radians)
phi_all = phi_all_deg*(pi/180);
% vecteur pondération circulaire
w = (1/M)*exp(1i*ka*(cos(phi_m)*cos(phi_all)-
sin(phi_m)*sin(phi_all)));
%Facteur de réseau normalisé de la méthode analytique (Sum &
delay)
[NAF1] = naf_circulaire(dphi,ka, M, w);
tic
%étape 1:Prétraitements
%Prétraitement1: conversion des pondérations w en réels: wopt
wopt = zeros(M,2);
for i=1:size(w,1)
wopt(i,1) = real(w(i));
wopt(i,2) = imag(w(i));
end
wopt = reshape(wopt,2*M,1);
%Prétraitement2: normalisation des entrées
phi_all = cos(phi_all);
wopt = sin(wopt);
%étape 2: création du PMC et phase d'apprentissage
%S1 = 1; %nombre de neurones de la couche d'entrée
%S2 = 10; %nombre de neurones de la couche cachée
[S3,Q] = size(wopt); %nombre de neurones de la couche de sortie =
2M
net = newff(minmax(phi_all),[S1 S2 S3],{entree cachee
sortie},algotrain);
net = init(net);
```

```matlab
net.trainParam.epochs = iter_max; %nombre maximum d'itérations
net.trainParam.goal = mse; %critère d'arrêt(ou de performance)
net.trainParam.lr = taux; %taux d'apprentissage
net.trainParam.mc = momentum; %constante d'élan
[net,tr] = train(net,phi_all,wopt); %apprentissage
%----------------------------------------------------------
tempsAP = toc;
tic
%étape 3: Phase de performance
%phi_all = randn(M,2);% entrées aléatoires
wmlp = sim(net,phi_all);%les éléments du vecteur wmlp sont des
réels
%----------------------------------------------------------
%étape 4: Post-traitement: conversion de wmlp en complexe
w = zeros(1,M)';
wmlp = reshape(wmlp,M,2);
for i = 1:size(wmlp,1)
w(i) = wmlp(i,1) + 1i*wmlp(i,2);
end
%génération du FRN (NAF) correspondant au vecteur w calculé par le
PMC
[NAF2] = naf_circulaire(dphi, ka, M, w);
```

I.25.2. Optimisation du temps de « beamforming » des antennes intelligentes par synthese au moyen de réseaux de neurones à fonction de base radiale (RBFNN/GRNN)

I.25.2.1. Procédure de simulation

Les figures ci-après présentent l'utilisation de l'application réalisée.

En figure 307, nous avons la page de garde de l'outil « Antennes intelligentes : Optimisation du beamforming par synthèse au moyen de réseaux de neurones à fonction de base radiale (RBFNN) ».

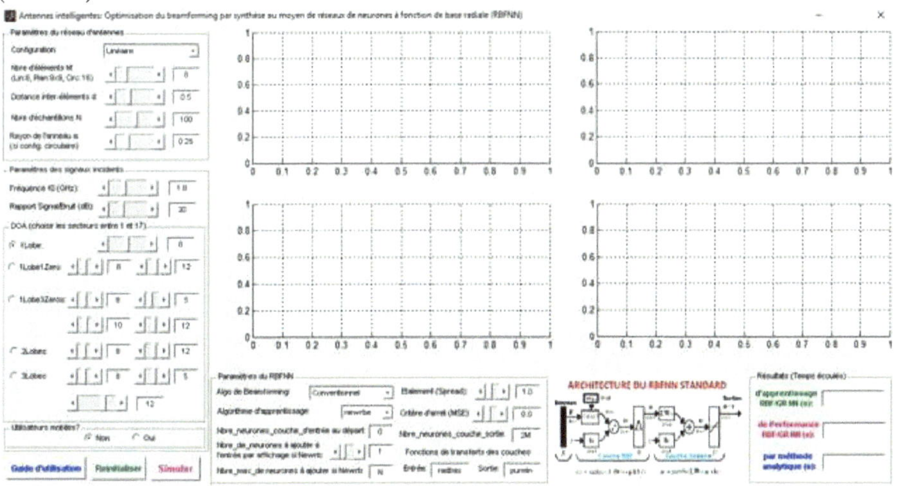

Après avoir rempli les paramètres du réseau d'antennes comme illustré sur la figure 308.

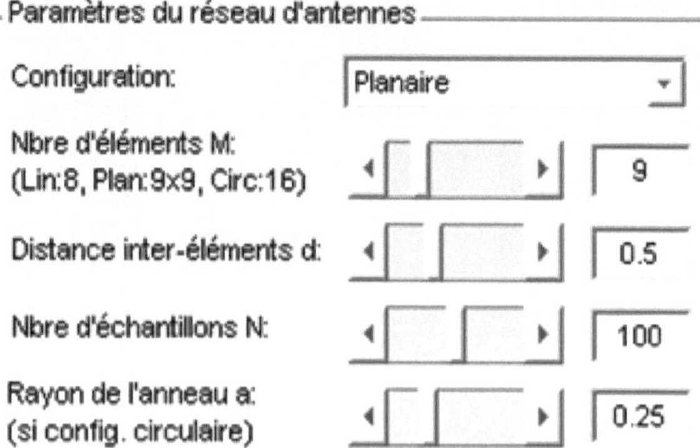

Figure 308:   Choix des paramètres du réseau d'antennes.

On a dans les paramètres du réseau d'antennes :

Le nombre d'éléments M : par défaut lorsqu'on a choisi le réseau linéaire, la valeur de M a basculé automatiquement à 8, si on a choisi le réseau planaire, la valeur de M a basculé automatiquement à 9 (cela signifie qu'on a 9x9 = 81 éléments d'antennes) et si on a choisi le réseau circulaire, la valeur de M a basculé automatiquement à 16. Mais il est à noter que ces valeurs ne sont que celles par défaut pour lesquelles nous avons mené nos simulations. L'utilisateur peut à souhait les modifier et observer les changements sur les courbes du spectre de puissance et sur le nombre de raies détectables. Néanmoins, le nombre de sources doit être strictement inférieur au nombre d'éléments de l'antenne (L < M pour les réseaux linéaire et circulaire ou L < (M*M) pour le réseau planaire). En d'autres termes, un réseau de M éléments ne peut détecter convenablement qu'au plus (M-1) sources.

La distance inter-éléments en termes de lambda : d, qui est fixée par défaut à 0.5, mais que l'utilisateur peut également modifier à souhait et observer l'influence.

Le nombre d'échantillons N dont la valeur maximale par défaut a été fixé à 100.

Le rayon de l'anneau a (qui n'est pris en compte que pour le réseau circulaire) est fixé par défaut à 0.25.

On rentre les paramètres des signaux incidents, à savoir (figure 309):

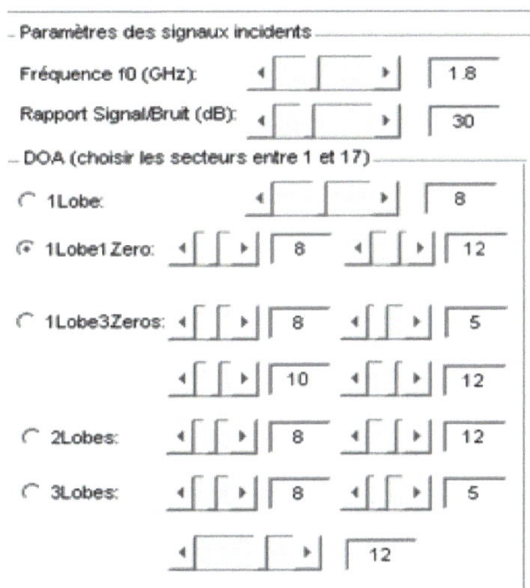

Figure 309: **Rentrer les paramètres des signaux incidents.**

La fréquence d'utilisation f0 dont la valeur par défaut est fixée à 1.8GHz mais dont la modification n'influe pas de façon notable les résultats. Ainsi on peut l'essayer à 2.4 GHz ou à 5 GHz.

Le rapport signal sur bruit dont la valeur par défaut est fixée à 30 dB, modifiable ;

Les directions d'arrivées (« DDA » en français et « DOA » en anglais) selon le nombre de lobes souhaités. Ainsi l'utilisateur coche l'une des cases entre 1lobe, 2lobes, 3lobes et 4lobes. Par la suite, il lui est offert la possibilité de rentrer les directions d'arrivées en termes de secteurs entre 1 et 17 car l'espace a été divisé en 17 secteurs entre 5 et 175°. Il pourra ainsi à souhait indiquer où se trouvent la ou les sources qu'il souhaite détecter (figure 310).

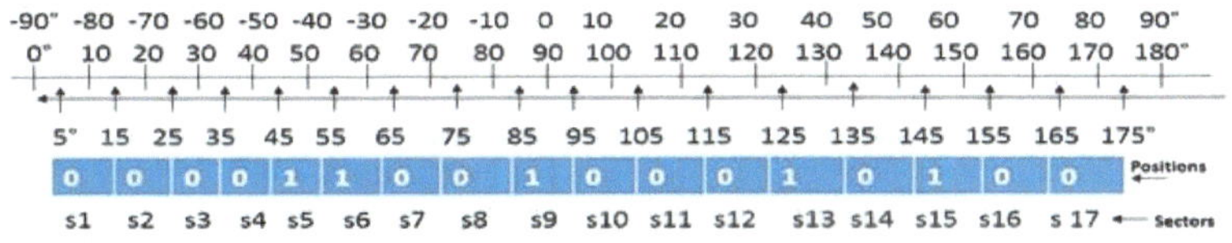

Figure 310: **Les différents secteurs.**

Par la suite, il répond à la question si la source est mobile ou statique en cochant. Pour l'instant, l'outil d'optimisation ne fonctionne que pour des sources statiques (figure 311).

Figure 311: **Choix du type d'utilisateurs.**

On choisit l'algorithme, comme celui de « MLP_sur_LMS » à la figure 312.

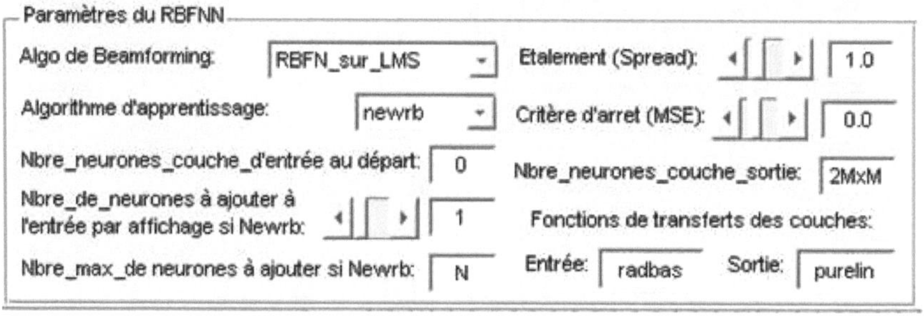

Paramètres du RBFNN

Algo de Beamforming: RBFN_sur_LMS   Etalement (Spread): 1.0

Algorithme d'apprentissage: newrb   Critère d'arret (MSE): 0.0

Nbre_neurones_couche_d'entrée au départ: 0   Nbre_neurones_couche_sortie: 2MxM

Nbre_de_neurones à ajouter à l'entrée par affichage si Newrb: 1   Fonctions de transferts des couches:

Nbre_max_de neurones à ajouter si Newrb: N   Entrée: radbas   Sortie: purelin

Figure 312:   ***Choix des paramètres du RBFNN.***

Les méthodes analytiques de caractérisation définies dans la section 3.2 servent de référence à obtenir par synthèse au moyen du réseau de neurone à fonction de base radiale.

On applique la synthèse sur chacune des méthodes analytiques développées précédemment :

RBFN _sur_MVDR : il s'agit de la synthèse du « MVDR beamformer » ;

RBFN _sur_LMS : il s'agit ici de la synthèse du « LMS beamformer » ;

RBFN _sur_RLS : il s'agit ici de la synthèse du « RLS beamformer » ;

RBFN _sur_DMI : il s'agit ici de la synthèse du « DMI beamformer » ;

RBFN _sur_CMA : il s'agit ici de la synthèse du « CMA beamformer ».

Remarque : Nous ne faisons pas de synthèse de RBFNN sur les « beamformers » conventionnel et à annulation de lobes (nullsteering) car ces derniers sont indépendants des données de l'utilisateur, données que requiert absolument RBFNN. En effet, l'entrée de la couche RBF est une distribution constituée de différences pondérées entre une valeur initiale de référence et les données de l'Utilisateur.

Pour toutes ces synthèses, l'utilisateur peut à souhait modifier :

- **L'algorithme d'apprentissage** : par défaut newrbe mais on a le choix entre 4 possibilités : newrbe, newrb, newpnn ou newgrnn.

- **Le nbre de neurones de la couche d'entrée au** départ : zéro pour newrb et N pour newrbe et newgrnn ; en fait, c'est le nombre de colonnes du vecteur poids W implémenté ;

- **Le nbre de neurones à ajouter à la couche d'entrée par intervalle d'affichage de la courbe d'apprentissage** : si newrb.

- **Le nbre maximum de neurones à ajouter :** Il constitue le 2è critère d'arrêt pour newrb.

- **Le coefficient d'étalement (Spread)** : par défaut 1.0 mais variable jusqu'à 5 ;

- **Le critère d'arrêt (MSE : Mean Square Error, ou en Français, Erreur Quadratique Moyenne (EQM))**, c'est le critère d'arrêt de la phase d'apprentissage. Par défaut, MATLAB le fixe à 0.0 pour newrbe mais modifiable pour newrb jusqu'à 0.5.

- **Le nbre de neurones de la couche de sortie,** qui correspond au nombre de lignes du vecteur/matrice poids W implémenté. Il correspond soit à M ou 2M pour les réseaux linéaires et circulaires, soit à MxM ou 2MxM pour le réseau planaire.

Les fonctions de transfert des deux couches de notre réseau de neurones : pour la couche d'entrée, d'office radbas mais pour la couche de sortie elle peut être soit linéaire (purelin), on obtient alors un RBFNN standard ou le GRNN selon l'architecture, soit compétitive (compet), on obtient alors PNN. PNN étant dédié à la classification, n'est pas utilisé dans cet outil qui sert à l'approximation.

Au final, toutes les données sont définies et on obtient la feuille de représentation de la figure 313.

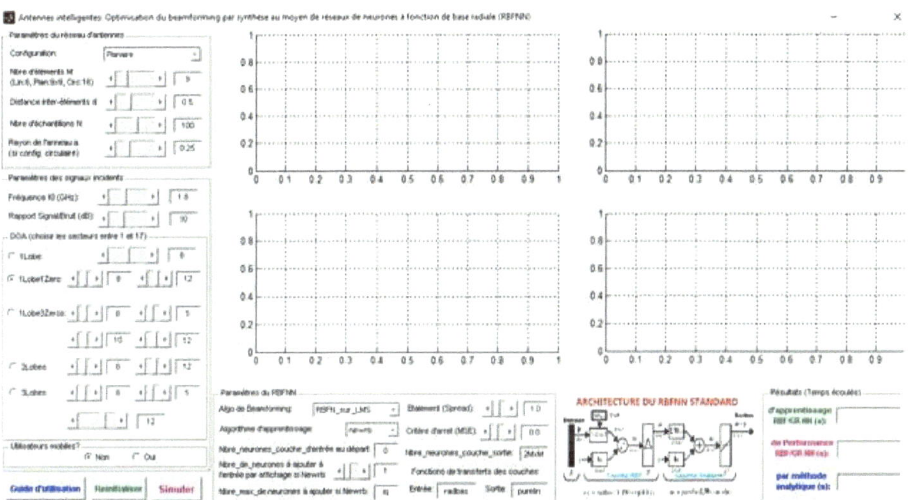

Figure 313: **Paramètres pour la formation de 1 faisceau et 1 zero par « RBFN_sur_LMS » sur réseau planaire.**

Dans la figure 313, nous avons aussi 04 zones qui affichent respectivement :

Zone 1 : Les courbes des deux FRN en coordonnées cartésiennes (analytique en traits interrompus bleus, par synthèse en traits rouge) ;

Zone 2 : Les courbes de ces FRN en coordonnées polaires ;

Zone 3 : Les courbes de ces FRN en coordonnées logarithmiques ;

Zone 4 : Les mêmes courbes d'erreurs obtenues par méthodes analytiques.

Enfin, il suffit de lancer la simulation en cliquant sur « simuler » comme illustré par le cercle rouge dans la figure 313 , si on utilise la fonction newrb, MATLAB génère automatiquement au premier plan une petite interface (figure 314) qui présente l'évolution de l'Erreur Quadratique Moyenne en fonction du nombre évoluant, d'exemples déjà présentés au RBFNN, pendant la phase d'apprentissage et enfin le résultat final de la figure 315.

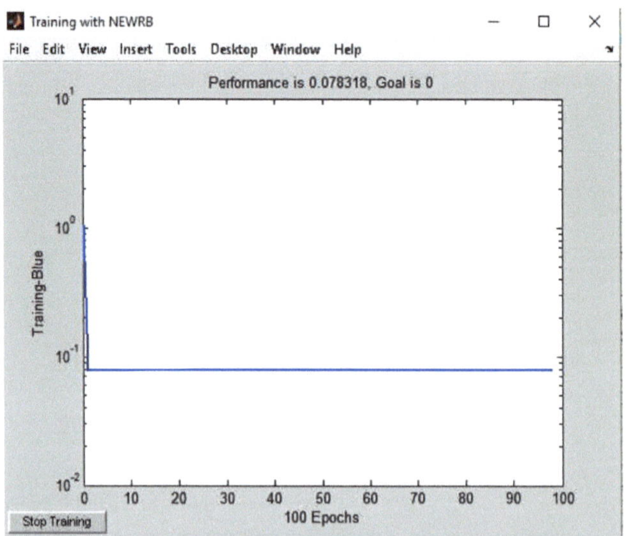

Figure 314:   *Courbe d'apprentissage « newrb » obtenue par « RBFN_sur_LMS » sur réseau planaire.*

I.25.2.2.   Résultats

La configuration de l'application est faite conformement aux recommandations de la section 5.5.2.1.

I.25.2.2.1.   Planaire

La figure 315 présente la formation d'un faisceau (80°) et 1 zero (120°) par l'algorithme RBFN_sur_LMS sur un réseau planaire à 9x9 éléments distants de 0.5 m.

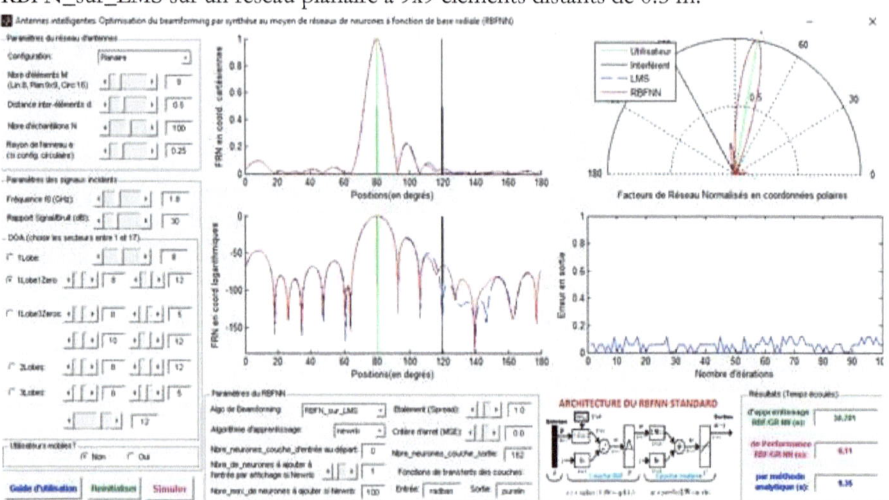

Figure 315:   *Formation d'un faisceau et 1 zero par l'algorithme « RBFN_sur_LMS » sur réseau planaire.*

I.25.2.2.2.   Linéaire

La figure 316 présente la formation d'un faisceau (80°) et 1 zero (120°) par l'algorithme RBFN_sur_LMS sur un réseau linéaire à 8 éléments distants de 0.5 m.

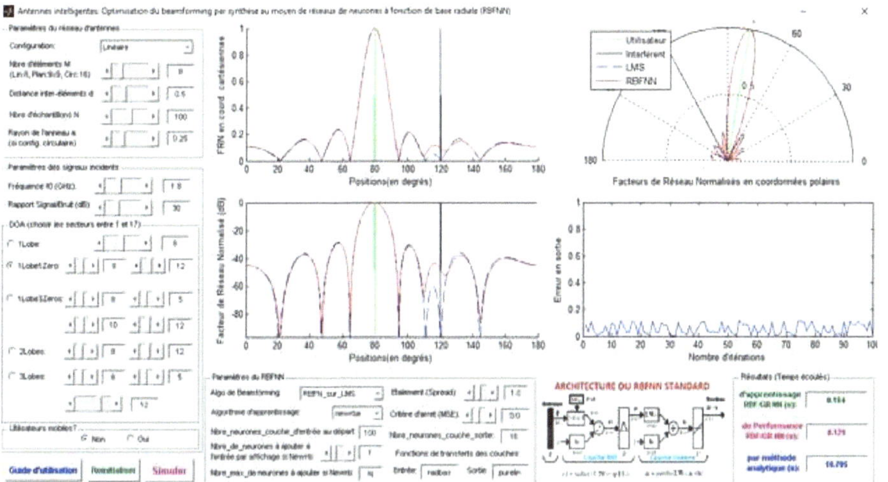

Figure 316: *Formation d'un faisceau et 1 zero par l'algorithme « RBFN_sur_LMS » sur réseau linéaire.*

I.25.2.2.3. Circulaire

La figure 317 présente la formation d'un faisceau (80°) et 1 zero (120°) par l'algorithme RBFN_sur_LMS sur un réseau circulaire à 16 éléments distants de 0.5 m.

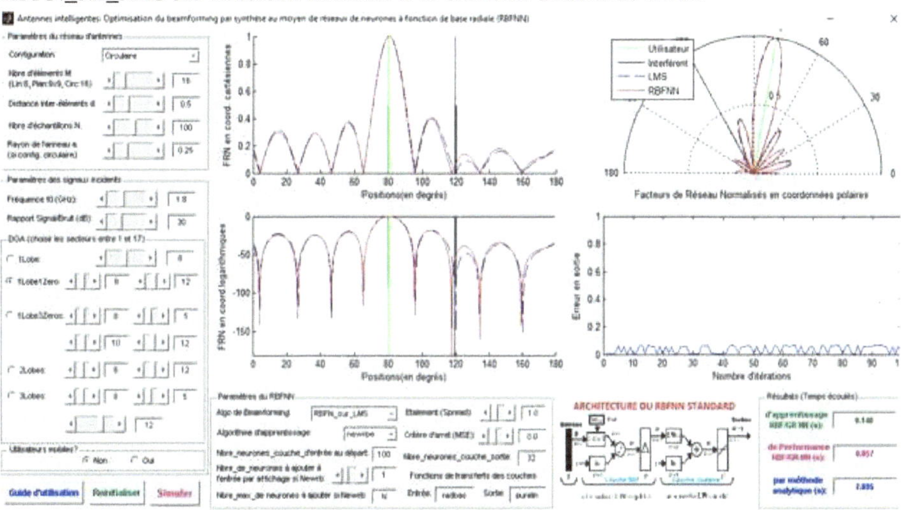

Figure 317: *Formation d'un faisceau et 1 zero par l'algorithme « RBFN_sur_LMS » sur réseau circulaire.*

I.25.2.3. Codes sources

I.25.2.3.1. Apprentissage

a. Planaire

Code source 85 :   *Beamforming (apprentissage) par « RBFNN » sur réseau planaire*

```matlab
function [S1,S2,MN,Z,net] =
apprentissage_planaire(Rxx_n,M
,N,w,apprentissage,goal,spread
,DF)
%début synthèse par réseaux de
neurones (RBFNN/GRNN) PLANAIRE
%Etape 1: prétraitements
Z = zeros(2*M*M,N); wopt =
zeros(2*M*M,N);
for i = 1:N
%Prétraitement1: normalisation
de Rxx_n(1,:)
b1 = Rxx_n(1,:);
b = b1.';
norm_b = norm(b);
z1 = b/norm_b;
%Prétraitement2: conversion de
Rxx_n en réels:z
z = zeros(2*M*M,1);
    for l = 1:size(z1,1)
        k=2*l-1;
        z(k)= real(z1(l));
        z(k+1) = imag(z1(l));
    end
        Z(:,i) = z;
%Prétraitement3: conversion
des pondérations en réels:wopt
 w2 = zeros(2*M*M,1);
    for l = 1:size(w,1)
        k=2*l-1;
        w2(k)= real(w(l,i));
        w2(k+1) = imag(w(l,i));
    end
wopt(:,i) = w2;%de réels
end
[S2,MN] = size(wopt); %S2 =
nbre neurones couche de sortie
= 2MxM
S1=MN; %S1 = nbre neurones
couche d'entrée = Q = N
%Etape 2: création du RBFNN et
phase d'apprentissage
switch apprentissage;
    case 1 %newrbe
        net =
newrbe(Z,wopt,spread); %Plus
rapide
    case 2 %newrb
        net =
newrb(Z,wopt,goal,spread,MN,DF
); %Plus lent
    otherwise %newgrnn
        net =
newgrnn(Z,wopt,spread);
%Rapide comme newrbe
end
```

b.   Linéaire

Code source 86 :   *Beamforming (apprentissage) par « RBFNN » sur réseau linéaire*

```matlab
function [S1,S2,MN,Z,net] =
apprentissage_lineaire(Rxx_n,M,N,w,apprentissage,goal,spread,DF)
%début synthèse par Réseaux de Neurones (RBFNN/GRNN)
%Etape 1: prétraitements
Z = zeros(2*M,N); wopt = zeros(2*M,N);
for i = 1:N
    %Prétraitement1: normalisation de Rxx_n(1,:)
    b1 = Rxx_n(1,:);
    b = b1.';
    norm_b = norm(b);
    z1 = b/norm_b;
    %Prétraitement2: conversion de Rxx_n en réels:z
```

```matlab
z = zeros(2*M,1);
    for l = 1:size(z1,1)
        k=2*l-1;
        z(k)= real(z1(l));
        z(k+1) = imag(z1(l));
    end
        Z(:,i) = z;
    %Prétraitement3: conversion des pondérations en réels:wopt
     w2 = zeros(2*M,1);
        for l = 1:size(w,1)
        k=2*l-1;
        w2(k)= real(w(l,i));
        w2(k+1) = imag(w(l,i));
        end
    wopt(:,i) = w2;%of reals
end

[S2,MN] = size(wopt); %S2 = nbre neurones couche de sortie = 2M
S1=MN; %S1 = nbre neurones couche d'entrée = Q = N
%Etape 2: création du RBFNN et phase d'apprentissage
switch apprentissage;
    case 1 %newrbe
        net = newrbe(Z,wopt,spread); %Plus rapide
    case 2 %newrb
        net = newrb(Z,wopt,goal,spread,MN,DF); %Plus lent
    otherwise %newgrnn
        net = newgrnn(Z,wopt,spread); %Rapide comme newrbe
end
```

c.   Circulaire

Code source 87 :   ***Beamforming (apprentissage) par « RBFNN » sur réseau circulaire***

```matlab
function [S1,S2,MN,Z,net] =
apprentissage_circulaire(Rxx_n,M,N,w,apprentissage,goal,spread,DF)
%début synthèse par Réseaux de Neurones (RBFNN/GRNN)
%Etape 1: prétraitements
Z = zeros(2*M,N); wopt = zeros(2*M,N);
for i = 1:N
    %Prétraitement1: normalisation de Rxx_n(1,:)
    b1 = Rxx_n(1,:);
    b = b1.';
    norm_b = norm(b);
    z1 = b/norm_b;
    %Prétraitement2: conversion de Rxx_n en réels:z
    z = zeros(2*M,1);
        for l = 1:size(z1,1)
            k=2*l-1;
            z(k)= real(z1(l));
```

```matlab
        z(k+1) = imag(z1(l));
    end
        Z(:,i) = z;

    %Prétraitement3: conversion des pondérations en réels:wopt
     w2 = zeros(2*M,1);
        for l = 1:size(w,1)
        k=2*l-1;
        w2(k)= real(w(l,i));
        w2(k+1) = imag(w(l,i));
        end
    wopt(:,i) = w2;%of reals
end


[S2,MN] = size(wopt); %S2 = nbre neurones couche de sortie = 2M
S1=MN; %S1 = nbre neurones couche d'entrée = Q = N
%Etape 2: création du RBFNN et phase d'apprentissage
switch apprentissage;
    case 1 %newrbe
        net = newrbe(Z,wopt,spread); %Plus rapide
    case 2 %newrb
        net = newrb(Z,wopt,goal,spread,MN,DF); %Plus lent
    otherwise %newgrnn
        net = newgrnn(Z,wopt,spread); %Rapide comme newrbe
end
```

I.25.2.3.2.   *Performance*

a.   Planaire

Code source 88 :   Beamforming (performance) par « RBFNN » sur réseau planaire

```matlab
function [w,e] = performance_planaire(net,Z,M,N,X,Data)
%Etape 3: phase de performance
%Z=randn(2*M,N);%choix d'une entrée aléatoire et le RBFN calcule les
%sorties
woptrbfn = sim(net,Z);%de réels
%étape 4:Post-traitement: conversion de wrbfn en complexe
wrbfn = zeros(2*M*M,1); e = zeros(1,N); y = zeros(1,N);
for i = 1:N
    wrbfn = woptrbfn(:,i);
    w = zeros(1,M*M)';
    g = size(woptrbfn, 1);
    for v = 1:(g/2)
        k = 2*v-1;
        w(v) = wrbfn(k) + 1i*wrbfn(k+1);
    end
```

```matlab
    %-------------------------------------------------------------
------------
    y(i) = w'*X(:,i);%sorties correspondantes au w calculé par le
RBFNN
    %erreurs entre sorties précédentes et données envoyées par
l'utilisateur
    e(i) = Data(1,i) - abs(y(i));
    %"abs(y(i))" parceque les données sont modulées par celles du
bruit
end
```

b.   Linéaire

Code source 89 :   Beamforming (performance) par « RBFNN » sur réseau linéaire

```matlab
function [w,e] = performance_lineaire(net,Z,M,N,X,Data)
%Etape 3: phase de performance
%Z=randn(2*M,N);%choix d'une entrée aléatoire et le RBFN calcule
les
%sorties
woptrbfn = sim(net,Z);%de réels
%-------------------------------------------------------------------
---------
%étape 4:Post-traitement: conversion de wrbfn en complexe
wrbfn = zeros(2*M,1); e = zeros(1,N); y = zeros(1,N);
for i = 1:N
    wrbfn = woptrbfn(:,i);
w = zeros(1,M)';
g = size(woptrbfn, 1);
    for v = 1:(g/2)
    k = 2*v-1;
w(v) = wrbfn(k) + 1i*wrbfn(k+1);
    end
%-------------------------------------------------------------------
---------
y(i) = w'*X(:,i);%sorties correspondantes au w calculé par le
RBFNN
%erreurs entre sorties précédentes et données envoyées par
l'utilisateur
e(i) = Data(1,i) - abs(y(i));
%"abs(y(i))" parceque les données sont modulées par celles du
bruit
end
```

c.   Circulaire

Code source 90 :   Beamforming (performance) par « RBFNN » sur réseau circulaire

```matlab
function [w,e] = performance_circulaire(net,Z,M,N,X,Data)
```

```matlab
%Etape 3: phase de performance
%Z=randn(2*M,N);%choix d'une entrée aléatoire et le RBFN calcule les
%sorties
woptrbfn = sim(net,Z);%de réels
%----------------------------------------------------------------------
%étape 4:Post-traitement: conversion de wrbfn en complexe
wrbfn = zeros(2*M,1); e = zeros(1,N); y = zeros(1,N);
for i = 1:N
    wrbfn = woptrbfn(:,i);
    w = zeros(1,M)';
    g = size(woptrbfn, 1);
    for v = 1:(g/2)
        k = 2*v-1;
        w(v) = wrbfn(k) + 1i*wrbfn(k+1);
    end
    %----------------------------------------------------------------------
    y(i) = w'*X(:,i);%sorties correspondantes au w calculé par le RBFNN
    %erreurs entre sorties précédentes et données envoyées par l'utilisateur
    e(i) = Data(1,i) - abs(y(i));
    %"abs(y(i))" parceque les données sont modulées par celles du bruit
End
```

I.26. *Synthèse au moyen des réseaux de neurones artificiels*

Les résultats d'optimisation des temps écoulés des algorithmes de beamforming, par synthèse au moyen de deux types de réseaux de neurones artificiels que sont le perceptron multicouche (MLP : MultiLayer Perceptron) et le réseau neuronal à fonction de base radiale (RBFNN : Radial Basis Function Neural Network), montrent que les temps écoulés par réseaux de neurones sont inférieurs à une seconde et vingt-cinq fois meilleurs que ceux par méthodes analytiques. D'autre part, MLP donne d'assez bons résultats notamment en termes de capacité à apprendre n'importe quel type de réseaux (approximateur universel) mais RBFNN en donne de meilleurs en termes de résolution de spectre ; ceci peut être justifié par le fait que l'expression de la gaussienne radiale est semblable à celle du facteur de réseau des antennes intelligentes. Nous retenons donc le RBFNN pour une future implémentation sur FPGA (Field Programmable Gate Array : une sorte de DSP). Ceci devrait aboutir à un prototype de test intégrable sur une station de base (BTS), une tablette numérique ou un smartphone.

L'optimisation par essaim de particules (OEP) et en anglais Particle Swarm Optimization (PSO) est une méthode d'optimisation stochastique, pour les fonctions non-linéaires, basée sur la reproduction d'un comportement social et développée par le Dr. EBERHART et le Dr. KENNEDY [48] en 1995.

Cet algorithme s'inspire à l'origine du monde du vivant. Il s'appuie notamment sur un modèle développé par le biologiste Craig Reynolds [47] à la fin des années 1980, permettant de simuler le déplacement d'un groupe d'oiseaux. Une autre source d'inspiration, revendiquée par les auteurs, est la socio-psychologie.

Cette méthode d'optimisation se base sur la collaboration des individus entre eux. Elle a d'ailleurs des similarités avec l'algorithme de colonies de fourmis, qui s'appuient eux aussi sur le concept d'auto organisation. Cette idée voudrait qu'un groupe d'individus peu intelligents développe des attitudes d'organisation globale complexe.

L'algorithme d'optimisation par essaim de particules a été introduit par Kennedy et Eberhart comme une alternative aux algorithmes génétiques standards. Cet algorithme est inspiré des essaims d'insectes (ou des bancs de poissons ou des nuées d'oiseaux) [49][50] et de leurs mouvements coordonnés. En effet, tout comme ces animaux se déplacent en groupe pour trouver de la nourriture ou éviter les prédateurs, les algorithmes à essaims de particules recherchent des solutions pour un problème d'optimisation. Les individus de l'algorithme sont appelés particules et la population est appelée essaim [51].

I.27. *Optimisation par Essaim de Particules (OEP)*

I.27.1. Principe

L'optimisation se base sur la collaboration entre les individus appelés « particules » qui sont disposés de façon aléatoire dans un espace de recherche restreint et contraint à se déplacer pour atteindre un objectif commun (atteindre l'optimum).

Chaque particule dispose d'une mémoire lui permettant de stocker sa meilleure position visitée.

De plus, la communication avec les autres particules lui confère la capacité soit de retourner vers sa meilleure position ou de suivre la meilleure position de ses voisins [52].

Ainsi, au bout d'un certain temps, toutes les particules vont converger vers une solution optimale globale du problème traité.

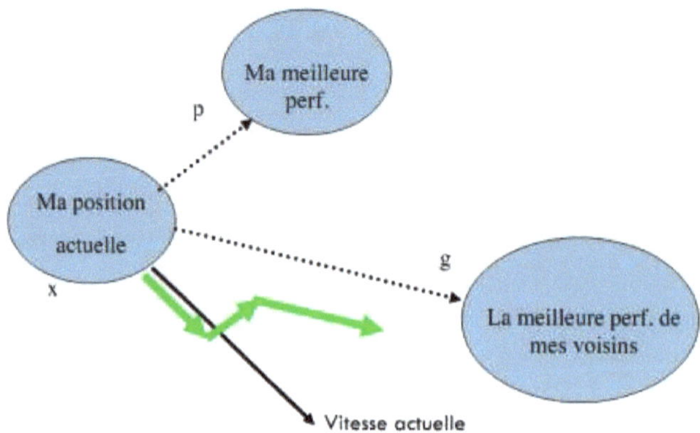

Figure 318: ***Schéma de principe du déplacement d'une particule.***

Pour réaliser son prochain mouvement, chaque particule combine trois tendances : suivre sa vitesse propre, revenir vers sa meilleure performance, aller vers la meilleure performance de ses informatrices.

I.27.2. Notion de voisinage

Elle représente le réseau social entre les capteurs. Toutes les particules à l'intérieur d'un voisinage communiquent entre elles. On distingue deux grandes méthodes le voisinage géographique et le voisinage sociel.

Voisinage géographique

La méthode du voisinage géographique est basée sur la distance euclidienne entre les particules et doit être calculés à chaque itération. De plus cela nécessite l'existence d'une distance dans l'espace de recherche.

Une particule p_a est voisine d'une particule p_b si :

$$\left| \frac{\vec{x}_a - \vec{x}_b}{d_{max}} \right| \leq \varepsilon$$

(6.1)

avec d_{max} distance maximale entre les particules, $\vec{x}_a$ *et* $\vec{x}_b$ les vecteurs positions et $\varepsilon = \frac{3t + 0.6t_{max}}{t_{max}}$ avec t_{max} le nombre d'itérations maximale [47].

Voisinage social

La méthode du voisinage social est subdivisée en trois topologies représentée dans la figure 319 tirée de Hichem CHAKER (2012) [47]:

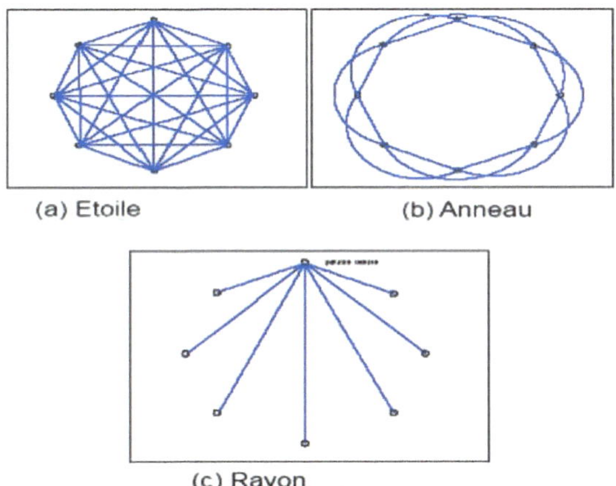

(a) Etoile   (b) Anneau

(c) Rayon

Figure 319:   ***Différentes topologies du voisinage social***

✓   Topologie en étoile (figure 319(a)) : le réseau social est complet, chaque particule est attirée vers la meilleure particule notée g_{best} et communique avec les autres.

✓   Topologie en anneau (figure 319(b)) : chaque particule communique avec n (n = 3) voisines immédiates. Chaque particule tend à se déplacer vers la meilleure dans son voisinage local notée l_{best}.

✓   Topologie en rayon (figure 319(c)) : une particule "centrale" est connectée à toutes les autres. Seule cette particule centrale ajuste sa position vers la meilleure, si cela provoque une amélioration, l'information est alors propagée aux autres particules. C'est le voisinage social qui est le plus utilisé, pour plusieurs raisons :

o   il est plus simple à programmer,

o   il est moins coûteux en temps calcul,

o   de toute façon, en cas de convergence, un voisinage social tend à devenir un voisinage géographique. C'est ce type de voisinage qui sera utilisé dans la suite.

I.27.3. Formalisation

Un essaim de particules est caractérisé par :

☞   le nombre de particules,

☞   la vitesse maximale d'une particule notée $\vec{v}_{max}$. Elle permet de limiter la vitesse de la particule dans l'espace de recherche afin qu'il ne rate pas l'optimum recherché,

☞   la topologie et le voisinage. Elle définit le réseau social,

☞   l'inertie d'une particule, notée Ψ. Elle définit la capacité d'exploration de chaque particule en vue d'améliorer la convergence comprise entre 0.8 et 1.2 pour une bonne convergence. Des études [53] montrent qu'on obtient de bon résultat pour une valeur décroissante linéairement entre 0.9 et 0.4.

$$\vec{v}_i(t) = \Psi\vec{v}_i(t-1) + \rho_1(\vec{x}_{pbest_i} - \vec{x}_i(t-1)) + \rho_2(\vec{x}_{vbest_i} - \vec{x}_i(t-1)) \tag{6.2}$$

☞   les coefficients de confiance, notés $\rho_1\ et\ \rho_2$

383

$$\begin{cases} \rho_1 = r_1 c_1 \\ \rho_2 = r_2 c_2 \end{cases} \tag{6.3}$$

Avec $\boldsymbol{r_2}$ $\boldsymbol{et}$ $\boldsymbol{r_1}$ suivent une loi uniforme sur $[0..1]$

Ils pondèrent les tendances de la particule à vouloir suivre son instinct conservateur ou son panurgisme. Des études [54] permettent de fixer c_1 et c_2 à 2.

Une particule est caractérisée, à un instant t par :
- ✓ $\vec{x}_i(t)$ sa position dans l'espace de recherche,
- ✓ $\vec{v}_i(t)$ sa vitesse,
- ✓ $\vec{x}_{pbest_i}$ la position de la meilleure solution par laquelle il est passé,
- ✓ $\vec{x}_{vbest_i}$ la position de la meilleure solution de son voisinage,
- ✓ $pbest_i$ la valeur de fitness de sa meilleure solution,
- ✓ $vbest_i$ la valeur de fitness de la meilleure solution connu de son voisinage.

I.28.   *Algorithmes*

L'OEP commence avec une initialisation des paramètres de position et vitesses de chaque particule.

Pour essayer de réduire les temps de calcul, l'initialisation de la population va associer hasard et intelligence. Le premier individu sera généré à partir d'une méthode de base (pré estimateur). Ensuite interviendra le hasard pour compléter la population en générant aléatoirement d'autres individus dans le voisinage du premier.

Notons $X = \begin{bmatrix} x_{11} & x_{1N} \\ \vdots & \vdots \\ x_{M1} & x_{MN} \end{bmatrix}$ la matrice de positions des particules, $V = \begin{bmatrix} v_{11} & v_{1N} \\ \vdots & \vdots \\ v_{M1} & v_{MN} \end{bmatrix}$ la matrice des vitesses des particules, N le nombre de dimensions et M le nombre de particules de l'essaim. Chaque ligne de la matrice position représente une solution possible du problème d'optimisation. La vitesse de chaque particule dépend de la distance entre la position courante et la position qui donne la bonne valeur de la fitness. Chaque particule connait sa meilleure position et celle de ces voisins. $Pbestfits = \begin{bmatrix} p_1 \\ \vdots \\ p_M \end{bmatrix}$ La matrice de la meilleure position visitée et

$Gbestfit$ la meilleure position de l'essaim. Toutes les informations nécessaires à l'OEP sont contenues dans X, V, P et G. Ces matrices sont mises à jour à chaque itération.

$$v_{mn}(t) = \min(\max\left(\Psi v_{mn}(t-1) + \rho_1\left(x_{pbest_{mn}} - x_{mn}(t-1)\right) + \rho_2\left(x_{vbest_{mn}} - x_{mn}(t-1)\right), V_{min}(j)\right), V_{max}(j)) \tag{6.4}$$

Les coefficients de confiance, notés ρ_1 et ρ_2 $\begin{cases} \rho_1 = r_1 c_1 \\ \rho_2 = r_2 c_2 \end{cases}$

Avec r_2 et r_1 suivent une loi uniforme sur $[0..1]$.

$$x_{mn}(t) = \min\left(\max\left(x_{mn}(t-1) + \left(v_{mn}(t-1)\right), X_{min}(j)\right), X_{max}(j)\right) \tag{6.5}$$

L'OEP utilise le concept de fitness pour guider les particules durant leur recherche du vecteur position optimale dans un espace de dimension N. Il décrit comment le vecteur position de chaque particule satisfait aux exigences du problème d'optimisation. Notons que la fonction fitness correspond à l'erreur quadratique moyenne.

La position de la $m^{i\text{ème}}$ particule dans l'espace solution est déterminée par la fonction fitness. À chaque itération, la valeur de la fonction fitness est réduite et la position de la particule est mise à jour.

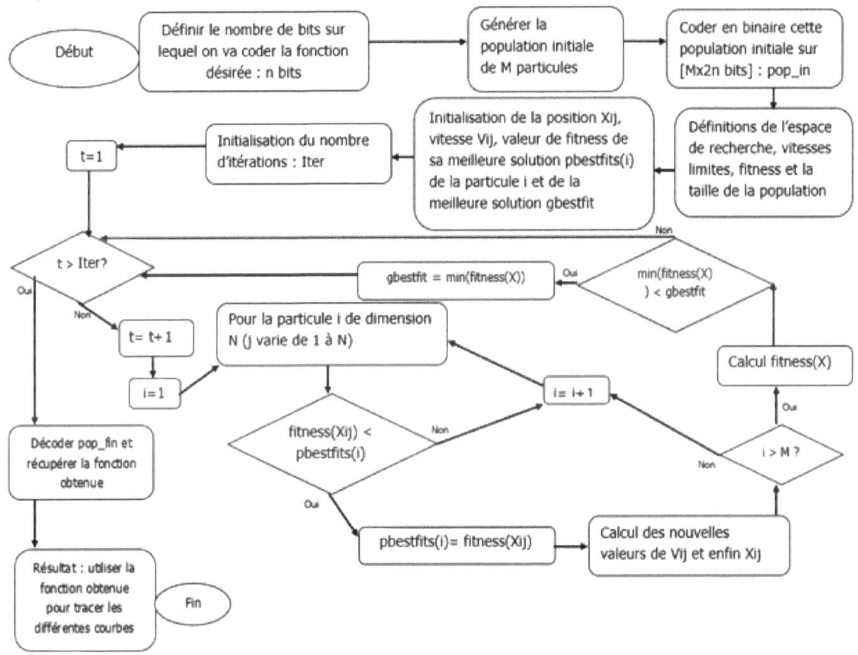

Figure 320: **Algorithme de l'OEP**

I.29. Optimisation du temps de l'estimation des DDA par synthèse au moyen des éssaims de particules

I.29.1. Procédure de simulation

En figure 321, nous avons la page de garde de l'outil « Antennes intelligentes : Optimisation de l'estimation des DDA par synthèse au moyen de PSO ».

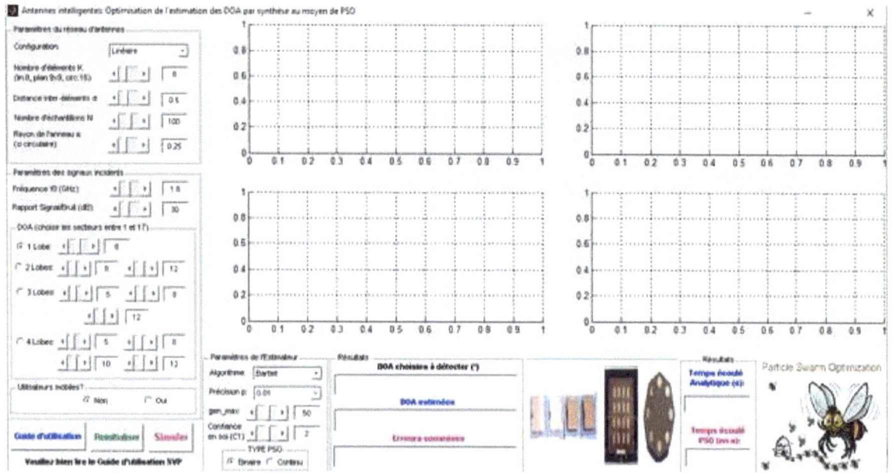

Figure 321: *Page de garde de l'outil de synthèse des DOA par PSO.*

Après avoir rempli les paramètres du réseau d'antennes comme illustré sur la figure 322.

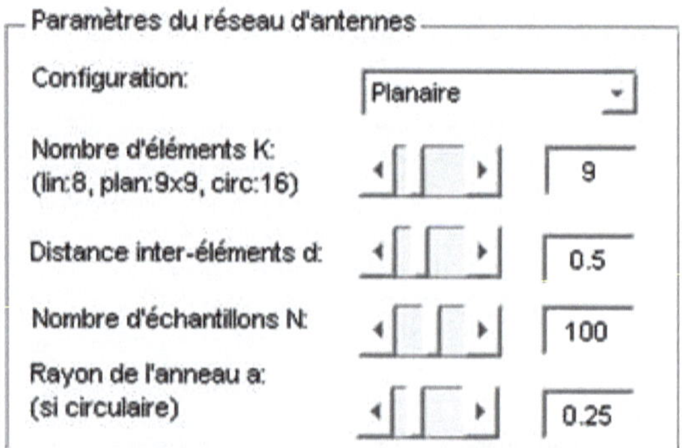

Figure 322: *Choix des paramètres du réseau d'antennes.*

On a dans les paramètres du réseau d'antennes :

Le nombre d'éléments K : par défaut lorsqu'on a choisi le réseau linéaire, la valeur de K a basculé automatiquement à 8, si on a choisi le réseau planaire, la valeur de K a basculé automatiquement à 9 (cela signifie qu'on a 9x9 = 81 éléments d'antennes) et si on a choisi le réseau circulaire, la valeur de K a basculé automatiquement à 5. Mais il est à noter que ces valeurs ne sont que celles par défaut pour lesquelles nous avons mené nos simulations. L'utilisateur peut à souhait les modifier et observer les changements sur les courbes du spectre de puissance et sur le nombre de raies détectables. Néanmoins, le nombre de sources doit être strictement inférieur au nombre d'éléments de l'antenne (L < K pour les réseaux linéaire et circulaire ou L < (K*K) pour le réseau planaire). En d'autres termes, un réseau de K éléments ne peut détecter convenablement qu'au plus (K-1) sources.

La distance inter-éléments en termes de lambda : d, qui est fixée par défaut à 0.5, mais que l'utilisateur peut également modifier à souhait et observer l'influence.

Le nombre d'échantillons N dont la valeur maximale par défaut a été fixée à 100.

Le rayon de l'anneau a (qui n'est pris en compte que pour le réseau circulaire) est fixé par défaut à 0.25.

On rentre les paramètres des signaux incidents (voir figure 323), à savoir :

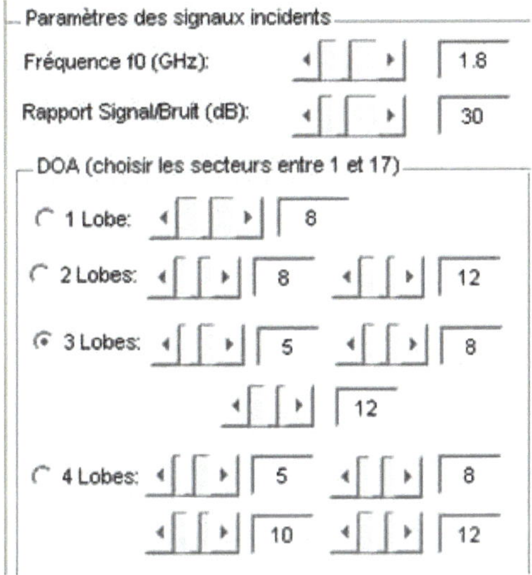

Figure 323: **Choix des paramètres des signaux incidents.**

La fréquence d'utilisation f0 dont la valeur par défaut est fixée à 1.8GHz mais dont la modification n'influe pas de façon notable les résultats. Ainsi on peut l'essayer à 2.4 GHz ou à 5 GHz.

Le rapport signal sur bruit dont la valeur par défaut est fixée à 30 dB, modifiable ;

Les directions d'arrivées (« DDA » en français et « DOA » en anglais) selon le nombre de lobes souhaités. Ainsi l'utilisateur coche l'une des cases entre 1lobe, 2lobes, 3lobes et 4lobes. Par la suite, il lui est offert la possibilité de rentrer les directions d'arrivées en termes de secteurs entre 1 et 17 car l'espace a été divisé en 17 secteurs entre 5 et 175°. Il pourra ainsi à souhait indiquer où se trouvent la ou les sources qu'il souhaite détecter.

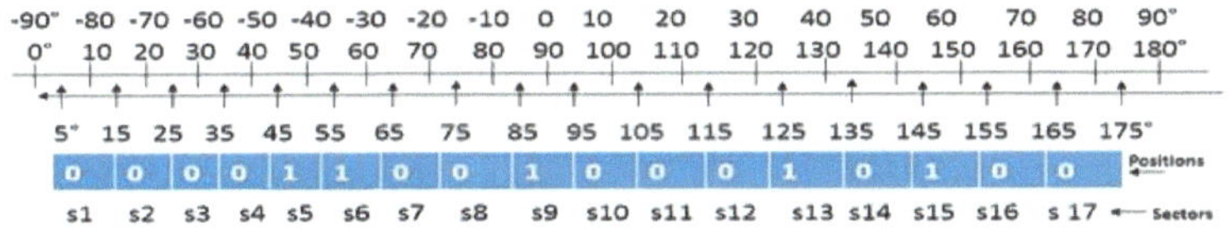

Figure 324: **Les différents secteurs.**

Par la suite, il répond à la question si la source est mobile ou statique en cochant. Pour l'instant, l'outil d'optimisation ne fonctionne que pour des sources statiques (figure 325).

Figure 325: **Choix du type d'utilisateurs.**

On choisit l'algorithme, comme celui de « PSO_sur_MinNorm » à la figure 326.

Figure 326:   *Choix des paramètres d'algorithmes de synthèse.*

Les méthodes analytiques de caractérisation définies dans la section 3.1 servent de référence à obtenir par synthèse au moyen des essaims de particules.

Pour la synthèse au moyen des essaims de particules : On applique les essaims de particules sur chacune des méthodes analytiques développées précédemment : PSO_sur_Barlett, PSO _sur_Prony, PSO _sur_Capon, PSO _sur_MEM, PSO _sur_MMSE, PSO _sur_MUSIC, PSO _sur_MinNorm. Pour toutes ces synthèses, l'utilisateur peut à souhait modifier :

La précision (p) sur les éléments de la matrice de puissance (P) qu'on génère comme population initiale au début de l'algorithme génétique ;

Le Nbre de gen_max, nombre maximum de génération permettant à l'algorithme de o converger. Cette valeur est fixée par observation de la fonction fitness ;

La confiance en soi(C1) qui est soit binaire, c'est-à-dire que le codage de la population initiale au début de l'algorithme est celle des nombres réels vers le binaire, ou réel (continu), c'est-à-dire que les nombres réels sont utilisés directement dans l'algorithme. L'AG continu pour notre cas, offre de piètres résultats. Il sera intégré dans une version ultérieure.

Au final, toutes les données sont définies et on obtient la feuille de représentation de la figure 327.

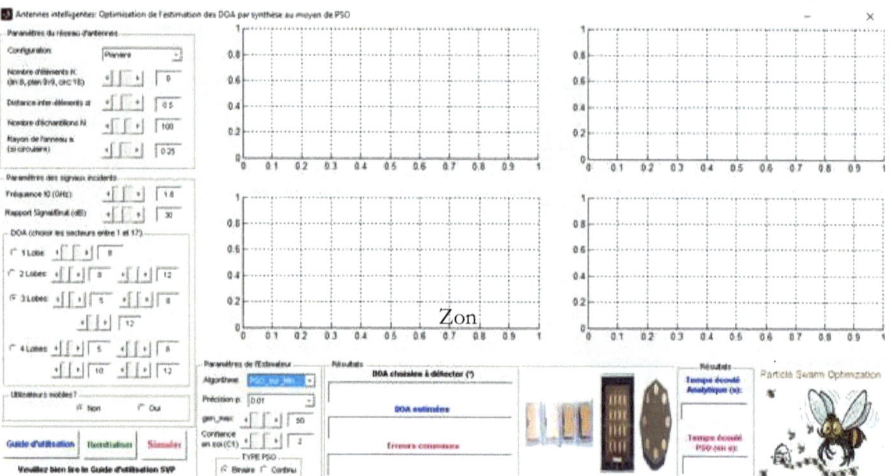

Figure 327:   *Paramètres pour la détection de 3 DOA par « PSO_sur_MinNorm » sur réseau planaire.*

Dans la figure 327, nous avons aussi 04 zones qui affichent respectivement :

Zone 1 : Les courbes des spectres de puissance en coordonnées cartésiennes (théorique recherchée en vert, par méthode analytique en bleu et le spectre synthétisé en rouge) ;

Zone 2 : Les mêmes courbes en coordonnées polaires ;

Zone 3 : Les mêmes courbes en coordonnées logarithmiques ;

Zone 4 : Les résultats d'estimation de DOA et de temps écoulés accompagné de l'architecture du PMUC.

Enfin, il suffit de lancer la simulation en cliquant sur « simuler » comme illustré par le cercle rouge dans la figure 328 et on obtient le résultat final de la figure 328.

Par la suite, nous présenterons juste les résultats finaux.

I.29.2.   Résultats

La configuration de l'application est faite conformement aux recommandations de la section 6.3.1.

I.29.2.1.   Planaire

La figure 328 présente la synthèse de trois directions d'arrivées (50°, 80° et 120°) par l'algorithme PSO_sur_MinNorm sur un réseau planaire à 9x9 éléments distants de 0.5 m.

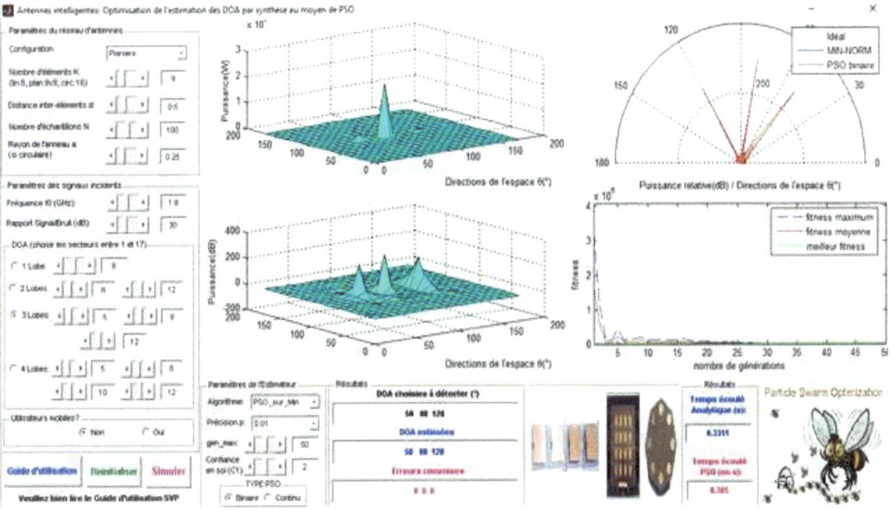

Figure 328:   ***Synthèse de 3 DOA par l'algorithme « PSO_sur_MinNorm » sur réseau planaire.***

I.29.2.2. Linéaire

La figure 329 présente la synthèse de trois directions d'arrivées (50°, 80° et 120°) par l'algorithme PSO_sur_MinNorm sur un réseau linéaire à 8 éléments distants de 0.5 m.

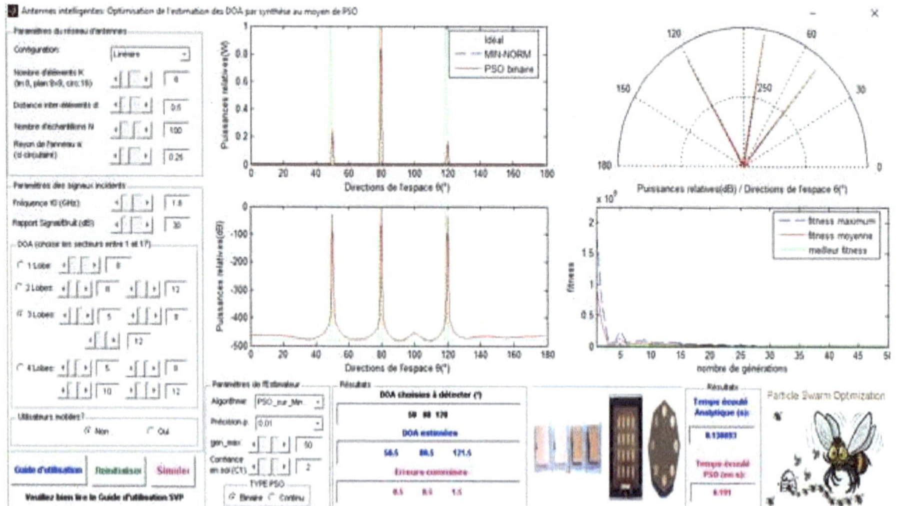

Figure 329: *Synthèse de 3 DOA par l'algorithme « PSO_sur_MinNorm » sur réseau linéaire.*

6.3.1.1. Circulaire

La figure 330 présente la synthèse de trois directions d'arrivées (50°, 80° et 120°) par l'algorithme PSO_sur_MinNorm sur un réseau circulaire à 5 éléments distants de 0.5 m.

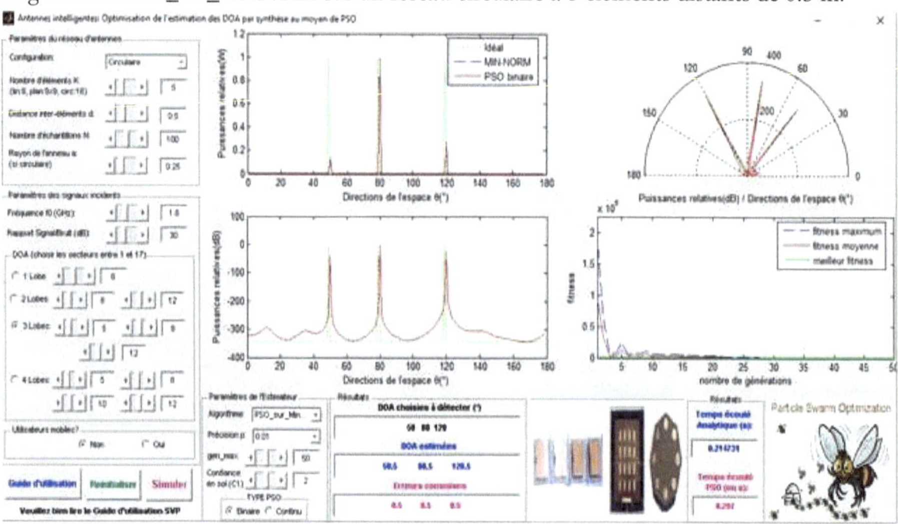

Figure 330: *Synthèse de 3 DOA par l'algorithme « PSO_sur_MinNorm » sur réseau circulaire.*

I.29.3.   Codes sources

I.29.3.1.   Les PSO binaires

I.29.3.1.1.   Planaire
Code source 91 :   Synthèse des DDA par « PSO binaire » sur réseau planaire

```matlab
function [P2,bests,worsts,meanfits] =
psobin_planaire_dpso(p,P11,taille,c1,c2,iter_max);
%------------------------------------------
%synthèse au moyen de pso binaire
        pmin=-1; %valeur minimale prise par les Pij
        pmax=1;  %valeur maximale prise par les Pij
        l = pmax-pmin; %largeur de l'intervalle [-1;1]
        nbits = ceil(log(l/p)/log(2)); %nombre de bits sur
lesquels seront codés les Pij
        %conversion de P11 (qui est le résultat analytique) en
réel
        Pan = P11;
        P11 = zeros(taille,2);
        for i=1:taille
            P11(i,1) = real(Pan(i));
            P11(i,2) = imag(Pan(i));
        end
        P0 = rand(taille,2); %initialisation aléatoire de la
matrice de puissance
        E = P11-P0; %critère de synthèse:erreur entre la valeur
désirée P11 et P0 aléatoire
        %CODAGE-------------------------
        %etape 1: codage intermediaire vers des valeurs positives
        gmax = (pow2(nbits))-1;
        g = zeros(taille,2);
        for i=1:taille
            g(i,1) = abs(((E(i,1)-pmin)/(pmax-pmin))*gmax);
            g(i,2) = abs(((E(i,2)-pmin)/(pmax-pmin))*gmax);
        end
        % étape 2: codage vers le binaire
        b1 = dec2bin(g(:,1), nbits);
        b2 = dec2bin(g(:,2), nbits);
        pop_in = [b1 b2];%POPULATION INITIALE
        for kk = 1:taille*2*nbits
                if (pop_in(kk) == '')
                    pop_in(kk) = 0; %pour combler les vides
                end
        end


        %Début PSO
        %Initialisations
        X = pop_in; %POPULATION INITIALE
        numofparticles = taille; %size(pop_in,1) car 1ligne =
1particule, comme 1ligne=1chromosome pour l'AG
        numofdims = 2*nbits; % = size(pop_in,2)
        numofiterations = iter_max; %nombre max de générations de
la boucle principale PSO
        %--------------------------
```

```matlab
        Xmax = 100*ones(size(X)); %x 100 absolument sinon la
machine plante
        Xmin = -Xmax;
        X = Xmax.*X; %afin que les valeurs de X soient comprises
entre 0 et 100
        %---------------------------
        pbestfits = zeros(taille,1); %fitness du personal best
        worsts = zeros(taille,1);  %fitness maximum, worsts
(mauvais), parceque l'objectif ici est de minimiser la fonction
fitness
        bests = zeros(taille,1);  % fitness minimum = grandeur
suivie = baptisée meilleure fitness
        meanfits = zeros(taille,1); %fitness moyenne
        pbests = zeros(taille,2*nbits); %Personal best
        %---------------------------
        fitnesses = fitness(X); %calcul de fitness de la
population initiale
        [minfit, minfitidx] = min(fitnesses); %calcul de la
fitness minimale et extraction de l'indice de la particule
correspondante
        gbestfit = minfit;
        gbest = X(minfitidx,:); % Meilleure particule de toutes
car à fitness minimale
        %---------------------------
        V = zeros(taille,2*nbits); %initialisation des vitesses
des particules en tenant compte de numofdims
        Vmax = zeros(1,numofdims); Vmin = Vmax; %limites inf et
sup de V
        for i = 1:numofdims
            Vmax(i) = 0.2*(Xmax(i)-Xmin(i));
            Vmin(i) = -Vmax(i);
        end
        %---------------------------
        %Boucle principale PSO
        E_fin = zeros(taille,1);
        wf = zeros(1,taille);
        for t = 1:numofiterations
            %ww = 0.9 - 0.7*(t/numofiterations);
            ww = (numofiterations-t)/numofiterations; %facteur
d'inertie
            for i = 1:numofparticles
                if(fitnesses(i) < pbestfits(i))
                    pbestfits(i) = fitnesses(i);
                    pbests(i,:) =  X(i,:);
                end
            end
            for i = 1:numofparticles
                for j = 1:numofdims
```

```matlab
                    V(i,j) =
min(max((ww*V(i,j)+rand*c1*(pbests(i,j)-X(i,j))...
                    + rand*c2*(gbest(j)-
X(i,j))),Vmin(j)),Vmax(j));
                    X(i,j) = min(max((X(i,j) +
V(i,j)),Xmin(j)),Xmax(j));
                end
            end
            pop_fin = X;
            fitnesses = fitness(X);
            [minfit,minfitidx] = min(fitnesses);
            if(minfit < gbestfit)
                gbestfit = minfit;
                gbest = X(minfitidx,:);
            end
            worsts(t) = max(fitnesses);
            bests(t) = gbestfit;
            meanfits(t) = mean(fitnesses);
        end
        %fin PSO

        pop_fin = 0.01*X; %car on avait fait x100
        %DECODAGE
         som = 0;
         pom =0;
        for k=1:taille
           for i=nbits:1
            g(k,1) = som + pop_fin(i)*pow2(i);
           end
           for j=2*nbits:nbits+1
             g(k,2) = pom + pop_fin(j)*pow2(j-nbits);
           end
        E_fin(k,1) = pmin + ((pmax - pmin)*g(k,1))/gmax;
        E_fin(k,2) = pmin + ((pmax - pmin)*g(k,2))/gmax;
        end
        %-----------------------------
            %La matrice E_fin ne tend pas vers zero mais
permet généralement
            %que fitness tende vers zero. Nous constatons que
E_fin correspond à
            %la valeur permettant d'obtenir P0+E_fin tendant
vers P11 analytique. Donc:
            Pfin = P0 + E_fin;
            %conversion de Pfin en complexe
            Pf = zeros(1,taille);
            for i = 1:taille
                Pf(i) = Pfin(i,1) + 1i*Pfin(i,2);
            end
            P2 = Pf;
```

```matlab
%XXXXXXXXXXXXXXXXXXXXXXXXXXXXXXXXXXXXXXXXXX
        function [fitnesses] = fitness(X)
            som = 0;
            for k = 1:size(X,1)
                for jj = 1:size(X,2)
                    som = som +(X(k,jj))^2;
                end
            fitnesses(k) = som/(size(X,2)); %erreur quadratique
moyenne
            end
        %--------------------------------
function [P2,bests,worsts,meanfits] =
psobin_planaire_dpso(p,P11,taille,c1,c2,iter_max);
%synthèse au moyen de pso binaire
        pmin=-1; %valeur minimale prise par les Pij
        pmax=1;  %valeur maximale prise par les Pij
        l = pmax-pmin; %largeur de l'intervalle [-1;1]
        nbits = ceil(log(l/p)/log(2)); %nombre de bits sur
lesquels seront codés les Pij
        %conversion de P11 (qui est le résultat analytique) en
réel
        Pan = P11;
        P11 = zeros(taille,2);
        for i=1:taille
            P11(i,1) = real(Pan(i));
            P11(i,2) = imag(Pan(i));
        end
        P0 = rand(taille,2); %initialisation aléatoire de la
matrice de puissance
        E = P11-P0; %critère de synthèse:erreur entre la valeur
désirée P11 et P0 aléatoire
        %CODAGE------------------------
        %etape 1: codage intermediaire vers des valeurs positives
        gmax = (pow2(nbits))-1;
        g = zeros(taille,2);
        for i=1:taille
            g(i,1) = abs(((E(i,1)-pmin)/(pmax-pmin))*gmax);
            g(i,2) = abs(((E(i,2)-pmin)/(pmax-pmin))*gmax);
        end
        % étape 2: codage vers le binaire
        b1 = dec2bin(g(:,1), nbits);
        b2 = dec2bin(g(:,2), nbits);
        pop_in = [b1 b2];%POPULATION INITIALE
        for kk = 1:taille*2*nbits
                if (pop_in(kk) == '')
                    pop_in(kk) = 0; %pour combler les vides
                end
        end
```

```matlab
    %-----------------------------------------------------------------
    %-----------------------------------------------------------------
    %Début PSO
    %Initialisations
    X = pop_in; %POPULATION INITIALE
    numofparticles = taille; %size(pop_in,1) car 1ligne =
1particule, comme 1ligne=1chromosome pour l'AG
    numofdims = 2*nbits; % = size(pop_in,2)
    numofiterations = iter_max; %nombre max de générations de
la boucle principale PSO
    %----------------------------
    Xmax = 100*ones(size(X)); %x 100 absolument sinon la
machine plante
    Xmin = -Xmax;
    X = Xmax.*X; %afin que les valeurs de X soient comprises
entre 0 et 100
    pbestfits = zeros(taille,1); %fitness du personal best
    worsts = zeros(taille,1);  %fitness maximum, worsts
(mauvais), parceque l'objectif ici est de minimiser la fonction
fitness
    bests = zeros(taille,1);  % fitness minimum = grandeur
suivie = baptisée meilleure fitness
    meanfits = zeros(taille,1); %fitness moyenne
    pbests = zeros(taille,2*nbits); %Personal best
    %----------------------------
    fitnesses = fitness(X); %calcul de fitness de la
population initiale
    [minfit, minfitidx] = min(fitnesses); %calcul de la
fitness minimale et extraction de l'indice de la particule
correspondante
    gbestfit = minfit;
    gbest = X(minfitidx,:); % Meilleure particule de toutes
car à fitness minimale
    V = zeros(taille,2*nbits); %initialisation des vitesses
des particules en tenant compte de numofdims
    Vmax = zeros(1,numofdims); Vmin = Vmax; %limites inf et
sup de V
    for i = 1:numofdims
        Vmax(i) = 0.2*(Xmax(i)-Xmin(i));
        Vmin(i) = -Vmax(i);
    end
    %----------------------------
    %Boucle principale PSO
    E_fin = zeros(taille,1);
    wf = zeros(1,taille);
    for t = 1:numofiterations
        %ww = 0.9 - 0.7*(t/numofiterations);
```

```matlab
            ww = (numofiterations-t)/numofiterations; %facteur
d'inertie
            for i = 1:numofparticles
                if(fitnesses(i) < pbestfits(i))
                    pbestfits(i) = fitnesses(i);
                    pbests(i,:) =  X(i,:);
                end
            end
            for i = 1:numofparticles
                for j = 1:numofdims
                    V(i,j) =
min(max((ww*V(i,j)+rand*c1*(pbests(i,j)-X(i,j))...
                        + rand*c2*(gbest(j)-
X(i,j))),Vmin(j)),Vmax(j));
                    X(i,j) = min(max((X(i,j) +
V(i,j)),Xmin(j)),Xmax(j));
                end
            end
            pop_fin = X;
            fitnesses = fitness(X);
            [minfit,minfitidx] = min(fitnesses);
            if(minfit < gbestfit)
                gbestfit = minfit;
                gbest = X(minfitidx,:);
            end
            worsts(t) = max(fitnesses);
            bests(t) = gbestfit;
            meanfits(t) = mean(fitnesses);
        end
        %fin PSO
        %-------------------------------------
        pop_fin = 0.01*X; %car on avait fait x100
        %DECODAGE
         som = 0;
         pom =0;
        for k=1:taille
           for i=nbits:1
             g(k,1) = som + pop_fin(i)*pow2(i);
           end
           for j=2*nbits:nbits+1
              g(k,2) = pom + pop_fin(j)*pow2(j-nbits);
           end
        E_fin(k,1) = pmin + ((pmax - pmin)*g(k,1))/gmax;
        E_fin(k,2) = pmin + ((pmax - pmin)*g(k,2))/gmax;
        end
        %-----------------------------------
            %La matrice E_fin ne tend pas vers zero mais
permet généralement
```

```matlab
                %que fitness tende vers zero. Nous constatons que
E_fin correspond à
                %la valeur permettant d'obtenir P0+E_fin tendant
vers P11 analytique. Donc:
                Pfin = P0 + E_fin;
                %conversion de Pfin en complexe
                Pf = zeros(1,taille);
                for i = 1:taille
                    Pf(i) = Pfin(i,1) + 1i*Pfin(i,2);
                end
                P2 = Pf;


        function [fitnesses] = fitness(X)
            som = 0;
            for k = 1:size(X,1)
                for jj = 1:size(X,2)
                    som = som +(X(k,jj))^2;
                end
            fitnesses(k) = som/(size(X,2)); %erreur quadratique
moyenne
            end
```

I.29.3.1.2.   Linéaire
Code source 92 :   **Synthèse des DDA par « PSO binaire » sur réseau linéaire**

```matlab
function [P,bests,worsts,meanfits] =
psobin_lineaire_dpso(p,P11,taille,c1,c2,iter_max)
% synthèse au moyen de PSO binaire
pmin=-1; %valeur minimale prise par les Pij
pmax=1;  %valeur maximale prise par les Pij
l = pmax-pmin; %largeur de l'intervalle des valeurs des Pij
nbits = ceil(log(l/p)/log(2)); %nombre de bits sur lesquels seront
codés les Pij
%conversion de P11 (qui est le résultat analytique) en réel
Pan = P11;
P11 = zeros(taille,2);
for i=1:taille
    P11(i,1) = real(Pan(i));
    P11(i,2) = imag(Pan(i));
end
P0 = rand(taille,2); %initialisation aléatoire de la matrice de
puissance
E = P11-P0; %critère de synthèse: Erreur entre la valeur désirée
P11 et P0 aléatoire
%CODAGE--------------------------
%etape 1: codage intermediaire vers g
```

```matlab
gmax = (pow2(nbits))-1;
g = zeros(taille,2);
for i=1:taille
    g(i,1) = abs(((E(i,1)-pmin)/(pmax-pmin))*gmax);
    g(i,2) = abs(((E(i,2)-pmin)/(pmax-pmin))*gmax);
end
% étape 2: codage vers le binaire
b1 = dec2bin(g(:,1), nbits);
b2 = dec2bin(g(:,2), nbits);
pop_in = [b1 b2];%POPULATION INITIALE
for kk = 1:taille*2*nbits
    if (pop_in(kk) == '')
        pop_in(kk) = 0; %pour combler les vides

    end
end
        %Début PSO
        %Initialisations
        X = pop_in; %POPULATION INITIALE
        M = taille;
        numofparticles = M; %car 1ligne = 1particule, comme
1ligne=1chromosome pour l'AG
        numofdims = 2*nbits; % = size(pop_in,2)
        numofiterations = iter_max; %nombre max de générations de
la boucle principale PSO
        Xmax = ones(size(X))*100; %x100 absolument sinon la
machine plante
        Xmin = -Xmax;
        X = Xmax.*X; %afin que les valeurs de X soient comprises
entre 0 et 100
        pbestfits = zeros(M,1); %fitness du personal best
        worsts = zeros(M,1);  %fitness maximum, worsts (mauvais),
parceque l'objectif ici est de minimiser la fonction fitness
        bests = zeros(M,1);  % fitness minimum = grandeur suivie =
meilleur fitness
        meanfits = zeros(M,1); %fitness moyenne
        pbests = zeros(M,2*nbits); %Personal best
        %---------------------------
        fitnesses = fitness(X); %calcul de fitness de la
population initiale
        [minfit, minfitidx] = min(fitnesses); %calcul de la
fitness minimale et extraction de l'indice correspondante
        gbestfit = minfit;
        gbest = X(minfitidx,:); % Meilleure particule de toutes
car à fitness minimale
        %---------------------------
        V = zeros(M,2*nbits); %initialisation des vitesses des
particules en tenant compte de numofdims
```

```matlab
    Vmax = zeros(1,numofdims); Vmin = Vmax; %limites inf et
sup de V
        for i = 1:numofdims
            Vmax(i) = 0.2*(Xmax(i)-Xmin(i));
            Vmin(i) = -Vmax(i);
        end
        % Boucle principale PSO
        for t = 1:numofiterations
            %ww = 0.9 - 0.7*(t/numofiterations);
            ww = (numofiterations-t)/numofiterations; %facteur
d'inertie
            for i = 1:numofparticles
                if(fitnesses(i) < pbestfits(i))
                    pbestfits(i) = fitnesses(i);
                    pbests(i,:) =  X(i,:);
                end
            end
            for i = 1:numofparticles
                for j = 1:numofdims
                    V(i,j) =
min(max((ww*V(i,j)+rand*c1*(pbests(i,j)-X(i,j))...
                        + rand*c2*(gbest(j)-
X(i,j))),Vmin(j)),Vmax(j));
                    X(i,j) = min(max((X(i,j) +
V(i,j)),Xmin(j)),Xmax(j));
                end
            end

            fitnesses = fitness(X);
            [minfit,minfitidx] = min(fitnesses);
            if(minfit < gbestfit)
                gbestfit = minfit;
                gbest = X(minfitidx,:);
            end
            worsts(t) = max(fitnesses);
            bests(t) = gbestfit;
            meanfits(t) = mean(fitnesses);
        end
        %fin PSO
    pop_fin = 0.01*X; %car on avait fait x100
            %DECODAGE
             E_fin = zeros(M,1);
             som = 0;
             pom =0;
            for k=1:M
               for i=nbits:1
                 g(k,1) = som + pop_fin(i)*pow2(i);
                 end
                for j=2*nbits:nbits+1
```

```matlab
            g(k,2) = pom + pop_fin(j)*pow2(j-nbits);
        end
        E_fin(k,1) = pmin + ((pmax -
pmin)*g(k,1))/gmax;

        E_fin(k,2) = pmin + ((pmax -
pmin)*g(k,2))/gmax;
    end
    %La matrice E_fin ne tend pas vers zero mais
permet généralement
    %que fitness tende vers zero. Nous constatons que
E_fin correspond à
    %la valeur permettant d'obtenir P0+E_fin tendant
vers P11 analytique. Donc:
    Pfin = P0 + E_fin;
    %conversion de Pfin en complexe
    Pf = zeros(1,M);
    for i = 1:M
        Pf(i) = Pfin(i,1) + 1i*Pfin(i,2);
    end
    P = Pf;

function [fitnesses] = fitness(X)
    som = 0;
    for k = 1:size(X,1)
        for jj = 1:size(X,2)
            som = som +(X(k,jj))^2;
        end
    fitnesses(k) = som/(size(X,2)); %erreur quadratique
moyenne
    end
```

Code source 93 :   Synthèse des DDA par « PSO binaire » sur réseau circulaire

```matlab
function [P,bests,worsts,meanfits] =
psobin_circulaire_dpso(p,P11,taille,c1,c2,iter_max)
% synthèse au moyen de pso binaire
pmin=-1; %valeur minimale prise par les Pij
pmax=1;  %valeur maximale prise par les Pij
l = pmax-pmin; %largeur de l'intervalle des valeurs des Pij
nbits = ceil(log(l/p)/log(2)); %nombre de bits sur lesquels seront
codés les Pij
%conversion de P11 (qui est le résultat analytique) en réel
Pan = P11;
P11 = zeros(taille,2);
for i=1:taille
    P11(i,1) = real(Pan(i));
    P11(i,2) = imag(Pan(i));
end
P0 = rand(taille,2); %initialisation aléatoire de la matrice de
puissance
E = P11-P0; %critère de synthèse:erreur entre la valeur désirée
P11 et P0 aléatoire
%CODAGE----------------------------
%etape 1: codage intermediaire vers g
gmax = (pow2(nbits))-1;
g = zeros(taille,2);
for i=1:taille
    g(i,1) = abs(((E(i,1)-pmin)/(pmax-pmin))*gmax);
    g(i,2) = abs(((E(i,2)-pmin)/(pmax-pmin))*gmax);
end
% étape 2: codage vers le binaire
b1 = dec2bin(g(:,1), nbits);
b2 = dec2bin(g(:,2), nbits);
pop_in = [b1 b2];%POPULATION INITIALE
for kk = 1:taille*2*nbits
    if (pop_in(kk) == '')
        pop_in(kk) = 0; %pour combler les vides
    end
end
        %Début PSO
        %Initialisations
        X = pop_in; %POPULATION INITIALE
        M = taille;
        numofparticles = M; %car 1ligne = 1particule, comme
1ligne=1chromosome pour l'AG
        numofdims = 2*nbits; % = size(pop_in,2)
        numofiterations = iter_max; %nombre max de générations de
la boucle principale PSO
```

```matlab
%----------------------------
    Xmax = ones(size(X))*100; %x100 absolument sinon la machine plante
    Xmin = -Xmax;
    X = Xmax.*X; %afin que les valeurs de X soient comprises entre 0 et 100
    %----------------------------
    pbestfits = zeros(M,1); %fitness du personal best
    worsts = zeros(M,1);  %fitness maximum, worsts (mauvais), parceque l'objectif ici est de minimiser la fonction fitness
    bests = zeros(M,1);  % fitness minimum = grandeur suivie = meilleur fitness
    meanfits = zeros(M,1); %fitness moyenne
    pbests = zeros(M,2*nbits); %Personal best
    %----------------------------
    fitnesses = fitness(X); %calcul de fitness de la population initiale
    [minfit, minfitidx] = min(fitnesses); %calcul de la fitness minimale et extraction de l'indice correspondante
    gbestfit = minfit;
    gbest = X(minfitidx,:); % Meilleure particule de toutes car à fitness minimale
    %----------------------------
    V = zeros(M,2*nbits); %initialisation des vitesses des particules en tenant compte de numofdims
    Vmax = zeros(1,numofdims); Vmin = Vmax; %limites inf et sup de V
    for i = 1:numofdims
        Vmax(i) = 0.2*(Xmax(i)-Xmin(i));
        Vmin(i) = -Vmax(i);
    end
    % Boucle principale PSO
    for t = 1:numofiterations
        %ww = 0.9 - 0.7*(t/numofiterations);
        ww = (numofiterations-t)/numofiterations; %facteur d'inertie
        for i = 1:numofparticles
            if(fitnesses(i) < pbestfits(i))
                pbestfits(i) = fitnesses(i);
                pbests(i,:) =  X(i,:);
            end
        end
        for i = 1:numofparticles
            for j = 1:numofdims
                V(i,j) =
min(max((ww*V(i,j)+rand*c1*(pbests(i,j)-X(i,j))...
                    + rand*c2*(gbest(j)-
X(i,j))),Vmin(j)),Vmax(j));
```

```matlab
                    X(i,j) = min(max((X(i,j) +
V(i,j)),Xmin(j)),Xmax(j));
                end
            end

        fitnesses = fitness(X);
        [minfit,minfitidx] = min(fitnesses);
        if(minfit < gbestfit)
            gbestfit = minfit;
            gbest = X(minfitidx,:);
        end
        worsts(t) = max(fitnesses);
        bests(t) = gbestfit;
        meanfits(t) = mean(fitnesses);
    end
        %fin PSO
    pop_fin = 0.01*X; %car on avait fait x100
            %DECODAGE
             E_fin = zeros(M,1);
             som = 0;
             pom =0;
            for k=1:M
                for i=nbits:1
                 g(k,1) = som + pop_fin(i)*pow2(i);
                end
                for j=2*nbits:nbits+1
                 g(k,2) = pom + pop_fin(j)*pow2(j-nbits);
                end
                 E_fin(k,1) = pmin + ((pmax -
pmin)*g(k,1))/gmax;
                 E_fin(k,2) = pmin + ((pmax -
pmin)*g(k,2))/gmax;
            end
            %La matrice E_fin ne tend pas vers zero mais
permet généralement
            %que fitness tende vers zero. Nous constatons que
E_fin correspond à
            %la valeur permettant d'obtenir P0+E_fin tendant
vers P11 analytique. Donc:
            Pfin = P0 + E_fin;
            %conversion de Pfin en complexe
            Pf = zeros(1,M);
            for i = 1:M
                Pf(i) = Pfin(i,1) + 1i*Pfin(i,2);
            end
            P = Pf;


%XXXXXXXXXXXXXXXXXXXXXXXXXXXXXXXXXXXXXXXXXXXXXXXXXXXXXXXXXXXXXXXXXXXXXXXXXXXXXXXXX
XXXXXXXXX
```

```matlab
function [fitnesses] = fitness(X)
    som = 0;
    for k = 1:size(X,1)
        for jj = 1:size(X,2)
            som = som +(X(k,jj))^2;
        end
    fitnesses(k) = som/(size(X,2)); %erreur quadratique
moyenne
    end
```


Les PSO continus

Planaire

Code source 94 :   *Beamforming par « PSO continu » sur réseau planaire*

```matlab
function [P2,bests,worsts,meanfits] =
psocont_planaire_dpso(p,P11,taille,c1,c2,iter_max)
%synthèse au moyen de pso continu
 %conversion de P11 (qui est le résultat analytique) en réel
    Pan = P11;
    P11 = zeros(taille,2);
    for i=1:taille
        P11(i,1) = real(Pan(i));
        P11(i,2) = imag(Pan(i));
    end
    P0 = rand(taille,2); %initialisation aléatoire de la
matrice de puissance
    E = P11-P0; %critère de synthèse:erreur entre la valeur
désirée P11 et P0 aléatoire
    pop_in = E;
    %DEBUT PSO
    %Initialisations
    X = pop_in; %POPULATION INITIALE
    numofparticles = taille; %=size(pop_in,1) car 1ligne =
1particule, comme 1ligne=1chromosome pour l'AG
    numofdims = size(pop_in,2); %= 2
    numofiterations = iter_max; %nombre max de générations de
la boucle principale PSO
    Xmax = 100*ones(size(X)); %x100 absolument sinon la
machine plante
    Xmin = -Xmax;
    X = Xmax.*X; %afin que les valeurs de X soient comprises
entre -Xmax et Xmax
    %--------------------------
    pbestfits = zeros(numofparticles,1); %fitness du personal
best
```

```matlab
        worsts = zeros(numofparticles,1);  %fitness maximum,
worsts (mauvais), parceque l'objectif ici est de minimiser la
fonction fitness
        bests = zeros(numofparticles,1);  % fitness minimum ou
meilleure fitness = grandeur suivie
        meanfits = zeros(numofparticles,1); %fitness
pbests = zeros(size(X)); %Personal best
        %---------------------------
        fitnesses = fitness(X); %calcul de fitness de la
population initiale
        [minfit, minfitidx] = min(fitnesses); %calcul de la
fitness minimale et extraction de l'indice de la particule
correspondante
        gbestfit = minfit;
        gbest = X(minfitidx,:); % Meilleure particule de toutes
car à fitness minimale
        %---------------------------
        V = zeros(size(X)); %initialisation des vitesses des
particules en tenant compte de numofdims
        Vmax = zeros(1,numofdims); Vmin = Vmax; %limites inf et
sup de V
        for i = 1:numofdims
            Vmax(i) = 0.2*(Xmax(i)-Xmin(i));
            Vmin(i) = -Vmax(i);
        end
        % Boucle principale PSO
        for t = 1:numofiterations
            %ww = 0.9 - 0.7*(t/numofiterations);
            ww = (numofiterations-t)/numofiterations; %facteur
d'inertie
            for i = 1:numofparticles
                if(fitnesses(i) < pbestfits(i))
                    pbestfits(i) = fitnesses(i);
                    pbests(i,:) =  X(i,:);
                end
            end
            for i = 1:numofparticles
                for j = 1:numofdims
                    V(i,j) =
min(max((ww*V(i,j)+rand*c1*(pbests(i,j)-X(i,j))...
                        + rand*c2*(gbest(j)-
X(i,j))),Vmin(j)),Vmax(j));
                    X(i,j) = min(max((X(i,j) +
V(i,j)),Xmin(j)),Xmax(j));
                end

end
```

```matlab
    %----------------------------
    fitnesses = fitness(X); %calcul de fitness de la
population initiale
    [minfit, minfitidx] = min(fitnesses); %calcul de la
fitness minimale et extraction de l'indice de la particule
correspondante
    gbestfit = minfit;
    gbest = X(minfitidx,:); % Meilleure particule de toutes
car à fitness minimale
    %----------------------------
    V = zeros(size(X)); %initialisation des vitesses des
particules en tenant compte de numofdims
    Vmax = zeros(1,numofdims); Vmin = Vmax; %limites inf et
sup de V
    for i = 1:numofdims
        Vmax(i) = 0.2*(Xmax(i)-Xmin(i));
        Vmin(i) = -Vmax(i);
    end
    % Boucle principale PSO
    for t = 1:numofiterations
        %ww = 0.9 - 0.7*(t/numofiterations);
        ww = (numofiterations-t)/numofiterations; %facteur
d'inertie
        for i = 1:numofparticles
            if(fitnesses(i) < pbestfits(i))
                pbestfits(i) = fitnesses(i);
                pbests(i,:) =  X(i,:);
            end
        end
        for i = 1:numofparticles
            for j = 1:numofdims
                V(i,j) =
min(max((ww*V(i,j)+rand*c1*(pbests(i,j)-X(i,j))...
                    + rand*c2*(gbest(j)-
X(i,j))),Vmin(j)),Vmax(j));

                X(i,j) = min(max((X(i,j) +
V(i,j)),Xmin(j)),Xmax(j));
            end
        end

        fitnesses = fitness(X);
        [minfit,minfitidx] = min(fitnesses);
        if(minfit < gbestfit)
            gbestfit = minfit;
            gbest = X(minfitidx,:);
        end
        worsts(t) = max(fitnesses);
        bests(t) = gbestfit;
```

```matlab
        meanfits(t) = mean(fitnesses);
    end
        %fin PSO
    pop_fin = 0.01*X; % car on avait fait x100
    %P = P0 + pop_fin;
    P = P11 - pop_fin; %cette relation est vraie à chaque
itération de la boucle principale
        %conversion de P en complexe-------------------------------
----------------
    for i = 1:taille
        Pf(i) = P(i,1) + 1i*P(i,2);
    end
    P2 = Pf;
    function [fitnesses] = fitness(X)
        som = 0;
        for k = 1:size(X,1)
            for jj = 1:size(X,2)
                som = som +(X(k,jj))^2;
            end
        fitnesses(k) = som/(size(X,2)); %erreur quadratique
moyenne
        end
```

I.29.3.2.2. Linéaire

Code source 95 : ***Synthèse des DDA par « PSO continu » sur réseau linéaire***

```matlab
function [P,bests,worsts,meanfits] =
psocont_lineaire_dpso(p,P11,taille,c1,c2,iter_max)
% synthèse au moyen de PSO continu
%conversion de P11 (qui est le résultat analytique) en réel
Pan = P11;
P11 = zeros(taille,2);
for i=1:taille
    P11(i,1) = real(Pan(i));
    P11(i,2) = imag(Pan(i));
end
P0 = rand(taille,2); %initialisation aléatoire de la matrice de
puissance
E = P11-P0; %critère de synthèse: Erreur entre la valeur désirée
P11 et P0 aléatoire
pop_in = E; %POPULATION INITIALE
        %DEBUT PSO
        %Initialisations
        X = pop_in; %POPULATION INITIALE
        numofparticles = taille; %= size(X,1) car 1ligne =
1particule, comme 1ligne=1chromosome pour l'AG
        numofdims = size(X,2); %= 2
        numofiterations = iter_max; %nombre max de générations de
la boucle principale PSO
```

```matlab
    Xmax = 100*ones(size(X)); %x100 absolument sinon la
machine plante
    Xmin = -Xmax;
    X = Xmax.*X; %afin que les valeurs de X soient comprises
entre -Xmax et Xmax
    pbestfits = zeros(numofparticles,1); %fitness du personal
best
    worsts = zeros(numofparticles,1);  %fitness maximum,
worsts (mauvais), parceque l'objectif ici est de minimiser la
fonction fitness
    bests = zeros(numofparticles,1);  % fitness minimum ou
meilleure fitness = grandeur suivie
    meanfits = zeros(numofparticles,1); %fitness moyenne
    pbests = zeros(size(X)); %Personal best
    %---------------------------
    fitnesses = fitness(X); %calcul de fitness de la
population initiale
    [minfit, minfitidx] = min(fitnesses); %calcul de la
fitness minimale et extraction de l'indice de la particule
correspondante
    gbestfit = minfit;
    gbest = X(minfitidx,:); % Meilleure particule de toutes
car à fitness minimale
    V = zeros(size(X)); %initialisation des vitesses des
particules en tenant compte de numofdims
    Vmax = zeros(1,numofdims); Vmin = Vmax; %limites inf et
sup de V
    for i = 1:numofdims
        Vmax(i) = 0.2*(Xmax(i)-Xmin(i));
        Vmin(i) = -Vmax(i);
    end
    % Boucle principale PSO
    for t = 1:numofiterations
        %ww = 0.9 - 0.7*(t/numofiterations);
        ww = (numofiterations-t)/numofiterations; %facteur
d'inertie
        for i = 1:numofparticles
            if(fitnesses(i) < pbestfits(i))
                pbestfits(i) = fitnesses(i);
                pbests(i,:) =  X(i,:);
            end
        end
        for i = 1:numofparticles
            for j = 1:numofdims
                V(i,j) =
min(max((ww*V(i,j)+rand*c1*(pbests(i,j)-X(i,j))...
                    + rand*c2*(gbest(j)-
X(i,j))),Vmin(j)),Vmax(j));
```

```matlab
                    X(i,j) = min(max((X(i,j) +
V(i,j)),Xmin(j)),Xmax(j));
                end
            end

            fitnesses = fitness(X);
            [minfit,minfitidx] = min(fitnesses);
            if(minfit < gbestfit)
                gbestfit = minfit;
                gbest = X(minfitidx,:);
            end
            worsts(t) = max(fitnesses);
            bests(t) = gbestfit;
            meanfits(t) = mean(fitnesses);
        end
        %fin PSO
    pop_fin = 0.01*X; % car on avait fait x100
    Pfin = P11 - pop_fin; %Cette relation est vraie à chaque
itération de la boucle principale PSO
    %Pfin = P0+pop_fin;
    %conversion de Pfin en complexe
    for i = 1:taille
        Pr(i) = Pfin(i,1) + 1i*Pfin(i,2);
    end
    P = Pr;

function [fitnesses] = fitness(X)
        som = 0;
        for k = 1:size(X,1)
            for jj = 1:size(X,2)
                som = som +(X(k,jj))^2;
            end
            fitnesses(k) = som/(size(X,2)); %erreur
quadratique moyenne
        end
```

Code source 96 :   **Synthèse des DDA par « PSO continu » sur réseau circulaire**

```matlab
function                [P,bests,worsts,meanfits]                =
psocont_circulaire_dpso(p,P11,taille,c1,c2,iter_max)
%-------------------------------------
% synthèse au moyen de pso continu
%-------------------------------------
%conversion de P11 (qui est le résultat analytique) en réel
Pan = P11;
P11 = zeros(taille,2);
for i=1:taille
    P11(i,1) = real(Pan(i));
    P11(i,2) = imag(Pan(i));
end
P0 = rand(taille,2); %initialisation aléatoire de la matrice
de puissance
E = P11-P0; %critère de synthèse:erreur entre la valeur
désirée P11 et P0 aléatoire
pop_in = E; %POPULATION INITIALE
%-------------------------------------            %DEBUT PSO
        %Initialisations
        X = pop_in; %POPULATION INITIALE
        numofparticles = taille; %= size(pop_in,1) car 1ligne
= 1particule, comme 1ligne=1chromosome pour l'AG
        numofdims = size(pop_in,2); %= 2
        numofiterations = iter_max; %nombre max de générations
de la boucle principale PSO
        %----------------------------
        Xmax = 100*ones(size(X)); %x100 absolument sinon la
machine plante
        Xmin = -Xmax;
        X = Xmax.*X; %afin que les valeurs de X soient
comprises entre -Xmax et Xmax
        %----------------------------
        pbestfits = zeros(numofparticles,1); %fitness du
personal best
        worsts = zeros(numofparticles,1); %fitness maximum,
worsts (mauvais), parceque l'objectif ici est de minimiser la
fonction fitness
        bests = zeros(numofparticles,1); % fitness minimum
ou meilleure fitness = grandeur suivie
        meanfits = zeros(numofparticles,1); %fitness moyenne
```

```matlab
    pbests = zeros(size(X)); %Personal best
    %----------------------------
    fitnesses = fitness(X); %calcul de fitness de la
population initiale
    [minfit, minfitidx] = min(fitnesses); %calcul de la
fitness minimale et extraction de l'indice de la particule
correspondante
    gbestfit = minfit;
    gbest = X(minfitidx,:); % Meilleure particule de
toutes car à fitness minimale
    %----------------------------
    V = zeros(size(X)); %initialisation des vitesses des
particules en tenant compte de numofdims
    Vmax = zeros(1,numofdims); Vmin = Vmax; %limites inf
et sup de V
    for i = 1:numofdims
        Vmax(i) = 0.2*(Xmax(i)-Xmin(i));
        Vmin(i) = -Vmax(i);
    end
    %----------------------------
    % Boucle principale PSO
    for t = 1:numofiterations
        %ww = 0.9 - 0.7*(t/numofiterations);
        ww = (numofiterations-t)/numofiterations;
%facteur d'inertie
        for i = 1:numofparticles
            if(fitnesses(i) < pbestfits(i))
                pbestfits(i) = fitnesses(i);
                pbests(i,:) = X(i,:);
            end
        end
        for i = 1:numofparticles
            for j = 1:numofdims
                V(i,j) = min(max((ww*V(i,j)+rand*c1*(pbests(i,j)-X(i,j))...
                    + rand*c2*(gbest(j)-X(i,j))),Vmin(j)),Vmax(j));
                X(i,j) = min(max((X(i,j) + V(i,j)),Xmin(j)),Xmax(j));
            end
        end

        fitnesses = fitness(X);
        [minfit,minfitidx] = min(fitnesses);
        if(minfit < gbestfit)
```

```matlab
                gbestfit = minfit;
                gbest = X(minfitidx,:);
            end
            worsts(t) = max(fitnesses);
            bests(t) = gbestfit;
            meanfits(t) = mean(fitnesses);
        end
            %fin PSO
        pop_fin = 0.01*X; % car on avait fait x100
        Pfin = P11 - pop_fin; %Cette relation est vraie à
chaque itération de la boucle principale PSO
        %Pfin = P0+pop_fin;
        %conversion de Pfin en complexe
        for i = 1:taille
            Pr(i) = Pfin(i,1) + 1i*Pfin(i,2);
        end
        P = Pr;
%xxxxxxxxxxxxxxxxxxxxxxxxxxxxxxxxxxxxxxxxxxx
function [fitnesses] = fitness(X)
        som = 0;
        for k = 1:size(X,1)
            for jj = 1:size(X,2)
                som = som +(X(k,jj))^2;
            end
            fitnesses(k)   =   som/(size(X,2));   %erreur
quadratique moyenne

        end
```

I.30. Optimisation du temps de beamforming par synthèse au moyen des éssaims de particules

I.30.1. Procédure de simulation

En figure 331, nous avons la page de garde de l'outil « Antennes intelligentes : Optimisation du beamforming par synthèse au moyen de PSO ».

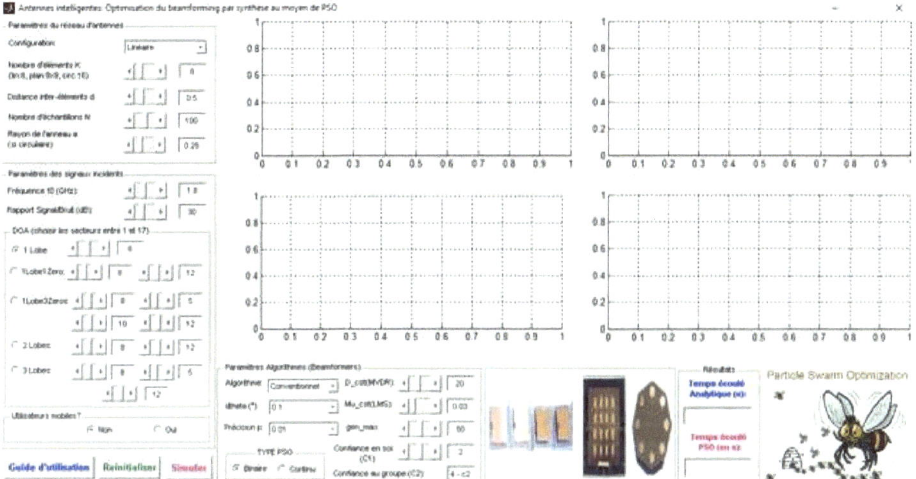

Figure 331: **Page de garde de l'outil de synthèse du beamforming par PSO.**

Après avoir rempli les paramètres du réseau d'antennes comme illustré sur la figure 332.

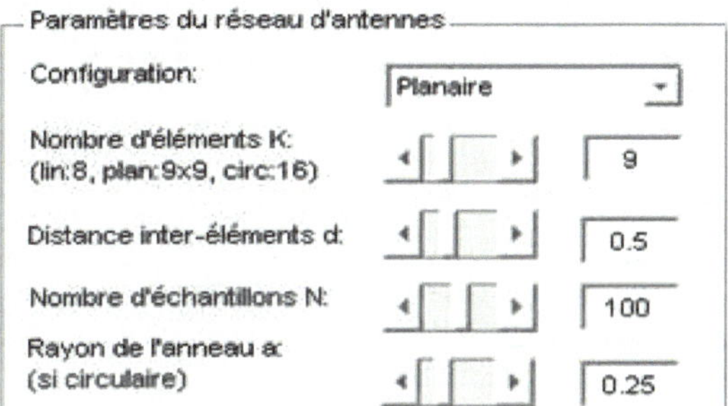

Figure 332: **Choix des paramètres du réseau d'antennes.**

On a dans les paramètres du réseau d'antennes :

Le nombre d'éléments K : par défaut lorsqu'on a choisi le réseau linéaire, la valeur de K a basculé automatiquement à 8, si on a choisi le réseau planaire, la valeur de K a basculé automatiquement à 9 (cela signifie qu'on a 9x9 = 81 éléments d'antennes) et si on a choisi le réseau circulaire, la valeur de K a basculé automatiquement à 5. Mais il est à noter que ces valeurs ne sont que celles par défaut pour lesquelles nous avons mené nos simulations. L'utilisateur peut à souhait les modifier et observer les changements sur les courbes du spectre de puissance et sur le nombre de raies détectables. Néanmoins, le nombre de sources doit être strictement inférieur au nombre d'éléments de l'antenne (L < K pour les réseaux linéaire et circulaire ou L < (K*K) pour le réseau planaire). En d'autres termes, un réseau de K éléments ne peut détecter convenablement qu'au plus (K-1) sources.

La distance inter-éléments en termes de lambda : d, qui est fixée par défaut à 0.5, mais que l'utilisateur peut également modifier à souhait et observer l'influence.

Le nombre d'échantillons N dont la valeur maximale par défaut a été fixé à 100.

Le rayon de l'anneau a (qui n'est pris en compte que pour le réseau circulaire) est fixé par défaut à 0.25.

On rentre les paramètres des signaux incidents (voir figure 333), à savoir :

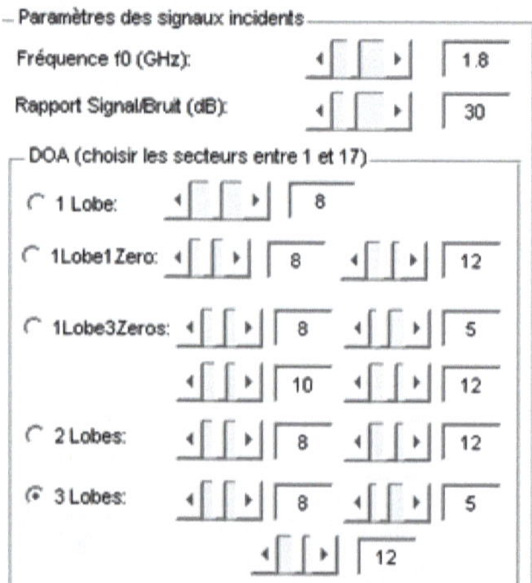

Figure 333:   *Choix des paramètres des signaux incidents.*

La fréquence d'utilisation f0 dont la valeur par défaut est fixée à 1.8GHz mais dont la modification n'influe pas de façon notable les résultats. Ainsi on peut l'essayer à 2.4 GHz ou à 5 GHz.

Le rapport signal sur bruit dont la valeur par défaut est fixée à 30 dB, modifiable ;

Les directions d'arrivées (« DDA » en français et « DOA » en anglais) selon le nombre de lobes souhaités. Ainsi l'utilisateur coche l'une des cases entre 1lobe, 2lobes, 3lobes et 4lobes. Par la suite, il lui est offert la possibilité de rentrer les directions d'arrivées en termes de secteurs entre 1 et 17 car l'espace a été divisé en 17 secteurs entre 5 et 175°. Il pourra ainsi à souhait indiquer où se trouvent la ou les sources qu'il souhaite détecter.

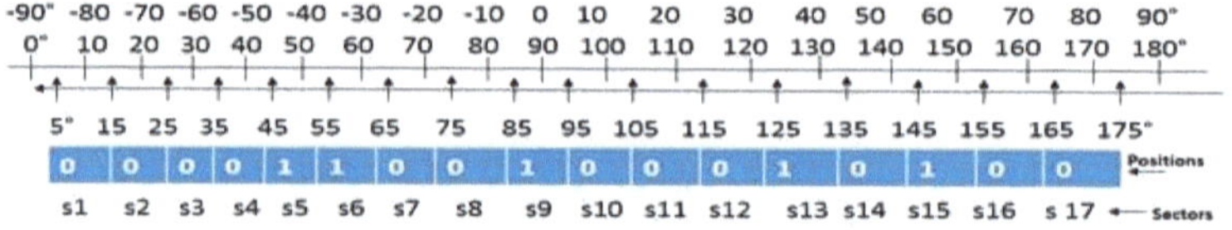

Figure 334:   *Les différents secteurs.*

Par la suite, il répond à la question si la source est mobile ou statique en cochant. Pour l'instant, l'outil d'optimisation ne fonctionne que pour des sources statiques (figure 335).

Figure 335:   *Choix du type d'utilisateurs.*

On choisit l'algorithme, comme celui de « PSO_sur_DMI » à la figure 336.

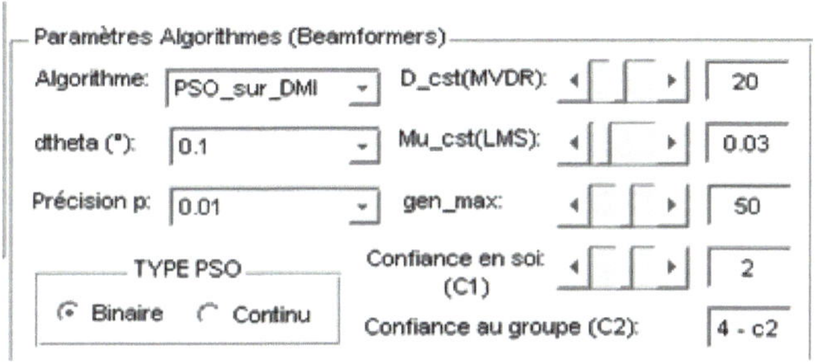

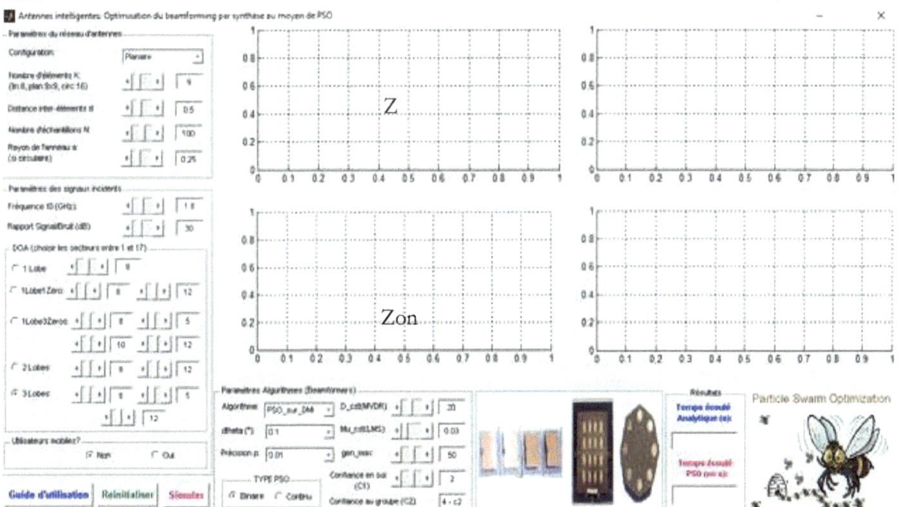

Figure 336:   ***Choix des paramètres d'algorithmes de synthèse.***

Les méthodes analytiques de caractérisation définies dans la section 3.2 servent de référence à obtenir par synthèse au moyen des essaims de particules.

Pour la synthèse au moyen des essaims de particules : On applique les essaims de particules sur chacune des méthodes analytiques développées précédemment : PSO_sur_Conv, PSO _sur_Nulls, PSO _sur_MVDR, PSO _sur_LMS, PSO _sur_RLS, PSO _sur_DMI, PSO _sur_CMA. Pour toutes ces synthèses, l'utilisateur peut à souhait modifier :

La précision (p) sur les éléments de la matrice de puissance (P) qu'on génère comme population initiale au début de l'algorithme génétique ;

Le Nbre de gen_max, nombre maximum de génération permettant à l'algorithme de converger. Cette valeur est fixée par observation de la fonction fitness ;

La confiance en soi(C1) qui est soit binaire, c'est-à-dire que le codage de la population initiale au début de l'algorithme est celle des nombres réels vers le binaire, ou réel (continu), c'est-à-dire que les nombres réels sont utilisés directement dans l'algorithme. L'AG continu pour notre cas, offre de piètres résultats. Il sera intégré dans une version ultérieure.

Au final, toutes les données sont définies et on obtient la feuille de représentation de la figure 335.

Figure 337:   ***Paramètres pour la formation de 3 faisceaux par « PSO_sur_DMI » sur réseau planaire.***

Dans la figure 337, nous avons aussi 04 zones qui affichent respectivement :

Zone 1 : Les courbes des spectres de puissance en coordonnées cartésiennes (théorique recherchée en vert, par méthode analytique en bleu et le spectre synthétisé en rouge) ;

Zone 2 : Les mêmes courbes en coordonnées polaires ;

Zone 3 : Les mêmes courbes en coordonnées logarithmiques ;

Zone 4 : Les résultats d'estimation de DOA et de temps écoulés accompagné de l'architecture du PMUC.

Enfin, il suffit de lancer la simulation en cliquant sur « simuler » comme illustré par le cercle rouge dans la figure 336 et on obtient le résultat final de la figure 337.

Par la suite, nous présenterons juste les résultats finaux.

I.30.2. Résultats

La configuration de l'application est faite conformement aux recommandations de la section 6.4.1.

I.30.2.1. Planaire

La figure 338 présente la synthèse de trois directions d'arrivées (50°, 80° et 120°) par l'algorithme PSO_sur_DMI sur un réseau planaire à 9x9 éléments distants de 0.5 m.

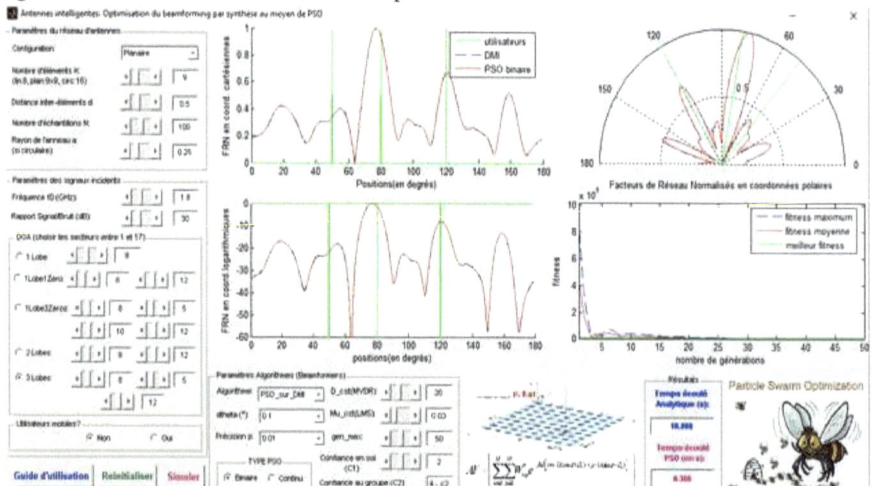

Figure 338: **Synthèse de 3 DOA par l'algorithme « PSO_sur_DMI » sur réseau planaire.**

6.4.1.1. Linéaire

La figure 339 présente la synthèse de trois directions d'arrivées (50°, 80° et 120°) par l'algorithme PSO_sur_DMI sur un réseau linéaire à 8 éléments distants de 0.5 m.

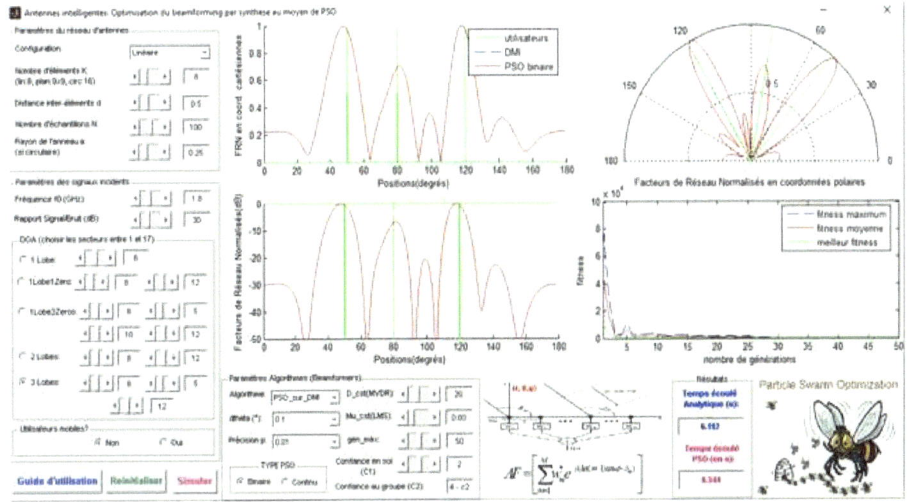

Figure 339: **Synthèse de 3 DOA par l'algorithme « PSO_sur_DMI » sur réseau linéaire.**

I.30.2.2. Circulaire

La figure 340 présente la synthèse de trois directions d'arrivées (50°, 80° et 120°) par l'algorithme PSO_sur_DMI sur un réseau circulaire à 5 éléments distants de 0.5 m.

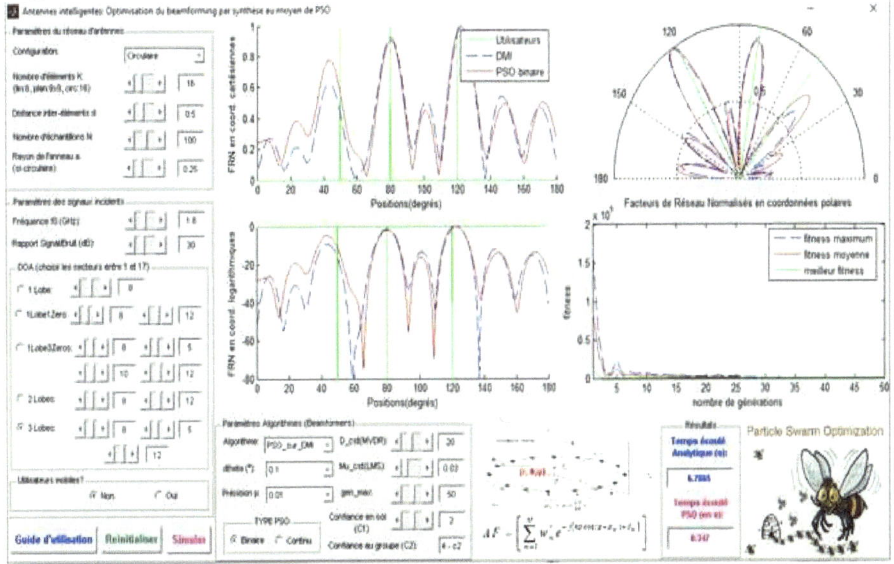

Figure 340: **Synthèse de 3 DOA par l'algorithme « PSO_sur_DMI » sur réseau circulaire.**

I.30.3.   Codes sources

I.30.3.1. Les PSO binaires

I.30.3.1.1.   Planaire
Code source 97 :   ***Beamforming par « PSO binaire » sur réseau planaire***

```matlab
function[wpso,bests,worsts,meanfits] =
wpsobin_planaire(w,M,p,c1,c2,iter_max)
%synthèse au moyen de PSO binaire sur réseau planaire
        wmin=-1; %valeur minimale prise par les wij
        wmax=1;  %valeur maximale prise par les wij
        l = wmax-wmin; %largeur de l'intervalle [-1;1]
        %p = 0.01;
        nbits = ceil(log(l/p)/log(2)); %nombre de bits sur
lesquels seront codés les wij
        %conversion de w analytique en réel
        wan = w;
        w = zeros(M*M,2);
        for i=1:M*M
            w(i,1) = real(wan(i));
            w(i,2) = imag(wan(i));
        end
        w0 = randn(M*M,2);%initialisation aléatoire de la matrice
de pondération
        w1 = abs(w0);
        w2 = w0./w1;
        w3 = w2.*rand(M*M,2);%matrice de pondération aléatoire
normalisée entre -1 et 1
        E = w-w3; %critère de synthèse: Erreur entre la fonction
désirée wan et w3 aléatoire
        %CODAGE--------------------
        %etape 1: codage intermediaire vers des valeurs positives
        gmax = (pow2(nbits))-1;
        g = zeros(M*M,2);
        for i=1:M*M
            g(i,1) = abs(((E(i,1)-wmin)/(wmax-wmin))*gmax);
            g(i,2) = abs(((E(i,2)-wmin)/(wmax-wmin))*gmax);
        end
        %étape 2: codage vers le binaire
        b1 = dec2bin(g(:,1), nbits);

 b2 = dec2bin(g(:,2), nbits);

        pop_in = [b1 b2];%[(M*M)x2nbits] valeurs comprises entre -
1 et 1)
        for kk = 1:M*M*2*nbits
            if (pop_in(kk) == '')
                pop_in(kk) = 0; %pour combler les vides
```

```matlab
        end
    end

    %Début PSO
    %Initialisations
    X = pop_in; %POPULATION INITIALE
    numofparticles = M*M; %car 1ligne = 1particule, comme
1ligne=1chromosome pour l'AG
    numofdims = 2*nbits; % = size(pop_in,2)
    numofiterations = iter_max; %nombre max de générations de
la boucle principale PSO
    %----------------------------
    Xmax = 100*ones(size(X)); %x 100 absolument sinon la
machine plante
    Xmin = -Xmax;
    X = Xmax.*X; %afin que les valeurs de X soient comprises
entre 0 et 100
    %----------------------------
    pbestfits = zeros(M*M,1); %fitness du personal best
    worsts = zeros(M*M,1);   %fitness maximum, worsts
(mauvais), parceque l'objectif ici est de minimiser la fonction
fitness
    bests = zeros(M*M,1);   % fitness minimum = grandeur suivie
= baptisée meilleure fitness
    meanfits = zeros(M*M,1); %fitness moyenne
    pbests = zeros(M*M,2*nbits); %Personal best
    %----------------------------
    fitnesses = fitness(X); %calcul de fitness de la
population initiale
    [minfit, minfitidx] = min(fitnesses); %calcul de la
fitness minimale et extraction de l'indice de la particule
correspondante
    gbestfit = minfit;
    gbest = X(minfitidx,:); % Meilleure particule de toutes
car à fitness minimale
    %----------------------------
    V = zeros(M*M,2*nbits); %initialisation des vitesses des
particules en tenant compte de numofdims
    Vmax = zeros(1,numofdims); Vmin = Vmax; %limites inf et
sup de V
    for i = 1:numofdims
        Vmax(i) = 0.2*(Xmax(i)-Xmin(i));
        Vmin(i) = -Vmax(i);
    end
    %----------------------------
    %Boucle principale PSO
    E_fin = zeros(M*M,1);
    wf = zeros(1,M*M);
    for t = 1:numofiterations
```

```matlab
            %ww = 0.9 - 0.7*(t/numofiterations);
            ww = (numofiterations-t)/numofiterations; %facteur
d'inertie
            for i = 1:numofparticles
                if(fitnesses(i) < pbestfits(i))
                    pbestfits(i) = fitnesses(i);
                    pbests(i,:) =  X(i,:);
                end
            end
            for i = 1:numofparticles
                for j = 1:numofdims
                    V(i,j) =
min(max((ww*V(i,j)+rand*c1*(pbests(i,j)-X(i,j))...
                        + rand*c2*(gbest(j)-
X(i,j))),Vmin(j)),Vmax(j));
                    X(i,j) = min(max((X(i,j) +
V(i,j)),Xmin(j)),Xmax(j));
                end
            end
            pop_fin = X;
            fitnesses = fitness(X);
            [minfit,minfitidx] = min(fitnesses);
            if(minfit < gbestfit)
                gbestfit = minfit;
                gbest = X(minfitidx,:);

end

            worsts(t) = max(fitnesses);
            bests(t) = gbestfit;
            meanfits(t) = mean(fitnesses);
        end
        %fin PSO
        pop_fin = 0.01*X; %car on avait fait x100
        %DECODAGE
         som = 0;
         pom =0;
        for k=1:M*M
           for i=nbits:1
             g(k,1) = som + pop_fin(i)*pow2(i);
           end
           for j=2*nbits:nbits+1
             g(k,2) = pom + pop_fin(j)*pow2(j-nbits);
           end
        E_fin(k,1) = wmin + ((wmax - wmin)*g(k,1))/gmax;
        E_fin(k,2) = wmin + ((wmax - wmin)*g(k,2))/gmax;
        end
        %---------------------------
%La matrice E_fin ne tend pas vers zero mais permet généralement
```

```matlab
                %que fitness tende vers zero. Nous constatons que
E_fin correspond à
                %la valeur permettant d'obtenir w3+E_fin tendant
vers w analytique. Donc:
                w = w3 + E_fin;
        %conversion de w en complexe
                wf = zeros(1,M*M);
                for i = 1:M*M
                    wf(i) = w(i,1) + 1i*w(i,2);
                end
                wpso = wf.';
%XXXXXXXXXXXXXXXXXXXXXXXXXXXXXXXXXXXXXXXXXXXXXXXXXXXXXXXXXXXXXXXXXXX
XXXXXXXXX
        function [fitnesses] = fitness(X)
            som = 0;
            for k = 1:size(X,1)
                for jj = 1:size(X,2)
                    som = som +(X(k,jj))^2;
                end

            fitnesses(k) = som/(size(X,2)); %erreur quadratique
moyenne
            end
```

I.30.3.1.2.   *Linéaire*
Code source 98 :   ***Beamforming par « PSO binaire » sur réseau linéaire***

```matlab
function [wpso,bests,worsts,meanfits] =
wpsobin_lineaire(w,M,p,c1,c2,iter_max)
%----------------------------------------
% synthèse au moyen de PSO binaire sur réseau linéaire
        wmin=-1; %valeur minimale prise par les wij
        wmax=1;  %valeur maximale prise par les wij
        l = wmax-wmin; %largeur de l'intervalle [-1;1]
        nbits = ceil(log(l/p)/log(2)); %nombre de bits sur
lesquels seront codés les wij
        %conversion de w analytique en réel
        wan = w;
        w = zeros(M,2);
        for i=1:M
            w(i,1) = real(wan(i));
            w(i,2) = imag(wan(i));
        end
        w0 = randn(M,2);%initialisation aléatoire de la matrice de
pondération
        w1 = abs(w0);
        w2 = w0./w1; %soit -1 soit 1
        w3 = w2.*rand(M,2);%matrice de pondération aléatoire
normalisée entre -1 et 1
```

```matlab
    E = w-w3; %critère de synthèse: erreur entre la fonction
désirée wan et w3 aléatoire
    %w est la valeur analytique convertie en réelle
    %CODAGE-------------------------
    %etape 1: codage intermediaire vers g
    gmax = (pow2(nbits))-1;
    g = zeros(M,2);
    for i=1:M
        g(i,1) = abs(((E(i,1)-wmin)/(wmax-wmin))*gmax);
        g(i,2) = abs(((E(i,2)-wmin)/(wmax-wmin))*gmax);
    end
    % étape 2: codage vers le binaire
    b1 = dec2bin(g(:,1), nbits);
    b2 = dec2bin(g(:,2), nbits);
    pop_in = [b1 b2]; %[Mx2nbits] càd de 0 ou 1
    for kk = 1:M*2*nbits
        if (pop_in(kk) == '')
            pop_in(kk) = 0; %pour combler les vides
        end
    end
    %Début PSO
    %Initialisations
    X = pop_in; %POPULATION INITIALE
    numofparticles = M; %car 1ligne = 1particule, comme
1ligne=1chromosome pour l'AG
    numofdims = 2*nbits; % = size(pop_in,2)
    numofiterations = iter_max; %nombre max de générations de
la boucle principale PSO
    %----------------------------
    Xmax = ones(size(X))*100; %x100 absolument sinon la
machine plante
    Xmin = -Xmax;
    X = Xmax.*X; %afin que les valeurs de X soient comprises
entre 0 et 100
    %----------------------------
    pbestfits = zeros(M,1); %fitness du personal best
    worsts = zeros(M,1);  %fitness maximum, worsts (mauvais),
parceque l'objectif ici est de minimiser la fonction fitness
    bests = zeros(M,1);  % fitness minimum = grandeur suivie =
meilleur fitness
    meanfits = zeros(M,1); %fitness moyenne
    pbests = zeros(M,2*nbits); %Personal best
    %----------------------------
    fitnesses = fitness(X); %calcul de fitness de la
population initiale
    [minfit, minfitidx] = min(fitnesses); %calcul de la
fitness minimale et extraction de l'indice correspondante
    gbestfit = minfit;
```

```matlab
        gbest = X(minfitidx,:); % Meilleure particule de toutes
car à fitness minimale
        V = zeros(M,2*nbits); %initialisation des vitesses des
particules en tenant compte de numofdims
        Vmax = zeros(1,numofdims); Vmin = Vmax; %limites inf et
sup de V
        for i = 1:numofdims
            Vmax(i) = 0.2*(Xmax(i)-Xmin(i));
            Vmin(i) = -Vmax(i);
        end
        % Boucle principale PSO
        for t = 1:numofiterations
            %ww = 0.9 - 0.7*(t/numofiterations);
            ww = (numofiterations-t)/numofiterations; %facteur
d'inertie
            for i = 1:numofparticles
                if(fitnesses(i) < pbestfits(i))
                    pbestfits(i) = fitnesses(i);
                    pbests(i,:) =  X(i,:);
                end
            end
            for i = 1:numofparticles
                for j = 1:numofdims
                    V(i,j) =
min(max((ww*V(i,j)+rand*c1*(pbests(i,j)-X(i,j))...
                        + rand*c2*(gbest(j)-
X(i,j))),Vmin(j)),Vmax(j));
                    X(i,j) = min(max((X(i,j) +
V(i,j)),Xmin(j)),Xmax(j));
                end
            end

            fitnesses = fitness(X);
            [minfit,minfitidx] = min(fitnesses);
            if(minfit < gbestfit)
                gbestfit = minfit;
                gbest = X(minfitidx,:);
            end
            worsts(t) = max(fitnesses);
            bests(t) = gbestfit;
            meanfits(t) = mean(fitnesses);
        end
        %fin PSO
    pop_fin = 0.01*X; %car on avait fait x100
            %DECODAGE
            E_fin = zeros(M,1);
            som = 0;
            pom =0;
            for k=1:M
```

```matlab
                for i=nbits:1
                 g(k,1) = som + pop_fin(i)*pow2(i);
                end
                for j=2*nbits:nbits+1
                 g(k,2) = pom + pop_fin(j)*pow2(j-nbits);
                end
                E_fin(k,1) = wmin + ((wmax -
wmin)*g(k,1))/gmax;
                E_fin(k,2) = wmin + ((wmax -
wmin)*g(k,2))/gmax;
            end
            %La matrice E_fin ne tend pas vers zero mais
permet généralement
            %que fitness tende vers zero. Nous constatons que
E_fin correspond à
            %la valeur permettant d'obtenir w3+E_fin tendant
vers w analytique. Donc:
            w = w3 + E_fin;
            %conversion de w en complexe
            wf = zeros(1,M);
            for i = 1:M
                wf(i) = w(i,1) + 1i*w(i,2);
            end
            wpso = wf.';


%XXXXXXXXXXXXXXXXXXXXXXXXXXXXXXXXXXXXXXXXXXX
        function [fitnesses] = fitness(X)
          som = 0;
          for k = 1:size(X,1)
              for jj = 1:size(X,2)
                  som = som +(X(k,jj))^2;
              end
          fitnesses(k) = som/(size(X,2)); %erreur quadratique
moyenne
          end
```

*Code source 99 :   **Beamforming par « PSO continu » sur réseau circulaire***

```matlab
function [wpso,bests,worsts,meanfits] =
wpsobin_circulaire(w,M,p,c1,c2,iter_max)
% synthèse au moyen de PSO binaire sur réseau linéaire

        wmin=-1; %valeur minimale prise par les wij
        wmax=1;  %valeur maximale prise par les wij
        l = wmax-wmin; %largeur de l'intervalle [-1;1]
        nbits = ceil(log(l/p)/log(2)); %nombre de bits sur
lesquels seront codés les wij
        %conversion de w analytique en réel
        wan = w;
        w = zeros(M,2);
        for i=1:M
            w(i,1) = real(wan(i));
            w(i,2) = imag(wan(i));
        end
        w0 = randn(M,2);%initialisation aléatoire de la matrice de
pondération
        w1 = abs(w0);
        w2 = w0./w1; %soit -1 soit 1
        w3 = w2.*rand(M,2);%matrice de pondération aléatoire
normalisée entre -1 et 1
        E = w-w3; %critère de synthèse: erreur entre la fonction
désirée wan et w3 aléatoire
        %w est la valeur analytique convertie en réelle
        %CODAGE--------------------
        %etape 1: codage intermediaire vers g
        gmax = (pow2(nbits))-1;
        g = zeros(M,2);
        for i=1:M
            g(i,1) = abs(((E(i,1)-wmin)/(wmax-wmin))*gmax);
            g(i,2) = abs(((E(i,2)-wmin)/(wmax-wmin))*gmax);
        end
        % étape 2: codage vers le binaire
        b1 = dec2bin(g(:,1), nbits);
        b2 = dec2bin(g(:,2), nbits);
        pop_in = [b1 b2]; %[Mx2nbits] càd de 0 ou 1
        for kk = 1:M*2*nbits
            if (pop_in(kk) == '')
                pop_in(kk) = 0; %pour combler les vides
            end
        end
        %Début PSO
        %Initialisations
        X = pop_in; %POPULATION INITIALE
```

```matlab
        numofparticles = M; %car 1ligne = 1particule, comme
1ligne=1chromosome pour l'AG
        numofdims = 2*nbits; % = size(pop_in,2)
        numofiterations = iter_max; %nombre max de générations de
la boucle principale PSO
        %---------------------------
        Xmax = ones(size(X))*100; %x100 absolument sinon la
machine plante
        Xmin = -Xmax;
        X = Xmax.*X; %afin que les valeurs de X soient comprises
entre 0 et 100
        pbestfits = zeros(M,1); %fitness du personal best
        worsts = zeros(M,1);  %fitness maximum, worsts (mauvais),
parceque l'objectif ici est de minimiser la fonction fitness
        bests = zeros(M,1);  % fitness minimum = grandeur suivie =
meilleur fitness
        meanfits = zeros(M,1); %fitness moyenne
        pbests = zeros(M,2*nbits); %Personal best
        %---------------------------
        fitnesses = fitness(X); %calcul de fitness de la
population initiale
        [minfit, minfitidx] = min(fitnesses); %calcul de la
fitness minimale et extraction de l'indice correspondante
        gbestfit = minfit;
        gbest = X(minfitidx,:); % Meilleure particule de toutes
car à fitness minimale
        %---------------------------
        V = zeros(M,2*nbits); %initialisation des vitesses des
particules en tenant compte de numofdims
        Vmax = zeros(1,numofdims); Vmin = Vmax; %limites inf et
sup de V
        for i = 1:numofdims
            Vmax(i) = 0.2*(Xmax(i)-Xmin(i));
            Vmin(i) = -Vmax(i);
        end
         % Boucle principale PSO
        for t = 1:numofiterations
            %ww = 0.9 - 0.7*(t/numofiterations);
            ww = (numofiterations-t)/numofiterations; %facteur
d'inertie
                for i = 1:numofparticles
                    if(fitnesses(i) < pbestfits(i))
                        pbestfits(i) = fitnesses(i);
                        pbests(i,:) =  X(i,:);
                    end
                end
                for i = 1:numofparticles
                    for j = 1:numofdims
```

```matlab
                    V(i,j) =
min(max((ww*V(i,j)+rand*c1*(pbests(i,j)-X(i,j))...
                    + rand*c2*(gbest(j)-
X(i,j))),Vmin(j)),Vmax(j));
                    X(i,j) = min(max((X(i,j) +
V(i,j)),Xmin(j)),Xmax(j));
                end
            end

            fitnesses = fitness(X);
            [minfit,minfitidx] = min(fitnesses);
            if(minfit < gbestfit)
                gbestfit = minfit;
                gbest = X(minfitidx,:);
            end
            worsts(t) = max(fitnesses);
            bests(t) = gbestfit;
            meanfits(t) = mean(fitnesses);
        end
        %fin PSO
    pop_fin = 0.01*X; %car on avait fait x100
            %DECODAGE
             E_fin = zeros(M,1);
             som = 0;
             pom =0;
            for k=1:M
               for i=nbits:1
                g(k,1) = som + pop_fin(i)*pow2(i);
               end
               for j=2*nbits:nbits+1
                g(k,2) = pom + pop_fin(j)*pow2(j-nbits);
               end
               E_fin(k,1) = wmin + ((wmax -
wmin)*g(k,1))/gmax;
               E_fin(k,2) = wmin + ((wmax -
wmin)*g(k,2))/gmax;
            end
            %-----------------------
            %La matrice E_fin ne tend pas vers zero mais
permet généralement
            %que fitness tende vers zero. Nous constatons que
E_fin correspond à
            %la valeur permettant d'obtenir w3+E_fin tendant
vers w analytique. Donc:
            w = w3 + E_fin;
            %conversion de w en complexe
            wf = zeros(1,M);
            for i = 1:M
                wf(i) = w(i,1) + 1i*w(i,2);
```

```matlab
            end
        wpso = wf.';
```

```matlab
%XXXXXXXXXXXXXXXXXXXXXXXXXXXXXXXXXXXXXXXXXXX
        function [fitnesses] = fitness(X)
            som = 0;
            for k = 1:size(X,1)
                for jj = 1:size(X,2)
                    som = som +(X(k,jj))^2;
                end
            fitnesses(k) = som/(size(X,2)); %erreur quadratique
moyenne
            end
```


I.30.3.2.   Les PSO continus

I.30.3.2.1.   *Planaire*
Code source 100 :   Beamforming par « PSO continu » sur réseau planaire

```matlab
function [wpso,bests,worsts,meanfits] =
wpsocont_planaire_pso(w,M,p,c1,c2,iter_max)
%-----------------------------------------
% synthèse au moyen de PSO continu sur réseau planaire
%-----------------------------------------
        wmin=-1; %valeur minimale prise par les wij
        wmax=1;   %valeur maximale prise par les wij
        l = wmax-wmin; %largeur de l'intervalle [-1;1]
        %p = 0.01;
        nbits = ceil(log(l/p)/log(2)); %nombre de bits sur
lesquels seront codés les wij
        %conversion de w analytique en réel
        wan = w;
        w = zeros(M*M,2);
        for i=1:M*M
            w(i,1) = real(wan(i));
            w(i,2) = imag(wan(i));
        end
        w0 = randn(M*M,2);%initialisation aléatoire de la matrice
de pondération
        w1 = abs(w0);
        w2 = w0./w1;
        w3 = w2.*rand(M*M,2);%matrice de pondération aléatoire
normalisée entre -1 et 1
        E = w-w3; %critère de synthèse: Erreur entre la fonction
désirée wan et w3 aléatoire
        pop_in = E;

        %DEBUT PSO
```

```matlab
%Initialisations
X = pop_in; %POPULATION INITIALE
numofparticles = size(pop_in,1); %= M car 1ligne =
1particule, comme 1ligne=1chromosome pour l'AG
numofdims = size(pop_in,2); %= 2
numofiterations = iter_max; %nombre max de générations de
la boucle principale PSO
%---------------------------
Xmax = 100*ones(size(X)); %x100 absolument sinon la
machine plante
Xmin = -Xmax;
X = Xmax.*X; %afin que les valeurs de X soient comprises
entre -Xmax et Xmax
%---------------------------
pbestfits = zeros(numofparticles,1); %fitness du personal
best
worsts = zeros(numofparticles,1);   %fitness maximum,
worsts (mauvais), parceque l'objectif ici est de minimiser la
fonction fitness
bests = zeros(numofparticles,1);   % fitness minimum ou
meilleure fitness = grandeur suivie
meanfits = zeros(numofparticles,1); %fitness moyenne
pbests = zeros(size(X)); %Personal best
%---------------------------
fitnesses = fitness(X); %calcul de fitness de la
population initiale
[minfit, minfitidx] = min(fitnesses); %calcul de la
fitness minimale et extraction de l'indice de la particule
correspondante
gbestfit = minfit;
gbest = X(minfitidx,:); % Meilleure particule de toutes
car à fitness minimale
%---------------------------
V = zeros(size(X)); %initialisation des vitesses des
particules en tenant compte de numofdims
Vmax = zeros(1,numofdims); Vmin = Vmax; %limites inf et
sup de V
for i = 1:numofdims
    Vmax(i) = 0.2*(Xmax(i)-Xmin(i));
    Vmin(i) = -Vmax(i);
end
%------------------------------
% Boucle principale PSO
for t = 1:numofiterations
    %ww = 0.9 - 0.7*(t/numofiterations);
    ww = (numofiterations-t)/numofiterations; %facteur
d'inertie
    for i = 1:numofparticles
        if(fitnesses(i) < pbestfits(i))
```

```matlab
                pbestfits(i) = fitnesses(i);
                pbests(i,:) =  X(i,:);
            end
        end
        for i = 1:numofparticles
            for j = 1:numofdims
                V(i,j) =
min(max((ww*V(i,j)+rand*c1*(pbests(i,j)-X(i,j))...
                    + rand*c2*(gbest(j)-
X(i,j))),Vmin(j)),Vmax(j));
                X(i,j) = min(max((X(i,j) +
V(i,j)),Xmin(j)),Xmax(j));
            end
        end

        fitnesses = fitness(X);
        [minfit,minfitidx] = min(fitnesses);
        if(minfit < gbestfit)
            gbestfit = minfit;
            gbest = X(minfitidx,:);
        end
        worsts(t) = max(fitnesses);
        bests(t) = gbestfit;
        meanfits(t) = mean(fitnesses);
    end
        %fin PSO
    pop_fin = 0.01*X; % car on avait fait x100
    w3fin = w - pop_fin; %Cette relation est vraie à chaque
itération de la boucle principale PSO
        %conversion de w3fin en complexe
    wr = zeros(1,M*M);
    for i = 1:M*M
        wr(i) = w3fin(i,1) + 1i*w3fin(i,2);
    end
    wpso = wr.';
%XXXXXXXXXXXXXXXXXXXXXXXXXXXXXXXXXXXXXXXXXXXXXXXXXXXXXXXXXXXXX
XXXXXXXXX
        function [fitnesses] = fitness(X)
            som = 0;
            for k = 1:size(X,1)
                for jj = 1:size(X,2)
                    som = som +(X(k,jj))^2;
                end
            fitnesses(k) = som/(size(X,2)); %erreur quadratique
moyenne
            end
        %-------------------------------------------------
```

```matlab
function [wpso,bests,worsts,meanfits] =
wpsocont_lineaire_pso(w,M,p,c1,c2,iter_max)
% synthèse au moyen de PSO continu sur réseau linéaire
        %conversion de w analytique en réel
        wan = w;
        w = zeros(M,2);
        for i=1:M
            w(i,1) = real(wan(i));
            w(i,2) = imag(wan(i));
        end
        w0 = randn(M,2);%initialisation aléatoire de la matrice de
pondération
        w1 = abs(w0);
        w2 = w0./w1; %soit des -1 soit des 1
        w3 = w2.*rand(M,2);%matrice de pondération aléatoire
normalisée entre -1 et 1
        E = w-w3;%critère de synthèse: erreur entre la fonction
désirée wan et w3 aléatoire
        %w est la valeur analytique convertie en réelle
        pop_in = E;


        %DEBUT PSO
        %Initialisations
        X = pop_in; %POPULATION INITIALE
        numofparticles = size(pop_in,1); %= M car 1ligne =
1particule, comme 1ligne=1chromosome pour l'AG
        numofdims = size(pop_in,2); %= 2
        numofiterations = iter_max; %nombre max de générations de
la boucle principale PSO
        %---------------------------
        Xmax = 100*ones(size(X)); %x100 absolument sinon la
machine plante
        Xmin = -Xmax;
        X = Xmax.*X; %afin que les valeurs de X soient comprises
entre -Xmax et Xmax
        %---------------------------
        pbestfits = zeros(numofparticles,1); %fitness du personal
best
        worsts = zeros(numofparticles,1);   %fitness maximum,
worsts (mauvais), parceque l'objectif ici est de minimiser la
fonction fitness
        bests = zeros(numofparticles,1);   % fitness minimum ou
meilleure fitness = grandeur suivie
        meanfits = zeros(numofparticles,1); %fitness moyenne
        pbests = zeros(size(X)); %Personal best
```

```matlab
    %-----------------------------
    fitnesses = fitness(X); %calcul de fitness de la
population initiale
    [minfit, minfitidx] = min(fitnesses); %calcul de la
fitness minimale et extraction de l'indice de la particule
correspondante
    gbestfit = minfit;
    gbest = X(minfitidx,:); % Meilleure particule de toutes
car à fitness minimale
    %-----------------------------
    V = zeros(size(X)); %initialisation des vitesses des
particules en tenant compte de numofdims
    Vmax = zeros(1,numofdims); Vmin = Vmax; %limites inf et
sup de V
    for i = 1:numofdims
        Vmax(i) = 0.2*(Xmax(i)-Xmin(i));
        Vmin(i) = -Vmax(i);
    end
    %-----------------------------
    % Boucle principale PSO
    for t = 1:numofiterations
        %ww = 0.9 - 0.7*(t/numofiterations);
        ww = (numofiterations-t)/numofiterations; %facteur
d'inertie

        for i = 1:numofparticles
            if(fitnesses(i) < pbestfits(i))
                pbestfits(i) = fitnesses(i);
                pbests(i,:) =  X(i,:);
            end
        end
        for i = 1:numofparticles
            for j = 1:numofdims
                V(i,j) =
min(max((ww*V(i,j)+rand*c1*(pbests(i,j)-X(i,j))...
                    + rand*c2*(gbest(j)-
X(i,j))),Vmin(j)),Vmax(j));
                X(i,j) = min(max((X(i,j) +
V(i,j)),Xmin(j)),Xmax(j));
            end
        end

        fitnesses = fitness(X);
        [minfit,minfitidx] = min(fitnesses);
        if(minfit < gbestfit)
            gbestfit = minfit;
            gbest = X(minfitidx,:);
        end
        worsts(t) = max(fitnesses);
        bests(t) = gbestfit;
```

```matlab
        meanfits(t) = mean(fitnesses);
    end
        %fin PSO
    pop_fin = 0.01*X; % car on avait fait x100
    w3fin = w - pop_fin; %Cette relation est vraie à chaque
itération de la boucle principale PSO
        %conversion de w3fin en complexe
    for i = 1:M
        wr(i) = w3fin(i,1) + 1i*w3fin(i,2);
    end
    wpso = wr.';


%xxxxxxxxxxxxxxxxxxxxxxxxxxxxxxxxxxxxxxxxxxxxxxxxxxxxxxxxxxxxxxxxx
xxxxxxxxx
function [fitnesses] = fitness(X)
        som = 0;
        for k = 1:size(X,1)
            for jj = 1:size(X,2)
                som = som +(X(k,jj))^2;
            end
            fitnesses(k) = som/(size(X,2)); %erreur
quadratique moyenne
        end
```

I.30.3.2.3.   *Circulaire*
Code source 102 :   ***Beamforming par « PSO continu » sur réseau circulaire***

```matlab
function [wpso,bests,worsts,meanfits] =
wpsocont_circulaire_pso(w,M,p,c1,c2,iter_max)
%--------------------------------
% synthèse au moyen de PSO continu sur réseau linéaire
%--------------------------------
        %conversion de w analytique en réel
    wan = w;
    w = zeros(M,2);
    for i=1:M
        w(i,1) = real(wan(i));
        w(i,2) = imag(wan(i));
    end
    w0 = randn(M,2);%initialisation aléatoire de la matrice de
pondération
    w1 = abs(w0);
    w2 = w0./w1; %soit des -1 soit des 1
    w3 = w2.*rand(M,2);%matrice de pondération aléatoire
normalisée entre -1 et 1
    E = w-w3;%critère de synthèse: erreur entre la fonction
désirée wan et w3 aléatoire
        %w est la valeur analytique convertie en réelle
```

```matlab
pop_in = E;
%DEBUT PSO
%Initialisations
X = pop_in; %POPULATION INITIALE
numofparticles = size(pop_in,1); %= M car 1ligne =
1particule, comme 1ligne=1chromosome pour l'AG
numofdims = size(pop_in,2); %= 2
numofiterations = iter_max; %nombre max de générations de
la boucle principale PSO
%----------------------------
Xmax = 100*ones(size(X)); %x100 absolument sinon la
machine plante
Xmin = -Xmax;
X = Xmax.*X; %afin que les valeurs de X soient comprises
entre -Xmax et Xmax
%----------------------------
pbestfits = zeros(numofparticles,1); %fitness du personal
best
worsts = zeros(numofparticles,1);  %fitness maximum,
worsts (mauvais), parceque l'objectif ici est de minimiser la
fonction fitness
bests = zeros(numofparticles,1);  % fitness minimum ou
meilleure fitness = grandeur suivie
meanfits = zeros(numofparticles,1); %fitness moyenne
pbests = zeros(size(X)); %Personal best
%----------------------------
fitnesses = fitness(X); %calcul de fitness de la
population initiale
[minfit, minfitidx] = min(fitnesses); %calcul de la
fitness minimale et extraction de l'indice de la particule
correspondante
gbestfit = minfit;
gbest = X(minfitidx,:); % Meilleure particule de toutes
car à fitness minimale
%----------------------------
V = zeros(size(X)); %initialisation des vitesses des
particules en tenant compte de numofdims
Vmax = zeros(1,numofdims); Vmin = Vmax; %limites inf et
sup de V
for i = 1:numofdims
    Vmax(i) = 0.2*(Xmax(i)-Xmin(i));
    Vmin(i) = -Vmax(i);
end
%----------------------------
% Boucle principale PSO
for t = 1:numofiterations
    %ww = 0.9 - 0.7*(t/numofiterations);
    ww = (numofiterations-t)/numofiterations; %facteur
d'inertie
```

```matlab
        for i = 1:numofparticles
            if(fitnesses(i) < pbestfits(i))
                pbestfits(i) = fitnesses(i);
                pbests(i,:) =  X(i,:);
            end
        end
        for i = 1:numofparticles
            for j = 1:numofdims
                V(i,j) =
min(max((ww*V(i,j)+rand*c1*(pbests(i,j)-X(i,j))...
                    + rand*c2*(gbest(j)-
X(i,j))),Vmin(j)),Vmax(j));
                X(i,j) = min(max((X(i,j) +
V(i,j)),Xmin(j)),Xmax(j));
            end
        end

        fitnesses = fitness(X);
        [minfit,minfitidx] = min(fitnesses);
        if(minfit < gbestfit)
            gbestfit = minfit;
            gbest = X(minfitidx,:);
        end
        worsts(t) = max(fitnesses);
        bests(t) = gbestfit;
        meanfits(t) = mean(fitnesses);
    end
        %fin PSO
    %---------------------------------------------------------
---------
    %---------------------------------------------------------
---------

    pop_fin = 0.01*X; % car on avait fait x100
    w3fin = w - pop_fin; %Cette relation est vraie à chaque
itération de la boucle principale PSO
    %conversion de w3fin en complexe
    for i = 1:M
        wr(i) = w3fin(i,1) + 1i*w3fin(i,2);
    end
    wpso = wr.';


%xxxxxxxxxxxxxxxxxxxxxxxxxxxxxxxxxxxxxxxxxxxxxxxxxxxxxxxxxxxxxxxxxx
xxxxxxxxx
function [fitnesses] = fitness(X)
        som = 0;
        for k = 1:size(X,1)
            for jj = 1:size(X,2)
                som = som +(X(k,jj))^2;
            end
```

```matlab
        fitnesses(k) = som/(size(X,2)); %erreur quadratique moyenne
    end
```


```matlab
        fitnesses(k) = som/(size(X,2)); %erreur quadratique moyenne
    end
```

<u>Conclusion</u>

Cet ouvrage consacre une didactique performante pour comprendre l'étude et la réalisation des antennes intelligentes.

Les antennes intelligentes sont basées sur la détection des directions d'arrivées et la formation de faisceaux adaptatives. Pour la formation des faisceaux en particulier, l'idée est d'utiliser un réseau d'antennes et de modifier en temps réel les conditions d'excitation de chaque élément rayonnant pour modifier le diagramme de rayonnement et s'adapter à un environnement changeant. Ce contrôle étant basé sur du traitement de signal souvent "onéreux" en temps de calcul que les recherches visent à reduire, pour que les antennes intelligentes intègrent encore plus les réseaux cellulaires et les standards de télécommunications.

La pression pour réduire les coûts, les contraintes de plus en plus fortes sur la capacité, la couverture, les débits, le nombre de systèmes existants sur des fréquences différentes, augmentent le coût de développement des antennes et rendent l'introduction des antennes intelligentes de plus en plus intéressante pour les opérateurs de télécommunications.

Les antennes intelligentes sont des dispositifs en plein essor permettant une gestion optimale automatisée de la ressource radio dans les réseaux mobiles de nouvelles générations 4G et 5G. Leur emploi au niveau par exemple de la station de base ou du terminal mobile, peut augmenter à la fois, la couverture, la capacité, la qualité et même la sécurité des transmissions. Elles font donc l'objet d'une attention particulière de la part des opérateurs de réseaux de télécommunications mobiles.

Nous avons développé des outils didactiques avec Matlab qui réalisent la synthèse par des méthodes analytiques et heuristiques en véritables paillasses de travaux pratiques des simulations capables de tester l'efficacité des algorithmes nécessaires à la réduction du temps pour l'estimation des directions d'arrivée et la formation des faisceaux.

En perspectives, nos études se poursuivent dans trois directions selon notre approche didactique par l'exemple.

La première consiste à exploiter d'autres méthodes heuristiques visant à renforcer la réduction des temps de calcul de détermination des directions d'arrivées et de formation des faisceaux des antennes intelligentes.

La deuxième direction se formule ainsi qu'il suit: la formation de faisceaux uniques ou multiples pour obtenir une diversité spatiale et l'estimation des directions d'arrivées des signaux dans un réseau planaire hybride sont des problèmes très importants et constituent les bases de nombreuses techniques avancées que nous comptons aborder dans nos futurs travaux de recherche.

Bibliographie

1.   A. C. Chime, Modélisation des antennes intelligentes et optimisation de la ressource radio, Master's degree dissertation, LETS-ENSP, The University of Yaounde I, Cameroun, 2011.

2.   Frank B. Gross, Smart Antenna with Matlab, MacGraw Hill éducation, 2015

3.   Michael Frame, Nathan Cohen (éditors), Benoit Mandelbrot: A life in Many Dimensions, Chapters 8 and 9. Collection : Fractals and Dynamics in Mathematics, Science, and the Arts - Theory and Applications - World scientific, 2015

4.   Nathan Cohen (1995) "Fractal antennas Part 1"Template: Comm. Quarterly, Summer 1995, 7-23.

5.   Balanis C.A., Antenna Theory Analysis and Design, John Wiley & Sons 4th edition, 2016

6.   http://www.radartutorial.eu/03.linetheory/tl06.fr.html(visité le 28 décembre 2016)

7.   Léo Thourel, Calcul et Conception de Dispositifs en Ondes Centimétriques et Millimétriques, Tome I : Circuits Passifs, Cepadues Ed.

8.   David M. Pozar, Microwave Engineering, fourth Edition, 2012, John Wiley & Sons Inc.;

9.   Videme Bossou Olivier (30 mai 2007), Antennes pour système de communication : modélisation, réalisation et kit didactique, PhD de l'EPFL, Spécialité génies des télécommunications, option Antennes. Ecole Polytechnique Fédérale de Lausanne (EPFL).

10.   G. Collin, T. Ditchi, E. Geron et E.A. Fnaiech, Optimisation de la zone de couverture d'une station de base à l'aide d'une antenne adaptative, 19è colloque international optique hertzienne et diélectriques, 2007, 1-4. http://www.researchgate.net/profile/Thierry_Ditchi/publication/256304529_Optimisation_de_la_zone_de_couverture_d%27une_station_de_base__l%27aide_d%27une_antenne_adapt ative/links/547ede7d0cf2de80e7cc6c17.pdf

11.   Werner, D.H., and P.L. Werner. 1995."On the Synthesis of Fractal Radiation Patterns ". Radio Science

12.   Harris, F. J. "On the Use of Windows for Harmonic Analysis with the DFT," IEEE Proceedings, pp. 51–83, Jan.1978.

13.   https://www.itu.int/dms_pubrec/itu-r/rec/bs/R-REC-BS.705-1-199510-I!!MSW-F.doc (visité le 28 décembre 2016)

14.   http://www.i1wqrlinkradio.com/antype/ch15/chiave415.htm (visité le 28 décembre 2016)

15.   FADLALLAH N., Contribution à l'optimisation de la synthèse du lobe de rayonnement pour une antenne intelligente. Application à la conception de réseaux à déphasage, Thèse N° 18-2005, Université de Limoges, Faculté des Sciences et Techniques, Mai 2005. http://epublications.unilim.fr/theses/2005/fadlallah-najib/fadlallah-najib.pdf

16.   H. Wang and M. Glesner, Hardware implementation of smart antenna systems, Advance radio Sciences, 4, 2006, 185-188. http://www.adv-radio-sci.net/4/185/2006/ars-4-185-2006.pdf

17.   A. Shlivinski, E. Heyman, Analytical methods for antenna analysis and synthesis in the time domain, in Smith, Paul D., Cloude, Shane R. (Eds.), Ultra-wideband, short-pulse

Electromagnetics 5, (Springer US, 2002) 11-20.
http://link.springer.com/chapter/10.1007%2F0-306-47948-6_2#page-1

18.	R. Lecoge, Intégration de réseaux de capteurs dans les réseaux ad hoc, DEA diss., INSA Lyon, France, Mai 2004. http://perso.citi.insa-lyon.fr/jmgorce/memoires/DEA%20-%20slides%20-%20Regis%20Lecoge.pdf

19.	http://www.arraycomm.com/products/a-mas-software/

20.	A. Ferréol, Radiogoniométrie : Modélisation-Algorithmes-Performances, doctoral diss., Ecole Normale Supérieure de Cachan, France, 2005. https://tel.archives-ouvertes.fr/tel-00134537/document

21.	A.G. Derneryd, High capacity adaptive base-station antenna systems, ISART'02, Ericsson Antenna Research Center, SE-43184 Molndal, Sweden, 2002. http://www.its.bldrdoc.gov/media/31632/der_slides.pdf

22.	http://www.cisco.com/c/en/us/products/collateral/wireless/aironet-3600-series/white_paper_c11-722622.html?cachemode=refresh

23.	http://winncom.ru/wp/wp-content/uploads/Wavion-WBS-2400-Datasheet_NEW.pdf

24.	Stevanovic, A. Skrivervik, and J.R. Mosig, Smart Antenna Systems for mobile communications, Final report, LEMA, EPFL, Suisse, 2003. http://infoscience.epfl.ch/record/140902/files/smart_antennas.pdf

25.	Nuttall, A. H., in "Some Windows with Very Good Sidelobe Behavior," IEEE Transactions on

26.	Vijay S. Kale and Dnyandev B. Patil, "Software Development and Construction of Log Periodic Dipole Antenna Using MATLAB, International Journal of Innovative Research in Electrical, Electronics, Instrumentation and Control Engineering, Vol. 3, Issue 12, December 2015

27.	http://www.thwink.org/sustain/articles/000_AnalyticalApproach/index.htm (visité le 28 décembre 2016)

28.	http://www.thwink.org/sustain/glossary/AnalyticalMethod.htm (visité le 28 décembre 2016)

29.	G. De La Roche, Estimation bande étroite des angles d'arrivées d'un signal radio-mobile en environnement Indoor, Master's degree diss., INSA of Lyon, France, 2003.http://perso.citi.insa-lyon.fr/jmgorce/memoires/DEA%20-%20Guillaume%20de%20la%20Roche.pdf

30.	T. Mathes, I. Stevanovic, J.R. Mosig, Algorithms for Direction of arrival Estimation in a Smart antenna, Semester project summer 2002-2003, LEMA, Lausanne, Suisse, 2003

31.	L.C. Godara, applications of antenna arrays to mobile communications, part II: Beamforming and direction of arrival considerations, Proc. IEEE, 85 (8), 1997, 1195-1245. http://wsl.stanford.edu/~ee359/godara2.pdf

32.	S. Haykin, Adaptive Filter Theory Chapeter 9 (Thomas Kailath Fifth Edition, Prentice-Hall, 2002).

33.	Ch. Santhi rani, Dr. P.V. Subbaiah, Dr. K. Chennakesava reddy, Smart antenna algorithms for WCDMA mobile communication systems, International Journal of Computer Science and Network Security, 8(7), 2008, 182-186. http://paper.ijcsns.org/07_book/200807/20080727.pdf

34.	Ahmed Badawy et al., A simple angle of arrival estimation scheme, arxiv:1409.5744v1[cs.SY], 2014. http://arxiv.org/pdf/1409.5744.pdf

35.	Miss Nayan B. Shambharkar et al., Implementation of RLS beamforming algorithm for smart antenna system, International Journal of Engineering and Management Research, 4(2): 194-198, April 2014.

36.	O. Borazjani, W. Daryasafar, and M. Tangaki, simulation and comparison of adaptive algorithms for optimal weighting of array elements in smart antennas, Science International (Lahore), 27(3), 2015, 1899-1902. http://sci-int.com/pdf/16216725311899-1902%20Omid%20Borazjani--NAVID-EE-MODIFIED--Malaysia--COMPOSED%20PAID.pdf

37.	Merad, L. 2004. Conception de Réseaux d'Antennes Imprimées par les Algorithmes Génétiques et le Recuit Simulé. Traitement du signal. Vol. 21 N° 3 : 249 - 260

38.	Pallavi, J. 2013. Optimization of Linear Antenna Array using Genetic Algorithms for Reduction in Side Lobs Levels and Improving Directivity Based on Modulating Parameter M. International Journal of Innovation Research in Computer and Communication Engineering. Vol. 1 N° 7: 1475 – 1482

39.	Tonye, E., Kepchabe, S. Performance analysis of analytical approaches to smart antennas modeling, International Journal of Engineering and Management Research, vol. 5, issue 4, 320-331, August 2015.

40.	Kepchabe S., Tonye E., Optimisation des performances des antennes intelligentes par synthèse au moyen des algorithmes génétiques, colloque IUTENT, Université de Douala, Cameroun, Novembre 2015.

41.	Warren S. McCulloch and Walter H. Pitts, A logical calculus of the ideas immanent in nervous activity, vordenker, winter-edition, 2008, originally published in: Bulletin of Mathematical Biophysics, Vol. 5, 1943, p. 115-133

42.	Frank Rosenblatt, The Perceptron, A Perceiving and Recognizing Automaton, Project Para Report N° 85-460-1, Cornell Aeronautical Laboratory (CAL), Janvier 1957

43.	Frank Rosenblatt, The Perceptron: A Probabilistic model for Visual Perception. Procs. of the 15th International Congress of Psychology, North Holland, pp 290- 297, 1957

44.	https://en.wikipedia.org/wiki/ADALINE

45.	Murat Gùreken, «neural network based beamforming for linear & cylindrical array applications», Master of Sc, Electrical & Electronics Engineering, Middle East Technical University (METU) Turkey, May 2009

46.	Matlab 7, Help

47.	Hichem CHAKER, conception et optimisation de réseaux d'antennes imprimées à faisceaux multiples, application des réseaux de neurones, Thèse, Université ABOU-BEKR BELKAID-TLEMCEN, département de génie électrique & électronique, laboratoire de Télécommunications de Tlemcen, Mars 2012

48.	Kennedy, J. and Eberhart, R. Particle Swarm Optimization. In Proceedings of IEEE International Conference on Neural Network, volume IV,pages 1942–1948; 1995.

49.	N. A. Malik, M. Esa, S. K. Syed Yusof and S. A. Hamzah (2009). Suppression of Antenna Side lobes Using Particle Swarm Optimization. PIERS Proceedings, 683-686, August 18-21, Moscow RUSSIA.

50.	Reynolds Craig W., Flocks, herds, and schools : A distributed behavioral model. Computer Graphics, 21(4) :25–34, 1987

51.   Van Den Bergh, F. (2002). An Analysis of Particle Swarm Optimizers . PhD thesis, Department of Cumputer Science, University of Pretoria

52.   FEUGWANG Valère (2011). OPTIMISATION D'UN RESEAU DE CAPTEURS SANS FILS PAR APPROCHE DE RESEAUX LINEAIRES. Mémoire Master Recherche, Ecole Nationale Supérieure Polytechnique, Université de Yaoundé 1, Cameroun, 68 p.

53.   J. Robinson and Y. Rahmat-Samii (Feb 2004). Particle swarm optimization in electromagnetics. IEEE Trans Antennas Propag, vol. 52, N°2, pp.397–407.

54.   R. C. Eberhart and Y. Shi (2001). Particle swarm optimization: developments, applications and resources. Evolutionary Computation, Vol 1.

55.   F. Debbat et F. Bendimerad, (2005),   Les algorithmes d   optimisation rd globale: application réseaux intelligents d   antennes , 3 Conférence international SETIT, Tunis.

56.   D. Costa et A. Hertz,(1997),   Ants can colour graphs , JORS, 48(3), 295- 305.

57.   M. Dorigo, et L. M. Gambardella, (1997),   Ant Colony System: a cooperative leaning approach to the Travelling Salesman Problem , IEEE Transactions on Evolutionary Computation, 1(1), 53-66.

58.   A. Benyamina, 2013,   Application des algorithmes de colonies de fourmis pour l'optimisation et la classification des images,   , Thèse de Doctorat, Université d'Oran Mohamed Boudiaf,.

59.   A. Coloni, M. Dorigo , V. Maniezzo, (1996),   The Ant System: Optimization by a colony of cooperating agents , Transactions on Systems, Man, and Cybernetics- Part B, 26(1), 29-41.

60.   S. Jodogn, 2001,   Optimisation par une colonie d   agents Coopérants , Thèse de Doctorat, Université de Liège.

61.   H. Soumeya, et B. Khaled, 2007,   Deux stratégies parallèles de l   optimisation par rd colonie de fourmis , 4 Conférence international SETIT, Tunis.

62.   KAPTUE SOUPGUI ANSELME, Contribution à l'optimisation de la synthèse du lobe de rayonnement d'un réseau d'antennes intelligentes au moyen de l'algorithme génétique et des algorithmes de colonies de fourmis, Mémoire Master Recherche, Ecole Nationale Supérieure Polytechnique, Université de Yaoundé 1, Cameroun, 2016.

63.   Alamouti, S. M. "A simple transmit diversity technique for wireless communications", IEEE Journal on Selected Areas on Communication, 16, 1451–1458, 1998.

64.   Barhumi, L., Leus, G., & Moonen, M, "Optimal training design for MIMO-OFDM systems in mobile wireless channels", IEEE Transaction on Signal Processing, 51, 1615–1624, 2003.

65.   H. Bolcskei and A. J. Paulraj, "Space-frequency coded broadband OFDM systems", Proceedings of IEEE WCNC ,vol.1, pp.1-6, 2000.

66.   M. O. Damen, K. Abed-Meraim, J. C. Belfiore, "Diagonal Algebraic Space Time Block Codes", IEEE Trans. on Information Theory, vol. IT-48,n_3, pp. 628-636, March 2002.

67.   H. El Gamal,M. O. Damen, "Universal Space Time Coding", IEEE Trans. on Information Theory, vol. IT-49, pp. 1097-1119, May. 2003.

68.   Foschini, G. J., & Gans, M. J, "On the limits of wireless communications in fading environment when using multiple antennas", Wireless Personal Communications, 6, 311–335, 1998.

69.   Foschini, G. J., Golden, G. D., Valenzuela, R. A., & Wolniansky, "Simplified processing for high spectral efficiency wireless communication employing multi-element arrays", IEEE Journal on Selected Areas on Communications, 17, 1841–1852, 1999.

70.   B. Hochwald, S. Ten Brink, "Achieving near capacity on a multiple antenna channel", IEEE Trans. on Comm., vol. COM-51,pp. 389-399, march 2003.

71.   Jafarkhani, H, "A quasi-orthogonal space-time block code", IEEE Transaction on Communication, 49, 1–4, 2000.

72.   C. Komninakis and C. Fragouli and A. H. Sayed and R.D Wesel, "Multi-input Multi-output Fading channel tracking and equalization using Kalman estimation", IEEE Journal on Selected Areas on Communications, vol.20, pp.1211-1226, 2002.

73.   K.F. Lee and D.B. Williams, "A space-time coded transmitter diversity technique for frequency selective fading channels", Proceedings of Sensor Array and Multichannel Signal Processing Workshop,pp.149-152, 2000.

74.   S. Liang and W. Wu, "Channel estimation based on pilot subcarrier in space-time block coded OFDM system", Proceedings of IEEE ICCT, vol.2,pp.1795-1798, 2003.

75.   E. Lindskog and A. Paulraj, "A transmit diversity scheme for channels with intersymbol interference", Proceedings of IEEE International Conference on Communication (ICC), pp.307-311, 2000.

76.   T. Roman and M. Enescu and V. Koivunen,"Time domain method for tracking dispersive channels in MIMO-OFDM systems",Proceedings of IEEE ICASSP, vol.4,pp.393-396, 2003.

77.   Tarokh, V., Jafarkhani, H., & Calderbank, A, "Space-time block codes from orthogonal designs", IEEE Transaction on Information Theory, 45, 1456–1467, 1999.

78.   Tarokh, V., Seshadri, N., & Calderbank, A. R, "Space-time codes for high data rate wireless communication: Performance criterion and code construction", IEEE Transaction on Information Theory, 44, 744–765, 1998.

79.   Telatar, E, "Capacity of multiple antenna Gaussian channels", AT&T Bell Laboratories, Technical Report 1995.

80.   D. M. Teran and R. P. T. Jimenez, "Channel estimation for STBC-OFDM systems", Proceedings of 5th IEEE SPAWC", pp.688-691, 2004.

81.   E. Viterbo, J. Boutros, "A universal lattice code decoder for fading channels", IEEE Trans. Inform. Theory, vol. IT-45,pp. 1639-1642, July 1999.

82.   X. Wang, V. Poor, "Iterative (turbo) soft interference cancellation and decoding for coded CDMA", IEEE Trans. on Communications, vol. COM- 47,pp. 1046-1060, July 1999.

83.   Y. Xin, Z. Wang, G. B. Giannakis, "Space time diversity systems based on linear constellation precoding", IEEE Trans. on Wireless communications, vol. 2 n_2,pp. 294-309, Mar. 2003.

84.   http://grouper.ieee.org/groups/802/11/Reports

85.   Dr. Radhakrishna Canchi, IEEE Standard 802.20™ MBWA Mobile Broadband Wireless   Access   Systems   Supporting   Vehicular   Mobility. http://www.ieee802.org/minutes/2011-March/802%20workshop/IEEE_March2011-Workshop-IEEE80220-Canchi-Draft-v2.pdf (visité le 29 Janvier 2017)

86.   T.S. Rapport, S. Sun, R. Mayzus, H. Zhao, Y. Azar, et al., Millimeter wave mobile communications for 5G cellular: it will work! IEEE Access 1 (1) (2013) 335–349.

87.   S. Hur, T. Kim, D. Love, J. Krogmeier, T. Thomas, A. Ghosh, Millimeter wave beamforming for wireless backhaul and access in small cell networks, IEEE Trans. Commun. 61 (10) (2013) 4391–4403.

88.   A.L. Swindlehurst, E. Ayanoglu, P. Heydasri, F. Capolino, Millimeter-wave massive MIMO: the next wireless revolution? IEEE Commun. Mag. 52 (9) (2014) 56–62.

89.   Z. Gao, L. Dai, Z. Wang, S. Chen, Spatially common sparsity based adaptive channel estimation and feedback for FDD massive MIMO, IEEE Trans. Signal Process. 63 (23) (2015) 6169–6183.

90.   X. Gao, L. Dai, S. Han, C.-L. I, R.W. Heath Jr., Energy-efficient hybrid analog and digital precoding for mmWave MIMO systems with large antenna arrays, IEEE J. Sel. Areas Commun. 34 (4) (2016) 998–1009.

91.   T.L. Marzetta, Noncooperative cellular wireless with unlimited numbers of base station antennas, IEEE Trans. Wirel. Commun. 9 (11) (2010) 3590–3600.

92.   S. Furrer, D. Dahlhaus, Multiple-antenna signaling over fading channels with estimated channel state information, IEEE Trans. Inf. Theory 53 (6) (2007) 2028–2043.

93.   Q. Ye, B. Rong, Y. Chen, M. Al-Shalash, C. Caramanis, J.G. Andrews, User association for load balancing in heterogeneous cellular networks, IEEE Trans. Wirel. Commun. 12 (6) (2013) 2706–2716.

94.   S.-Y. Lien, K.-C. Chen, Y. Lin, Toward ubiquitous massive accesses in 3GPP machineto- machine communications, IEEE Commun. Mag. 49 (4) (2011) 66–74.

95.   A.L. Swindlehurst, E. Ayanoglu, P. Heydasri, F. Capolino, Millimeter-wave massive MIMO: the next wireless revolution? IEEE Commun. Mag. 52 (9) (2014) 56–62.

96.   L. Dai, B. Wang, Y. Yuan, S. Han, C.-L. I, Z. Wang, Non-orthogonal multiple access for 5G: solutions, challenges, opportunities, and future research trends, IEEE Commun. Mag. 53 (9) (2015) 74–81.

97.   T.L. Marzetta, Noncooperative cellular wireless with unlimited numbers of base station antennas, IEEE Trans. Wirel. Commun. 9 (11) (2010) 3590–3600.

98.   F. Rusek, D. Persson, B.K. Lau, E.G. Larsson, T.L. Marzetta, O. Edfors, F. Tufvesson, Scaling up MIMO: opportunities and challenges with very large arrays, IEEE Signal Process. Mag. 30 (1) (2013) 40–60.

99.   X. Zhu, L. Dai, Z. Wang, Graph coloring based pilot allocation to mitigate pilot contamination for multi-cell massive MIMO systems, IEEE Commun. Lett. 19 (10) (2015) 1842–1845.

100.   L. Dai, Z. Wang, Z. Yang, Spectrally efficient time-frequency training OFDM for mobile large-scale MIMO systems, IEEE J. Sel. Areas Commun. 31 (2) (2013) 251–263.

101.   W. Shen, L. Dai, B. Shim, S. Mumtaz, Z. Wang, Joint CSIT acquisition based on lowrank matrix completion for FDD massive MIMO systems, IEEE Commun. Lett. 19 (12) (2015) 2178–2181.

102.   A. Pitarokoilis, S. Mohammed, E. Larsson, On the optimality of single-carrier transmission in large-scale antenna systems, IEEE Wireless Commun. Lett. 1 (4) (2012) 276–279.

103.   L. Wei, R.Q. Hu, Y. Qian, G. Wu, Key elements to enable millimetre wave communications for 5G wireless systems, IEEE Wirel. Commun. 21 (6) (2014) 136–143.

104.   R.K. Ganti, M. Haenggi, Spatial and temporal correlation of the interference in ALOHA ad hoc networks, IEEE Commun. Lett. 13 (9) (2009) 631–633.

105.   Z. Gao, L. Dai, D. Mi, Z. Wang, M.A. Imran, M.Z. Shakir, MmWave massive-MIMObased wireless backhaul for 5G ultra-dense network, IEEE Wirel. Commun. 22 (5) (2015) 13–21.

106.   T. Wu, T.S. Rappaport, C.M. Collins, Safe for generations to come: considerations of safety for millimeter waves in wireless communications, IEEE Microw. Mag. 16 (2) (2015) 65–84.

107.   Shahid Mumtaz, Jonathan Rodriguez, Linglong Dai Tsinghua (Editors), mmWave Massive MIMO A Paradigm for 5G, Elsevier, 2017.